Springer-Lehrbuch

Thomas Müller-Gronbach · Erich Novak ·
Klaus Ritter

Monte Carlo-Algorithmen

Prof. Dr. Thomas Müller-Gronbach
Passau, Germany

Prof. Dr. Klaus Ritter
Kaiserslautern, Germany

Prof. Dr. Erich Novak
Jena, Germany

ISSN 0937-7433
ISBN 978-3-540-89140-6 e-ISBN 978-3-540-89141-3
DOI 10.1007/978-3-540-89141-3
Springer Heidelberg Dordrecht London New York

Die Deutsche Nationalbibliothek verzeichnet diese Publikation in der Deutschen Nationalbibliografie; detaillierte bibliografische Daten sind im Internet über http://dnb.d-nb.de abrufbar.

Einbandentwurf: WMXDesign GmbH, Heidelberg

Gedruckt auf säurefreiem Papier

Springer ist Teil der Fachverlagsgruppe Springer Science+Business Media (www.springer.com)

Vorwort

Monte Carlo-Methoden sind Algorithmen, die Zufallszahlen benutzen. Sie werden für unterschiedlichste Fragestellungen der diskreten und der kontinuierlichen Mathematik eingesetzt und finden dementsprechend vielfältige Anwendungen. Oft liegt ein komplexes stochastisches Modell vor, und man möchte dieses simulieren, um typische Zustände oder zeitliche Verläufe zu erhalten, oder man ist an der Berechnung deterministischer Kenngrößen wie Erwartungswerten interessiert, die sich nicht oder nur sehr schwer analytisch bestimmen lassen. Man kann aber auch grundsätzlich untersuchen, ob und wie sich für eine algorithmische Fragestellung Zufallszahlengeneratoren als Ressource nutzen lassen.

Dieses Lehrbuch gibt eine Einführung in die Mathematik und die Einsatzmöglichkeiten der Monte Carlo-Methoden und verwendet dazu durchgängig die Sprache der Stochastik. Es soll den Leser in den Stand versetzen, dieses wichtige algorithmische Werkzeug kompetent anwenden und die Ergebnisse interpretieren zu können. Die vorgenommene Themenauswahl zielt dabei nicht auf ein breites Überblickswissen ab, sondern stellt die Berechnung von Erwartungswerten und Integralen in den Vordergrund. Über die Einführung hinaus wird dem Leser anhand ausgewählter Fragestellungen ein erster Eindruck von aktuellen Forschungsthemen in diesem Bereich vermittelt, um ihn so für eine vertiefte Beschäftigung mit diesem Teilgebiet der Angewandten Mathematik zu gewinnen.

Dem Text liegen Vorlesungen zugrunde, die wir in den letzten Jahren mehrfach an den Universitäten Erlangen, Augsburg, Jena, Darmstadt, Magdeburg, Passau und Kaiserslautern für Studierende der Mathematik im Haupt- und Nebenfach und im Lehramt gehalten haben. Der Leser sollte Grundkenntnisse der Analysis, Linearen Algebra und Stochastik sowie, in etwas geringerem Umfang, der Numerischen Mathematik besitzen.

In den Kapiteln 1 bis 5 behandeln wir die direkte Simulation, d. h. den klassischen Monte Carlo-Algorithmus, sowie die grundlegenden Methoden zur Simulation von Verteilungen und zur Varianzreduktion. Begleitend präsentieren wir Anwendungsbeispiele aus der Teilchenphysik und der Finanz- und Versicherungsmathematik, die sich auf elementare Weise modellieren lassen, und wir zeigen, wie Monte Carlo-Methoden zur Lösung elliptischer Randwertprobleme eingesetzt werden.

Markov Chain Monte Carlo-Algorithmen sind das Thema von Kapitel 6, das mit einem Abschnitt über die Grenzen der direkten Simulation beginnt. Nach einer Einführung in die Theorie endlicher Markov-Ketten behandeln wir Grundprinzipien der Markov Chain Monte Carlo-Methode, klassische Verfahren wie den Metropolis-Algorithmus und den Gibbs-Sampler und illustrieren den Einsatz dieser Verfahren anhand des hard core model und des Ising-Modells aus der Statistischen Physik.

Gegenstand von Kapitel 7 ist die numerische Integration. Hier studieren wir insbesondere den Einfluß von Glattheit und Dimension, und wir zeigen, wie sich die Frage nach der Optimalität von deterministischen Verfahren oder von Monte Carlo-Algorithmen formulieren und beantworten läßt. Mit der Integration bezüglich des Wiener-Maßes lernen wir ein unendlich-dimensionales Problem kennen, bei dessen Lösung stochastische Multilevel-Algorithmen zum Einsatz kommen.

Die Kapitel 6 und 7 geben außerdem Ausblicke auf aktuelle Forschungsfragen und -ergebnisse, deren detaillierte Behandlung mehr als die genannten Vorkenntnisse erfordern würde. Zu den Themen gehören schnelle Mischung sowie Fehlerschranken und Aufwärmzeiten für Markov Chain Monte Carlo-Verfahren, der Fluch der Dimension bei hochdimensionalen Integrationsproblemen und die Berechnung von Integralen im Kontext stochastischer Differentialgleichungen.

Die praktische Erzeugung von Zufallszahlen und die spannende Frage nach einer mathematischen Definition der Zufälligkeit einer Zahlenfolge sind nicht Gegenstand des Buches. Die Behandlung dieser beiden Themen erfordert zum Teil andere als die für diesen Text benötigten Vorkenntnisse, und sie führt letztlich in andere Bereiche der Mathematik. Generatoren für gleichverteilte Zufallszahlen werden in diesem Lehrbuch folglich als black box betrachtet.

Zahlreiche Freunde, Kollegen, Mitarbeiter und Studenten haben das Manuskript durchgesehen, uns wertvolle Hinweise gegeben und Verbesserungsvorschläge gemacht. Für Hinweise und Anregungen danken wir Ingo Althöfer, Ehrhard Behrends, Jakob Creutzig, Norbert Gaffke, Michael Gnewuch, Siegfried Graf, Peter Hellekalek, Albrecht Irle, Achim Klenke, Peter Kloeden, Peter Mathé und Harald Niederreiter. Wir danken Florian Blöthner, Nico Döhring, Thomas Ehlenz, Andreas Fromkorth, Ivo Hedtke, Mario Hefter, Felix Heidenreich, Daniel Henkel, Florian Hübsch, Eva Kapfer, Dominique Küpper, Harald Pfeiffer, Christian Richter, Daniel Rudolf, Mehdi Slassi, Regina Spichtinger, Mario Ullrich, Markus Weimar und Larisa Yaroslavtseva als kritischen Lesern von Teilen des Manuskriptes.

Die Rechnungen und graphischen Darstellungen bei der Simulation zur Neutronenbewegung in Kapitel 4 stammen von Martin Amft. Alle weiteren Simulationen in den Kapiteln 2, 3, 4 und 5 wurden von Robert Offinger durchgeführt und illustriert. Die in Kapitel 6 und auf dem Buchumschlag gezeigten Rechnungen und Visualisierungen stammen von Stephan Brummer und Mario Ullrich. Von Thorsten Sickenberger, Andreas Weyhausen und Heidi Weyhausen stammen frühere Beiträge. Wir danken allen für ihre Unterstützung.

Passau, Jena, Kaiserslautern,
November 2011

Thomas Müller-Gronbach
Erich Novak
Klaus Ritter

Inhaltsverzeichnis

Kapitel 1
Vorbereitungen

Monte Carlo-Methoden sind Algorithmen, die Zufallszahlen benutzen. Neben den üblichen Befehlen (die Grundrechenarten, Vergleich von Zahlen, ein Orakel zur Berechnung von Funktionswerten) ist also zusätzlich der Aufruf eines *Zufallszahlengenerators* zugelassen, d. h. Befehle der Art

- „Wähle $x \in [0,1]$ zufällig" oder
- „Wähle $x \in \{0,\ldots,N-1\}$ zufällig"

sind erlaubt. In der Literatur werden *Monte Carlo-Methoden* auch als *stochastische* oder *randomisierte Algorithmen* bezeichnet, und das Gebiet der Monte Carlo-Methoden heißt auch *Stochastische Simulation* oder *Experimentelle Stochastik*. Wir verwenden die Begriffe Algorithmus, Methode und Verfahren synonym.

Warum benutzt man Monte Carlo-Methoden? Oder genauer: Für welche Probleme ist es sinnvoll, Monte Carlo-Methoden zu benutzen? Wir werden sehen, daß für einige Probleme Monte Carlo-Methoden zur Verfügung stehen, die besser als alle deterministischen Verfahren sind.

Praktische Berechnungen erfordern oft eine große Anzahl von Zufallszahlen, und ein Zufallszahlengenerator sollte idealerweise die Realisierung einer unabhängigen Folge von auf $[0,1]$ oder $\{0,\ldots,N-1\}$ gleichverteilten Zufallsvariablen liefern. Uns geht es vor allem darum zu zeigen, was man mit einem *idealen Zufallszahlengenerator* erreichen kann – letztlich werden mathematische Sätze über Zufallsvariablen behandelt. Bedenken der Art, daß es keine idealen Generatoren gibt, stellen wir zurück und verweisen auf die kurze Diskussion im folgenden Abschnitt.

Beim Einsatz von Monte Carlo-Methoden sollte sich der verwendete Generator so verhalten, wie man es bei echten Realisierungen von Zufallsvariablen erwarten würde. Da auch Generatoren verbreitet sind, deren Qualität nicht ausreichend gesichert ist, darf die Wahl eines Zufallszahlengenerators nicht unbedacht geschehen.

Wir werden in Abschnitt 1.1 drei empfehlenswerte Generatoren vorstellen, mit denen der Leser selbst Monte Carlo-Methoden programmieren und anwenden kann. In Abschnitt 1.2 stellen wir wahrscheinlichkeitstheoretische Grundbegriffe bereit und präzisieren dann in Abschnitt 1.3, was wir unter von einem idealen Zufallszahlengenerator erzeugten Zufallszahlen verstehen wollen.

T. Müller-Gronbach, E. Novak, K. Ritter, *Monte Carlo-Algorithmen*,
DOI 10.1007/978-3-540-89141-3_1, © Springer-Verlag Berlin Heidelberg 2012

1.1 Zufallszahlengeneratoren

Die Entwicklung des Computers und militärische Anwendungen setzten zur Mitte des letzten Jahrhunderts eine rapide Entwicklung randomisierter Algorithmen in Gang. Zu den Pionieren dieser Entwicklung zählt John von Neumann, der im Jahr 1949 auf einer Konferenz mit dem Namen „Monte Carlo Method" einen Vortrag zur Problematik der Erzeugung von Zufallszahlen hielt. Wir zitieren aus seinem Beitrag für den zugehörigen Tagungsband. John von Neumann [143] war der folgenden Ansicht:

> We see then that we could build a physical instrument to feed random digits directly into a high-speed computing machine and could have the control call for these numbers as needed.

Aber von Neumann fährt fort mit einem Einwand gegen diesen „echten" Zufall, der uns auch heute noch einleuchtet:

> The real objection to this procedure is the practical need for checking computations. If we suspect that a calculation is wrong, almost any reasonable check involves repeating something done before.

Wiederholbarkeit ist eine Anforderung an jede wissenschaftliche Arbeit, die sich schlecht mit Rechenergebnissen verträgt, welche tatsächlich zufällig und damit nicht reproduzierbar sind. Deshalb benutzen randomisierte Algorithmen meist sogenannte *Pseudo-Zufallszahlen*, die von deterministischen Algorithmen erzeugt werden.

Generatoren für Pseudo-Zufallszahlen in $Z = [0,1]$ oder $Z = \{0,\ldots,N-1\}$ sind durch endliche Mengen A und B sowie durch Abbildungen $g\colon A \to B$, $f\colon B \to B$ und $h\colon B \to Z$ gegeben. Ein typischer Wert für die Mächtigkeit von B ist $|B| = 2^{128}$, aber es werden auch viel größere Werte wie etwa $|B| = 2^{19937}$ beim Mersenne Twister verwendet. Der Benutzer wählt zur Initialisierung des Generators einen Startwert $s \in A$, indem er ein Unterprogramm etwa in der Form `init(s)` aufruft. Damit wird durch $b_1 = g(s)$ und $b_i = f(b_{i-1})$ eine Folge in B definiert. Durch sukzessive Aufrufe des Generators, etwa von der Form `x := rand()`, werden Pseudo-Zufallszahlen $x_i = h(b_i)$ erzeugt. Will man die Reproduzierbarkeit einer Monte Carlo-Simulation gewährleisten, sollte man den verwendeten Generator und seine Initialisierung angeben.

Die Güte von Generatoren wird einerseits empirisch durch statistische Tests überprüft, siehe Gentle [63], Knuth [107] und Niederreiter [144]. Andererseits wird mit Methoden der Komplexitätstheorie analysiert, welcher Aufwand nötig ist, um die Folge $(x_i)_{i\in\mathbb{N}}$ von einer Realisierung einer unabhängigen Folge gleichverteilter Zufallsvariablen zu unterscheiden, siehe Goldreich [71] und Stinson [186].

Zum Einsatz solcher auf deterministischen Methoden basierender Generatoren sagt von Neumann in derselben Arbeit:

> Any one who considers arithmetical methods of producing random digits is, of course, in a state of sin.

Wir sind keine Spezialisten für Sünden. Dennoch stellt sich die Frage, ob man zum Beispiel die in Kapitel 3 behandelte Methode der direkten Simulation und Aussagen wie die Fehlerabschätzungen aus den Sätzen 3.2 oder 3.5 überhaupt anwenden kann, da diese Aussagen für Zufallsvariablen und ihre Realisierungen gelten. Die gängigen Computer arbeiten aber deterministisch, und die erzeugten Pseudo-Zufallszahlen sind somit nicht zufällig. In der Praxis sollte man deshalb

- nur solche Zufallszahlengeneratoren benutzen, die sich für ähnliche Probleme bereits gut bewährt haben und
- wichtige Rechnungen nach Möglichkeit mit vom Typ her verschiedenen Generatoren durchführen.

Mit diesen naheliegenden Vorsichtsmaßnahmen kann man die *prinzipielle Problematik* der Monte Carlo-Methoden, daß der Zufall mit Hilfe von deterministischen Algorithmen simuliert werden soll, nicht aus der Welt schaffen. Aber man kann praktisch mit ihr umgehen.

An dieser Stelle wollen wir Zufallszahlengeneratoren empfehlen, die bisher sowohl theoretisch eingehend analysiert wurden als auch bei zahlreichen Tests besonders gut abgeschnitten haben und außerdem schnell und portabel sind.

Der Mersenne Twister und der Generator TT800 Der Mersenne Twister, der von Matsumoto, Nishimura [131] vorgestellt wurde, gilt als besonders guter Zufallszahlengenerator. Für „kleine" Anwendungen ist auch der Vorläufer TT800 des Mersenne Twisters, der von Matsumoto, Kurita [130] entwickelt wurde, zu empfehlen. In den Simulationsbeispielen des vorliegenden Textes wurde stets einer dieser beiden Generatoren eingesetzt. Der Mersenne Twister ist der Standard-Generator in MATLAB, R und MAPLE, und er ist auch in MATHEMATICA verwendbar. Weitere Implementationen sind in vielen höheren Programmiersprachen verfügbar. Panneton, L'Ecuyer, Matsumoto [155] führen als Weiterentwicklung die WELL-Generatoren ein.

Ein Generator für paralleles Rechnen Beim Arbeiten auf Parallelrechnern benötigt man eventuell gleichzeitig viele Zufallszahlengeneratoren, die unabhängig voneinander Zufallszahlen liefern. Bei solchen Anwendungen hat sich besonders das Software-Paket von L'Ecuyer, Simard, Chen, Kelton [112] bewährt.

AES (advanced encryption standard) Hierbei handelt es sich, im Gegensatz zu den beiden bisher genannten Generatoren, um einen nicht-linearen Zufallszahlengenerator. Er basiert auf einem Verfahren zur Kryptographie, ist ausreichend schnell und hat bei statistischen Tests sehr gut abgeschnitten, siehe Hellekalek, Wegenkittl [85].

L'Ecuyer [111] stellt in einer Übersichtsarbeit Grundprinzipien und Methoden der Erzeugung von Zufallszahlen vor. Weitere Hinweise und Links zu diesem Thema sowie zu verfügbarer Software finden sich bei Press, Teukolsky, Vetterling, Flannery [158], auf der Internetseite `http://random.mat.sbg.ac.at` von Hellekalek und der Internetseite `http://www.iro.umontreal.ca/~lecuyer` von L'Ecuyer.

1.2 Wahrscheinlichkeitstheoretische Grundbegriffe

Im folgenden geben wir eine kurze Zusammenstellung elementarer Sachverhalte aus der Wahrscheinlichkeitstheorie. Eine kompakte Darstellung dieser und weiterer Grundlagen bietet Kapitel 1 von Brémaud [27]. Für eine umfassende Einführung in die Wahrscheinlichkeitstheorie und Statistik verweisen wir auf Georgii [66], Irle [91] und Krengel [108]. Weiterführende Texte sind Gänssler, Stute [61] und Klenke [105].

Zufallsvariablen und Erwartungswerte Sei $(\Omega, \mathfrak{A}, P)$ ein Wahrscheinlichkeitsraum und Ω' eine weitere Menge mit einer σ-Algebra $\mathfrak{A}'$. Eine meßbare Abbildung $X : \Omega \to \Omega'$ heißt *Zufallsvariable mit Werten in* $(\Omega', \mathfrak{A}')$. Die Funktionswerte $X(\omega)$ mit $\omega \in \Omega$ werden als *Realisierungen* von X bezeichnet. Durch

$$P_X(A) = P(\{\omega \in \Omega \mid X(\omega) \in A\}) = P(\{X \in A\}), \qquad A \in \mathfrak{A}',$$

wird ein Wahrscheinlichkeitsmaß P_X auf $(\Omega', \mathfrak{A}')$ definiert, die sogenannte *Verteilung* von X. Von besonderem Interesse sind Zufallsvariablen mit Werten in $(\mathbb{R}^d, \mathfrak{A}')$, wobei $\mathfrak{A}'$ die Borelsche σ-Algebra ist. Man spricht dann im Falle $d = 1$ von *reellwertigen Zufallsvariablen* und für $d \geq 1$ auch von *Zufallsvektoren*. Im folgenden wird für $\mathbb{R}^d$ stets die Borelsche σ-Algebra verwendet, und Borel-meßbare Mengen $A \subset \mathbb{R}^d$ werden kurz als meßbare Mengen bezeichnet. Wir identifizieren Zufallsvektoren X und Y auf $(\Omega, \mathfrak{A}, P)$, die $P(\{X = Y\}) = 1$ erfüllen. Zur Definition eines Zufallsvektors X genügt es also, die Werte $X(\omega)$ für ω aus einer Menge $A \in \mathfrak{A}$ mit $P(A) = 1$ festzulegen.

Die für unsere Zwecke benötigten Verteilungen auf $\mathbb{R}^d$ sind entweder *diskret*, d. h. durch höchstens abzählbar viele Punktmassen auf $\mathbb{R}^d$ spezifiziert, oder über eine Wahrscheinlichkeitsdichte bezüglich des Lebesgue-Maßes auf $\mathbb{R}^d$, kurz eine *Lebesgue-Dichte*, definiert. Ist P_X diskret, so gibt es Punkte $x_i \in \mathbb{R}^d$ und Gewichte $\alpha_i \geq 0$ mit $\sum_{i=1}^{\infty} \alpha_i = 1$, so daß

$$P_X(A) = \sum_{i=1}^{\infty} \alpha_i \, 1_A(x_i)$$

für alle meßbaren Mengen $A \subset \mathbb{R}^d$ gilt. Eine Lebesgue-Dichte ist eine Lebesgue-integrierbare, nicht-negative Funktion h auf $\mathbb{R}^d$, die $\int_{\mathbb{R}^d} h(x) \, \mathrm{d}x = 1$ erfüllt. Ist h die Lebesgue-Dichte der Verteilung von X, kurz die Lebesgue-Dichte von X, so gilt

$$P_X(A) = \int_A h(x) \, \mathrm{d}x$$

für alle meßbaren Mengen $A \subset \mathbb{R}^d$.

Im folgenden betrachten wir reellwertige Zufallsvariablen. Die reelle Zahl

$$\mathrm{E}(X) = \int_\Omega X(\omega) \, \mathrm{d}P(\omega) = \int_\Omega X \, \mathrm{d}P$$

heißt *Erwartungswert* von X, falls das Integral von X bezüglich P existiert. In diesem Fall wird X als integrierbare Zufallsvariable bezeichnet, und wir schreiben kurz $X \in L^1$. Insbesondere ergibt sich

$$\mathrm{E}(1_A) = P(A)$$

für jede Menge $A \in \mathfrak{A}$. Der Erwartungswert ist linear und monoton, für $X, Y \in L^1$ und $a, b \in \mathbb{R}$ gilt also $aX + bY \in L^1$ mit

$$\mathrm{E}(aX + bY) = a\,\mathrm{E}(X) + b\,\mathrm{E}(Y)$$

und

$$X \leq Y \qquad \Rightarrow \qquad \mathrm{E}(X) \leq \mathrm{E}(Y).$$

Zufallsvariablen $X \geq 0$ erfüllen ferner

$$\mathrm{E}(X) = 0 \qquad \Leftrightarrow \qquad P(\{X = 0\}) = 1.$$

Ist P_X diskret und durch Punkte x_i und Gewichte α_i definiert, so ist $X \in L^1$ äquivalent zur absoluten Konvergenz der Reihe $\sum_{i=1}^{\infty} \alpha_i x_i$, und in diesem Fall gilt

$$\mathrm{E}(X) = \sum_{i=1}^{\infty} \alpha_i x_i.$$

Besitzt P_X die Lebesgue-Dichte h, so ist $X \in L^1$ äquivalent zu $\int_{\mathbb{R}} |x|\, h(x)\, \mathrm{d}x < \infty$, und dann gilt

$$\mathrm{E}(X) = \int_{\mathbb{R}} x h(x)\, \mathrm{d}x.$$

Ist X quadratisch integrierbar, d. h. X^2 ist integrierbar, so schreiben wir $X \in L^2$. In diesem Fall heißt

$$\sigma^2(X) = \mathrm{E}(X - \mathrm{E}(X))^2$$

die *Varianz* von X und die Zahl $\sigma(X) = (\mathrm{E}(X - \mathrm{E}(X))^2)^{1/2}$ wird als *Standardabweichung* von X bezeichnet. Für $X \in L^2$ und $a, b \in \mathbb{R}$ folgt aus der Linearität und Monotonie des Erwartungswertes

$$\sigma^2(X) \geq 0$$

sowie

$$\sigma^2(X) = \mathrm{E}(X^2) - (\mathrm{E}(X))^2$$

und $aX + b \in L^2$ mit

$$\sigma^2(aX + b) = a^2\,\sigma^2(X).$$

Nun sei $X\colon \Omega \to \Omega'$ eine Zufallsvariable und $f\colon \Omega' \to \mathbb{R}$ eine meßbare Abbildung. Dann ist $f(X) = f \circ X$ eine reellwertige Zufallsvariable, und der *Transformationssatz* sichert

$$\mathrm{E}(f(X)) = \int_{\Omega'} f(x)\,\mathrm{d}P_X(x) = \int_{\mathbb{R}} y\,\mathrm{d}P_{f(X)}(y),$$

sofern bereits eines der auftretenden Integrale existiert. Insbesondere zeigt die Wahl von $\Omega' = \mathbb{R}$ und $f = \mathrm{Id}$, daß der Erwartungswert einer reellwertigen Zufallsvariablen nur von ihrer Verteilung abhängt. Gleiches gilt für die Varianz.

Die Tschebyschev-Ungleichung Mit Hilfe der Varianz erhält man eine sehr einfache Abschätzung für die Konzentration einer quadratisch integrierbaren Zufallsvariablen X um ihren Erwartungswert. Für alle $\varepsilon > 0$ gilt

$$P(\{|X - \mathrm{E}(X)| \geq \varepsilon\}) \leq \frac{\sigma^2(X)}{\varepsilon^2},$$

und diese Abschätzung heißt *Tschebyschev-Ungleichung*.

Zum Beweis setzen wir

$$A = \{|X - \mathrm{E}(X)| \geq \varepsilon\}$$

und erhalten

$$\sigma^2(X) = \int_{\Omega} |X - \mathrm{E}(X)|^2\,\mathrm{d}P \geq \int_A |X - \mathrm{E}(X)|^2\,\mathrm{d}P \geq \int_A \varepsilon^2\,\mathrm{d}P = \varepsilon^2 \cdot P(A).$$

Daraus folgt die Behauptung.

Zur Anwendung der Tschebyschev-Ungleichung benötigt man nur die quadratische Integrierbarkeit der Zufallsvariablen X. Unter zusätzlichen Annahmen an X liefert die Hoeffding-Ungleichung, die wir in Abschnitt 3.4 kennenlernen werden, viel schärfere Abschätzungen für $P(\{|X - \mathrm{E}(X)| \geq \varepsilon\})$.

Unabhängigkeit und bedingte Wahrscheinlichkeiten Eine Familie $(X_i)_{i \in I}$ von Zufallsvariablen auf $(\Omega, \mathfrak{A}, P)$ mit Werten in $(\Omega', \mathfrak{A}')$ heißt *unabhängig*, falls für beliebige paarweise verschiedene Indizes $i_1, \ldots, i_n \in I$ und Mengen $A_1, \ldots, A_n \in \mathfrak{A}'$ die Produktformel

$$P\left(\bigcap_{j=1}^{n} \{X_{i_j} \in A_j\}\right) = \prod_{j=1}^{n} P(\{X_{i_j} \in A_j\})$$

gilt. In entsprechender Weise definiert man Unabhängigkeit, falls die Zufallsvariablen X_i Werte in unterschiedlichen Räumen $(\Omega_i, \mathfrak{A}_i)$ annehmen.

Für zwei Zufallsvariablen X_1 und X_2 auf $(\Omega, \mathfrak{A}, P)$ mit Werten in $(\Omega_1, \mathfrak{A}_1)$ bzw. $(\Omega_2, \mathfrak{A}_2)$, und Mengen $A_i \in \mathfrak{A}_i$ mit $P(\{X_1 \in A_1\}) > 0$ heißt

$$P(\{X_2 \in A_2\} \mid \{X_1 \in A_1\}) = \frac{P(\{X_1 \in A_1\} \cap \{X_2 \in A_2\})}{P(\{X_1 \in A_1\})}$$

die *bedingte Wahrscheinlichkeit von* $\{X_2 \in A_2\}$ *gegeben* $\{X_1 \in A_1\}$. Die beiden Zufallsvariablen sind also genau dann unabhängig, wenn

$$P(\{X_2 \in A_2\} \mid \{X_1 \in A_1\}) = P(\{X_2 \in A_2\})$$

für alle $A_1 \in \mathfrak{A}_1$ und $A_2 \in \mathfrak{A}_2$ mit $P(\{X_1 \in A_1\}) > 0$ gilt.

Sind X und Y unabhängig, reellwertig und integrierbar, so gilt $XY \in L^1$ mit

$$\mathrm{E}(XY) = \mathrm{E}(X)\,\mathrm{E}(Y),$$

und diese Eigenschaft bezeichnet man als *Unkorreliertheit* der Zufallsvariablen X und Y. Unabhängigkeit impliziert also Unkorreliertheit; die Umkehrung ist hingegen im allgemeinen falsch, siehe Aufgabe 1.4.

Wir beweisen die Unkorreliertheit für den Fall, daß die unabhängigen Zufallsvariablen $X, Y \in L^1$ diskrete Verteilungen

$$P_X(A) = \sum_{i=1}^{\infty} \alpha_i\, 1_A(x_i), \qquad P_Y(A) = \sum_{i=1}^{\infty} \beta_i\, 1_A(y_i)$$

besitzen. Aufgrund der Unabhängigkeit gilt dann

$$P(\{X = x\} \cap \{Y = y\}) = P(\{X = x\}) \cdot P(\{Y = y\})$$

für alle $x, y \in \mathbb{R}$, so daß sich die Verteilung der Zufallsvariablen XY zu

$$P_{XY}(A) = \sum_{i=1}^{\infty} \sum_{j=1}^{\infty} \alpha_i \beta_j\, 1_A(x_i y_j)$$

ergibt. Hiermit folgt

$$\mathrm{E}(XY) = \sum_{i=1}^{\infty} \sum_{j=1}^{\infty} \alpha_i \beta_j \cdot x_i y_j = \left(\sum_{i=1}^{\infty} \alpha_i x_i \right) \cdot \left(\sum_{j=1}^{\infty} \beta_j y_j \right) = \mathrm{E}(X)\,\mathrm{E}(Y).$$

Für quadratisch integrierbare, paarweise unkorrelierte Zufallsvariablen $X_1, \dots, X_n$ gilt die *Gleichung von Bienaymé*

$$\sigma^2 \left(\sum_{i=1}^{n} X_i \right) = \sum_{i=1}^{n} \sigma^2(X_i).$$

Wir betrachten zum Beweis die zentrierten Zufallsvariablen $Z_i = X_i - \mathrm{E}(X_i)$. Es gilt

$$\mathrm{E}(Z_i Z_j) = \mathrm{E}(X_i X_j) - \mathrm{E}(X_i)\,\mathrm{E}(X_j) = 0$$

für $i \neq j$, und somit

$$\sigma^2 \left(\sum_{i=1}^{n} X_i \right) = \mathrm{E} \left(\sum_{i=1}^{n} Z_i \right)^2 = \sum_{i,j=1}^{n} \mathrm{E}(Z_i Z_j) = \sum_{i=1}^{n} \mathrm{E}(Z_i^2) = \sum_{i=1}^{n} \sigma^2(X_i).$$

Kovarianz und Korrelationskoeffizient Die *Kovarianz* quadratisch integrierbarer Zufallsvariablen X und Y auf einem gemeinsamen Wahrscheinlichkeitsraum wird durch

$$\mathrm{Cov}(X,Y) = \mathrm{E}((X - \mathrm{E}(X))(Y - \mathrm{E}(Y)))$$

definiert. Aus der Linearität des Erwartungswertes ergibt sich

$$\mathrm{Cov}(X,Y) = \mathrm{E}(XY) - \mathrm{E}(X)\cdot\mathrm{E}(Y),$$

so daß X und Y genau dann unkorreliert sind, wenn $\mathrm{Cov}(X,Y) = 0$ gilt. Als Verallgemeinerung der Gleichung von Bienaymé erhält man

$$\sigma^2(X+Y) = \sigma^2(X) + \sigma^2(Y) + 2\,\mathrm{Cov}(X,Y).$$

Im Falle $\sigma(X) > 0$ und $\sigma(Y) > 0$ heißt

$$\rho(X,Y) = \frac{\mathrm{Cov}(X,Y)}{\sigma(X)\,\sigma(Y)}$$

der *Korrelationskoeffizient* von X und Y. Der Korrelationskoeffizient erfüllt

$$-1 \le \rho(X,Y) \le 1,$$

und gibt, grob gesprochen, den Grad und die Richtung eines linearen Zusammenhangs von X und Y an. Zur Präzisierung dieses Sachverhalts betrachten wir das *lineare Regressionsproblem*, die Zufallsvariable Y bestmöglich im quadratischen Mittel durch $a + bX$ mit $a, b \in \mathbb{R}$ zu approximieren. Die optimale Wahl von a und b ist

$$b^* = \rho(X,Y)\cdot\frac{\sigma(Y)}{\sigma(X)}, \qquad a^* = \mathrm{E}(Y) - b^*\cdot\mathrm{E}(X),$$

und der entsprechende Quadratmittel-Abstand ergibt sich zu

$$\mathrm{E}(Y - (a^* + b^*X))^2 = \sigma^2(Y)\cdot(1 - \rho^2(X,Y)),$$

siehe Aufgabe 1.5. Der Extremfall $|\rho(X,Y)| = 1$ tritt also genau dann ein, wenn $P(\{Y = a^* + b^*X\}) = 1$ gilt.

Konvention Soweit nichts anderes gesagt, bezeichnen wir im folgenden den jeweils zugrundeliegenden Wahrscheinlichkeitsraum mit $(\Omega, \mathfrak{A}, P)$.

1.3 Zufallszahlen und gleichverteilte Zufallsvariablen

Mit den bereitgestellten wahrscheinlichkeitstheoretischen Grundlagen können wir nun präzisieren, was wir unter einer von einem idealen Zufallszahlengenerator erzeugten Folge von Zufallszahlen verstehen wollen. Wir diskutieren dabei zunächst Zufallszahlen aus $[0,1]$.

Ein d-dimensionaler Zufallsvektor X heißt *gleichverteilt* auf dem Einheitswürfel $[0,1]^d$, falls er die Lebesgue-Dichte $h = 1_{[0,1]^d}$ besitzt. Dann folgt $P_X([0,1]^d) = 1$, und die Wahrscheinlichkeit dafür, daß X Werte in einer meßbaren Teilmenge A des Einheitswürfels annimmt, ist durch das Lebesgue-Maß $\lambda^d(A)$ dieser Menge bestimmt, d. h.

$$P_X(A) = \lambda^d(A) .$$

Zur Konstruktion eines solchen Zufallsvektors genügt es, eine unabhängige Folge von d reellwertigen, auf $[0,1]$ gleichverteilten Zufallsvariablen zu einem Zufallsvektor zusammenzufassen. Allgemeiner gilt der folgende Zerlegungssatz: Unterteilt man eine unabhängige Folge von $n \cdot d$ reellwertigen, auf $[0,1]$ gleichverteilten Zufallsvariablen $X_1, \ldots, X_{n \cdot d}$ in die disjunkten Blöcke

$$(X_1, \ldots, X_d), \ldots, (X_{(n-1)\cdot d+1}, \ldots, X_{n \cdot d}) ,$$

so erhält man eine unabhängige Folge von n Zufallsvektoren der Dimension d, die jeweils auf $[0,1]^d$ gleichverteilt sind.

Ein *idealer Generator* für Zufallszahlen aus $[0,1]$ ist durch eine unabhängige Folge $(X_i)_{i \in \mathbb{N}}$ von jeweils auf $[0,1]$ gleichverteilten Zufallsvariablen gegeben. Der n-malige Aufruf des idealen Generators liefert eine Realisierung

$$x_i = X_i(\omega) , \qquad i = 1, \ldots, n ,$$

von $X_1, \ldots, X_n$ mit festem $\omega \in \Omega$. Wir sprechen dann auch von n *Zufallszahlen* oder n zufälligen Punkten $x_1, \ldots, x_n$ aus $[0,1]$. Allgemeiner verstehen wir unter n *zufälligen Punkten* aus $[0,1]^d$ die Realisierung einer unabhängigen Folge von n jeweils auf $[0,1]^d$ gleichverteilten Zufallsvektoren. Solch eine Realisierung läßt sich nach dem Zerlegungssatz durch die Zusammenfassung von Zufallszahlen $x_1, \ldots, x_{n \cdot d}$ aus $[0,1]$ zu n Vektoren

$$(x_1, \ldots, x_d), \ldots, (x_{(n-1)\cdot d+1}, \ldots, x_{n \cdot d})$$

der Dimension d gewinnen.

Eine Zufallsvariable X heißt *gleichverteilt* auf einer endlichen Menge B mit N Elementen, falls ihre Verteilung diskret und durch gleiche Gewichte $1/N$ in den Punkten aus B gegeben ist. Dann folgt $P_X(B) = 1$, und die Wahrscheinlichkeit dafür, daß X Werte in einer Teilmenge A von B annimmt, beträgt

$$P_X(A) = \frac{|A|}{N} ,$$

wobei $|A|$ die Anzahl der Elemente von A bezeichnet. Ein *idealer Generator* für Zufallszahlen aus $B = \{0, \ldots, N-1\}$ ist durch eine unabhängige Folge $(X_i)_{i \in \mathbb{N}}$ von jeweils auf B gleichverteilten Zufallsvariablen gegeben. Der n-malige Aufruf des idealen Generators liefert eine Realisierung von $X_1, \ldots, X_n$, und wir sprechen dann auch von n *Zufallszahlen* aus B.

Die Gleichverteilung auf $B = \{0,\ldots,N-1\}$ gewinnt man leicht aus der Gleichverteilung auf $[0,1]$. Dazu verwenden wir die Funktion floor, die durch

$$\lfloor x \rfloor = \sup\{z \in \mathbb{Z} \mid z \le x\}$$

für $x \in \mathbb{R}$ gegeben ist, und setzen

$$f(x) = \lfloor N \cdot x \rfloor .$$

Ist X gleichverteilt auf $[0,1]$, so folgt

$$P(\{f(X) = i\}) = P(\{i/N \le X < (i+1)/N\}) = \frac{1}{N}$$

für $i \in B$, so daß $f(X)$ gleichverteilt auf B ist. Transformiert man also Zufallszahlen $x_1,\ldots,x_n$ aus $[0,1]$ durch f, so erhält man Zufallszahlen $f(x_1),\ldots,f(x_n)$ aus B.

Aufgaben

Aufgabe 1.1. Machen Sie sich mit der Benutzung des Mersenne Twisters und ggf. weiterer Generatoren aus Ihrer Standard-Software vertraut.

Aufgabe 1.2. Welche Eigenschaften erwarten Sie von Zufallszahlen? Nutzen Sie Ihre Vorkenntnisse aus der Stochastik. Machen Sie Experimente.

Aufgabe 1.3. Schreiben Sie eine Routine `test` (n,ℓ) mit Parametern $n,\ell \in \mathbb{N}$, die für jeden Generator aus Aufgabe 1.1 die Paare $(x_i, x_{i+\ell})$ für $i = 1,\ldots,n$ graphisch darstellt.

Die jeweiligen Graphiken sollten keine erkennbare geometrische Struktur aufweisen. Entsprechende Experimente werden bei Tests von Generatoren auch für k-Tupel mit $k \ge 3$ durchgeführt. Vor einiger Zeit zeigte ein Zufallszahlengenerator eines namhaften Herstellers hier Pathologien: alle Tripel (x_i, x_{i+1}, x_{i+2}) liegen auf 15 Ebenen in $\mathbb{R}^3$. Siehe Ripley [165, S. 23] und Gentle [63, S. 18].

Aufgabe 1.4. Konstruieren Sie zwei Zufallsvariablen, die unkorreliert, aber nicht unabhängig sind.

Aufgabe 1.5. Für Zufallsvariablen $X, Y \in L^2$ sowie $a, b \in \mathbb{R}$ sei

$$\widehat{Y}_{a,b} = a + bX ,$$

und es gelte $\sigma(X) > 0$ sowie $\sigma(Y) > 0$. Zeigen Sie, daß

$$\inf_{a,b \in \mathbb{R}} \mathrm{E}(Y - \widehat{Y}_{a,b})^2 = \mathrm{E}(Y - \widehat{Y}_{a^*,b^*})^2 = \sigma^2(Y) \cdot \left(1 - \rho^2(X,Y)\right)$$

mit

$$a^* = \mathrm{E}(Y) - b^* \mathrm{E}(X), \qquad b^* = \frac{\mathrm{Cov}(X,Y)}{\sigma^2(X)}$$

gilt.

Aufgabe 1.6. Für $n \in \mathbb{N}$ und unabhängige, jeweils auf $[0,1]$ gleichverteilte Zufallsvariablen U und V definieren wir

$$Y_n = U + nV - \lfloor U + nV \rfloor \in [0,1[\,.$$

Beweisen Sie, daß die Zufallsvariablen Y_n gleichverteilt auf $[0,1]$ und paarweise unabhängig sind.

Zeigen Sie hierfür zunächst, daß jede Zufallsvariable der Form $z + nV - \lfloor z + nV \rfloor$ mit $n \in \mathbb{N}$ und $z \in [0,\infty[$ gleichverteilt auf $[0,1]$ ist, und verwenden Sie außerdem die Tatsache, daß die Unabhängigkeit von Y_n und Y_m äquivalent ist zu

$$P(\{Y_n \le a\} \cap \{Y_m \le b\}) = P(\{Y_n \le a\}) \cdot P(\{Y_m \le b\})$$

für alle $a, b \in \mathbb{R}$, siehe Krengel [108, Abschn. 11.3].

Mit dieser Konstruktion von Bakhvalov [9] kann man auf einfache Weise aus den beiden Zufallsvariablen U und V eine ganze Folge von Zufallsvariablen gewinnen, die jeweils gleichverteilt auf $[0,1]$ und paarweise unabhängig sind. Siehe auch Joffe [96] für diese und verwandte Konstruktionen.

Aufgabe 1.7. Für $n \in \mathbb{N}$ und eine auf $[0,1]$ gleichverteilte Zufallsvariable U definieren wir

$$A_i = [(2i-1)/2^n, 2i/2^n[$$

sowie

$$X_n = \sum_{i=1}^{2^{n-1}} 1_{A_i}(U)\,.$$

Zeigen Sie, daß die Zufallsvariablen X_n eine unabhängige Folge bilden und jeweils gleichverteilt auf $\{0,1\}$ sind.

Betrachten Sie umgekehrt eine unabhängige Folge von Zufallsvariablen X_n, die jeweils auf $\{0,1\}$ gleichverteilt sind, und zeigen Sie, daß die durch

$$U = \sum_{n=1}^{\infty} X_n / 2^n$$

definierte Zufallsvariable gleichverteilt auf $[0,1]$ ist. Hierzu genügt es

$$P(\{U \le i/2^n\}) = i/2^n$$

für alle $n \in \mathbb{N}$ und $i \in \{0, \ldots, 2^n\}$ zu zeigen, siehe Irle [91, Satz 6.2].

Wir bemerken, daß $X_n(\omega)$ die n-te Stelle der Binärentwicklung von $U(\omega)$ ist.

Aufgabe 1.8. Ein Kasino bietet folgendes Spiel an: In jeder Spielrunde erhalten Sie mit Wahrscheinlichkeit p den verdoppelten Einsatz oder verlieren mit Wahrscheinlichkeit $1-p$ Ihren Einsatz. Dabei ist $0 < p \leq 1/2$, beim Roulette-Spiel gilt beispielsweise $p = 18/37$.

Sie betreten das Kasino mit Startkapital $x > 0$ und verlassen das Kasino

- entweder, wenn Ihr Kapital einen vorgegebenen Wert $z > x$ erreicht oder überschritten hat,
- oder, wenn Sie bankrott sind.

Entwickeln, simulieren und vergleichen Sie verschiedene Spielstrategien. Betrachten Sie etwa die relative Erfolgshäufigkeit in Abhängigkeit von x, z und der gewählten Strategie, beispielsweise für $x = 100$ und $z = 150$ oder $z = 300$. Naheliegend sind folgende Forderungen: man kann höchstens soviel einsetzen, wie man gegenwärtig besitzt, und alle Größen (z, x, Einsätze) sind natürliche Zahlen.

Weitere Informationen und analytische Ergebnisse zu diesem Thema finden Sie bei Dubins, Savage [49] und Jacobs [94, Chap. IX].

Kapitel 2
Algorithmen, Fehler und Kosten

In diesem Kapitel werden wir den Gegenstand unserer Betrachtungen, die Monte Carlo-Algorithmen, genauer beschreiben. Ein Grundverständnis von Algorithmen als Rechenvorschriften ist für viele Zwecke der Angewandten Mathematik unerläßlich, während eine exakte Definition des Begriffs Algorithmus oft gar nicht notwendig zu sein scheint. Spätestens, wenn man die Frage nach der Optimalität von Algorithmen für eine gegebene Problemstellung formulieren und beantworten möchte, ist eine mathematische Präzisierung des Begriffs Algorithmus jedoch unerläßlich, da Optimalität eine Aussage über die Gesamtheit aller Algorithmen beinhaltet. Dieselbe Notwendigkeit liegt auch dann vor, wenn man klären möchte, ob Monte Carlo-Algorithmen für eine gegebene Problemstellung besser als deterministische Algorithmen sind.

In Abschnitt 2.1 werden wir deshalb erklären, was Algorithmen sind. Das zugrundeliegende Berechenbarkeitsmodell ist das real number model, und dieser Name legt die Objekte fest, mit denen ein Algorithmus operieren kann.

Fehler und Kosten von Monte Carlo-Algorithmen werden in Abschnitt 2.2 definiert. Der Output eines Monte Carlo-Algorithmus wird sowohl vom Input wie auch von den erzeugten Zufallszahlen bestimmt. Da Zufallszahlen, die von einem idealen Zufallszahlengenerator erzeugt werden, Realisierungen unabhängiger, identisch verteilter Zufallsvariablen sind, wird die Beziehung zwischen einem festen Input f und den möglichen Outputs durch eine Zufallsvariable $M(f)$ beschrieben. Auf diese Weise werden wir in Abschnitt 2.2 den Fehler eines Algorithmus beim Input f als mittleren quadratischen Abstand von $M(f)$ zur gesuchten Lösung $S(f)$ definieren.

Zur Illustration der eingeführten Konzepte studieren wir in Abschnitt 2.3 ein Zählproblem. Hier gilt es, mit möglichst wenigen Bitabfragen die mittlere Anzahl von Einsen in einer Bitfolge zu bestimmen, und wir werden zeigen, daß Monte Carlo-Methoden bei dieser Problemstellung deterministischen Algorithmen weit überlegen sind.

T. Müller-Gronbach, E. Novak, K. Ritter, *Monte Carlo-Algorithmen*,
DOI 10.1007/978-3-540-89141-3_2, © Springer-Verlag Berlin Heidelberg 2012

2.1 Was ist ein Algorithmus?

Um den Begriff des Algorithmus definieren zu können, benötigt man ein Berechenbarkeitsmodell. In der Informatik und in der Diskreten Mathematik benutzt man meist das *bit number model* oder die *Turing-Maschine* und Zufallszahlengeneratoren für zufällige Bits, und gerechnet wird mit ganzen oder mit rationalen Zahlen. Für eine einführende Darstellung dieses Berechenbarkeitsmodells verweisen wir auf Cutland [40]. Ein umfassendes Lehrbuch über randomisierte Algorithmen für diskrete Probleme ist Motwani, Raghavan [138].

Dem vorliegenden Text liegt das für den Bereich des Wissenschaftlichen Rechnens und der Numerischen Mathematik wichtige *real number model* zugrunde. Zugelassen zur Programmierung sind darin die vier Grundrechenarten mit reellen Zahlen sowie Sprünge, die vom Ergebnis eines Vergleichs der Form $(a \leq b)$? abhängen.

Oft benötigt man neben diesen Operationen ein *Orakel*, das Funktionswerte zur Verfügung stellt. Input für viele numerische Berechnungen sind nämlich nicht nur reelle Zahlen, sondern auch Funktionen f aus einer gewissen Funktionenklasse. Man denke etwa an die numerische Integration mittels einer Quadraturformel. Wir nehmen an, daß diese Klasse aus reellwertigen Abbildungen auf einer Menge $G \subset \mathbb{R}^d$ besteht und daß für ihre Elemente f einzelne Funktionswerte $f(x)$ bestimmt werden können. Das Argument $x \in G$ wird durch den Algorithmus gewählt, und das Orakel liefert den Funktionswert $f(x)$.

Zufallszahlen aus $\{0,\ldots,N-1\}$ mit $N > 2$ lassen sich, wie wir in Abschnitt 1.3 gesehen haben, leicht aus Zufallszahlen aus $[0,1]$ gewinnen. Ebenso können hierzu in einfacher Weise Zufallszahlen aus $\{0,1\}$ verwendet werden, siehe Aufgabe 4.5. Aus diesem Grund beschränken wir uns auf die beiden Extremfälle von Generatoren für Zufallszahlen aus $[0,1]$ bzw. $\{0,1\}$.

Damit erhält man folgende Liste der möglichen Operationen zur Programmierung von Monte Carlo-Algorithmen:

- Input: endliche Folgen von reellen Zahlen und von Funktionen $f_1,\ldots,f_k$
- Arithmetische Operationen: die vier Grundrechenarten mit reellen Zahlen sowie indirekte Adressierung auf einer abzählbar unendlichen Menge von Registern
- Bedingte Sprünge, die vom Ergebnis eines Vergleichs $(a \leq b)$? abhängen
- Im Fall von randomisierten Algorithmen: Aufruf eines Zufallszahlengenerators für $x \in [0,1]$ oder $x \in \{0,1\}$
- Aufruf des Orakels: bestimme $f_i(x)$ an der Stelle $x \in G$
- Output: endliche Folge reeller Zahlen, die vom Input und von den erzeugten Zufallszahlen abhängt.

Wir erlauben außerdem noch die Verwendung *elementarer Funktionen* wie exp, log, cos oder die Funktion floor, siehe Abschnitt 1.3. Ferner werden in der Literatur auch Orakel betrachtet, die Werte $L(f)$ von linearen Funktionalen L aus einer vorgegebenen Menge Λ, wie etwa Fourier- oder Wavelet-Koeffizienten, berechnen können.

Eine Maschine, die solche Programme verarbeiten kann, nennt man *algebraische RAM mit Orakel*, wobei die Abkürzung RAM für random access machine steht. Das Wort „random" heißt zwar „zufällig", der Ausdruck „random access" wird aber in der Bedeutung „wahlfreier (direkter) Zugriff auf den Speicher" benutzt. Dieses Berechenbarkeitsmodell wird seit Jahrzehnten mehr oder weniger explizit benutzt, aber selten präzise beschrieben. Auch wir verzichten hier auf eine formale Darstellung und verweisen den interessierten Leser auf Novak [147].

Ein *randomisierter Algorithmus* oder Monte Carlo-Verfahren ist durch eine endliche Folge von Befehlen gemäß obiger Liste gegeben. Die Menge der randomisierten Algorithmen entspricht demnach der Menge aller Programme in einer höheren Programmiersprache, die den idealen Datentyp „reelle Zahl" und einen idealen Zufallszahlengenerator bereit stellt. Rundungsfehler werden somit außer acht gelassen, und das Orakel wird als „black box" betrachtet. Ein randomisierter Algorithmus, der keinen Aufruf des Zufallszahlengenerators enthält, wird als *deterministischer Algorithmus* bezeichnet. Die Klasse der deterministischen Algorithmen ist also eine echte Teilmenge der Klasse der randomisierten Algorithmen.

Beispiel 2.1. Ein wichtiges Anwendungsfeld von Monte Carlo-Methoden in der Numerik ist die Berechnung von Integralen. Dieser Fragestellung werden wir mehrfach begegnen. Für integrierbare Funktionen $f\colon [0,1] \to \mathbb{R}$ ist die *klassische Monte Carlo-Methode* durch

$$\frac{1}{n}\sum_{i=1}^{n} f(x_i)$$

mit Zufallszahlen $x_1,\ldots,x_n \in [0,1]$ gegeben. Das arithmetische Mittel von f an diesen zufällig gewählten Knoten wird als Näherung für

$$\int_0^1 f(x)\,\mathrm{d}x$$

verwendet.

Analog geht man bei integrierbaren Funktionen $f\colon [0,1]^d \to \mathbb{R}$ vor. Die benötigten n zufälligen Punkte $x_i \in [0,1]^d$ erhält man komponentenweise durch $n \cdot d$ Zufallszahlen aus $[0,1]$. Diese Konstruktion ist sehr einfach und auch in hohen Dimensionen d, d. h. für Funktionen f, die von einer großen Anzahl d von Variablen abhängen, anwendbar. In der Tat liegt die praktische Bedeutung der Monte Carlo-Integration bei der hochdimensionalen Integration.

Wir geben in Listing 2.1 exemplarisch einen entsprechenden MATLAB-Code an.

Listing 2.1 Der klassische Monte Carlo-Algorithmus zur numerischen Integration über $[0,1]^d$

```
function m = mc_classical(f,d,n)
m = 0;
for i = 1:n
   m = m + f(rand(1,d));
end;
m = m/n;
```

Der Befehl **rand**(1,d) bewirkt den d-maligen Aufruf des Zufallszahlengenerators und erzeugt einen Vektor von d Zufallszahlen aus $[0,1]$. Der anschließenden Auswertung des Integranden f entspricht in unserem Berechenbarkeitsmodell der Orakelaufruf. □

Traub, Wasilkowski, Woźniakowski [191] geben unter dem Titel „Information-Based Complexity“ eine umfassende Darstellung der *Komplexitätstheorie* numerischer Probleme im Rahmen des real number models mit Orakel. Als Einführung in dieses Gebiet nennen wir Traub, Werschulz [192]. Endlich viele Orakelaufrufe ermöglichen es Algorithmen in der Regel nicht, die Funktionen f_i oder auch nur die zugehörige Lösung des numerischen Problems exakt zu bestimmen. In diesem Sinn ist die Information, die Algorithmen über das zu lösende Problem gewinnen können, unvollständig, was von entscheidender Bedeutung für die Komplexitätstheorie ist und auch den oben genannten Zusatz „Information-Based“ erklärt. Wir werden das *Prinzip der unvollständigen Information* erstmals bei der Analyse eines Zählproblems in Abschnitt 2.3 und dann systematisch beim Studium der numerischen Integration in Kapitel 7 benutzen.

Lineare oder polynomiale Gleichungssysteme lassen sich durch eine endliche Anzahl von reellen Koeffizienten vollständig beschreiben, so daß man bei der Lösung solcher Systeme auf ein Orakel verzichten kann und nur die *algebraische RAM* verwendet. Die für das Konzept dieser Maschine grundlegende Arbeit stammt von Blum, Shub, Smale [23], und man spricht deshalb auch vom BSS-Modell. Eine umfassende Darstellung der Berechenbarkeits- und *Komplexitätstheorie* im Rahmen des BSS-Modells findet der Leser bei Blum, Cucker, Shub, Smale [22].

Wir werden im vorliegenden Text hauptsächlich stetige Probleme im real number model studieren, und wir verwenden dabei in der Regel den allgemeinen Zufallszahlengenerator „Wähle $x \in [0,1]$ zufällig“. Dies entspricht dem üblichen Vorgehen in der Numerischen Mathematik und im Wissenschaftlichen Rechnen; teilweise läßt man dort sogar die Verwendung allgemeinerer Verteilungen zu.

Um der Problematik der Erzeugung von Zufallszahlen wenigstens teilweise zu entgehen, konstruiert man auch Algorithmen, die anstelle von Zufallszahlen in $[0,1]$ nur wenige Zufallsbits benötigen, siehe Sugita [187]. Eine Übersicht hierzu geben Heinrich, Novak, Pfeiffer [83].

2.2 Fehler und Kosten einer Monte Carlo-Methode

Wir betrachten nun eine Menge F und eine Abbildung

$$S\colon F \to \mathbb{R},$$

deren Werte $S(f)$ mit Hilfe eines randomisierten Algorithmus näherungsweise berechnet werden sollen. Die Menge F besteht im allgemeinen aus Tupeln von Funktionen und reellen Zahlen, siehe Abschnitt 2.1, und der Algorithmus liefert reelle Zahlen als Output, die vom Input $f \in F$ und von den verwendeten Zufallszahlen abhängen können.

Zur funktionalen Beschreibung der Beziehung zwischen Input und Output eines Monte Carlo-Algorithmus stellen wir uns vor, daß vor der eigentlichen Berechnung bereits eine unendliche Folge von Zufallszahlen bereitgestellt wird, obwohl in die

Berechnung selbst nur ein endliches Anfangsstück dieser Folge über endlich viele Aufrufe des Zufallszahlengenerators eingeht. Wir bezeichnen dementsprechend je nach Art der verwendeten Zufallszahlen mit $\mathfrak{X}$ den Raum der Folgen $x = (x_i)_{i \in \mathbb{N}}$ in $[0,1]$ bzw. $\{0,1\}$.

Jeder randomisierte Algorithmus definiert eine Teilmenge

$$\mathfrak{T} \subset F \times \mathfrak{X},$$

die genau diejenigen Paare von Inputs f und Folgen x von Zufallszahlen enthält, für die der Algorithmus terminiert, und eine Abbildung

$$m\colon \mathfrak{T} \to \mathbb{R},$$

die jedem Paar $(f,x) \in \mathfrak{T}$ den zugehörigen Output $m(f,x)$ zuordnet. Die oben erwähnte Tatsache, daß der Output bereits durch ein endliches Anfangsstück von x bestimmt ist, läßt sich folgendermaßen fassen. Für alle $(f,x) \in \mathfrak{T}$ existiert ein Index $i_0 \in \mathbb{N}$, so daß für jede Folge $x' \in \mathfrak{X}$ mit $x'_i = x_i$ für $i \leq i_0$ auch $(f,x') \in \mathfrak{T}$ und

$$m(f,x) = m(f,x')$$

gilt.

Wir nehmen nun an, daß die Zufallszahlen von einem idealen Zufallszahlengenerator erzeugt wurden. Deshalb betrachten wir auf einem geeigneten Wahrscheinlichkeitsraum $(\Omega, \mathfrak{A}, P)$ eine unabhängige Folge von Zufallsvariablen X_i, die jeweils gleichverteilt auf $[0,1]$ bzw. $\{0,1\}$ sind, und mit

$$X(\omega) = (X_i(\omega))_{i \in \mathbb{N}} \in \mathfrak{X}$$

bezeichnen wir eine Realisierung dieser Folge. Schließlich definieren wir

$$M\colon F \times \Omega \to \mathbb{R}$$

durch

$$M(f,\omega) = m(f,X(\omega)), \tag{2.1}$$

falls $(f,X(\omega)) \in \mathfrak{T}$, und legen irgendeinen konstanten Wert für $M(f,\omega)$ im Falle von $(f,X(\omega)) \notin \mathfrak{T}$ fest.

Zur Vereinfachung der Darstellung setzen wir von den betrachteten Monte Carlo-Algorithmen stets voraus, daß für alle $f \in F$ folgende Eigenschaften gelten:

(i) Es existiert eine Menge $A \in \mathfrak{A}$, so daß $P(A) = 1$ und $(f,X(\omega)) \in \mathfrak{T}$ für alle $\omega \in A$ gilt.
(ii) Die Abbildung $M(f,\cdot)\colon \Omega \to \mathbb{R}$ ist eine Zufallsvariable.

Mit (i) stellen wir die sinnvolle Forderung, daß ein Algorithmus für jeden Input zumindest mit Wahrscheinlichkeit eins terminiert. Die Meßbarkeitseigenschaft (ii) ist eine technische Annahme. Wir schreiben fortan $M(f)$ für die Zufallsvariable $M(f,\cdot)$.

In dieser Weise definiert ein Monte Carlo-Algorithmus mit einer Inputmenge F eine Familie von Zufallsvariablen $(M(f))_{f\in F}$. Obwohl diese Familie den randomisierten Algorithmus als endliche Befehlsfolge nicht eindeutig bestimmt, werden wir randomisierte Algorithmen mit der jeweiligen Familie $(M(f))_{f\in F}$ identifizieren, sofern dadurch das Verständnis nicht erschwert wird. Es ist oft sogar zweckmäßiger, statt der Befehlsfolge direkt die Zufallsvariablen anzugeben.

Beispiel 2.2. Bei der bereits erwähnten numerischen Integration auf dem Integrationsbereich $[0,1]^d$ ist F eine Menge integrierbarer Funktionen auf $[0,1]^d$ und

$$S(f) = \int_{[0,1]^d} f(x)\,\mathrm{d}x\,.$$

Die klassische Monte Carlo-Methode zur Integration können wir nun durch einen Programm-Code wie in Beispiel 2.1 oder kurz durch

$$M(f) = \frac{1}{n}\sum_{i=1}^{n} f(X_i) \tag{2.2}$$

mit einer unabhängigen Folge $X_1,\dots,X_n$ von jeweils auf $[0,1]^d$ gleichverteilten Zufallsvektoren definieren. □

Erhält man für einen Input f als Output eines Algorithmus M die Realisierung $M(f)(\omega)$, so ergibt sich als Abweichung $|S(f)-M(f)(\omega)|$ zum gesuchten Wert $S(f)$ die entsprechende Realisierung der Zufallsvariablen $|S(f)-M(f)|$. Es liegt also nahe, den Fehler von M für $f\in F$ durch eine geeignete Mittelung zu definieren.

Definition 2.3. Sei $M(f)\in L^2$. Der *Fehler* der Monte Carlo-Methode M beim Input $f\in F$ (für die Approximation von S) ist gegeben durch

$$\Delta(M,f) = \big(\mathrm{E}(S(f)-M(f))^2\big)^{1/2}.$$

Für den Fehler gilt die Zerlegung

$$\Delta^2(M,f) = \sigma^2(M(f)) + \big(\mathrm{E}(M(f))-S(f)\big)^2,$$

wie sich leicht aus den Eigenschaften der Varianz ergibt, und man bezeichnet $\mathrm{E}(M(f))-S(f)$ als *Bias* von M beim Input f (für die Approximation von S). Besitzt M beim Input f den Bias null, so gilt

$$\Delta(M,f) = \sigma(M(f))\,.$$

Besitzt M für jedes $f\in F$ den Bias null, gilt also $M(f)\in L^1$ und

$$\mathrm{E}(M(f)) = S(f)$$

für jedes $f\in F$, so wird die Monte Carlo-Methode M als *erwartungstreu* (für die Approximation von S) auf F bezeichnet. In diesem Text werden nicht-erwartungstreue

Methoden beispielsweise in der Aufgabe 2.3, in den Abschnitten 4.5.5 und 5.2, in Kapitel 6 und in Abschnitt 7.3 studiert.

Die *Kosten* einer Berechnung im real number model kann man messen, indem man die Anzahl der Operationen zählt oder allgemeiner eine geeignet gewichtete Summe betrachtet. Wir ignorieren hier Input- und Kopierbefehle und setzen die Kosten eins für die arithmetischen Operationen, die Vergleichsoperation und die Auswertung elementarer Funktionen fest. Der Einfachheit halber nehmen wir an, daß auch der Aufruf des Zufallszahlengenerators für ein zufälliges Bit bzw. für eine zufällige Zahl in $[0,1]$ eine Einheit kostet. Orakelaufrufe zur Auswertung reellwertiger Funktionen auf einer Menge $G \subset \mathbb{R}^d$ erfordern die Übergabe der d Koordinaten eines Punktes $x \in G$ an das Orakel und entsprechen oft komplizierten Berechnungen oder gar physikalischen Messungen, die viel teurer sein können als einfache arithmetische Operationen. Daher legen wir die Kosten pro Orakelaufruf als ganze Zahl

$$\mathbf{c} \geq d$$

fest und stellen uns meist vor, daß $\mathbf{c}$ viel größer als d ist.

Bei randomisierten Algorithmen können die Kosten einer Berechnung nicht nur vom Input des Algorithmus, sondern auch von den verwendeten Zufallszahlen abhängen. In Analogie zu (2.1) und der Forderung (ii) nehmen wir deshalb an, daß die Kosten zur Berechnung von $M(f)$ durch die Monte Carlo-Methode M für jeden Input $f \in F$ durch eine Zufallsvariable

$$\operatorname{cost}(M, f, \cdot) \colon \Omega \to \mathbb{N}$$

gegeben sind. Als Beispiel eines Monte Carlo-Verfahrens mit deterministischen Kosten nennen wir die numerische Integration mittels (2.2). Im Gegensatz dazu sind die Kosten bei der Monte Carlo-Simulation der Ruinprobleme aus Aufgabe 1.8 und Abschnitt 3.2.6 und bei der Monte Carlo-Methode zur Bewertung von Barriere-Optionen aus Abschnitt 3.2.5 zufallsabhängig.

Die Kosten der Methode M für $f \in F$ definieren wir durch Mittelung über alle möglichen Realisierungen $\operatorname{cost}(M, f, \omega)$.

Definition 2.4. Sei $\operatorname{cost}(M, f, \cdot) \in L^1$. Die *Kosten* der Monte Carlo-Methode M beim Input $f \in F$ sind gegeben durch

$$\operatorname{cost}(M, f) = \mathrm{E}(\operatorname{cost}(M, f, \cdot)).$$

Die Definitionen 2.3 und 2.4 gelten insbesondere für deterministische Algorithmen, also für den Fall, daß $m(f, x)$ für alle $f \in F$ nicht von x abhängt. Damit sind $M(f, \cdot)$ und $\operatorname{cost}(M, f, \cdot)$ für alle $f \in F$ konstant und die Bildung des Erwartungswertes kann entfallen.

Beispiel 2.5. Die Berechnung der Kosten für die klassische Monte Carlo-Methode zur numerischen Integration gestaltet sich besonders einfach, wenn man sich statt der Implementation aus Listing 2.1 eine Version ohne Schleife vorstellt. Dann erfolgen n Orakelaufrufe und $n \cdot d$ Aufrufe des Zufallszahlengenerators sowie $n - 1$

Additionen und eine Division. Dies ergibt

$$\mathrm{cost}(M,f) = \mathrm{cost}(M,f,\omega) = n \cdot (\mathbf{c} + d + 1). \qquad \square$$

Kann man Fehler oder Kosten nicht exakt bestimmen, so studiert man das asymptotische Verhalten dieser Größen. Zwei Folgen nicht-negativer reeller Zahlen a_n und b_n bezeichnen wir als *schwach asymptotisch äquivalent* und schreiben kurz

$$a_n \asymp b_n,$$

falls

$$c_1 \cdot a_n \leq b_n \leq c_2 \cdot a_n$$

für hinreichend großes n mit Konstanten $0 < c_1 \leq c_2$ gilt. Die Konstanten können von weiteren, im Kontext genannten Parametern abhängen.

Für die klassische Monte Carlo-Methode zur numerischen Integration ergibt sich

$$\mathrm{cost}(M,f) \asymp n \cdot \mathbf{c}.$$

Diese Asymptotik gilt gleichmäßig für alle $f \in F$ und $\mathbf{c} \geq d$ und ist auch für die Implementation mit einer Schleife gültig. Die entsprechenden Konstanten c_1 und c_2 können nahe bei eins gewählt werden.

2.3 Ein Zählproblem

Für $N \in \mathbb{N}$ betrachten wir die Menge

$$F = \{0,1\}^N = \{f \mid f\colon \{1,\ldots,N\} \to \{0,1\}\}$$

aller Bitfolgen der Länge N. Zur näherungsweisen Bestimmung des relativen Anteils

$$S(f) = \frac{1}{N} \sum_{x=1}^{N} f(x)$$

der Einsen von $f \in F$ untersuchen wir Algorithmen, die eine feste Anzahl von $n < N$ Bits von f erfragen können. Verfügbar ist also ein Orakel, das für $x \in G = \{1,\ldots,N\}$ den Wert $f(x) \in \{0,1\}$ liefert. Jede Teilmenge $A \subset G$ können wir mit der Funktion $f = 1_A \in F$ identifizieren, und das Orakel gibt für $x \in G$ an, ob x zur Menge A gehört. Mit der Berechnung von $S(f)$ erhalten wir die Mächtigkeit $|A| = N \cdot S(1_A)$. Die vorliegende Problemstellung wird daher auch als *Zählproblem* bezeichnet.

Ein naheliegendes deterministisches Verfahren ist durch

$$M_n^*(f) = \frac{1}{N}\left(\sum_{x=1}^{n} f(x) + (N-n)/2\right)$$

gegeben. Man erfragt hier also für jede Bitfolge die ersten n Bits und nimmt an, daß die Hälfte der verbleibenden $N-n$ Bits den Wert eins annehmen. Für alle $f \in F$ gilt

$$\Delta(M_n^*, f) = |S(f) - M_n^*(f)| = \frac{1}{N} \left| \sum_{x=n+1}^{N} f(x) - (N-n)/2 \right| \leq \frac{N-n}{2N},$$

und für Bitfolgen der Form $(f(1), \ldots, f(n), 1, \ldots, 1)$ oder $(f(1), \ldots, f(n), 0, \ldots, 0)$ gilt hier Gleichheit, so daß sich die Abschätzung im allgemeinen nicht verbessern läßt. Dies zeigt

$$\sup_{f \in F} \Delta(M_n^*, f) = \frac{N-n}{2N} \tag{2.3}$$

für den *maximalen Fehler* des Algorithmus M_n^* auf der Klasse F aller Bitfolgen.

Läßt sich durch eine andere deterministische Vorgehensweise ein kleinerer maximaler Fehler erreichen? Man sieht leicht, daß dies nicht der Fall ist. Dazu betrachten wir ein beliebiges deterministisches Verfahren M_n, das n Bits erfragt. Die Orakelaufrufe können sequentiell erfolgen, aber nach n Aufrufen sind immer noch $N-n$ Bits unbekannt, was im ungünstigsten Fall zu einem Fehler von mindestens $(N-n)/(2N)$ führt.

Zur Formalisierung dieses Arguments bezeichnen wir mit $G(M_n)$ die Menge derjenigen $x \in G$, mit denen der Algorithmus M_n beim Input $f_0 = 0$ das Orakel aufruft. Wir betrachten nun eine Bitfolge $f_1 \in F$, die

$$f_1(x) = 0, \qquad x \in G(M_n),$$

erfüllt. Induktiv folgt dann, daß der Algorithmus für f_1 und f_0 die gleichen Bits erfragt und jeweils den gleichen Wert erhalten hat. Der Algorithmus kann also f_1 und f_0 nicht unterscheiden, woraus sich

$$M_n(f_1) = M_n(f_0)$$

ergibt. Für die spezielle Wahl

$$f_1 = 1 - 1_{G(M_n)}$$

gilt $S(f_1) = (N-n)/N$, während $S(f_0) = 0$. Für mindestens eine der beiden Bitfolgen f_0 und f_1 weicht der Output des Algorithmus also um mindestens $(N-n)/(2N)$ vom exakten Wert ab, und damit ist

$$\sup_{f \in F} \Delta(M_n, f) \geq \sup_{i=0,1} |S(f_i) - M_n(f_i)| \geq \frac{N-n}{2N} \tag{2.4}$$

gezeigt. Wir haben mit dem Prinzip der unvollständigen Information bewiesen, daß der Algorithmus M_n^* den kleinstmöglichen maximalen Fehler hat, den deterministische Algorithmen mit n Bitabfragen erreichen können.

Wir konstruieren nun einen wesentlich besseren randomisierten Algorithmus, wobei wir der Einfachheit halber annehmen, daß N ein Vielfaches von n ist. Wir setzen $k = N/n$ und verwenden eine unabhängige Folge von jeweils auf $\{1,\dots,k\}$ gleichverteilten Zufallsvariablen $X_1,\dots,X_n$, und wir definieren

$$\widetilde{M}_n(f) = \frac{1}{n}\sum_{i=1}^{n} f((i-1)k + X_i)\,.$$

Man wählt hier also unabhängig und jeweils nach der Gleichverteilung in den disjunkten Blöcken $B_i = \{(i-1)k+1,\dots,ik\}$ der Länge k ein Bit und approximiert $S(f)$ durch den relativen Anteil der Einsen in dieser Stichprobe. In Beispiel 5.18 werden wir dieses Vorgehen als Spezialfall einer Varianzreduktionsmethode erkennen.

Zur Fehleranalyse dieser Methode bezeichnen wir mit

$$v_i(f) = \frac{1}{k}\sum_{x\in B_i} f(x)$$

den relativen Anteil der Einsen der Bitfolge f im Block B_i. Die Zufallsvariablen $Y_i(f) = f((i-1)k + X_i)$ bilden eine unabhängige Folge, und es gilt

$$P(\{Y_i(f) = 1\}) = 1 - P(\{Y_i(f) = 0\}) = v_i(f)\,.$$

Es folgt

$$\mathrm{E}(Y_i(f)) = v_i(f)$$

und

$$\sigma^2(Y_i(f)) = v_i(f)\cdot(1 - v_i(f)) \le \frac{1}{4}\,,$$

so daß sich

$$\mathrm{E}(\widetilde{M}_n(f)) = S(f)$$

und nach der Gleichung von Bienaymé

$$\sigma^2(\widetilde{M}_n(f)) \le \frac{1}{4n}$$

für alle $f \in F$ ergibt. Dabei gilt Gleichheit, falls $v_i(f) = 1/2$ für alle i erfüllt ist. Zusammenfassend erhalten wir

$$\sup_{f\in F} \Delta(\widetilde{M}_n, f) \le \frac{1}{2\sqrt{n}} \tag{2.5}$$

mit Gleichheit, falls k eine gerade Zahl ist.

Der Vergleich der oberen Schranke (2.5) für den maximalen Fehler des randomisierten Algorithmus $\widetilde{M}_n$ mit der unteren Schranke (2.4) für den maximalen Fehler beliebiger deterministischer Algorithmen zeigt, wann $\widetilde{M}_n$ allen deterministischen Algorithmen, die ebenfalls n Bitabfragen verwenden, überlegen ist. Wir setzen

$$\lceil x\rceil = \inf\{z \in \mathbb{Z} \mid z \ge x\}$$

für $x \in \mathbb{R}$. Um mittels deterministischer Algorithmen einen maximalen Fehler von höchstens $\varepsilon \in]0,1/2[$ zu erreichen, benötigt man nach (2.4) mindestens

$$n^{\text{det}} = \lceil N \cdot (1 - 2\,\varepsilon) \rceil$$

Bitabfragen, und diese Anzahl wächst linear in N. Der Algorithmus $\widetilde{M}_n$ erreicht diese Genauigkeit nach (2.5) unabhängig von N mit

$$\widetilde{n} = \left\lceil \frac{1}{4\,\varepsilon^2} \right\rceil$$

Bitabfragen. Überlegenheit von $\widetilde{M}_n$ bedeutet $n^{\text{det}} > \widetilde{n}$, und dies ist im wesentlichen für

$$N > \frac{1}{4\,\varepsilon^2 \cdot (1 - 2\,\varepsilon)} \tag{2.6}$$

erfüllt. Beispielsweise ist für $\varepsilon = 10^{-2}$ die Methode $\widetilde{M}_n$ ab $N = 2552$ besser als alle deterministischen Verfahren.

Diese Feststellung ändert sich nur unwesentlich, wenn man beim Vergleich statt der Anzahl n der Orakelaufrufe die algorithmischen Kosten, die wir hier mit n' bezeichnen, zugrunde legt. Einerseits kann man in der unteren Schranke (2.4) auf der rechten Seite n sogar durch $\lfloor n'/\mathbf{c} \rfloor \le n'$ ersetzen, da mit Kosten n' höchstens $\lfloor n'/\mathbf{c} \rfloor$ Orakelaufrufe möglich sind. Dies entspricht der Tatsache, daß wir im Beweis von (2.4) bis auf die Orakelaufrufe alle möglichen weiteren Operationen eines beliebigen deterministischen Verfahrens außer acht gelassen haben. Andererseits gilt $\sup_{f \in F} \text{cost}(\widetilde{M}_n, f) \asymp n \cdot \mathbf{c}$, so daß die Kosten des randomisierten Algorithmus $\widetilde{M}_n$ proportional zu n sind.

Zu beachten ist bei einem Vergleich dieser Art, daß (2.5) eine Aussage über einen mittleren Fehler macht. Im Extremfall liefert der Monte Carlo-Algorithmus eine Realisierung $\widetilde{M}_n(f,\omega) = 1$, während $S(f) = n/N$ gilt. Die Wahrscheinlichkeit solcher Abweichungen läßt sich jedoch mit Hilfe der Tschebyschev-Ungleichung durch

$$P(\{|S(f) - \widetilde{M}_n(f)| \ge \varepsilon\}) \le \frac{1}{4n \cdot \varepsilon^2}$$

für alle $f \in F$ und $\varepsilon > 1/(2\sqrt{n})$ abschätzen. Für $\varepsilon = 10^{-2}$ und $n = 10^6$ ergibt sich beispielsweise die obere Schranke $2.5 \cdot 10^{-3}$. Diese Schranke ist zwar korrekt, aber viel zu pessimistisch. Mit Hilfe einer Variante der Hoeffding-Ungleichung, siehe Abschnitt 3.4 und Aufgabe 3.13, zeigt sich, daß die Wahrscheinlichkeit in dieser Situation weniger als $2.8 \cdot 10^{-87}$ beträgt und daß man bereits für $n = 3 \cdot 10^4$ und $\varepsilon = 10^{-2}$ eine Wahrscheinlichkeit von weniger als $2.5 \cdot 10^{-3}$ erhält.

Zählprobleme werden vielfach studiert, wobei oft der relative Fehler betrachtet wird, siehe Motwani, Raghavan [138, Chap. 11]. Als Gütekriterium für randomisierte Algorithmen M dient dann die Wahrscheinlichkeit $P(\{|S(f) - M(f)| \le \varepsilon \cdot S(f)\})$ mit einer festen Schranke $\varepsilon > 0$.

Aufgaben

Aufgabe 2.1. Betrachten Sie für das Zählproblem aus Abschnitt 2.3 den durch

$$M_n(f) = \frac{1}{n} \sum_{i=1}^{n} f(X_i)$$

definierten randomisierten Algorithmus, der eine unabhängige Folge von jeweils auf $\{1,\dots,N\}$ gleichverteilten Zufallsvariablen $X_1,\dots,X_n$ verwendet.

a) Zeigen Sie, daß M_n erwartungstreu ist und für alle $f \in F$ den Fehler

$$\Delta(M_n, f) = \sigma(M_n(f)) = \left(\frac{S(f)\cdot(1-S(f))}{n}\right)^{1/2}$$

besitzt.

b) Es gelte $N = kn$ mit $k \in \mathbb{N}$. Betrachten Sie den ebenfalls erwartungstreuen randomisierten Algorithmus $\widetilde{M}_n$ aus Abschnitt 2.3 und zeigen Sie, daß

$$\sigma^2(\widetilde{M}_n(f)) = \sigma^2(M_n(f)) - \frac{1}{n^2} \sum_{i=1}^{n} (v_i(f) - S(f))^2$$

für alle $f \in F$ gilt.

Der Algorithmus $\widetilde{M}_n$, der auf einer Zerlegung von $\{1,\dots,N\}$ in n disjunkte Blöcke der Länge k beruht, ist also für jeden Input f mindestens so gut wie der Algorithmus M_n. Die Verbesserung ist umso größer, je unterschiedlicher die Anzahlen der Einsen in den disjunkten Blöcken ist.

Aufgabe 2.2. Gegeben seien $N,K,n \in \mathbb{N}$ mit $K \le N$ und $n \le N$. Eine reellwertige Zufallsvariable X heißt *hypergeometrisch* verteilt mit den Parametern N, K, und n, falls

$$P(\{X = k\}) = \binom{K}{k}\binom{N-K}{n-k} \Big/ \binom{N}{n}$$

für $k \in \mathbb{N}$ mit $\max(0, n-N+K) \le k \le \min(n,K)$ gilt.

Die hypergeometrische Verteilung wird unter anderem in der Stichprobentheorie in der Statistik verwendet. Entnimmt man einer Urne mit N Kugeln, von denen genau K Kugeln schwarz sind, eine Stichprobe von n Kugeln gemäß einer Gleichverteilung, so ist die Anzahl der schwarzen Kugeln in der Stichprobe hypergeometrisch verteilt.

a) Zur Formalisierung des zuletzt genannten Sachverhalts sei $G = \{1,\dots,N\}$ und $f\colon G \to \{0,1\}$. Für $A \subset G$ setzen wir

$$f[A] = \sum_{x \in A} f(x).$$

Sei Y_n eine auf $\mathfrak{G}_n = \{A \subset G \mid |A| = n\}$ gleichverteilte Zufallsvariable, d. h., es gilt

$$P(\{Y_n = A\}) = 1/\binom{N}{n}$$

für alle $A \in \mathfrak{S}_n$. Zeigen Sie, daß die Zufallsvariable $f[Y_n]$ hypergeometrisch mit den Parametern N, $K = f[G]$ und n verteilt ist.

b) Zeigen Sie

$$\mathrm{E}(X) = \frac{nK}{N}, \qquad \sigma^2(X) = \frac{n(N-n)(N-K)K}{N^2(N-1)}$$

für den Erwartungswert und die Varianz einer hypergeometrisch mit den Parametern N, K und n verteilten Zufallsvariablen X.

Aufgabe 2.3. Unter Verwendung der Notation aus Aufgabe 2.2 a) definieren wir Algorithmen für das Zählproblem aus Abschnitt 2.3 durch

$$M_{c,n}(f) = 1/2 + c\,(f[Y_n] - n/2),$$

wobei wir $c \in \mathbb{R}$ und $0 < n < N$ annehmen.

a) Zeigen Sie, daß $M_{c,n}$ genau dann erwartungstreu ist, wenn $c = 1/n$ gilt.

b) Zeigen Sie, daß $M_{c,n}$ für $f \in F$ den Fehler

$$\Delta(M_{c,n}, f) = \left((1-cn)^2(S(f)-1/2)^2 + c^2\,\frac{n(N-n)}{N-1}\,(1-S(f))\cdot S(f)\right)^{1/2}$$

besitzt. Bestimmen Sie den maximalen Fehler $\sup_{f\in F} \Delta(M_{c,n}, f)$ von $M_{c,n}$ auf F.

c) Zeigen Sie für die Wahl

$$c^* = \left(n + (n(N-n)/(N-1))^{1/2}\right)^{-1},$$

daß

$$\sup_{f\in F} \Delta(M_{c^*,n}, f) = \inf_{c\in\mathbb{R}} \sup_{f\in F} \Delta(M_{c,n}, f) = 1/2\cdot\left(1 + (n(N-1)/(N-n))^{1/2}\right)^{-1}$$

gilt. Was bedeutet dies für große Werte von N?

Der Algorithmus $M_{c^*,n}$ besitzt also den kleinstmöglichen maximalen Fehler unter allen Algorithmen $M_{c,n}$. Mit allgemeinen Resultaten aus der Mathematischen Statistik ergibt sich, daß $M_{c^*,n}$ diese Optimalitätseigenschaft sogar unter allen Algorithmen der Form $M_n(f) = g(f[Y_n])$ mit einer meßbaren Abbildung $g\colon \mathbb{R} \to \mathbb{R}$ besitzt. Siehe Lehmann, Casella [113, Example 5.1.19].

Die Algorithmen M_n^* und $\widetilde{M}_n$ aus Abschnitt 2.3 gehören beide nicht zu der in c) betrachteten Klasse von Algorithmen $M_{c,n}$. Der Vergleich mit (2.3) und (2.5) zeigt

$$\sup_{f\in F} \Delta(M_{c^*,n}, f) \le \sup_{f\in F} \Delta(M_n^*, f)$$

für alle $0 < n < N$ mit Gleichheit nur im Fall $n = N-1$, und

$$\sup_{f \in F} \Delta(M_{c^*,n}, f) < \sup_{f \in F} \Delta(\widetilde{M}_n, f)$$

für alle $0 < n < N$. Tatsächlich kann man sogar nachweisen, daß $M_{c^*,n}$ unter allen randomisierten Algorithmen, die n Orakelaufrufe verwenden, den kleinsten maximalen Fehler auf F besitzt. Siehe Mathé [127].

Aufgabe 2.4. Gegeben sei eine große natürliche Zahl k, etwa $k = 10^{10}$. Berechnen Sie näherungsweise den Anteil der Paare $(a,b) \in \{1,\ldots,k\}^2$ von teilerfremden Zahlen a und b.

Für weitere Informationen und analytische Ergebnisse verweisen wir auf Hardy, Wright [79, Abschn. 18.5].

Kapitel 3
Das Verfahren der direkten Simulation

Die klassische Monte Carlo-Methode zur Integration von Funktionen $f\colon [0,1]^d \to \mathbb{R}$ verwendet eine unabhängige Folge von jeweils auf $[0,1]^d$ gleichverteilten Zufallsvektoren X_i und approximiert das Integral

$$S(f) = \int_{[0,1]^d} f(x)\,\mathrm{d}x$$

durch

$$M(f) = \frac{1}{n} \sum_{i=1}^{n} f(X_i)\,. \tag{3.1}$$

Dies ist ein Beispiel für das sogenannte Verfahren der direkten Simulation, bei dem eine reelle Zahl a, hier das Integral $S(f)$, durch das arithmetische Mittel einer unabhängigen Folge von identisch verteilten Zufallsvariablen mit Erwartungswert a approximiert wird.

In den Abschnitten 3.1 und 3.2 untersuchen wir den Fehler, die Kosten und erste Konvergenzeigenschaften der direkten Simulation und zeigen ihre vielfältige Einsetzbarkeit. Das starke Gesetz der großen Zahlen und der zentrale Grenzwertsatz sind unmittelbar auf die direkte Simulation anwendbar und führen, wie wir in Abschnitt 3.3 zeigen, zu einem vertieften Verständnis des asymptotischen Verhaltens dieser Methode. In Abschnitt 3.4 lernen wir die Hoeffding-Ungleichung kennen, die zur Abschätzung von Fehlerwahrscheinlichkeiten eingesetzt wird. Abschnitt 3.5 behandelt Methoden der Mathematischen Statistik, mit deren Hilfe sich auf einfache Weise aus den Ergebnissen einer direkten Simulation auch Aussagen über die Güte der Approximation gewinnen lassen. Dieser Vorteil, den die direkte Simulation gegenüber deterministischen Algorithmen besitzt, sollte bei jedem Einsatz genutzt werden. Die Ergebnisse aus Abschnitt 3.6 über Stoppzeiten und Unabhängigkeit werden immer dann benötigt, wenn die Anzahl der Zufallszahlen, die in eine Simulation eingehen, erst im Laufe derselben bestimmt werden. Als Beispiel hierfür nennen wir Ruinprobleme und erinnern an Aufgabe 1.8.

Wir führen an dieser Stelle eine vereinfachte Schreibweise ein. Falls der Input eines Algorithmus im Kontext fixiert ist oder gar nicht benötigt wird, schreiben wir

T. Müller-Gronbach, E. Novak, K. Ritter, *Monte Carlo-Algorithmen*,
DOI 10.1007/978-3-540-89141-3_3,

$$M = M(f), \qquad \Delta(M) = \Delta(M, f), \qquad \mathrm{cost}(M) = \mathrm{cost}(M, f)$$

und setzen

$$a = S(f).$$

3.1 Direkte Simulation

Die einfachste Monte Carlo-Methode zur Approximation einer reellen Zahl a ist das Verfahren der direkten Simulation. Dieser Methode werden wir in vielen Varianten immer wieder begegnen. Man konstruiert dazu eine reellwertige Zufallsvariable Y mit der Eigenschaft

$$\mathrm{E}(Y) = a,$$

die als *Basisexperiment* der direkten Simulation bezeichnet wird. Nun wird eine unabhängige Folge $(Y_i)_{i \in \mathbb{N}}$ von reellwertigen Zufallsvariablen betrachtet, die jeweils dieselbe Verteilung wie Y besitzen. Man spricht auch von unabhängigen Kopien oder Wiederholungen von Y oder bezeichnet $(Y_i)_{i \in \mathbb{N}}$ als unabhängige Folge von identisch wie Y verteilten Zufallsvariablen. Schließlich wird a durch eine Realisierung $D_n(\omega)$ von

$$D_n = \frac{1}{n} \sum_{i=1}^{n} Y_i \tag{3.2}$$

approximiert. Die reellwertige Zufallsvariable D_n nennt man eine *direkte Simulation* für die Approximation von a. Offenbar gilt die Erwartungstreue

$$\mathrm{E}(D_n) = a$$

und somit

$$\Delta(D_n) = \sigma(D_n) = (\mathrm{E}(D_n - a)^2)^{1/2}$$

im Fall eines quadratisch integrierbaren Basisexperiments.

Beispiel 3.1. Die klassische Monte Carlo-Methode zur numerischen Integration beruht auf dem Basisexperiment $Y = Y(f) = f(X)$ mit einem auf $[0,1]^d$ gleichverteilten Zufallsvektor X. Hier ergibt sich $\mathrm{E}(Y) = \int_{[0,1]^d} f(x)\,\mathrm{d}x = a$ nach dem Transformationssatz, und (3.1) entspricht (3.2) mit den Zufallsvariablen $Y_i = Y_i(f) = f(X_i)$.

Eine direkte Simulation zum Zählproblem haben wir in Aufgabe 2.1 behandelt. Der Algorithmus $\widetilde{M}_n$ für diese Fragestellung, den wir in Abschnitt 2.3 analysiert haben, ist keine direkte Simulation. □

Bei der direkten Simulation stellen sich nunmehr folgende Fragen:

1. In welchem Sinn und wie schnell konvergiert D_n gegen a?
2. Wie ist das Basisexperiment Y zu wählen?
3. Wie kann man Y mit Hilfe von Zufallszahlen simulieren?

Wir behandeln in diesem Kapitel die ersten beiden Fragen. Dabei nehmen wir an, daß ein Algorithmus zur Berechnung des Basisexperiments Y zur Verfügung steht und somit auch D_n implementiert werden kann. Gemäß Abschnitt 2.2 fassen wir die reellwertige Zufallsvariable D_n als Monte Carlo-Methode zur Approximation von a mit Kosten $\mathrm{cost}(D_n)$ auf. Die dritte Frage wird in Kapitel 4 genauer behandelt.

Satz 3.2. *Sei $Y \in L^2$. Für den Fehler der direkten Simulation D_n gilt*

$$\Delta(D_n) = \frac{1}{\sqrt{n}} \cdot \sigma(Y).$$

Beweis. Mit der Unabhängigkeit von $Y_1, \ldots, Y_n$ und der Gleichung von Bienaymé folgt

$$\Delta^2(D_n) = \frac{1}{n^2} \cdot \sigma^2\left(\sum_{i=1}^{n} Y_i\right) = \frac{1}{n^2} \cdot \sum_{i=1}^{n} \sigma^2(Y_i) = \frac{1}{n} \cdot \sigma^2(Y),$$

da die Varianzen der Zufallsvariablen Y_i mit jener von Y übereinstimmen. □

Wir bemerken ergänzend, daß Satz 3.2 bereits für paarweise unkorrelierte und identisch verteilte Zufallsvariablen $Y_1, \ldots, Y_n$ mit $\mathrm{E}(Y_1) = a$ gilt. Siehe hierzu auch Aufgabe 1.6.

Im folgenden setzen wir $Y \in L^2$ voraus. Bei der direkten Simulation gilt offenbar

$$\lim_{n \to \infty} \Delta(D_n) = 0,$$

was als *Quadratmittel-Konvergenz* der Zufallsvariablen D_n gegen a bezeichnet wird. Weiter liefert die Tschebyschev-Ungleichung sofort

$$P(\{|D_n - a| \geq \varepsilon\}) \leq \frac{\sigma^2(Y)}{\varepsilon^2} \cdot \frac{1}{n},$$

woraus

$$\lim_{n \to \infty} P(\{|D_n - a| \geq \varepsilon\}) = 0 \tag{3.3}$$

für jedes $\varepsilon > 0$ folgt. Diese Konvergenz der Zufallsvariablen D_n gegen a wird als *stochastische Konvergenz* bezeichnet, und (3.3) ist das sogenannte *schwache Gesetz der großen Zahlen*.

Die direkte Simulation D_n aus (3.2) läßt sich so implementieren, daß

$$\mathrm{cost}(D_n) \asymp n \cdot \mathrm{cost}(Y)$$

gilt. Hierbei gilt die asymptotische Äquivalenz gleichmäßig für alle Basisexperimente Y. Man erhält also mit Satz 3.2 folgendes Ergebnis.

Korollar 3.3. *Sei $Y \in L^2$. Für den Fehler und die Kosten der direkten Simulation D_n gilt*

$$\Delta(D_n) \asymp \mathrm{cost}(D_n)^{-1/2} \cdot \sqrt{\mathrm{cost}(Y)} \cdot \sigma(Y)$$

gleichmäßig für alle Basisexperimente Y.

Daher sagt man, daß diese einfachste Monte Carlo-Methode die *Konvergenzordnung* $1/2$ besitzt. Die für einen vorgegebenen Fehler $\varepsilon = \Delta(D_n)$ nötigen Kosten sind proportional zu $\varepsilon^{-2} \cdot \mathrm{cost}(Y) \cdot \sigma^2(Y)$. Wir erkennen die Bedeutung der Wahl des Basisexperiments Y: unter allen Basisexperimenten sucht man solche, die das Produkt aus Kosten und Varianz minimieren.

Wir diskutieren kurz die direkte Simulation unter der schwächeren Integrierbarkeitsannahme $\mathrm{E}(|Y|^r) < \infty$ mit $1 < r < 2$. Hier zeigt eine Ungleichung von v. Bahr und Esseen [7, Thm. 2]

$$(\mathrm{E}(|D_n - a|^r))^{1/r} \leq \frac{1}{n^{1-1/r}} \cdot 2^{1/r} \cdot (\mathrm{E}(|Y-a|^r))^{1/r}, \tag{3.4}$$

und mit einer Variante der Tschebyschev-Ungleichung, der sogenannten Markov-Ungleichung, erhält man wiederum (3.3). Bemerkt sei, daß in (3.4) ein schwächeres Fehlerkriterium als $\Delta(D_n)$ verwendet wird, da $(\mathrm{E}(|Z|^r))^{1/r} \in [0,\infty]$ für jede reellwertige Zufallsvariable Z monoton wachsend in r ist. Unter einer schwächeren Integrierbarkeitsannahme ergibt sich für ein schwächeres Fehlerkriterium also nur die Konvergenzordnung $1 - 1/r$.

3.2 Erste Beispiele

Anhand von Beispielen studieren wir den Einsatz der direkten Simulation. Bei vier von diesen Beispielen beinhaltet bereits die Problemstellung ein stochastisches Modell und es gilt, einen Erwartungswert oder die Wahrscheinlichkeit eines Ereignisses zu berechnen. In zwei Fällen, dem Vergleich von Strategien beim Patience-Spiel und der Bewertung von Finanzderivaten im Cox-Ross-Rubinstein-Modell, liegt sogar ein endlicher Wahrscheinlichkeitsraum zugrunde. Hier könnte man also die gesuchte Größe mit endlichen Kosten exakt berechnen. Dies scheitert jedoch praktisch an der benötigten Rechenzeit, so daß man Monte Carlo-Verfahren einsetzt.

Das wichtige Beispiel der numerischen Integration und ein weiteres Beispiel aus der stochastischen Geometrie basieren auf der *Gleichverteilung* auf einer meßbaren Menge $G \subset \mathbb{R}^d$, deren Lebesgue-Maß $0 < \lambda^d(G) < \infty$ erfüllt. Die Gleichverteilung Q auf G ist das normierte Lebesgue-Maß auf G, es gilt also

$$Q(A) = \frac{\lambda^d(A \cap G)}{\lambda^d(G)}$$

für alle meßbaren Mengen $A \subset \mathbb{R}^d$.

3.2.1 Die Berechnung von π

Viele Bücher über Monte Carlo-Methoden beginnen mit diesem elementaren Beispiel. Wir folgen dieser Tradition und beschreiben hier zwei sehr einfache Monte Carlo-Verfahren zur Berechnung von π.

Für die erste Methode betrachten wir einen auf $G = [0,1]^2$ gleichverteilten Zufallsvektor X und setzen $Y = 1_B(X)$, wobei

$$B = \{(x_1,x_2) \in G \mid x_1^2 + x_2^2 \leq 1\}.$$

Dann gilt $\mathrm{E}(Y) = \pi/4$ und die entsprechende direkte Simulation liefert eine Näherung für diese Zahl. Wählt man also zufällige Punkte im Einheitsquadrat und bestimmt den relativen Anteil der Punkte, die in B liegen, so erhält man eine Approximation von $\pi/4$.

Als zweites Verfahren beschreiben wir eine Variante des *Buffonschen Nadelexperiments*, siehe auch Irle [91, Abschn. 1.5], Ripley [165, S. 193 ff.] und Širjaev [182, S. 234 ff.]. Man wirft n Nadeln der Länge eins zufällig und unabhängig auf eine Ebene, auf der im Abstand eins parallele Geraden markiert sind. Der relative Anteil der Nadeln, die eine Gerade getroffen haben, liefert dann eine Approximation der Zahl $2/\pi$. Um das einzusehen, präzisieren wir zunächst, was wir unter einmaligem „zufälligem Werfen“ verstehen: Der Abstand des Mittelpunktes der Nadel zur nächsten Geraden ist gleichverteilt auf dem Intervall $[0,1/2]$, der Winkel zwischen Gerade und Nadel ist gleichverteilt auf $[0,\pi/2]$ und Winkel und Abstand sind unabhängig. Ein Wahrscheinlichkeitsraum zur Beschreibung der einmaligen Durchführung des Experimentes ist also $\Omega = [0,1/2] \times [0,\pi/2]$ zusammen mit der Gleichverteilung P auf Ω. Die Menge

$$B = \{(x,\alpha) \in \Omega \mid x \in [0, 1/2 \cdot \sin\alpha]\}$$

beschreibt das Ereignis „eine Gerade wird getroffen“, siehe Abb. 3.1, und es gilt

$$P(B) = \frac{4}{\pi} \int_0^{\pi/2} 1/2 \cdot \sin\alpha \, \mathrm{d}\alpha = \frac{2}{\pi}.$$

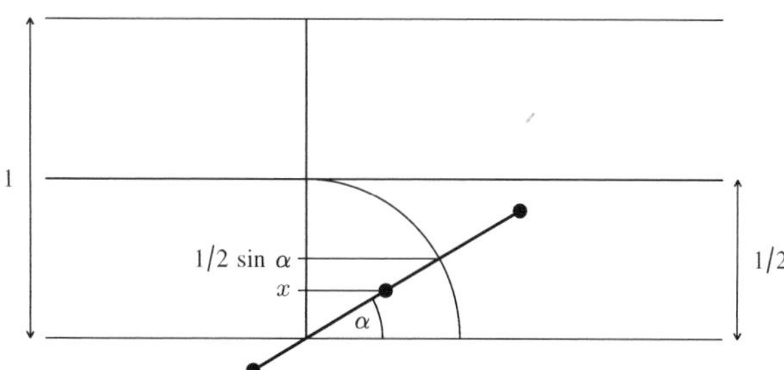

Abb. 3.1 Modellierung des Nadelexperiments

Damit liefert die direkte Simulation mit unabhängigen Kopien von $Y = 1_B$ eine Näherung für $2/\pi$.

Will man dieses Experiment auf einem Computer simulieren, so verwendet man bereits den Wert von π, um $\omega \in \Omega = [0,1/2] \times [0,\pi/2]$ zufällig zu wählen. Dieser Einwand entfällt, wenn man das Nadelexperiment tatsächlich durchführt. Dann muß man nur dafür sorgen, daß die Nadellänge so groß wie die Streifenbreite ist, und hoffen, daß die Wurftechnik der wahrscheinlichkeitstheoretischen Modellierung entspricht.

Die Wahrscheinlichkeit $2/\pi$ beim Nadelexperiment wurde in Buffon [30] ermittelt, und Laplace [109] hat vorgeschlagen, die Zahl π auf diese Weise experimentell zu bestimmen. Vermutlich handelt es sich hierbei um eine der ersten numerischen Methoden, die wahrscheinlichkeitstheoretische Gesetze benutzt.

Die beiden vorgestellten Monte Carlo-Verfahren sind typisch insofern, als sie auf Zufallsvariablen beruhen, deren Erwartungswert die gesuchte Zahl π bzw. $\pi/4$ oder $2/\pi$ ist. Andererseits sind diese Verfahren sehr untypisch: Schon lange kennt man Methoden zur schnellen Berechnung von π, beispielsweise $\pi/4 = 2\arctan(1/3) + \arctan(1/7)$ mit $\arctan(x) = x - x^3/3 + x^5/5 - \ldots$ für $|x| < 1$, siehe etwa Courant [36, S. 310]. Inzwischen sind Verfahren bekannt, die noch sehr viel schneller konvergieren, siehe Berggren, Borwein, Borwein [17]. Daher gibt es keinen Grund, die Zahl π mit einem der genannten langsamen Monte Carlo-Verfahren auszurechnen.

3.2.2 Numerische Integration

Wir betrachten quadratisch integrierbare Funktionen $f\colon G \to \mathbb{R}$ auf einer meßbaren Menge $G \subset \mathbb{R}^d$ mit $0 < \lambda^d(G) < \infty$, deren Integrale

$$a = S(f) = \int_G f(x)\,\mathrm{d}x \tag{3.5}$$

zu berechnen sind.

Zur Approximation von a mittels direkter Simulation liegt folgende Wahl des Basisexperiments nahe. Man verwendet eine auf G gleichverteilte Zufallsvariable X, d. h., es gilt

$$P_X(A) = \frac{\lambda^d(A \cap G)}{\lambda^d(G)}$$

für jede meßbare Menge $A \subset \mathbb{R}^d$, und man setzt

$$Y = Y(f) = \lambda^d(G) \cdot f(X).$$

Der Transformationssatz sichert

$$\mathrm{E}(Y) = \lambda^d(G) \cdot \int_G f(x)\,\mathrm{d}P_X(x) = a$$

sowie

$$\mathrm{E}(Y^2) = \left(\lambda^d(G)\right)^2 \cdot \int_G f^2(x)\,\mathrm{d}P_X(x) = \lambda^d(G) \cdot \int_G f^2(x)\,\mathrm{d}x.$$

Also ergibt sich

$$\sigma^2(Y) = \lambda^d(G) \cdot \int_G f^2(x)\,\mathrm{d}x - a^2. \tag{3.6}$$

Die entsprechende direkte Simulation ist die klassische Monte Carlo-Methode zur numerischen Integration, sie lautet

$$D_n(f) = \lambda^d(G) \cdot \frac{1}{n} \sum_{i=1}^{n} f(X_i)$$

mit unabhängigen, auf G gleichverteilten Zufallsvariablen X_i. Mit Satz 3.2 folgt sofort die Fehlerabschätzung

$$\Delta(D_n, f) \leq \frac{(E(Y^2))^{1/2}}{\sqrt{n}} = \frac{1}{\sqrt{n}} \cdot \left(\lambda^d(G) \cdot \int_G f^2(x)\,\mathrm{d}x\right)^{1/2}. \tag{3.7}$$

Die erste der beiden in Abschnitt 3.2.1 vorgestellten Methoden zur Berechnung von π ergibt sich als Spezialfall für $G = [0,1]^2$ und die Indikatorfunktion f der Menge $\{(x_1,x_2) \in G \mid x_1^2 + x_2^2 \leq 1\}$.

Wir betonen, daß in der Abschätzung (3.7) nur die quadratische Integrierbarkeit der Funktion f vorausgesetzt ist. Fehlerschranken für deterministische Verfahren zur numerischen Integration erhält man nur unter stärkeren Annahmen an die Eigenschaften von f, siehe Aufgabe 3.5 und Kapitel 7.

Die praktische Durchführung dieser direkten Simulation ist besonders einfach, wenn die Menge G ein Rechtecksbereich ist. Im Spezialfall $G = [0,1]^d$ gilt

$$\mathrm{cost}(D_n, f) \asymp n \cdot \mathbf{c}, \tag{3.8}$$

wie in Beispiel 2.5 erläutert wurde. Für allgemeine Rechtecksbereiche sind Zufallszahlen aus $[0,1]$ affin-linear zu transformieren, und es ergibt sich wieder die Kostenabschätzung (3.8). Wir sehen insbesondere, daß man unabhängig von der Dimension d stets die Konvergenzordnung $1/2$ im Sinne von Korollar 3.3 erhält.

Ist G kein Rechtsecksbereich, aber beschränkt, so kann man f auf einen G umfassenden Rechtecksbereich G' durch null fortsetzen und dann wie oben verfahren. Ist jedoch $\lambda^d(G')$ wesentlich größer als $\lambda^d(G)$, so besitzt das neue Basisexperiment Y' eine wesentlich größere Varianz als Y, denn aus (3.6) ergibt sich

$$\sigma^2(Y') = \frac{\lambda^d(G')}{\lambda^d(G)} \cdot \sigma^2(Y) + \left(\frac{\lambda^d(G')}{\lambda^d(G)} - 1\right) \cdot a^2.$$

Eine andere Sicht auf diese Vorgehensweise lernen wir in Abschnitt 4.3 kennen.

Als Einführung in das Gebiet der Numerischen Integration mit Hilfe von deterministischen und randomisierten Algorithmen empfehlen wir Evans, Swartz [54]. Wir werden der numerischen Integration in den Kapiteln 5 und 7 wieder begegnen.

Abschließend stellen wir nun ein Paket von Testfunktionen vor, anhand derer sich der Leser mit dem Einsatz der direkten Simulation zur numerischen Integration vertraut machen und diese Methode mit ihm bekannten deterministischen Algorithmen vergleichen kann. Dieses Paket stammt von Genz [64, 65] und es besteht aus den folgenden sechs, durch charakterisierende Namen beschriebenen Familien von Funktionen $f\colon [0,1]^d \to \mathbb{R}$, deren Integrale exakt berechnet werden können:

1. OSCILLATORY: $f_1(x) = \cos\left(2\pi w_1 + \sum_{i=1}^d c_i x_i\right)$,

2. PRODUCT PEAK: $f_2(x) = \prod_{i=1}^d \left(c_i^{-2} + (x_i - w_i)^2\right)^{-1}$,

3. CORNER PEAK: $f_3(x) = \left(1 + \sum_{i=1}^d c_i x_i\right)^{-(d+1)}$,

4. GAUSSIAN: $f_4(x) = \exp\left(-\sum_{i=1}^d c_i^2 (x_i - w_i)^2\right)$,

5. CONTINUOUS: $f_5(x) = \exp\left(-\sum_{i=1}^d c_i |x_i - w_i|\right)$,

6. DISCONTINUOUS: $f_6(x) = \begin{cases} 0, & \text{falls } x_1 > w_1 \text{ oder } x_2 > w_2\,, \\ \exp\left(\sum_{i=1}^d c_i x_i\right), & \text{sonst}\,. \end{cases}$

Diese *Genz-Funktionen* werden zum Beispiel in Dimensionen bis $d = 10$ von Sloan, Joe [183], Novak, Ritter [149] und Novak, Ritter, Schmitt, Steinbauer [150] benutzt. Schürer [178] berichtet über numerische Experimente in Dimensionen bis $d = 100$.

Durch Wahl der Parameter $c = (c_1, \ldots, c_d) \in \,]0,\infty[^d$ und $w = (w_1, \ldots, w_d) \in \,]0,1[^d$ erhält man jeweils konkrete Funktionen f_j. Dabei ist w lediglich ein Verschiebungsparameter, während c die „Schwierigkeit" des Integranden bestimmt. Dies bedeutet genauer, daß verschiedene Normen der Funktionen f_j monoton mit c_i wachsen. Oft legt man die „Schwierigkeit" für die j-te Familie durch Vorgabe einer Konstanten b_j fest, indem man

$$b_j = \sum_{i=1}^d c_i$$

fordert, und wählt dann c zufällig unter dieser Nebenbedingung. Schürer [178] benutzt die Konstanten aus Tabelle 3.1, aber man kann und sollte sicherlich mit verschiedenen b_j experimentieren, siehe Aufgabe 3.4.

Tabelle 3.1 Dimensionsabhängige Konstanten b_j bei Schürer [178]

j	1	2	3	4	5	6
b_j	$110/d^{3/2}$	$600/d^2$	$600/d^2$	$100/d$	$150/d^2$	$100/d^2$

3.2.3 Eigenschaften von zufälligen Polyedern

Im Jahr 1864 stellte James Joseph Sylvester [190] das folgende Problem: Gegeben seien vier zufällige Punkte x_1, x_2, x_3 und x_4 in einem ebenen konvexen Körper K. Der Flächeninhalt von K sei eins, und „zufällig" heißt hier, daß $x_1,\ldots,x_4$ eine Realisierung unabhängiger und jeweils auf K gleichverteilter Zufallsvariablen $X_1,\ldots,X_4$ ist. Wie groß ist die Wahrscheinlichkeit $p(K)$ dafür, daß die konvexe Hülle $C(X_1,\ldots,X_4)$ ein Viereck ist?

Zur approximativen Berechnung dieser Wahrscheinlichkeit per direkter Simulation bietet sich das Basisexperiment $Y = 1_B$ mit $B = \{C(X_1,\ldots,X_4) \text{ ist ein Viereck}\}$ an, das für gewisse Körper K leicht implementiert werden kann. Die dazu benötigte Simulation der Gleichverteilung ist für eine Auswahl von konvexen Körpern Gegenstand der Aufgabe 4.11. In Ripley [165, S. 5–6] wird über ein numerisches Experiment für den Fall einer Kreisscheibe berichtet. Dabei ergab sich in 70 568 von 100 000 Wiederholungen ein Viereck, so daß man 0.70568 als Näherungswert für $p(\text{Kreis})$ erhält.

Man kann die Wahrscheinlichkeit $p(K)$ durch ein 8-dimensionales Integral beschreiben, da $(X_1,\ldots,X_4) \in K^4 \subset \mathbb{R}^8$. Eine Reduktion auf ein 6-dimensionales Integral ist möglich, da

$$p(K) = 1 - 4 \cdot V(K),$$

wobei

$$V(K) = \mathrm{E}(\lambda^2(C(X_1,X_2,X_3)))$$

den Erwartungswert des Flächeninhalts der konvexen Hülle von drei Zufallspunkten in K bezeichnet. Diese Beziehung ergibt sich durch folgende Überlegung. Vier Punkte in K erzeugen genau dann kein Viereck, wenn mindestens einer der Punkte in der konvexen Hülle der anderen liegt. Betrachtet man also das Ereignis $A_1 = \{X_1 \in C(X_2,X_3,X_4)\}$ sowie die analog definierten Ereignisse A_2, A_3, A_4, so gilt

$$1 - p(K) = P\left(\bigcup_{i=1}^{4} A_i\right).$$

Die Verteilungsannahme an $X_1,\ldots,X_4$ liefert $P(A_i) = P(A_j)$ für alle i und j, und mit dem Transformationssatz erhält man

$$P(A_4) = \mathrm{E}(1_{C(X_1,X_2,X_3)}(X_4)) = \mathrm{E}(\lambda^2(C(X_1,X_2,X_3)))\,.$$

Ferner gilt

$$A_i \cap A_j \subset \{X_i = X_j\} \cup \{X_1,\ldots,X_4 \text{ liegen auf einer Geraden}\},$$

so daß sich $P(A_i \cap A_j) = 0$ für $i \neq j$ ergibt.

Also folgt

$$P\left(\bigcup_{i=1}^{4} A_i\right) = \sum_{i=1}^{4} P(A_i) = 4 \cdot V(K)\,.$$

Für viele Körper K ist der Wert von $V(K)$ seit langem bekannt. So gilt

$$V(\text{Ellipse}) = 35/(48\pi^2) \approx 0.07388\,,$$
$$V(\text{Dreieck}) = 1/12 \approx 0.08333\,,$$

siehe Blaschke [19], und

$$V(\text{Parallelogramm}) = 11/144 \approx 0.07639\,,$$

siehe Alikoski [3]. Damit erhält man insbesondere $p(\text{Kreis}) = 1 - 35/(12\pi^2) \approx 0.7045$ als exakten Wert der bei Ripley approximativ bestimmten Wahrscheinlichkeit.

Es liegt nahe, die obige Fragestellung auf höhere Dimensionen auszuweiten. Man betrachtet also einen konvexen Körper $K \subset \mathbb{R}^d$ mit $\lambda^d(K) = 1$ und interessiert sich für das erwartete Volumen

$$V_d(K) = \mathrm{E}(\lambda^d(C(X_1, \ldots, X_{d+1})))$$

der konvexen Hülle von $d+1$ zufälligen Punkten in K.

Im Jahr 1923 stellt Blaschke [20, S. 64] zunächst das Problem der Berechnung von $V_3(\text{Ellipsoid})$ und $V_3(\text{Tetraeder})$. Bereits zwei Jahre später findet Hostinský [90] den Wert

$$V_3(\text{Ellipsoid}) = 9/715 \approx 0.01259\,,$$

und das Problem für d-dimensionale Ellipsoide löst Kingman [103]. Jahrzehntelang ungelöst bleibt hingegen das Problem der Bestimmung von $V_3(\text{Tetraeder})$, das nach Popularisierung durch Klee [104] auch als Problem von Klee bezeichnet wird. Die im folgenden skizzierte Geschichte der Lösung dieses Problems illustriert die vielfältigen Einsatzmöglichkeiten der direkten Simulation innerhalb der Mathematik. Direkte Simulationen werden hier zur Überprüfung von vorhandenen und Aufstellung von neuen Hypothesen eingesetzt.

Klee selbst hat den Wert $1/60$ für $V_3(\text{Tetraeder})$ vermutet, eine naheliegende Fortsetzung der bekannten Größen $1/3$ für $d = 1$ und $1/12$ für $d = 2$. Zwischen 1970 und 1990 werden aber verschiedene direkte Simulationen durchgeführt, die beispielsweise die Approximationen 0.01763 und 0.01721 liefern, siehe Reed [163] und Do, Solomon [46]. Die Vermutung von Klee wird deshalb von Croft, Falconer, Guy [39, S. 54] auf den Wert $1/57 \approx 0.01754$ geändert. Unabhängig voneinander zeigen schließlich Mannion [123] und Buchta, Reitzner [29], daß

$$V_3(\text{Tetraeder}) = 13/720 - \pi^2/15015 \approx 0.01739$$

gilt, siehe auch Reitzner [164]. Der Beweis von Mannion beruht auf dem intensiven Einsatz eines Computeralgebra-Systems zur Berechnung von Integralen, so daß der Autor eine direkte Simulation mit $4 \cdot 10^8$ Wiederholungen zur Untermauerung obigen Resultats durchführt.

Mehr zum Thema „zufällige Polyeder“ findet man bei Klee [104], Buchta [28], Schneider [176] und Schneider, Weil [177].

3.2.4 Chancen bei Patience-Spielen

Verschiedene Patience-Spiele (oder Solitaire-Spiele) haben folgendes gemeinsam: Es gibt nur einen Spieler, und der Zufall spielt nur insofern eine Rolle, als mit „gut gemischten“ Karten, sagen wir 52 Stück, begonnen wird. Der Spieler hat bei jedem Zug die Auswahl zwischen mehreren Möglichkeiten, und am Ende des Spiels gibt es die beiden Fälle „aufgegangen, gewonnen“ bzw. „nicht aufgegangen, verloren“.

Mit Ω bezeichnen wir die Menge aller Permutationen von $\{1,\ldots,52\}$, so daß $\omega \in \Omega$ eine Anordnung der Spielkarten beschreibt. Bei einer gegebenen Spielstrategie interessiert man sich für die im Prinzip elementar berechenbare Wahrscheinlichkeit

$$\frac{|\{\omega \in \Omega \mid \text{Strategie geht auf bei Anordnung } \omega\}|}{|\Omega|}.$$

Dabei steht $|M|$ für die Mächtigkeit einer endlichen Menge M. Für die meisten Strategien läßt sich diese Erfolgswahrscheinlichkeit praktisch nicht berechnen, da man die $52! \approx 8.06 \cdot 10^{67}$ möglichen Spielverläufe nicht alle überprüfen kann. Wie kann man dennoch zwei vorgegebene Strategien hinsichtlich ihrer Qualität vergleichen?

Definiert man P als die Gleichverteilung auf der Menge Ω der Anordnungen der Spielkarten und B_j als die Menge der Anordungen, für die die Strategie j aufgeht, so kann man $P(B_j) = \mathrm{E}(1_{B_j})$ für $j = 1,2$ mit der Methode der direkten Simulation approximieren. Diese Idee stammt von Stanislaw Ulam, der zugleich die Analogie zur stochastischen Simulation in der Teilchenphysik erkannte, siehe Ulam [194, S. 196–200], Metropolis, Ulam [134] und Eckhardt [50].

Will man mit dem Computer Strategien vergleichen, so benötigt man ein Verfahren, das zufällige Permutationen gemäß der Gleichverteilung erzeugt. Wir behandeln dieses Problem in Aufgabe 3.7.

Zufällige Permutationen dienen auch zur Modellierung gängiger Techniken zum Kartenmischen. So beschreibt das Gilbert-Shannon-Reeds Modell das sogenannte Riffelmischen: ein Stapel von Spielkarten wird durch Abheben in zwei Teile zerlegt und diese werden dann ineinander geriffelt. Im Modell beträgt die Wahrscheinlichkeit, daß genau k von n Karten abgehoben werden $\binom{n}{k} \cdot 2^{-n}$, es wird also eine Binomialverteilung zugrunde gelegt. Das anschließende Zusammenfügen der beiden Teilstapel mit zunächst $\ell_1 = k$ bzw. $\ell_2 = n - k$ Karten geschieht schrittweise, wobei die Wahrscheinlichkeit, daß als nächstes eine Karte des ersten Stapels fällt $\ell_1/(\ell_1 + \ell_2)$ und entsprechend für den zweiten Stapel $\ell_2/(\ell_1 + \ell_2)$ beträgt. Abheben und die sukzessive Auswahl der Teilstapel geschieht unabhängig.

Auf diese Weise wird keine Gleichverteilung auf der Menge der Permutationen erzeugt, und dies gilt auch für alle anderen praktisch verwendeten Mischtechniken. Deshalb wird ein Mischvorgang unabhängig wiederholt. In einer Reihe von Arbeiten untersucht Diaconis teilweise mit Koautoren die Frage, ob und ggf. wie schnell die Verteilung der Karten mit wachsender Anzahl der Mischvorgänge gegen die Gleichverteilung strebt. Wir verweisen auf Bayer, Diaconis [13], die auch von der Analyse von Kartenspielertricks durch stochastische Simulationen berichten, und auf die sehr gut lesbare elementare Einführung mit dem Titel „Seven shuffles are enough" in Lawler, Coyle [110]. Zur Modellierung und Analyse des Kartenmischens betrachtet man Markov-Ketten auf Permutationsgruppen, siehe Beispiel 6.10.

3.2.5 Die Bewertung von Finanzderivaten

In einem *stochastischen Finanzmarktmodell* versucht man, die zukünftigen Preise von Finanzgütern wie etwa Aktien durch Zufallsvariablen zu beschreiben. Wir besprechen hier das Cox-Ross-Rubinstein-Modell, eine zeit-diskrete Variante des berühmten Black-Scholes-Modells, und erläutern, wie die direkte Simulation zur Berechnung des Preises von Optionen eingesetzt werden kann.

In vielen Fällen kennt man für den Preis einer Option einerseits eine Darstellung als Erwartungswert einer Zufallsvariablen und andererseits eine Darstellung als Lösung einer partiellen Differentialgleichung. Dementsprechend werden sowohl Monte Carlo-Verfahren wie auch deterministische Algorithmen zur numerischen Bestimmung von Optionspreisen eingesetzt. Eine Einführung in die Finanzmathematik gibt Irle [92]. Einen ersten Einblick in Fragestellungen und Algorithmen der numerischen Finanzmathematik gewinnt man in Higham [87], während Günther, Jüngel [74] eine umfassendere Einführung geben. In diesen Texten werden deterministische und randomisierte Algorithmen behandelt. Dagegen konzentrieren sich Jäckel [93] und in einer sehr ausführlichen Darstellung Glasserman [70] auf den Einsatz von Monte Carlo-Verfahren in der Finanzmathematik.

Im *Cox-Ross-Rubinstein-Modell* wird der Preisverlauf einer Aktie zu endlich vielen Zeitpunkten $t \in \{0,\dots,T\}$ wie folgt beschrieben. Der Anfangspreis $X_0 > 0$ ist zur Gegenwart $t = 0$ bekannt. Ist X_t der Preis zur Zeit $t < T$, so ergibt sich der Preis X_{t+1} mit Wahrscheinlichkeit $p \in \,]0,1[$ als $u \cdot X_t$ und mit Wahrscheinlichkeit $1-p$ als $d \cdot X_t$, wobei $0 < d < u$. Ferner sind die multiplikativen Preisänderungen zu den Zeitpunkten $1,\dots,T$ unabhängig. Somit gibt es zu jedem Zeitpunkt t genau $t+1$ mögliche Preise, nämlich

$$X_0\,u^t,\ X_0\,u^{t-1}d,\ \dots\ ,X_0\,u\,d^{t-1},\ X_0\,d^t\,,$$

und ingesamt 2^T mögliche Preisverläufe, die den Elementen aus $\{u,d\}^T$ entsprechen. Diese Preisverläufe werden, einer allgemeinen Begriffsbildung in der Stochastik folgend, auch als Pfade bezeichnet, siehe Abschnitt 4.5.

Formal betrachtet man im Cox-Ross-Rubinstein-Modell eine unabhängige Folge von identisch verteilten Zufallsvariablen $V_1,\dots,V_T$ mit

$$P(\{V_t = u\}) = p\,, \qquad P(\{V_t = d\}) = 1-p \tag{3.9}$$

und setzt

$$X_{t+1} = X_t\,V_{t+1} = X_0\,V_1 \cdots V_{t+1}$$

für $t \in \{0,\dots,T-1\}$.

Neben der Aktie gibt es im Cox-Ross-Rubinstein-Modell ein zweites Finanzgut, dessen Preis B_t sich deterministisch gemäß

$$B_t = (1+r)^t$$

mit einer Konstanten $r > 0$ entwickelt. Hiermit wird etwa ein festverzinsliches Wertpapier mit Zinsrate r modelliert, wobei die Zinsen nicht ausgezahlt, sondern akkumuliert werden. Die Parameter u, d und r erfüllen

$$0 < d < 1+r < u\,, \tag{3.10}$$

was besagt, daß sich in einem Zeitschritt die Aktie jeweils mit positiver Wahrscheinlichkeit besser bzw. schlechter als das festverzinsliche Wertpapier entwickelt.

Finanzderivate sind „abgeleitete Finanzinstrumente", deren Wert auf dem Preisverlauf anderer Finanzgüter, die auch als Basisgüter bezeichnet werden, beruht. So gibt es im Cox-Ross-Rubinstein-Modell zwei Basisgüter, die Aktie und das festverzinsliche Wertpapier. Zu den Finanzderivaten gehören insbesondere die sogenannten *Optionen*. Die einfachsten Grundtypen von Optionen sind der *europäische Call* und der *europäische Put*. Hierbei handelt es sich um einen Vertrag zwischen dem sogenannten Stillhalter und dem sogenannten Inhaber der Option. Der Stillhalter eines Call (Put) räumt dem Inhaber des Call (Put) das Recht ein, zu einem fest vereinbarten zukünftigen Zeitpunkt $T > 0$ ein Basisgut, etwa eine Aktie, zu einem fest vereinbarten Ausübungspreis K zu kaufen (verkaufen). Für dieses Recht zahlt der Inhaber dem Stillhalter bei Vertragsabschluß zur Zeit $t = 0$ eine Prämie, den sogenannten *Optionspreis*. Finanzmathematische Modelle wollen einen Beitrag zur Festlegung dieses Preises, d. h. zur Bewertung von Optionen, leisten.

Neben dem europäischen Call und Put existiert eine große Vielfalt weiterer Optionen. Standardisierte Optionen werden seit 1973 börsenmäßig gehandelt, als elektronischen Handelsplatz nennen wir die Eurex und verweisen für weitere Informationen auf `http://www.eurexchange.com`.

Der Inhaber eines europäischen Call wird sein Kaufrecht ausüben, wenn der Preis X_T des Basisgutes zur Zeit T größer als der Ausübungspreis K ist. Andernfalls läßt er die Option verfallen. Tatsächlich geschieht bei Ausübung nicht der Kauf des Basisgutes; stattdessen zahlt der Stillhalter den Differenzbetrag $X_T - K > 0$ an den Inhaber. Zusammenfassend erfolgt zur Zeit T eine Zahlung in Höhe von

$$(X_T - K)^+ = \max(0, X_T - K)$$

beim europäischen Call und $(K - X_T)^+$ beim europäischen Put.

Hängt die Auszahlung wie beim europäischen Call oder Put nur vom Wert der Aktie zum Auszahlungszeitpunkt T ab, so spricht man von einer *pfadunabhängigen Option*. Die Auszahlungsfunktion ist hier eine Abbildung

$$c\colon \mathbb{R} \to \mathbb{R}\,, \tag{3.11}$$

und der Inhaber erhält vom Stillhalter eine Zahlung in Höhe von $c(X_T)$. So wird der europäische Call durch $c(x) = (x-K)^+$ beschrieben. Bei *pfadabhängigen Optionen* spielt auch der Preisverlauf bis zur Zeit T eine Rolle, die Auszahlungsfunktion ist hier im allgemeinen Fall eine Abbildung

$$c\colon \mathbb{R}^{T+1} \to \mathbb{R}, \tag{3.12}$$

und zur Zeit T erfolgt eine Zahlung in Höhe von $c(X_0,\dots,X_T)$.

Als Beispiel einer pfadabhängigen Option betrachten wir zunächst eine *Barriere-Option*, genauer einen up-and-out europäischen Call. Hier erhält der Inhaber die Zahlung $X_T - K$, falls der Preis der Aktie zur Zeit T größer als K ist und der Preis bis zur Zeit T nie die Barriere $L > \max(K, X_0)$ überschritten hat. Andernfalls erfolgt keine Auszahlung. Die Auszahlungsfunktion lautet demnach

$$c(x_0,\dots,x_T) = (x_T - K)^+ \cdot 1_{[0,L]}(\max(x_0,\dots,x_T)).$$

Als weiteres Beispiel nennen wir *asiatische Optionen*, die auf dem Durchschnittspreis des Basisgutes beruhen. So ist der asiatische Call durch die Auszahlungsfunktion

$$c(x_0,\dots,x_T) = \left(\frac{1}{T}\sum_{t=1}^{T} x_t - K\right)^+$$

definiert.

Der Preis einer Option zum Zeitpunkt $t=0$ wird mit Hilfe des Prinzips der *Arbitragefreiheit* bestimmt, d. h. man nimmt an, daß ein risikoloser Profit ohne Anfangskapital beim Handel mit den Finanzgütern Option, Aktie und festverzinsliches Wertpapier nicht möglich ist. Der so bestimmte Preis hängt, was überraschend erscheinen mag, nicht vom Modellparameter p in (3.9) ab. Es zeigt sich vielmehr, daß er der Erwartungswert der diskontierten Auszahlung $(1+r)^{-T} \cdot c(X_0,\dots,X_T)$ in einem neuen stochastischen Aktienpreismodell ist, das nur von den Parametern u, d und r abhängt. Durch die Multiplikation mit dem sogenannten Diskontierungsfaktor $(1+r)^{-T}$ wird der Wert der erst zum Zeitpunkt $t=T$ erfolgenden Auszahlung auf den Zeitpunkt $t=0$ zurückgerechnet.

Das neue stochastische Modell für den Preisverlauf der Aktie entsteht dadurch, daß man in (3.9) den Parameter p durch

$$q = \frac{1+r-d}{u-d}$$

ersetzt, wobei $q \in \,]0,1[$ aufgrund von (3.10) gilt. Das neue Wahrscheinlichkeitsmaß und entsprechende Erwartungswerte bezeichnen wir mit P_q bzw. E_q. Für den Optionspreis $s(c)$ zum Zeitpunkt $t=0$ ergibt sich dann als Satz

$$s(c) = \frac{1}{(1+r)^T} \cdot \mathrm{E}_q(c(X_0,\dots,X_T)).$$

Offenbar gilt

$$\mathrm{E}_q(V_t) = q \cdot u + (1-q) \cdot d = 1 + r$$

und somit

$$\mathrm{E}_q(X_t) = X_0 \cdot \mathrm{E}_q(V_1) \cdots \mathrm{E}_q(V_t) = X_0 \cdot B_t\,.$$

Der Parameter q ist also dadurch ausgezeichnet, daß sich die Aktie „im Mittel wie das festverzinsliche Wertpapier verhält".

Im Falle (3.11), d. h. für pfadunabhängige Optionen, verwenden wir zur Berechnung von $s(c)$ die Tatsache, daß die Anzahl

$$L = |\{t \in \{1, \ldots, T\} \mid V_t = u\}|$$

der Aufwärtsbewegungen des Aktienpreises *binomialverteilt* mit den Parametern T und q ist, d. h. es gilt

$$P_q(\{X_T = X_0 u^k d^{T-k}\}) = P_q(\{L = k\}) = \binom{T}{k} q^k (1-q)^{T-k}$$

für alle $k \in \{0, \ldots, T\}$. Damit ergibt sich

$$\begin{aligned} s(c) &= \frac{1}{(1+r)^T} \cdot \mathrm{E}_q(c(X_0 u^L d^{T-L})) \\ &= \frac{1}{(1+r)^T} \sum_{k=0}^{T} c\big(X_0 u^k d^{T-k}\big) \cdot \binom{T}{k} q^k (1-q)^{T-k}, \end{aligned}$$

so daß man $s(c)$ auch für größere Werte von T auf diese Weise berechnen kann. Im allgemeinen Fall (3.12) gilt

$$s(c) = \frac{1}{(1+r)^T} \sum_{v \in \{u,d\}^T} c(X_0, X_0 v_1, \ldots, X_0 v_1 \cdots v_T) \cdot q^{|\{t \mid v_t = u\}|} (1-q)^{|\{t \mid v_t = d\}|},$$

und die Berechnung von $s(c)$ ist auf diesem Wege nur für kleine Werte von T möglich.

Stattdessen bietet sich der Einsatz der direkten Simulation an. Wir verwenden dazu unabhängige Kopien des Zufallsvektors $(V_1, \ldots, V_T)$ und erzeugen damit unabhängige Preisverläufe im Cox-Ross-Rubinstein-Modell. Als Approximation für den Erwartungswert von $c(X_0, \ldots, X_T)$ verwenden wir das arithmetische Mittel der Auszahlungen für die erzeugten Preisverläufe. Ist U gleichverteilt auf $[0,1]$ und

$$V = \begin{cases} u\,, & \text{falls } U \le q\,, \\ d\,, & \text{falls } U > q\,, \end{cases}$$

so besitzt V dieselbe Verteilung wie jede der Zufallsvariablen V_t. Bei der praktischen Durchführung der direkten Simulation mit n Wiederholungen wendet man deshalb diese Transformation auf Zufallszahlen $u_1, \ldots, u_{n \cdot T}$ aus $[0,1]$ an, um die multiplikativen Preisänderungen zu simulieren.

Der Satz, daß der Preis einer Option gleich dem Erwartungswert ihrer diskontierten Auszahlung bezüglich eines ausgezeichneten Wahrscheinlichkeitsmaßes ist, gilt nicht nur im Cox-Ross-Rubinstein-Modell, sondern für große Klassen zeit-diskreter und zeit-stetiger Finanzmarktmodelle. In solchen Modellen sind damit Monte Carlo-Methoden zur Berechnung von Optionspreisen einsetzbar, und die Grundidee ist wie bei der hier vorgestellten direkten Simulation die Mittelung der Auszahlung bei unabhängig erzeugten Preisverläufen. Die meisten zeit-kontinuierlichen Finanzmarktmodelle basieren auf der Brownschen Bewegung. Wir verweisen dazu auf Abschnitt 4.5.

3.2.6 Ein Ruinproblem

Das folgende „Problem 4003" aus dem American Mathematical Monthly im Jahr 1941 blieb 25 Jahre ungelöst: Drei Personen haben k, ℓ beziehungsweise m Münzen. In jeder Runde wirft jede Person eine Münze, gewonnen hat man dann, wenn man als einziger Kopf oder Zahl wirft. In diesem Fall erhält der Gewinner die beiden Münzen der Mitspieler. Wieviele Runden sind im Durchschnitt erforderlich, bis eine der Personen aus dem Spiel ausscheiden muß?

Für kleine k, ℓ und m kann man den gesuchten Erwartungswert $g(k,\ell,m)$ leicht mit der Methode der direkten Simulation approximieren. Im allgemeinen gilt

$$g(k,\ell,m) = \frac{4k\ell m}{3(k+\ell+m-2)},$$

siehe Read [162].

Es gibt viele Ruinprobleme, bei denen analytische Formeln für relevante Erwartungswerte oder Wahrscheinlichkeiten nicht bekannt sind, während sich diese Größen approximativ mit Hilfe von Monte Carlo-Methoden bestimmen lassen. Für Anwendungen bei der Modellierung und Analyse von Kreditrisiken verweisen wir auf Bluhm, Overbeck, Wagner [21]. In einem versicherungsmathematischen Kontext werden wir Ruinprobleme in Abschnitt 4.5.4 diskutieren.

3.3 Grenzwertsätze der Stochastik

Sei Y eine Zufallsvariable mit Erwartungswert a, die als Basisexperiment einer direkten Simulation zur Berechnung von a dient. Die direkte Simulation D_n verwendet dann eine unabhängige Folge von Zufallsvariablen, die jeweils wie Y verteilt sind. Wie in Abschnitt 3.1 bewiesen wurde, konvergiert die Folge der Zufallsvariablen D_n im Quadratmittel und stochastisch gegen a, falls Y quadratisch integrierbar ist.

Wir diskutieren nun weitere Konvergenzbegriffe und Grenzwertsätze der Stochastik und gelangen so zu einem vertieften Verständnis der direkten Simulation. Die einführenden Lehrbücher von Georgii [66], Irle [91] und Krengel [108] enthalten neben Beweisen für die meisten der hier vorgestellten Resultate viele Beispiele und Anwendungen. Weiterführende Texte sind Gänssler, Stute [61] und Klenke [105]. Wir erinnern an die Konvention, daß $(\Omega, \mathfrak{A}, P)$ stets den zugrundeliegenden Wahrscheinlichkeitsraum bezeichnet.

3.3.1 Das starke Gesetz der großen Zahlen

Zunächst setzen wir nicht die quadratische Integrierbarkeit, sondern nur $Y \in L^1$ mit $\mathrm{E}(Y) = a$ voraus. Das *starke Gesetz der großen Zahlen* besagt, daß eine Menge $\Omega_0 \in \mathfrak{A}$ mit $P(\Omega_0) = 1$ existiert, so daß

$$\lim_{n \to \infty} D_n(\omega) = a \tag{3.13}$$

für alle $\omega \in \Omega_0$ gilt. Siehe Irle [91, Satz 11.18] oder Klenke [105, Satz 5.17]. Man sagt kurz, daß die Folge der Zufallsvariablen D_n *fast sicher* gegen *a konvergiert* oder daß die Folge der reellen Zahlen $D_n(\omega)$ für fast alle ω gegen a konvergiert. Die fast sichere Konvergenz impliziert stets die stochastische Konvergenz gegen denselben Grenzwert, siehe Irle [91, Kor. 11.10] oder Klenke [105, Bem. 6.4], so daß wir aufgrund dieser Tatsache und des starken Gesetzes der großen Zahlen auch die stochastische Konvergenz (3.3) bereits im Fall der Integrierbarkeit von Y erhalten.

Wir sehen also für die Methode der direkten Simulation: Realisierungen, bei denen die Folge $(D_n(\omega))_{n \in \mathbb{N}}$ nicht gegen a konvergiert, treten mit Wahrscheinlichkeit null auf.

Beispiel 3.4. Wir betrachten die klassische Monte Carlo-Methode zur Berechnung der Integrale

$$a_k = \int_0^1 f_k(x)\,\mathrm{d}x$$

der durch $f_1(0) = f_2(0) = 0$ und

$$f_1(x) = x^{-1/4}, \qquad f_2(x) = x^{-3/4}$$

für $x > 0$ definierten integrierbaren Funktionen $f_k \colon [0,1] \to \mathbb{R}$. Es gilt $a_1 = 4/3$ und $a_2 = 4$. Die Abbildungen 3.2 bis 3.5 basieren jeweils auf einer direkten Simulation mit $N = 5000$ bzw. $N = 10^7$ unabhängigen Wiederholungen $Y_1, \ldots, Y_N$ des entsprechenden Basisexperiments $Y = f_k(X)$ mit einer auf $[0,1]$ gleichverteilten Zufallsvariablen X. Dargestellt sind für $n = 1, \ldots, N$ die berechneten Näherungswerte für a_k, wobei für die beiden Integranden unterschiedlich skalierte Ordinaten verwendet werden. Die Brücke zur Theorie bildet die Annahme, daß diese Näherungswerte auf einer Realisierung $Y_1(\omega), \ldots, Y_N(\omega)$ mit festem $\omega \in \Omega$ basieren und dann gemäß $D_n(\omega) = 1/n \sum_{i=1}^n Y_i(\omega)$ berechnet werden.

Für den Integranden f_1 stehen die Simulationsergebnisse im Einklang mit der Konvergenzaussage des starken Gesetzes der großen Zahlen. Beim Integranden f_2

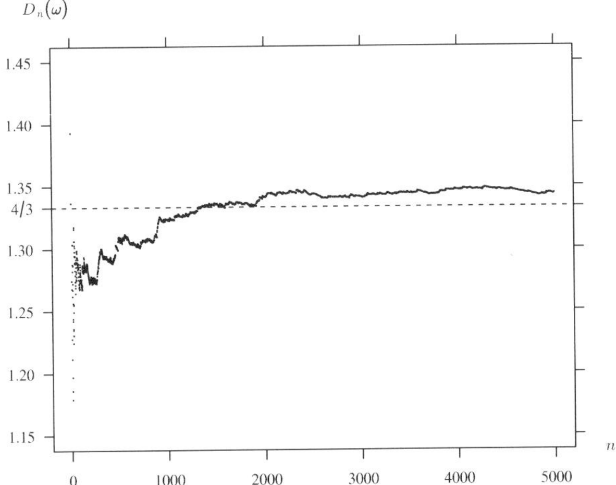

Abb. 3.2 $D_n(\omega)$ für $f_1(x) = x^{-1/4}$ und $n = 1, \ldots, 5000$

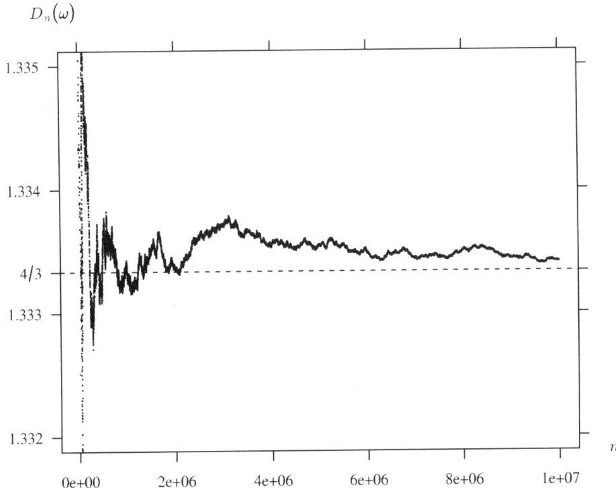

Abb. 3.3 $D_n(\omega)$ für $f_1(x) = x^{-1/4}$ und $n = 1, \ldots, 10^7$

genügen selbst 10^7 Wiederholungen noch nicht, um Zweifel an der Konvergenz auszuräumen. Dieser Unterschied erklärt sich dadurch, daß die Funktion f_2 bei $x = 0$ eine stärkere Singularität als die Funktion f_1 besitzt. Insbesondere ist f_1, aber nicht f_2 quadratisch integrierbar. □

Im folgenden nehmen wir an, daß Y sogar quadratisch integrierbar ist. In Satz 3.2 haben wir die Geschwindigkeit der Konvergenz von D_n gegen a im Quadratmittel bestimmt. Für die fast sichere Konvergenz erhält man mit einer Verschärfung des starken Gesetzes der großen Zahlen ebenfalls eine Aussage zur Konvergenzge-

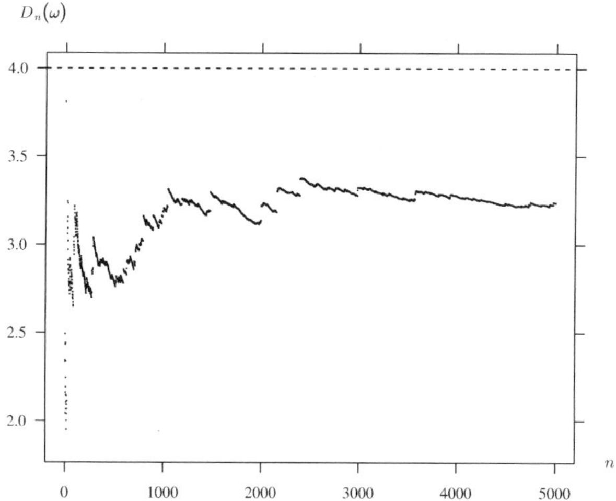

Abb. 3.4 $D_n(\omega)$ für $f_2(x) = x^{-3/4}$ und $n = 1,\ldots,5000$

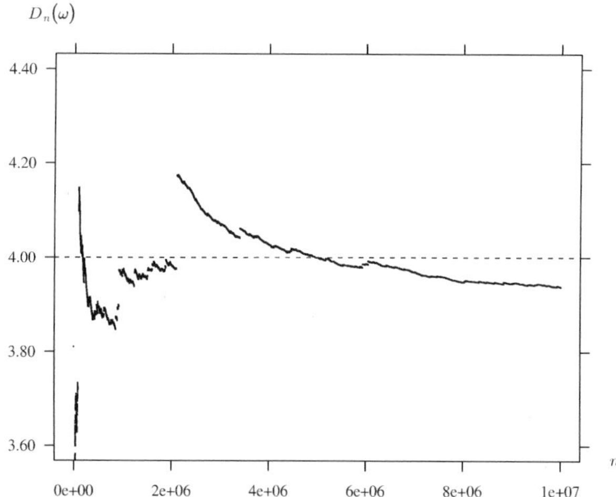

Abb. 3.5 $D_n(\omega)$ für $f_2(x) = x^{-3/4}$ und $n = 1,\ldots,10^7$

schwindigkeit. Diese Verschärfung lautet: für jede Folge positiver reeller Zahlen c_n mit

$$\sum_{n=1}^{\infty} \frac{1}{c_n^2} < \infty \tag{3.14}$$

gilt

$$\lim_{n\to\infty} \frac{n}{c_n} \cdot (D_n - a) = 0$$

fast sicher, siehe Gänssler, Stute [61, Satz 2.3.6]. Der Spezialfall $c_n = n$ führt auf (3.13). Die Wahl $c_n = \sqrt{n} \cdot (\ln n)^{1/2+\varepsilon}$ für $n > 1$ mit $\varepsilon > 0$ definiert eine sehr langsam wachsende Folge mit (3.14), und hierfür ergibt sich

$$\lim_{n \to \infty} \frac{\sqrt{n}}{(\ln n)^{1/2+\varepsilon}} \cdot (D_n - a) = 0 \tag{3.15}$$

fast sicher.

Satz 3.5. *Sei $Y \in L^2$. Dann existiert eine Menge $\Omega_0 \in \mathfrak{A}$ mit $P(\Omega_0) = 1$, so daß*

$$\lim_{n \to \infty} n^{1/2-\delta} \cdot (D_n(\omega) - a) = 0$$

für alle $\omega \in \Omega_0$ und jedes $\delta > 0$ gilt.

Beweis. Wir verwenden

$$n^{1/2-\delta} = \frac{\ln n}{n^\delta} \cdot \frac{\sqrt{n}}{\ln n}$$

und $\lim_{n \to \infty} \ln n / n^\delta = 0$ für jedes $\delta > 0$. Die Aussage des Satzes folgt somit durch Anwendung von (3.15) mit der Wahl $\varepsilon = 1/2$. □

Wir sehen also, daß D_n fast sicher schneller als $n^{-1/2+\delta}$ für jedes $\delta > 0$ gegen a konvergiert. Praktisch ist es kaum möglich, einen Unterschied zu der nach Satz 3.2 für die Quadratmittel-Konvergenz geltenden Konvergenzgeschwindigkeit $n^{-1/2}$ zu erkennen, siehe auch Abb. 3.8.

Beispiel 3.6. Wir kehren zu den direkten Simulationen in Beispiel 3.4 zurück und nehmen wieder an, daß die Ergebnisse eine Realisierung $D_1(\omega), \ldots, D_N(\omega)$ der entsprechenden Folge von Zufallsvariablen D_n sind. Die Abbildungen 3.6 und 3.7 zeigen für die Integranden f_k die Werte

$$Z_n(\omega) = n^{0.45} \cdot (D_n(\omega) - a_k)$$

für $n = 1, \ldots, 10^7$. Dies entspricht der Wahl von $\delta = 0.05$ in Satz 3.5. Man beachte wieder die unterschiedliche Skalierung der Ordinaten in beiden Grafiken. Für den Integranden f_1 stehen die Simulationsergebnisse im Einklang mit der gemäß Satz 3.5 vorliegenden fast sicheren Konvergenz von Z_n gegen null. Dieser Satz macht für den Integranden f_2 keine Aussage, da das entsprechende Basisexperiment $Y = f_2(X) = X^{-3/4}$ nicht quadratisch integrierbar ist, und die Simulationsergebnisse deuten nicht auf eine Konvergenz von $Z_n(\omega)$ gegen null hin.

Abbildung 3.8 zeigt, logarithmisch skaliert, für den Integranden f_1 die absoluten Abweichungen

$$A_n(\omega) = |D_n(\omega) - a_1|$$

für $n = 1, \ldots, 10^7$ sowie die Kurve $n \mapsto n^{-1/2}$. Hier gilt $A_n(\omega) \leq n^{-1/2}$, was die Vermutung, daß $\sqrt{n} \cdot |D_n - a_1|$ zumindest fast sicher beschränkt ist, nahelegt. □

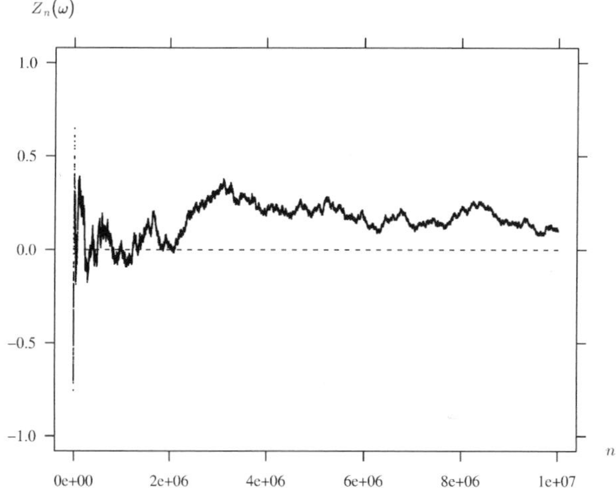

Abb. 3.6 $Z_n(\omega)$ für $f_1(x) = x^{-1/4}$ und $n = 1, \ldots, 10^7$

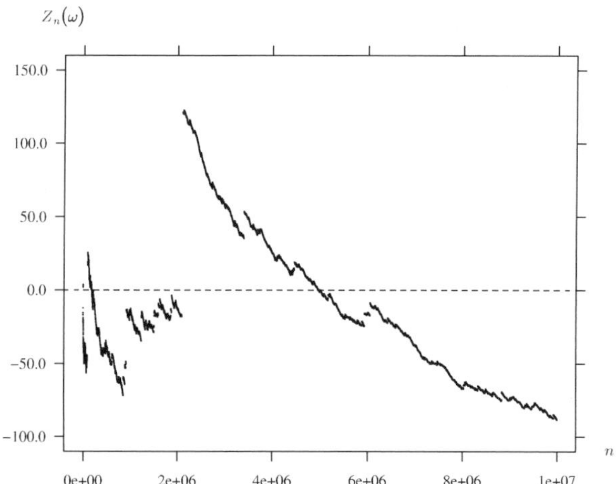

Abb. 3.7 $Z_n(\omega)$ für $f_2(x) = x^{-3/4}$ und $n = 1, \ldots, 10^7$

Die verschärfte Version des Gesetzes der großen Zahlen macht keine Aussage zur fast sicheren Konvergenz der Folge $\sqrt{n} \cdot |D_n - a|$, da die harmonische Reihe divergent ist. Weitergehende Grenzwertbetrachtungen zeigen jedoch, daß

$$\limsup_{n\to\infty} \frac{\sqrt{n} \cdot |D_n(\omega) - a|}{\sqrt{2 \ln \ln n}} = \sigma(Y) \tag{3.16}$$

für fast alle $\omega \in \Omega$ gilt; wir nennen das Stichwort *Gesetz vom iterierten Logarithmus* und verweisen auf Gänssler, Stute [61, Kap. 4.3] und Klenke [105, Kap. 22]. Der

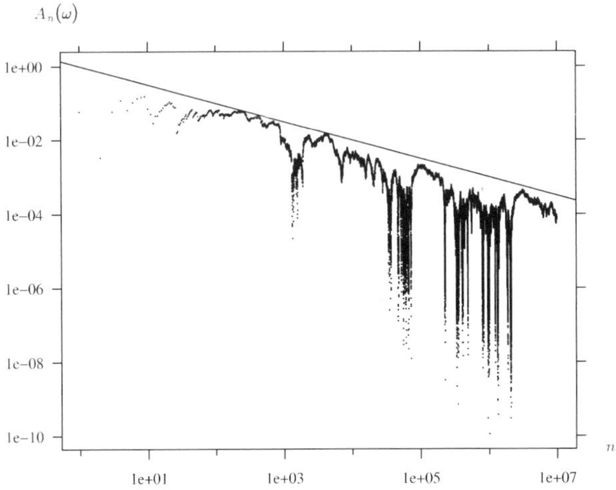

Abb. 3.8 $A_n(\omega) = |D_n(\omega) - a_1|$ für $f_1(x) = x^{-1/4}$ und $n = 1, \ldots, 10^7$

in Abbildung 3.8 gezeigte Abschnitt der Folge $(A_n(\omega))_{n\in\mathbb{N}}$ liegt zwar vollständig unterhalb der Kurve $n \mapsto n^{-1/2}$, aber die Aussage (3.16) zeigt, daß die Folge $(A_n)_{n\in\mathbb{N}}$ diese Kurve mit Wahrscheinlichkeit eins unendlich oft überschreitet.

3.3.2 Der zentrale Grenzwertsatz

Wir setzen nun $Y \in L^2$ mit $\sigma(Y) > 0$ voraus und schließen so den zur Analyse uninteressanten Fall aus, daß die direkte Simulation fast sicher die gesuchte Zahl a liefert. Jetzt betrachten wir die Folge der Zufallsvariablen

$$D_n^* = \frac{\sqrt{n}}{\sigma(Y)} \cdot (D_n - a),$$

die

$$\mathrm{E}(D_n^*) = 0, \qquad \sigma(D_n^*) = 1$$

erfüllen, und deshalb als *standardisierte Summen* bezeichnet werden. Wie (3.16) zeigt, ist diese Folge fast sicher nicht konvergent. Es liegt jedoch Konvergenz in einem schwächeren Sinn vor, wie wir im folgenden sehen werden.

Für eine reellwertige Zufallsvariable X heißt die durch

$$F_X(u) = P_X(]-\infty, u])$$

definierte Funktion $F_X : \mathbb{R} \to [0,1]$ die *Verteilungsfunktion* von X oder auch die *Verteilungsfunktion* des Wahrscheinlichkeitsmaßes P_X. Diese Funktion bestimmt P_X eindeutig, siehe Irle [91, Satz 6.2]. Sie besitzt die Eigenschaften

(i) F_X ist rechtsseitig stetig,
(ii) F_X ist monoton wachsend,
(iii) $\lim_{u \to -\infty} F_X(u) = 0$ und $\lim_{u \to \infty} F_X(u) = 1$,

und für alle $u \in \mathbb{R}$ gilt

$$F_X \text{ ist stetig in } u \qquad \Leftrightarrow \qquad P(\{X = u\}) = 0,$$

siehe Irle [91, Satz 6.4]. Die Menge aller Stetigkeitspunkte von F_X bezeichnen wir im folgenden mit $\mathscr{C}_X$.

Man sagt, daß eine Folge von reellwertigen Zufallsvariablen X_n *in Verteilung* gegen eine reellwertige Zufallsvariable X *konvergiert*, falls die Folge der Verteilungsfunktionen F_{X_n} in allen Punkten aus $\mathscr{C}_X$ gegen die Verteilungsfunktion F_X konvergiert, d. h. für alle $u \in \mathscr{C}_X$ gilt

$$\lim_{n \to \infty} P_{X_n}(]-\infty, u]) = P_X(]-\infty, u]).$$

Wir betrachten nun die Verteilungsfunktion Φ einer *standard-normalverteilten Zufallsvariablen* X. Die Zufallsvariable X besitzt also die Lebesgue-Dichte

$$h(x) = \frac{1}{\sqrt{2\pi}} \exp(-x^2/2),$$

und Φ ist gegeben durch

$$\Phi(u) = P_X(]-\infty, u]) = \int_{-\infty}^{u} h(x)\,\mathrm{d}x, \qquad u \in \mathbb{R}.$$

Da h eine gerade Funktion ist, folgt $\Phi(-u) = 1 - \Phi(u)$. Offenbar gilt $\mathscr{C}_X = \mathbb{R}$.

Der *zentrale Grenzwertsatz* besagt, daß die Verteilungsfunktionen der standardisierten Summen D_n^* gleichmäßig gegen die Verteilungsfunktion Φ konvergieren, d. h. es gilt

$$\lim_{n \to \infty} \sup_{u \in \mathbb{R}} \left| P_{D_n^*}(]-\infty, u]) - \Phi(u) \right| = 0, \tag{3.17}$$

siehe Krengel [108, Satz 12.8]. Damit liegt insbesondere Konvergenz in Verteilung vor, und man sagt kurz, daß die Zufallsvariablen D_n^* asymptotisch standardnormalverteilt sind, oder, daß die Zufallsvariable D_n asymptotisch normalverteilt ist mit Erwartungswert a und Varianz $\sigma^2(Y)/n$.

Wir wenden nun den zentralen Grenzwertsatz auf die Folge der absoluten Abweichungen $|D_n - a|$ an und definieren hierzu

$$\Psi(u) = 2 \cdot (1 - \Phi(u)) = \sqrt{\frac{2}{\pi}} \int_{u}^{\infty} \exp(-x^2/2)\,\mathrm{d}x, \qquad u \in \mathbb{R}.$$

Satz 3.7. *Sei $Y \in L^2$ mit $\sigma(Y) > 0$. Dann gilt*

$$\lim_{n \to \infty} \sup_{\alpha \geq 0} \left| P\left(\{|D_n - a| \geq \alpha/\sqrt{n}\}\right) - \Psi(\alpha/\sigma(Y)) \right| = 0.$$

Beweis. Aus (3.17) ergibt sich sofort

$$\lim_{n\to\infty} \sup_{-\infty<v\le u<\infty} |P(\{v < D_n^* \le u\}) - (\Phi(u) - \Phi(v))| = 0$$

und, da

$$P(\{D_n^* = u\}) \le |P(\{u-\varepsilon < D_n^* \le u\}) - (\Phi(u) - \Phi(u-\varepsilon))| + (\Phi(u) - \Phi(u-\varepsilon))$$

für jedes $\varepsilon > 0$ gilt, wegen der gleichmäßigen Stetigkeit von Φ auch

$$\lim_{n\to\infty} \sup_{-\infty<v\le u<\infty} |P(\{v < D_n^* < u\}) - (\Phi(u) - \Phi(v))| = 0\,.$$

Für $v = -u$ erhalten wir

$$\lim_{n\to\infty} \sup_{u\ge 0} |P(\{|D_n^*| \ge u\}) - \Psi(u)| = 0\,,$$

da $\Psi(u) = 1 - \Phi(u) + \Phi(-u)$. Schließlich stimmen für $u = \alpha/\sigma(Y)$ die Ereignisse $\{|D_n - a| \ge \alpha/\sqrt{n}\}$ und $\{|D_n^*| \ge u\}$ überein. □

Mit Satz 3.7 haben wir die Asymptotik von Wahrscheinlichkeiten

$$p_n = P(\{|D_n - a| \ge \varepsilon_n\})$$

für geeignete Folgen $\varepsilon_n \ge 0$ bestimmt.

Korollar 3.8. *Sei $Y \in L^2$ mit $\sigma(Y) > 0$. Dann gilt*

$$\lim_{n\to\infty} p_n = \begin{cases} \Psi(\alpha/\sigma(Y))\,, & \textit{falls } \lim_{n\to\infty} \varepsilon_n \sqrt{n} = \alpha < \infty\,, \\ 0\,, & \textit{falls } \lim_{n\to\infty} \varepsilon_n \sqrt{n} = \infty\,. \end{cases}$$

Beweis. Wir setzen $\alpha_n = \varepsilon_n \sqrt{n}$ und $c_n = \Psi(\alpha_n/\sigma(Y))$. Falls $(\alpha_n)_{n\in\mathbb{N}}$ gegen einen endlichen Grenzwert α konvergiert, so folgt $\lim_{n\to\infty} c_n = \Psi(\alpha/\sigma(Y))$. Im anderen Fall gilt $\lim_{n\to\infty} c_n = 0$. Satz 3.7 zeigt $\lim_{n\to\infty} |p_n - c_n| = 0$. □

Wir betrachten nun die spezielle Folge

$$\varepsilon_n = \alpha/\sqrt{n}$$

mit $\alpha > 0$, und vergleichen den Grenzwert $\Psi(\alpha/\sigma(Y))$ der Wahrscheinlichkeiten p_n gemäß Korollar 3.8 mit der Schranke, die sich aus der Tschebyschev-Ungleichung

$$p_n = P(\{|D_n - a| \ge \varepsilon_n\}) \le \sigma^2(Y)/\alpha^2$$

ergibt. Hierbei ist allerdings zu beachten, daß Korollar 3.8 nur eine asymptotische Aussage macht.

Mit $\approx$ bezeichnen wir die *starke asymptotische Äquivalenz* von Funktionen oder Folgen; $f(u) \approx g(u)$ heißt hier $\lim_{u\to\infty} f(u)/g(u) = 1$. Daneben benutzen wir $\approx$

auch in der Bedeutung „ungefähr gleich" beim Runden, also $\pi \approx 3.14$. Dadurch sollten keine Mißverständnisse entstehen.

Während die Abschätzung $\Psi(\alpha/\sigma(Y)) < 1$ für alle $\alpha > 0$ gilt, liefert die Tschebyschev-Ungleichung nur für $\alpha > \sigma(Y)$ eine nicht-triviale Schranke. Ferner läßt sich

$$\Psi(\alpha/\sigma(Y)) < 1/3 \cdot \sigma^2(Y)/\alpha^2$$

für alle $\alpha > 0$ zeigen. Die Verteilungsfunktion Φ erfüllt

$$1 - \Phi(u) \approx \frac{1}{\sqrt{2\pi}} \cdot \frac{1}{u} \exp(-u^2/2), \tag{3.18}$$

siehe Gänssler, Stute [61, Kor. 1.19.3]. Es folgt

$$\Psi(u) \cdot u^2 = 2 \cdot (1 - \Phi(u)) \cdot u^2 \approx \sqrt{\frac{2}{\pi}} \cdot u \cdot \exp(-u^2/2),$$

so daß $\Psi(\alpha/\sigma(Y))$ für große Werte α viel kleiner als $\sigma^2(Y)/\alpha^2$ ist. Im numerischen Vergleich ergeben sich die in Tabelle 3.2 angegebenen Werte.

Tabelle 3.2 Tschebyschev-Ungleichung und zentraler Grenzwertsatz

$\alpha/\sigma(Y)$	$\sigma^2(Y)/\alpha^2$	$\Psi(\alpha/\sigma(Y))$
1	1	$3.17 \cdot 10^{-1}$
3	$1.11 \cdot 10^{-1}$	$2.70 \cdot 10^{-3}$
6	$2.78 \cdot 10^{-2}$	$1.97 \cdot 10^{-8}$
9	$1.23 \cdot 10^{-2}$	$2.26 \cdot 10^{-18}$

Für jedes $\alpha > 0$ und eine große Anzahl n von Wiederholungen überschätzt also die Tschebyschev-Ungleichung die Wahrscheinlichkeiten $P(\{|D_n - a| \geq \alpha/\sqrt{n}\})$. Diese Abweichung beträgt mehrere Zehnerpotenzen, falls α groß im Verhältnis zu $\sigma(Y)$ ist.

Beispiel 3.9. Wir betrachten wieder die numerische Integration der Funktion f_1 aus den Beispielen 3.4 und 3.6 und setzen die Methode der direkten Simulation auch zur Berechnung von Näherungswerten $\widehat{p}_{n,\varepsilon}$ für die Wahrscheinlichkeiten

$$p_{n,\varepsilon} = P(\{|D_n - 4/3| \geq \varepsilon\})$$

ein. Die in der dritten Spalte von Tabelle 3.3 dargestellten Ergebnisse beruhen jeweils auf $m = 10^8$ Wiederholungen des entsprechenden Basisexperiments

$$Y_{n,\varepsilon} = 1_{\{|D_n - 4/3| \geq \varepsilon\}}.$$

Zum Vergleich sind in der vierten Spalte die Abschätzungen nach der Tschebyschev-Ungleichung und in der fünften Spalte die asymptotischen Werte nach dem zentralen

Grenzwertsatz angegeben. Hierzu verwenden wir, daß

$$\sigma^2(Y) = \int_0^1 (x^{-1/4} - 4/3)^2 \mathrm{d}x = 2/9$$

für die Varianz des Basisexperiments Y zu D_n gilt.

Tabelle 3.3 Näherungswerte für $p_{n,\varepsilon}$ per direkter Simulation

ε	n	$\widehat{p}_{n,\varepsilon}$	$\sigma^2(Y)/(\varepsilon^2 n)$	$\Psi(\varepsilon\sqrt{n}/\sigma(Y))$
10^{-2}	10^3	$4.99 \cdot 10^{-1}$	$2.22 \cdot 10^0$	$5.02 \cdot 10^{-1}$
10^{-2}	$5 \cdot 10^3$	$1.33 \cdot 10^{-1}$	$4.44 \cdot 10^{-1}$	$1.34 \cdot 10^{-1}$
10^{-2}	10^4	$3.40 \cdot 10^{-2}$	$2.22 \cdot 10^{-1}$	$3.39 \cdot 10^{-2}$
10^{-2}	$5 \cdot 10^4$	$2.90 \cdot 10^{-6}$	$4.44 \cdot 10^{-2}$	$2.10 \cdot 10^{-6}$
10^{-2}	10^5	0	$2.22 \cdot 10^{-2}$	$1.97 \cdot 10^{-11}$
10^{-3}	10^3	$9.46 \cdot 10^{-1}$	$2.22 \cdot 10^2$	$9.47 \cdot 10^{-1}$
10^{-3}	$5 \cdot 10^3$	$8.80 \cdot 10^{-1}$	$4.44 \cdot 10^1$	$8.81 \cdot 10^{-1}$
10^{-3}	10^4	$8.32 \cdot 10^{-1}$	$2.22 \cdot 10^1$	$8.32 \cdot 10^{-1}$
10^{-3}	$5 \cdot 10^4$	$6.35 \cdot 10^{-1}$	$4.44 \cdot 10^0$	$6.35 \cdot 10^{-1}$
10^{-3}	10^5	$5.02 \cdot 10^{-1}$	$2.22 \cdot 10^0$	$5.02 \cdot 10^{-1}$

Die absoluten Abweichungen zwischen $\widehat{p}_{n,\varepsilon}$ und $\Psi(\varepsilon\sqrt{n}/\sigma(Y))$ sind stets sehr gering, während für $\varepsilon = 10^{-2}$ und $n = 5 \cdot 10^4$ bereits eine erhebliche relative Abweichung vorliegt. Letzteres ist durch eine prinzipielle Beschränkung beim Einsatz der direkten Simulation zu erklären und stellt keinen Befund zur Approximationsgüte beim zentralen Grenzwertsatz dar.

Die direkte Simulation mit m Wiederholungen des Basisexperiments $Y_{n,\varepsilon}$ zur Approximation der Wahrscheinlichkeit $p = p_{n,\varepsilon}$ liefert nämlich nur dann befriedigende Resultate, wenn die gesuchte Größe p nicht „zu klein" im Verhältnis zu der verwendeten Anzahl m von Wiederholungen ist. Gilt beispielsweise $p \leq 1/(2m)$, so ergibt sich

$$|\widehat{p} - p|/p \geq 1$$

für die relative Abweichung jedes möglichen Näherungswerts $\widehat{p}$. Mit $m = 10^8$ Wiederholungen lassen sich also Wahrscheinlichkeiten $p \leq 5 \cdot 10^{-9}$ bestenfalls mit der relativen Abweichung eins bestimmen. Aus diesem Grunde ist die Approximation $\widehat{p}_{n,\varepsilon} = 0$ im Falle $\varepsilon = 10^{-2}$ und $n = 10^5$ kaum aussagekräftig. Das Problem der Berechnung kleiner Wahrscheinlichkeiten wird uns in den Abschnitten 4.2 und 5.4 wieder begegnen. □

3.4 Die Hoeffding-Ungleichung

Wir nehmen nun an, daß die Zufallsvariable Y, auf der die direkte Simulation D_n basiert, beschränkt ist. Solche Basisexperimente treten etwa bei der Berechnung von Wahrscheinlichkeiten mittels direkter Simulation auf. Genauer gelte

$$0 \le Y \le 1 . \tag{3.19}$$

Wir betrachten den nicht-trivialen Fall

$$0 < a < 1$$

für den Erwartungswert a von Y und setzen $\sigma^2(Y) > 0$ voraus. Wie die Ergebnisse von Hoeffding [88] zeigen, läßt sich in dieser Situation die aus der Tschebyschev-Ungleichung folgende Abschätzung für $P(\{|D_n - a| \ge \varepsilon\})$ wesentlich verbessern, siehe auch Fishman [55, S. 24 ff.] und Motwani, Raghavan [138, Chap. 4].

Die Hoeffding-Ungleichung in ihrer Grundform lautet

Satz 3.10. *Für alle* $\varepsilon \in]0, 1-a[$ *und* $n \in \mathbb{N}$ *gilt*

$$P(\{D_n - a \ge \varepsilon\}) \le \exp(-n \cdot H(\varepsilon, a)),$$

wobei

$$H(\varepsilon,a) = (a+\varepsilon) \cdot \ln \frac{a+\varepsilon}{a} + (1-a-\varepsilon) \cdot \ln \frac{1-a-\varepsilon}{1-a} .$$

Beweis. Sei $\gamma \ge 0$. Aus $D_n(\omega) - a \ge \varepsilon$ folgt $\exp(\gamma n \cdot (D_n(\omega) - a - \varepsilon)) \ge 1$ und wir erhalten

$$\begin{aligned} P(\{D_n - a \ge \varepsilon\}) &= \mathrm{E}(1_{[\varepsilon,\infty[}(D_n - a)) \\ &\le \mathrm{E}(\exp(\gamma n \cdot (D_n - a - \varepsilon))) \\ &= \exp(-\gamma n(a+\varepsilon)) \cdot \mathrm{E}\Big(\exp\Big(\gamma \cdot \sum_{i=1}^n Y_i\Big)\Big) . \end{aligned}$$

Die Unabhängigkeit der Zufallsvariablen Y_i sichert

$$\mathrm{E}\Big(\exp\Big(\gamma \cdot \sum_{i=1}^n Y_i\Big)\Big) = \prod_{i=1}^n \mathrm{E}(\exp(\gamma \cdot Y_i)) = (\mathrm{E}(\exp(\gamma \cdot Y)))^n .$$

Die Abbildung $y \mapsto \exp(\gamma \cdot y)$ ist konvex, und deshalb gilt

$$\exp(\gamma \cdot y) \le (1-y) \cdot \exp(\gamma \cdot 0) + y \cdot \exp(\gamma \cdot 1) = 1 - y + y \cdot \exp(\gamma)$$

für $0 \le y \le 1$. Es folgt

$$\mathrm{E}(\exp(\gamma \cdot Y)) \le 1 - a + a \cdot \exp(\gamma) .$$

Zusammenfassend ergibt sich für jedes $\gamma \ge 0$

$$P(\{D_n - a \geq \varepsilon\}) \leq G^n(\gamma)$$

mit der von a und ε abhängigen, durch

$$G(\gamma) = \exp(-\gamma(a+\varepsilon)) \cdot (1 - a + a \cdot \exp(\gamma))$$

definierten Funktion $G\colon\ [0,\infty[\to]0,\infty[$. Wir berechnen die Ableitung

$$\begin{aligned} G'(\gamma) &= -(a+\varepsilon) \cdot G(\gamma) + \exp(-\gamma(a+\varepsilon)) \cdot a \cdot \exp(\gamma) \\ &= G(\gamma) \cdot \big(a \cdot \exp(\gamma)/(1 - a + a \cdot \exp(\gamma)) - (a+\varepsilon)\big) \end{aligned}$$

und erhalten als deren einzige Nullstelle

$$\gamma^* = \ln \frac{(a+\varepsilon)(1-a)}{a(1-a-\varepsilon)} \,.$$

Also ist G monoton fallend auf $[0,\gamma^*]$ und monoton wachsend auf $[\gamma^*,\infty[$, so daß

$$\inf_{\gamma \geq 0} G(\gamma) = G(\gamma^*) \,.$$

Eine kleine Rechnung zeigt schließlich $G(\gamma^*) = \exp(-H(\varepsilon,a))$. □

Lemma 3.11. *Für alle* $\varepsilon \in]0, 1-a[$ *gilt*

$$H(\varepsilon,a) \geq 2\varepsilon^2 \,.$$

Beweis. Wir betrachten die auf dem Intervall $[0, 1-a[$ definierte Funktion

$$g(\varepsilon) = H(\varepsilon,a) = (a+\varepsilon) \cdot \ln \frac{a+\varepsilon}{a} + (1-a-\varepsilon) \cdot \ln \frac{1-a-\varepsilon}{1-a} \,.$$

Offenbar ist g zweifach stetig differenzierbar mit

$$g'(\varepsilon) = \ln \frac{a+\varepsilon}{a} - \ln \frac{1-a-\varepsilon}{1-a}$$

und

$$g''(\varepsilon) = \frac{1}{(a+\varepsilon)(1-a-\varepsilon)} \geq 4 \,.$$

Wegen $g(0) = g'(0) = 0$ folgt

$$g(\varepsilon) = \int_0^\varepsilon \int_0^u g''(x)\,\mathrm{d}x\,\mathrm{d}u \geq \int_0^\varepsilon 4u\,\mathrm{d}u = 2\varepsilon^2 \,.$$ □

Wir betrachten neben D_n auch $1 - D_n$, um $P(\{|D_n - a| \geq \varepsilon\})$ abzuschätzen.

Satz 3.12. *Für alle* $\varepsilon > 0$ *und* $n \in \mathbb{N}$ *gilt*

$$P(\{|D_n - a| \geq \varepsilon\}) \leq 2\exp(-2n\varepsilon^2) \,.$$

Beweis. Zunächst halten wir fest, daß

$$P(\{D_n - a \geq \varepsilon\}) \leq \exp(-2n\varepsilon^2) \tag{3.20}$$

für alle $\varepsilon > 0$ und $n \in \mathbb{N}$ gilt. Im Falle $\varepsilon \in]0, 1-a[$ folgt diese Ungleichung unmittelbar aus Satz 3.10 und Lemma 3.11, und für $\varepsilon = 1 - a$ ergibt sich daraus

$$P(\{D_n - a \geq \varepsilon\}) \leq P(\{D_n - a \geq \varepsilon - 1/k\}) \leq \exp(-2n(\varepsilon - 1/k)^2),$$

falls $k \in \mathbb{N}$ hinreichend groß ist. Für $\varepsilon > 1 - a$ gilt sogar $P(\{D_n - a \geq \varepsilon\}) = 0$, da $D_n \leq 1$. Indem wir $1 - D_n$ als direkte Simulation mit Basisexperiment $1 - Y$ betrachten, erhalten wir auch

$$P(\{D_n - a \leq -\varepsilon\}) = P(\{1 - D_n - (1-a) \geq \varepsilon\}) \leq \exp(-2n\varepsilon^2)$$

aus (3.20). □

Wir betrachten nun die Folge $\varepsilon_n = \alpha/\sqrt{n}$ mit $\alpha > 0$ und vergleichen die obere Schranke $2\exp(-2\alpha^2)$ für $p_n = P(\{|D_n - a| \geq \varepsilon_n\})$ aus Satz 3.12 mit dem Grenzwert $\Psi(\alpha/\sigma(Y))$ für p_n gemäß Korollar 3.8. Unter Verwendung von (3.18) ergibt sich

$$\begin{aligned}\frac{\Psi(\alpha/\sigma(Y))}{2\exp(-2\alpha^2)} &= \frac{1 - \Phi(\alpha/\sigma(Y))}{\exp(-2\alpha^2)} \\ &\approx \frac{1}{\sqrt{2\pi}} \cdot \frac{\sigma(Y)}{\alpha} \cdot \exp\bigl(-2\alpha^2 \cdot (1/(4\sigma^2(Y)) - 1)\bigr).\end{aligned}$$

Aus (3.19) folgt $\sigma^2(Y) \leq 1/4$ mit Gleichheit genau dann, wenn Y die Werte 0 und 1 jeweils mit Wahrscheinlichkeit $1/2$ annimmt, siehe Aufgabe 3.10. Also ist $\Psi(\alpha/\sigma(Y))$ selbst im Extremfall $\sigma^2(Y) = 1/4$ für große Werte α um einiges kleiner als $2\exp(-2\alpha^2)$. Für diesen Fall erhält man numerisch die in Tabelle 3.4 angegebenen Werte. Die zweite Spalte enthält die Schranken für p_n gemäß der Tschebyschev-Ungleichung, während die dritte Spalte die entsprechenden Hoeffding-Schranken gemäß Satz 3.12 angibt. Zum Vergleich sind in der vierten Spalte die zugehörigen asymptotischen Werte aus Korollar 3.8 aufgeführt.

Tabelle 3.4 Tschebyschev- und Hoeffding-Ungleichung sowie zentraler Grenzwertsatz

α	$1/(4\alpha^2)$	$2\exp(-2\alpha^2)$	$\Psi(2\alpha)$
1	$2.50 \cdot 10^{-1}$	$2.71 \cdot 10^{-1}$	$4.55 \cdot 10^{-2}$
2	$6.25 \cdot 10^{-2}$	$6.71 \cdot 10^{-4}$	$6.33 \cdot 10^{-5}$
3	$2.78 \cdot 10^{-2}$	$3.05 \cdot 10^{-8}$	$1.97 \cdot 10^{-9}$

Die Ergebnisse dieses Abschnittes lassen sich auch auf Zufallsvariablen anwenden, die $c_1 \leq Y \leq c_2$ mit bekannten Schranken $c_1 < c_2$ statt (3.19) erfüllen. Man benutzt dazu die affin-lineare Transformation

$$T(y) = \frac{y - c_1}{c_2 - c_1}$$

und erhält beispielsweise

$$|D_n - a| \geq \varepsilon \qquad \Leftrightarrow \qquad \left| \frac{1}{n} \sum_{i=1}^{n} T(Y_i) - \mathrm{E}(T(Y)) \right| \geq \frac{\varepsilon}{c_2 - c_1} .$$

In Aufgabe 3.11 wird eine einfache Anwendung dieser Vorgehensweise behandelt.

Unter geeigneten Verteilungsannahmen kann man auch in der Situation eines unbeschränkten Basisexperiments Y nachweisen, daß die Wahrscheinlichkeiten $P(\{|D_n - a| > \varepsilon\})$ exponentiell schnell gegen null konvergieren. Wir nennen das Stichwort *große Abweichungen* und verweisen auf Klenke [105, Kap. 23] und Fishman [55, S. 265 ff.] sowie auf Abschnitt 5.4.

3.5 Varianzschätzung und Konfidenzintervalle

Die Fehlerabschätzungen und asymptotischen Aussagen für die direkte Simulation D_n zur Approximation von a aus den Abschnitten 3.1 und 3.3.2 hängen von der Varianz $\sigma^2(Y)$ des verwendeten Basisexperiments Y ab, die in der Regel unbekannt ist. Zur praktischen Nutzung der genannten Resultate ist deshalb ein Näherungswert für $\sigma^2(Y)$ gesucht, der sich gemeinsam mit der Approximation $D_n(\omega)$ für a aus der vorliegenden Realisierung $Y_1(\omega), \ldots, Y_n(\omega)$ von n unabhängigen Wiederholungen des Basisexperiments ermitteln läßt.

Die Mathematische Statistik stellt eine Standardmethode zur Schätzung der Varianz von Y bereit. Wir setzen $n \geq 2$ voraus und verwenden als Näherungswert für $\sigma^2(Y)$ die *empirische Varianz* der Daten $Y_1(\omega), \ldots, Y_n(\omega)$, die durch

$$V_n(\omega) = \frac{1}{n-1} \sum_{i=1}^{n} \Big(Y_i(\omega) - \frac{1}{n} \sum_{j=1}^{n} Y_j(\omega) \Big)^2$$

gegeben ist. Die entsprechende reellwertige Zufallsvariable

$$V_n = \frac{1}{n-1} \sum_{i=1}^{n} (Y_i - D_n)^2 = \frac{1}{n-1} \sum_{i=1}^{n} Y_i^2 - \frac{n}{n-1} D_n^2$$

wird ebenfalls als *empirische Varianz* bezeichnet.

Satz 3.13. *Sei $Y \in L^2$. Dann ist die empirische Varianz erwartungstreu für die Approximation von $\sigma^2(Y)$, d. h.*

$$\mathrm{E}(V_n) = \sigma^2(Y) .$$

Beweis. Wir verwenden die Darstellung

$$V_n = \frac{1}{n-1}\sum_{i=1}^{n}((Y_i-a)+(a-D_n))^2 = \frac{1}{n-1}\sum_{i=1}^{n}(Y_i-a)^2 - \frac{n}{n-1}(D_n-a)^2\,. \quad (3.21)$$

Mit Satz 3.2 folgt

$$\begin{aligned} \mathrm{E}(V_n) &= \frac{1}{n-1}\sum_{i=1}^{n}\sigma^2(Y_i) - \frac{n}{n-1}\cdot\sigma^2(D_n) \\ &= \left(\frac{n}{n-1} - \frac{1}{n-1}\right)\cdot\sigma^2(Y) = \sigma^2(Y)\,. \end{aligned}$$

□

Wir bemerken, daß genau die Division durch $n-1$ bei der Definition von V_n zur Erwartungstreue führt. Unter der zusätzlichen Annahme $\mathrm{E}(Y^4) < \infty$ ist die empirische Varianz V_n quadratisch integrierbar, und man erhält

$$\Delta^2(V_n) = \sigma^2(V_n) = \frac{1}{n}\cdot\left(\mathrm{E}((Y-a)^4) - \frac{n-3}{n-1}\cdot\sigma^4(Y)\right),$$

siehe Pruscha [160, S. 20].

In Abschnitt 3.3.1 haben wir gesehen, daß die Folge der direkten Simulationen D_n fast sicher gegen $a = \mathrm{E}(Y)$ konvergiert. In der Terminologie der Mathematischen Statistik wird diese Eigenschaft als *starke Konsistenz* der Folge D_n für das Schätzen von $\mathrm{E}(Y)$ bezeichnet. Das nachstehende Resultat zeigt, daß die Folge der empirischen Varianzen V_n stark konsistent für das Schätzen von $\sigma^2(Y)$ ist.

Satz 3.14. *Sei $Y \in L^2$. Dann gilt fast sicher*

$$\lim_{n\to\infty} V_n = \sigma^2(Y)\,.$$

Beweis. Wir verwenden die Darstellung (3.21) von V_n. Nach dem starken Gesetz der großen Zahlen gilt fast sicher

$$\lim_{n\to\infty}\frac{n}{n-1}(D_n-a)^2 = 0$$

und

$$\lim_{n\to\infty}\frac{1}{n-1}\sum_{i=1}^{n}(Y_i-a)^2 = \sigma^2(Y)\,.$$

Um die letzte Gleichung zu erhalten, wendet man das starke Gesetz der großen Zahlen auf die unabhängige Folge der Zufallsvariablen $(Y_i-a)^2$ an. □

Beispiel 3.15. Wir illustrieren den Einsatz der empirischen Varianz anhand der numerischen Integration der Funktion f_1, die bereits in den Beispielen 3.4 und 3.6 betrachtet wurde. Hier gilt $\sigma^2(Y) = 2/9$, siehe Beispiel 3.9. Die Abbildung 3.9 zeigt eine Realisierung $V_1(\omega),\ldots,V_N(\omega)$ mit $N = 10^7$, die auf Grundlage der in den oben erwähnten Beispielen verwendeten Daten berechnet wurde. Das Verhalten dieser

Folge steht im Einklang mit der Konvergenzaussage in Satz 3.14. Im Vergleich zu der in Abb. 3.3 dargestellten Folge der Näherungswerte $D_n(\omega)$ ist eine geringere „Konvergenzgeschwindigkeit" erkennbar, die sich dadurch erklärt, daß f_1^4 nicht integrierbar ist. □

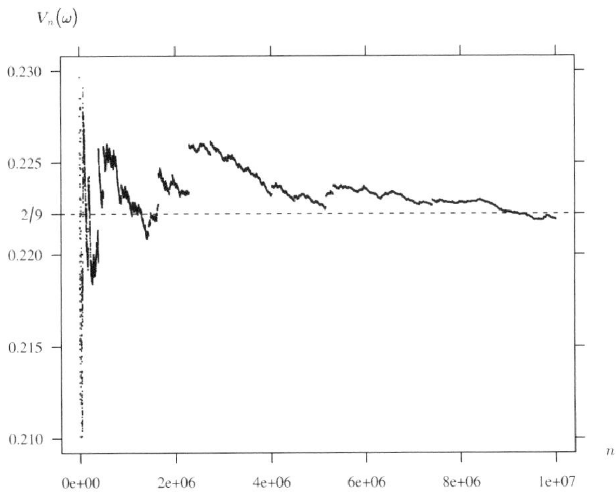

Abb. 3.9 $V_n(\omega)$ für $f_1(x) = x^{-1/4}$ und $n = 1, \ldots, 10^7$

Bei einer mit der direkten Simulation ermittelten Approximation $D_n(\omega)$ für a kann man in der Regel keine obere Schranke für den Abstand $|D_n(\omega) - a|$ angeben. Um diese Unsicherheit einzuschränken, versucht man, auf Basis der vorliegenden Realisierung $Y_1(\omega), \ldots, Y_n(\omega)$ ein „möglichst kleines", um den Näherungswert $D_n(\omega)$ symmetrisches Intervall

$$I_n(\omega) = [D_n(\omega) - L_n(\omega), D_n(\omega) + L_n(\omega)] \tag{3.22}$$

zu konstruieren, so daß

$$P(\{a \in I_n\}) \geq 1 - \delta \tag{3.23}$$

zu vorgegebenem $\delta \in]0, 1[$ gilt. Die reellwertige Zufallsvariable L_n ist hierbei von der Form

$$L_n = \ell_n(Y_1, \ldots, Y_n)$$

mit einer geeignet gewählten meßbaren Abbildung $\ell_n \colon \mathbb{R}^n \to [0, \infty[$. Solch ein zufälliges Intervall I_n wird wegen (3.23) als *Konfidenzintervall zum Niveau* $1 - \delta$ für $a = \mathrm{E}(Y)$ bezeichnet.

Das starke Gesetz der großen Zahlen hilft beim Verständnis dieses Konzepts. Hierzu gehen wir von einer Folge $(Y_i)_{i \in \mathbb{N}}$ von unabhängigen Wiederholungen des Basisexperiments Y aus, die in disjunkte Blöcke der Länge n zerlegt wird, und betrachten die durch Anwendung der Konstruktionsvorschrift (3.22) auf die einzelnen

Blöcke entstehende Folge von zufälligen Intervallen $(I_n^j)_{j\in\mathbb{N}}$. Der relative Anteil von k Intervallen $I_n^1,\dots,I_n^k$, die den gesuchten Wert a enthalten, ist gegeben durch

$$v_n^k = \frac{1}{k}\cdot|\{j\in\{1,\dots,k\}\,|\,a\in I_n^j\}| = \frac{1}{k}\cdot\sum_{j=1}^{k} 1_{\{a\in I_n^j\}}\,. \tag{3.24}$$

Da die Folge der Zufallsvariablen $1_{\{a\in I_n^j\}}$ unabhängig und identisch wie $1_{\{a\in I_n\}}$ verteilt ist, liefert das starke Gesetz der großen Zahlen

$$\lim_{k\to\infty} v_n^k = \mathrm{E}\left(1_{\{a\in I_n\}}\right) = P(\{a\in I_n\}) \tag{3.25}$$

fast sicher. Die Eigenschaft (3.23) garantiert also, daß der relative Anteil v_n^k von k Konfidenzintervallen, die den Wert a enthalten, für große Werte k nicht deutlich unter $1-\delta$ liegt.

Es bietet sich an, zur Konstruktion eines Konfidenzintervalles die Tschebyschev-Ungleichung einzusetzen. Wegen

$$P\big(\{|D_n-a| > \sigma(Y)/\sqrt{n\delta}\}\big) \le \delta$$

führt

$$L_n = \sigma(Y)/\sqrt{n\delta}$$

im Fall $Y\in L^2$ auf ein Intervall mit der Eigenschaft (3.23). Dieses Intervall läßt sich aber nur dann berechnen, wenn die Varianz $\sigma^2(Y)$ des Basisexperiments Y bekannt ist, und daher ist diese Methode in der Regel nicht einsetzbar. Außerdem zeigt bereits die Diskussion im Anschluß an Korollar 3.8, daß diese Konfidenzintervalle bei einer großen Wiederholungsanzahl n zu groß sind.

Bei beschränktem Basisexperiment Y erlaubt die Hoeffding-Ungleichung die Bestimmung eines Konfidenzintervalles, das für kleine und damit praktisch relevante Werte von δ kleiner als ein per Tschebyschev-Ungleichung konstruiertes Konfidenzintervall ist. Wie in Abschnitt 3.4 betrachten wir hierzu den Fall einer Zufallsvariablen Y mit Werten in $[0,1]$.

Satz 3.16. *Es gelte* $0\le Y\le 1$. *Dann definiert*

$$L_n = \sqrt{1/(2n)\cdot\ln(2/\delta)}$$

ein Konfidenzintervall zum Niveau $1-\delta$ *für a.*

Beweis. Gemäß Satz 3.12 gilt

$$P\big(\{|D_n-a| > \sqrt{1/(2n)\cdot\ln(2/\delta)}\,\}\big) \le 2\exp(-2n\cdot 1/(2n)\cdot\ln(2/\delta)) = \delta\,. \quad\square$$

Das in Satz 3.16 angegebene Konfidenzintervall besitzt die deterministische Länge $\sqrt{2/n\cdot\ln(2/\delta)}$. Man kann also in diesem Fall die Anzahl n der Wiederholungen des Basisexperiments vorab so festlegen, daß eine vorgegebene Längenschranke nicht überschritten wird.

In der Regel ist man, wie in Satz 3.16, bei der Konstruktion von Konfidenzintervallen auf zusätzliche Informationen über die Verteilung von Y angewiesen. Wir verweisen hierzu auf einführende Lehrbücher der Mathematischen Statistik, in denen Konfidenzintervalle unter der Annahme einer Normalverteilung behandelt werden, siehe Irle [91], Krengel [108] und Lehn, Wegmann [114].

Einen Ausweg bietet der zentrale Grenzwertsatz. Die unbekannte Varianz $\sigma^2(Y)$ des Basisexperiments wird hierbei durch die empirische Varianz V_n geschätzt und man erhält zumindest ein sogenanntes asymptotisches Konfidenzintervall.

Wir benötigen hier und in Abschnitt 5.2 zwei Eigenschaften der Verteilungskonvergenz, die wir im folgenden Lemma bereitstellen. Ein Beweis dieses Sachverhalts findet sich in Chung [35, S. 92–93].

Lemma 3.17. *Gegeben seien Folgen $(X_n)_{n\in\mathbb{N}}$ und $(Z_n)_{n\in\mathbb{N}}$ von Zufallsvariablen, so daß $(X_n)_{n\in\mathbb{N}}$ in Verteilung gegen eine Zufallsvariable X und $(Z_n)_{n\in\mathbb{N}}$ in Verteilung gegen eine konstante Zufallsvariable Z konvergiert. Dann konvergiert $(X_n+Z_n)_{n\in\mathbb{N}}$ in Verteilung gegen $X+Z$ und $(X_n\cdot Z_n)_{n\in\mathbb{N}}$ in Verteilung gegen $X\cdot Z$.*

Mit $\Phi^{-1}: \left]0,1\right[\to \mathbb{R}$ bezeichnen wir die Umkehrfunktion der streng monoton wachsenden Verteilungsfunktion Φ der Standard-Normalverteilung. Man findet diese Funktion tabelliert oder benutzt numerische Routinen zu ihrer Berechnung. Der Wert $\Phi^{-1}(\alpha)$ an der Stelle $\alpha \in \left]0,1\right[$ heißt *α-Quantil* der Standard-Normalverteilung.

Satz 3.18. *Sei $Y \in L^2$. Dann wird durch*

$$L_n = \Phi^{-1}(1-\delta/2)\cdot\sqrt{V_n/n}$$

ein asymptotisches Konfidenzintervall $I_n = [D_n - L_n, D_n + L_n]$ zum Niveau $1-\delta$ für a definiert. Genauer gilt

$$\lim_{n\to\infty} P(\{a \in I_n\}) = 1-\delta\,,$$

falls $\sigma(Y) > 0$, und $P(\{a\in I_n\}) = 1$, falls $\sigma(Y) = 0$.

Beweis. Im Fall $\sigma(Y) = 0$ gilt $P(\{D_n = a\}) = 1$, woraus $P(\{a \in I_n\}) = 1$ folgt.

Im nicht-trivialen Fall $\sigma(Y) > 0$ setzen wir

$$\widetilde{V}_n(\omega) = \begin{cases} V_n(\omega), & \text{falls } V_n(\omega) \neq 0\,, \\ 1, & \text{sonst}\,, \end{cases} \tag{3.26}$$

aus technischen Gründen und

$$Z_n = \sigma(Y)/\widetilde{V}_n^{1/2}\,.$$

Somit gilt

$$\sqrt{n}/\widetilde{V}_n^{1/2}\cdot(D_n - a) = D_n^* \cdot Z_n$$

mit den standardisierten Summen D_n^* und weiter

$$\{a \in I_n\} = \{|D_n^*| \cdot Z_n \leq \Phi^{-1}(1-\delta/2)\} \cap \{V_n \neq 0\} \cup \{a \in I_n\} \cap \{V_n = 0\}.$$

Satz 3.14 sichert

$$\lim_{n\to\infty} P(\{V_n = 0\}) = 0$$

und fast sicher

$$\lim_{n\to\infty} Z_n = 1,$$

da $\sigma(Y) > 0$. Fast sichere Konvergenz gegen eine Zufallsvariable impliziert Konvergenz in Verteilung gegen dieselbe Zufallsvariable, siehe Irle [91, Satz 11.21, Satz 12.3]. In Verbindung mit Lemma 3.17 zeigt somit der zentrale Grenzwertsatz, daß $D_n^* \cdot Z_n$ asymptotisch standard-normalverteilt ist, woraus insbesondere

$$\begin{aligned}\lim_{n\to\infty} P(\{|D_n^*| \cdot Z_n \leq \Phi^{-1}(1-\delta/2)\}) \\ &= \Phi\left(\Phi^{-1}(1-\delta/2)\right) - \Phi\left(-\Phi^{-1}(1-\delta/2)\right) \\ &= 1-\delta\end{aligned}$$

folgt. Zusammenfassend ergibt sich $\lim_{n\to\infty} P(\{a \in I_n\}) = 1-\delta$. □

Wir betrachten in Analogie zu (3.24) den relativen Anteil v_n^k von k asymptotischen Konfidenzintervallen $I_n^1, \ldots, I_n^k$, die den gesuchten Wert a enthalten, und setzen $\sigma(Y) > 0$ voraus. Satz 3.18 zusammen mit (3.25) sichert, daß dieser Anteil für hinreichend große Werte von n und k näherungsweise $1-\delta$ beträgt, da

$$\lim_{n\to\infty} \lim_{k\to\infty} v_n^k = 1-\delta \tag{3.27}$$

fast sicher.

Beispiel 3.19. Wir illustrieren das Konzept und den Einsatz von asymptotischen Konfidenzintervallen anhand der numerischen Integration der Funktion f_1, die bereits in den Beispielen 3.4 und 3.6 betrachtet wurde.

Abbildung 3.10 zeigt für $n = 5000$ eine Realisierung $I_n^1(\omega), \ldots, I_n^{100}(\omega)$ von 100 asymptotischen Konfidenzintervallen zum Niveau 0.95 für den gesuchten Wert $a_1 = 4/3$. Zur Berechnung dieser Intervalle gemäß Satz 3.18 wurden also $N = 5 \cdot 10^5$ unabhängige Wiederholungen des Basisexperiments $Y = f_1(X)$ mit einer auf $[0,1]$ gleichverteilten Zufallsvariablen X durchgeführt und die erhaltenen Werte $Y_1(\omega), \ldots, Y_N(\omega)$ in $k = 100$ disjunkte Blöcke der Länge n zerlegt. Position und Größe der einzelnen Intervalle hängen vom jeweils verwendeten Datenblock ab. Das kleinste Intervall besitzt etwa die Länge 0.023, die Länge des größten Intervalls beträgt etwa 0.037. Gemäß (3.27) sollte der relative Anteil von Intervallen, die den Wert $a = 4/3$ enthalten, nahe bei 0.95 liegen. Tatsächlich gilt $v_n^{100}(\omega) = 0.96$.

Abbildung 3.11 basiert auf den bereits in den Beispielen 3.4 und 3.6 verwendeten Daten. Für eine Auswahl von Werten n zwischen 100 und 10^7 sind die resultierenden Näherungswerte $D_n(\omega)$ für a_1 zusammen mit den asymptotischen Konfidenzintervallen $I_n(\omega)$ zum Niveau 0.95 dargestellt. Die horizontale Achse ist logarithmisch skaliert. Das Verhalten der Intervallängen $2 \cdot \Phi^{-1}(0.975) \cdot \sqrt{V_n(\omega)/n}$ steht im Einklang mit der aus Satz 3.14 folgenden fast sicheren Konvergenz der Intervallängen gegen null. Man sieht aber, daß diese Konvergenz im allgemeinen nicht monoton ist. □

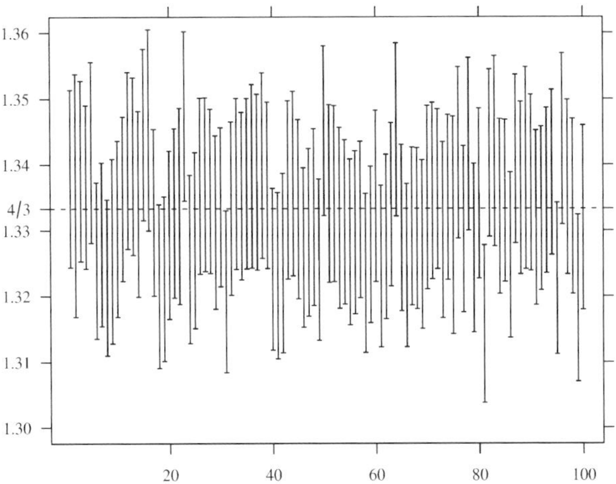

Abb. 3.10 $I_n^{(j)}(\omega)$ für $n = 5000$ und $j = 1, \ldots, 100$

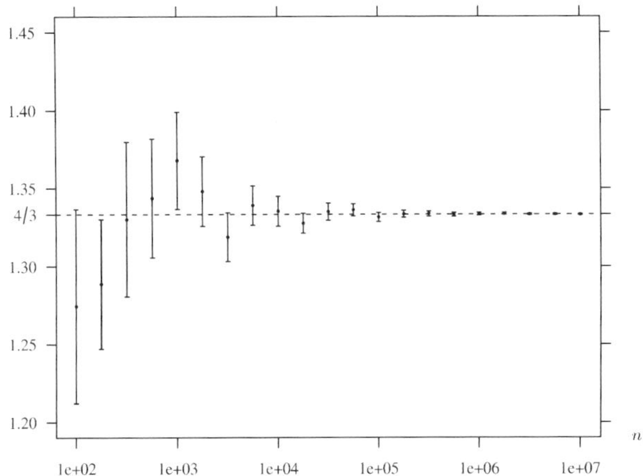

Abb. 3.11 $D_n(\omega)$ und $I_n(\omega)$ für n zwischen 100 und 10^7

3.6 Stoppzeiten und Unabhängigkeit

Wir betrachten in diesem Abschnitt eine Folge $(V_t)_{t\in\mathbb{N}}$ von $\mathbb{R}^k$-wertigen Zufallsvariablen und interpretieren die Elemente der Indexmenge $\mathbb{N}$ als Zeitpunkte. Eine solche Folge wird auch als *zeit-diskreter stochastischer Prozeß* bezeichnet, siehe auch Abschnitt 4.5. Durch Zeitpunkte

$$1 \leq T_1 < T_2 < \dots$$

zerlegen wir $(V_t)_{t\in\mathbb{N}}$ in endliche Teilabschnitte

$$Z_i = (V_{T_{i-1}+1}, \dots, V_{T_i}),$$

wobei $T_0 = 0$ gesetzt ist.

Ist $(V_t)_{t\in\mathbb{N}}$ eine unabhängige Folge, so gilt dies auch für die Folge $(Z_i)_{i\in\mathbb{N}}$, siehe Irle [91, Lemma 10.26]. In der Tat haben wir diesen Sachverhalt bereits mehrfach verwendet, so etwa in Abschnitt 1.3 bei der Konstruktion zufälliger Punkte in $[0,1]^d$ aus Zufallszahlen und damit bei der mehrdimensionalen numerischen Integration in Abschnitt 3.2.2. Motiviert durch die direkte Simulation bei Ruinproblemen, siehe Abschnitt 3.2.6, und bei der Bewertung von Barriere-Optionen, siehe Abschnitt 3.2.5, stellt sich die Frage, ob diese Unabhängigkeit auch dann gilt, wenn die Zeitpunkte T_i ihrerseits zufällig gewählt sind.

Wir beweisen hier die Unabhängigkeit unter den zusätzlichen Annahmen, daß die Zufallsvariablen V_t identisch verteilt und die Abbildungen T_i sogenannte Stoppzeiten sind. Dieses Resultat wird beim Einsatz von Monte Carlo-Methoden vielfach unausgesprochen verwendet; uns erscheint es jedoch angemessen, hier der Tradition nicht zu folgen. Die Ergebnisse dieses Abschnittes werden wir bereits im nächsten Kapitel unter anderem bei der Simulation des Durchgangs von Neutronen durch Materie, siehe Abschnitt 4.2, und bei der in Abschnitt 4.3 behandelten Verwerfungsmethode einsetzen.

Zur Präzisierung und Untersuchung der oben gestellten Frage benötigen wir einige weitere Begriffe aus der Stochastik. Für $1 \leq s \leq t$ ist das Mengensystem

$$\mathfrak{A}_{s,t} = \big\{\{(V_s, \dots, V_t) \in B\} \mid B \subset \mathbb{R}^{(t-s+1)\cdot k} \text{ meßbar}\big\} \tag{3.28}$$

eine σ-Algebra in Ω, die $\mathfrak{A}_{s,t} \subset \mathfrak{A}$ erfüllt, siehe Krengel [108, Abschn. 11.1]. Wir setzen

$$\mathfrak{A}_t = \mathfrak{A}_{1,t}.$$

Die σ-Algebra $\mathfrak{A}_{s,t}$ besteht aus allen Ereignissen, die sich durch eine „meßbare Forderung“ an den stochastischen Prozeß zwischen den Zeitpunkten s und t definieren lassen, und sie wird als die von $V_s, \dots, V_t$ *erzeugte σ-Algebra* bezeichnet. Beispielsweise gilt im Falle $k = 1$

$$\big\{\max_{\ell=s,\dots,t} V_\ell = V_s\big\} \in \mathfrak{A}_{s,t}.$$

Unmittelbar aus den Definitionen ergibt sich für deterministische Zeitpunkte T_i die Äquivalenz der Unabhängigkeit der Folge $(Z_i)_{i\in\mathbb{N}}$ zur Gültigkeit der Produktformel

$$P(A_1 \cap \cdots \cap A_j) = P(A_1) \cdots P(A_j) \tag{3.29}$$

für alle $j \in \mathbb{N}$ und alle Ereignisse

$$A_1 \in \mathfrak{A}_{1:T_1}, \ldots, A_j \in \mathfrak{A}_{T_{j-1}+1:T_j}.$$

Im Falle $k = 1$ ist das Ereignis, daß V_1 den größten der Werte aller Zufallsvariablen V_t liefert, gegeben durch

$$\left\{\sup_{t\in\mathbb{N}} V_t = V_1\right\} = \bigcap_{t\in\mathbb{N}} \{V_t \leq V_1\}.$$

Während $\{V_t \leq V_1\} \in \mathfrak{A}_t$ für jedes $t \in \mathbb{N}$ gilt, gehört $\left\{\sup_{t\in\mathbb{N}} V_t = V_1\right\}$ im allgemeinen zu keiner der σ-Algebren $\mathfrak{A}_t$, so daß die Vereinigung $\bigcup_{t\in\mathbb{N}} \mathfrak{A}_t$ in der Regel keine σ-Algebra ist. Es existiert jedoch eine im Sinne der Mengeninklusion kleinste σ-Algebra $\mathfrak{A}_\infty$, die $\bigcup_{t\in\mathbb{N}} \mathfrak{A}_t$ enthält, siehe Irle [91, Lemma 2.12]. Die σ-Algebra $\mathfrak{A}_\infty$ besteht aus allen Ereignissen, die sich durch eine „meßbare Forderung" an den gesamten stochastischen Prozeß $(V_t)_{t\in\mathbb{N}}$ definieren lassen, und sie wird als die von $(V_t)_{t\in\mathbb{N}}$ *erzeugte σ-Algebra* bezeichnet. Unmittelbar aus den Definitionen folgt

$$\mathfrak{A}_1 \subset \mathfrak{A}_2 \subset \cdots \subset \mathfrak{A}_\infty \subset \mathfrak{A}.$$

Im obigen Beispiel ergibt sich

$$\left\{\sup_{t\in\mathbb{N}} V_t = V_1\right\} \in \mathfrak{A}_\infty.$$

Wir wenden uns nun der Untersuchung der Unabhängigkeit bei zufällig gewählten Zeitpunkten zu und diskutieren zunächst den Fall, daß wir durch nur eine Abbildung

$$T : \Omega \to \mathbb{N}_\infty \tag{3.30}$$

mit

$$\mathbb{N}_\infty = \mathbb{N} \cup \{\infty\}$$

die Folge $(V_t)_{t\in\mathbb{N}}$ in zwei Teilabschnitte zerlegen. Dabei setzen wir stets

$$\{T = t\} \in \mathfrak{A}, \qquad t \in \mathbb{N}, \tag{3.31}$$

sowie

$$P(\{T < \infty\}) = 1 \tag{3.32}$$

voraus.

Beispiel 3.20. Als wichtiges Beispiel betrachten wir Eintrittszeiten. Dazu seien $x \in \mathbb{R}^m$, meßbare Abbildungen

$$g_t : \mathbb{R}^{t\cdot k} \to \mathbb{R}^m$$

und eine meßbare Menge $C \subset \mathbb{R}^m$ gegeben. Wir setzen $X_0 = x$ und

$$X_t = g_t(V_1, \ldots, V_t), \qquad t \in \mathbb{N},$$

und wir definieren die *Eintrittszeit* des stochastischen Prozesses $(X_t)_{t \in \mathbb{N}_0}$ in die Menge C durch

$$T = \inf\{t \in \mathbb{N} \mid X_t \in C\}.$$

Hier und im folgenden sei stets $\inf \emptyset = \infty$. Die Abbildung T gibt den Zeitpunkt des ersten Eintritts des Prozesses $(X_t)_{t \in \mathbb{N}_0}$ in die Menge C an, wobei ein möglicher Start $x \in C$ nicht berücksichtigt wird. Für $t \in \mathbb{N}$ gilt

$$\{T = t\} = \{X_1 \notin C\} \cap \cdots \cap \{X_{t-1} \notin C\} \cap \{X_t \in C\}, \tag{3.33}$$

woraus unmittelbar (3.31) folgt. □

Zur Untersuchung des Prozesses ab der Zeit T definieren wir Zufallsvariablen V_{T+t} für $t \in \mathbb{N}_0$ durch

$$V_{T+t}(\omega) = V_{T(\omega)+t}(\omega),$$

falls $T(\omega) < \infty$. Die Definition von V_{T+t} auf $\{T = \infty\}$ kann wegen (3.32) unterbleiben.

Zu klären ist, unter welchen Voraussetzungen aus der Unabhängigkeit der Folge $(V_t)_{t \in \mathbb{N}}$ auch eine noch geeignet zu definierende Unabhängigkeit der Teilabschnitte $V_1, \ldots, V_T$ und $V_{T+1}, \ldots$ folgt.

Beispiel 3.21. Das klassische *Ruinproblem* basiert auf einer unabhängigen Folge von Zufallsvariablen V_t, die jeweils die Verteilung

$$P(\{V_t = 1\}) = p, \qquad P(\{V_t = -1\}) = 1 - p$$

mit $p \in]0,1[$ besitzen und angeben, ob ein Spieler in Runde t gewinnt oder verliert, siehe Aufgabe 1.8. Setzt der Spieler pro Runde den Einsatz eins und bezeichnet $x \in \mathbb{N}$ sein Startkapital, so ist

$$X_t = x + \sum_{s=1}^{t} V_s$$

sein Kapital nach t Runden. Wenn $z \in \mathbb{N}$ mit $z > x$ das angestrebte Ziel des Spielers ist, so läßt sich das Spielende durch die Eintrittszeit

$$T = \inf\{t \in \mathbb{N} \mid X_t \in \{0, z\}\}$$

definieren. Wir benötigen die oben genannte Unabhängigkeit und die Tatsache, daß die Zufallsvariablen V_{T+t} für $t \in \mathbb{N}$ jeweils wie V_1 verteilt sind, um die Zufallsvariablen $V_{T+1}, \ldots$ zu weiteren unabhängigen Simulationen des Spiels verwenden zu können. Es ist nicht auszuschließen, daß das Spiel nie endet, daß also $T(\omega) = \infty$ gilt. Die Wahrscheinlichkeiten $P(\{T > t\})$ konvergieren jedoch exponentiell schnell gegen null, woraus insbesondere (3.32) folgt, siehe Širjaev [182, Kap. I.9].

Wir betrachten nun andererseits die durch

$$S = \inf\{t \in \mathbb{N} \mid V_t = V_{t+1}\}$$

definierte Abbildung $S\colon \Omega \to \mathbb{N}_\infty$, die den ersten Zeitpunkt angibt, zu dem der Spieler in der aktuellen und in der nächsten Spielrunde das gleiche Ergebnis erzielt. Die Bedingungen (3.31) und (3.32) sind erfüllt. Offenbar sind die Zufallsvariablen V_S und V_{S+1} nicht unabhängig. Es gilt etwa

$$P(\{V_S = -1\} \cap \{V_{S+1} = 1\}) = 0,$$

aber

$$P(\{V_S = -1\}) \geq P(\{V_1 = V_2 = -1\}) = (1-p)^2 > 0$$

und

$$P(\{V_{S+1} = 1\}) \geq P(\{V_1 = V_2 = 1\}) = p^2 > 0. \qquad \square$$

In dem vorangegangenen Beispiel besteht ein wesentlicher Unterschied zwischen den Abbildungen S und T darin, daß man das Ereignis $\{S = t\}$ im Gegensatz zu dem Ereignis $\{T = t\}$ nicht durch eine „meßbare Forderung" an den Prozeß $(V_s)_{s\in\mathbb{N}}$ bis zur Zeit $t \in \mathbb{N}$ beschreiben kann. Diese Beobachtung motiviert die folgende Definition. Wir nennen eine Abbildung T der Form (3.30) eine *Stoppzeit* bezüglich $(V_t)_{t\in\mathbb{N}}$, falls

$$\{T = t\} \in \mathfrak{A}_t$$

für alle $t \in \mathbb{N}$ gilt. Insbesondere besitzen Stoppzeiten die Eigenschaft (3.31).

Beispiel 3.22. Die in Beispiel 3.20 eingeführten Eintrittszeiten sind stets Stoppzeiten bezüglich des zugrundeliegenden Prozesses $(V_t)_{t\in\mathbb{N}}$, was sich wie folgt ergibt. Für jede meßbare Menge $B \subset \mathbb{R}^m$ ist $g_s^{-1}(B) \subset \mathbb{R}^{s\cdot k}$ meßbar, und somit gilt

$$\{X_s \in B\} = \{(V_1, \dots, V_s) \in g_s^{-1}(B)\} \in \mathfrak{A}_s \subset \mathfrak{A}_t \tag{3.34}$$

für $s = 1, \dots, t$. Nun wähle man $B = C$ bzw. $B = \mathbb{R}^m \setminus C$ und wende (3.33) an. Im obigen Beispiel des Ruinproblems ist demnach das Spielende T eine Stoppzeit. Die dort ebenfalls betrachtete Abbildung S ist hingegen keine Stoppzeit, siehe hierzu Aufgabe 3.18. $\square$

Im folgenden sei T eine Stoppzeit bezüglich $(V_t)_{t\in\mathbb{N}}$. Das Mengensystem

$$\mathfrak{A}_T = \left\{ \bigcup_{t\in\mathbb{N}_\infty} \{T = t\} \cap A_t \mid A_t \in \mathfrak{A}_t \text{ für alle } t \in \mathbb{N}_\infty \right\}$$

heißt *σ-Algebra der T-Vergangenheit* und bildet in der Tat eine σ-Algebra, siehe Aufgabe 3.19. Die σ-Algebra $\mathfrak{A}_T$ besteht aus allen Ereignissen, die sich durch eine „meßbare Forderung" an den stochastischen Prozeß $(V_t)_{t\in\mathbb{N}}$ bis zum Stoppzeitpunkt definieren lassen. Im Spezialfall einer konstanten Stoppzeit $T = t$ gilt $\mathfrak{A}_T = \mathfrak{A}_t$.

Beispiel 3.23. Wir betrachten wieder das klassische Ruinproblem aus Beispiel 3.21. Hier gehört etwa das Ereignis A, das Spiel zu gewinnen und nie den Kapitalstand eins erreicht zu haben, zu $\mathfrak{A}_T$, da

$$A = \bigcup_{t \in \mathbb{N}} \Big(\{T = t\} \cap \bigcap_{s=1}^{t} \{X_s \geq 2\} \Big)$$

und $\{X_s \geq 2\} \in \mathfrak{A}_s \subset \mathfrak{A}_t$ für $s = 1, \ldots, t$, siehe (3.34). □

Neben $\mathfrak{A}_T$ betrachten wir auch die vom stochastischen Prozeß $(V_{T+t})_{t \in \mathbb{N}}$ erzeugte σ-Algebra und bezeichnen diese mit $\mathfrak{A}'_T$. Die Elemente dieser σ-Algebra sind alle Ereignisse, die sich durch eine „meßbare Forderung" an den Prozeß $(V_t)_{t \in \mathbb{N}}$ nach dem Stoppzeitpunkt definieren lassen.

Wir sind jetzt in der Lage, die eingangs genannte Unabhängigkeit zu formulieren und zu beweisen.

Satz 3.24. *Sei $(V_t)_{t \in \mathbb{N}}$ eine unabhängige Folge von identisch verteilten Zufallsvariablen und T eine Stoppzeit bezüglich $(V_t)_{t \in \mathbb{N}}$ mit der Eigenschaft* (3.32). *Dann gilt*

$$P(A \cap A') = P(A) \cdot P(A')$$

für alle $A \in \mathfrak{A}_T$, $A' \in \mathfrak{A}'_T$, und $(V_{T+t})_{t \in \mathbb{N}}$ ist ebenfalls eine unabhängige Folge von identisch wie V_1 verteilten Zufallsvariablen.

Beweis. Sei

$$A = \bigcup_{t \in \mathbb{N}_\infty} \{T = t\} \cap A_t$$

mit $A_t \in \mathfrak{A}_t$. Es genügt, die Produktformel $P(A \cap A') = P(A) \cdot P(A')$ für Ereignisse A' der Form

$$A' = \{(V_{T+1}, \ldots, V_{T+s}) \in B\}$$

mit $s \in \mathbb{N}$ und einer meßbaren Mengen $B \subset \mathbb{R}^{s \cdot k}$ zu beweisen, siehe Klenke [105, Satz 2.16]. Wegen $P(\{T = \infty\}) = 0$ erhält man in diesem Fall

$$P(A \cap A') = \sum_{t \in \mathbb{N}} P\big(\{T = t\} \cap A_t \cap \{(V_{t+1}, \ldots, V_{t+s}) \in B\}\big).$$

Es gilt

$$\{T = t\} \cap A_t \in \mathfrak{A}_{1,t},$$

da T eine Stoppzeit ist, und

$$\{(V_{t+1}, \ldots, V_{t+s}) \in B\} \in \mathfrak{A}_{t+1,t+s}$$

für $t \in \mathbb{N}$. Die Unabhängigkeit der Folge $(V_t)_{t \in \mathbb{N}}$ impliziert somit gemäß (3.29)

$$\begin{aligned} &P(\{T = t\} \cap A_t \cap \{(V_{t+1}, \ldots, V_{t+s}) \in B\}) \\ &\quad = P(\{T = t\} \cap A_t) \cdot P(\{(V_{t+1}, \ldots, V_{t+s}) \in B\}). \end{aligned}$$

Da die Zufallsvariablen V_t zusätzlich identisch verteilt sind, stimmen die Verteilungen von $(V_{t+1}, \ldots, V_{t+s})$ und $(V_1, \ldots, V_s)$ überein, siehe Irle [91, Satz 10.31]. Es folgt

$$P(\{(V_{t+1}, \ldots, V_{t+s}) \in B\}) = P(\{(V_1, \ldots, V_s) \in B\})$$

und zusammenfassend

$$P(A \cap A') = P(A) \cdot P(\{(V_1, \ldots, V_s) \in B\}) .$$

Die Wahl $A_t = \Omega$ liefert

$$P(A') = P(\{(V_1, \ldots, V_s) \in B\}) \tag{3.35}$$

und damit $P(A \cap A') = P(A) \cdot P(A')$.

Gemäß (3.35) stimmen die Verteilungen von $(V_{T+1}, \ldots, V_{T+s})$ und $(V_1, \ldots, V_s)$ für jedes $s \in \mathbb{N}$ überein. Damit verifiziert man leicht, daß mit $(V_t)_{t \in \mathbb{N}}$ auch $(V_{T+t})_{t \in \mathbb{N}}$ eine unabhängige Folge von identisch wie V_1 verteilten Zufallsvariablen ist, siehe Irle [91, Satz 10.31]. □

Beispiel 3.25. In der Situation von Beispiel 3.20 betrachten wir den Fall $X_t = V_t$ und definieren die Folge der sukzessiven Eintrittszeiten

$$T_\ell \colon \Omega \to \mathbb{N}_\infty , \qquad \ell \in \mathbb{N},$$

in die Menge $C \subset \mathbb{R}^k$ durch

$$T_\ell = \inf\{t \in \mathbb{N} \mid t > T_{\ell-1},\, V_t \in C\} ,$$

wobei $T_0 = 0$ gesetzt ist. Offenbar ist T_ℓ auch für $\ell \geq 2$ eine Stoppzeit bezüglich $(V_t)_{t \in \mathbb{N}}$. Die Folge der *Wartezeiten*

$$W_\ell \colon \Omega \to \mathbb{N}_\infty , \qquad \ell \in \mathbb{N},$$

zwischen den Eintritten in die Menge C ist durch

$$W_\ell(\omega) = \begin{cases} T_\ell(\omega) - T_{\ell-1}(\omega) , & \text{falls } T_{\ell-1}(\omega) < \infty , \\ \infty , & \text{sonst} , \end{cases}$$

gegeben.

Wir studieren zunächst die Verteilungseigenschaften der Folge $(W_\ell)_{\ell \in \mathbb{N}}$ unter der Annahme, daß $(V_t)_{t \in \mathbb{N}}$ eine unabhängige Folge von identisch verteilten Zufallsvariablen ist und

$$p = P(\{V_1 \in C\}) \in \,]0, 1]$$

erfüllt. Für $t \in \mathbb{N}$ gilt

$$P(\{W_1 = t\}) = P(\{V_1 \notin C\}) \cdots P(\{V_{t-1} \notin C\}) \cdot P(\{V_t \in C\}) = p \cdot (1-p)^{t-1} .$$

Somit ist $W_1 = T_1$ geometrisch verteilt mit Parameter p, woraus sich insbesondere $P(\{T_1 < \infty\}) = 1$ ergibt. Ferner gilt

$$\{W_1 = t\} \in \mathfrak{A}_{T_1}$$

sowie

$$\{W_2 = t\} = \{V_{T_1+1} \notin C\} \cap \cdots \cap \{V_{T_1+t-1} \notin C\} \cap \{V_{T_1+t} \in C\} \in \mathfrak{A}'_{T_1}, \tag{3.36}$$

so daß gemäß Satz 3.24 die ersten beiden Wartezeiten W_1 und W_2 unabhängig und identisch verteilt sind. Induktiv beweist man allgemeiner, daß $(W_\ell)_{\ell \in \mathbb{N}}$ eine unabhängige Folge von jeweils geometrisch mit Parameter p verteilten Zufallsvariablen ist.

Nun bestimmen wir die Verteilungen der Zufallsvariablen V_{T_ℓ}. Für jede meßbare Menge $B \subset \mathbb{R}^k$ gilt

$$\{V_{T_\ell} \in B\} \cap \{T_\ell < \infty\} = \bigcup_{t \in \mathbb{N}} \{W_\ell = t\} \cap \{V_{T_{\ell-1}+t} \in B\}. \tag{3.37}$$

Im Spezialfall $\ell = 1$ ergibt sich hieraus

$$\begin{aligned} P(\{V_{T_1} \in B\}) &= \sum_{t=1}^{\infty} P(\{T_1 = t\} \cap \{V_t \in B\}) \\ &= \sum_{t=1}^{\infty} P(\{V_1 \notin C\}) \cdots P(\{V_{t-1} \notin C\}) \cdot P(\{V_t \in C \cap B\}) \\ &= \sum_{t=1}^{\infty} (1-p)^{t-1} \cdot P(\{V_1 \in C \cap B\}) \\ &= P(\{V_1 \in B\} \mid \{V_1 \in C\}). \end{aligned}$$

Zur Behandlung des Falles $\ell = 2$ setzen wir

$$V'_t = V_{T_1+t}$$

sowie

$$T'_1 = \inf\{t \in \mathbb{N} \mid V'_t \in C\}.$$

Es gilt $T'_1 = W_2$ und somit

$$P(\{V_{T_2} \in B\}) = P(\{V_{T_1+W_2} \in B\}) = P(\{V'_{T'_1} \in B\}).$$

Ferner zeigt (3.37), daß $\{V_{T_1} \in B\} \cap \{T_1 < \infty\} \in \mathfrak{A}_{T_1}$ erfüllt ist, und mit (3.36) folgt, daß $\{V_{T_2} \in B\} \cap \{T_2 < \infty\} \in \mathfrak{A}'_{T_1}$ gilt. Mit Satz 3.24 und dem Ergebnis für $\ell = 1$ ergibt sich

$$P(\{V_{T_2} \in B\}) = P(\{V_{T_1} \in B\}) = P(\{V_1 \in B\} \mid \{V_1 \in C\})$$

und die Unabhängigkeit von V_{T_1} und V_{T_2}. Wiederum zeigt man allgemeiner per Induktion, daß die Zufallsvariablen V_{T_ℓ} eine unabhängige Folge bilden. Ihre Verteilungen stimmen überein und sind jeweils durch die bedingten Wahrscheinlichkeiten von $\{V_1 \in B\}$ gegeben $\{V_1 \in C\}$ bestimmt. □

Nun betrachten wir den Fall einer beliebigen Folge von Stoppzeiten $T_\ell : \Omega \to \mathbb{N}_\infty$ bezüglich $(V_t)_{t\in\mathbb{N}}$, die für alle $\ell \in \mathbb{N}$ die Eigenschaften

$$T_{\ell-1}(\omega) < T_\ell(\omega) \quad \vee \quad T_{\ell-1}(\omega) = T_\ell(\omega) = \infty$$

für alle $\omega \in \Omega$ und

$$P(\{T_{\ell-1} < T_\ell < \infty\}) = 1$$

erfüllen. Hierbei sei wieder $T_0 = 0$ gesetzt.

Wir erinnern an die Definition (3.28) der σ-Algebren $\mathfrak{A}_{s,t}$ sowie an die von dem Prozeß $(V_t)_{t\in\mathbb{N}}$ erzeugte σ-Algebra $\mathfrak{A}_\infty$. Allgemeiner bezeichnen wir nun mit $\mathfrak{A}_{s,\infty}$ die kleinste σ-Algebra, die das Mengensystem $\bigcup_{t\geq s} \mathfrak{A}_{s,t}$ enthält, also von dem Prozess $(V_t)_{t\geq s}$ erzeugt wird. Die Zerlegung des Prozesses in fast sicher endliche Teilabschnitte durch die obige Folge von Stoppzeiten T_ℓ führt auf die σ-Algebren

$$\mathfrak{A}^{(\ell)} = \left\{ \bigcup_{0\leq s<t\leq\infty} \{T_{\ell-1} = s\} \cap \{T_\ell = t\} \cap A_{s,t} \,\middle|\, A_{s,t} \in \mathfrak{A}_{s+1,t} \right\}, \qquad \ell \in \mathbb{N}. \quad (3.38)$$

Die Elemente von $\mathfrak{A}^{(\ell)}$ sind alle Ereignisse, die sich durch eine „meßbare Forderung“ an den Prozeß $(V_t)_{t\in\mathbb{N}}$ vom zufälligen Zeitpunkt $T_{\ell-1}+1$ bis zum zufälligen Zeitpunkt T_ℓ beschreiben lassen. Im Spezialfall $\ell = 1$ ergibt sich die bereits oben betrachtete σ-Algebra der T_1-Vergangenheit.

Per Induktion erhält man die folgende Verallgemeinerung von Satz 3.24, vgl. Chung [35, Thm. 8.2.3, Ex. 8.2.11].

Satz 3.26. *Sei $(V_t)_{t\in\mathbb{N}}$ eine unabhängige Folge von identisch verteilten Zufallsvariablen. Unter obigen Voraussetzungen an die Folge von Stoppzeiten T_ℓ gilt*

$$P(A^{(1)} \cap \cdots \cap A^{(m)}) = P(A^{(1)}) \cdots P(A^{(m)})$$

für $m \in \mathbb{N}$ und $A^{(\ell)} \in \mathfrak{A}^{(\ell)}$. Ferner ist $(V_{T_\ell+t})_{t\in\mathbb{N}}$ für jedes $\ell \in \mathbb{N}$ ebenfalls eine unabhängige Folge von identisch wie V_1 verteilten Zufallsvariablen.

Aufgaben

Aufgabe 3.1. Gegeben seien $\alpha, \beta \in \,]0,1[$ sowie die endliche Menge $E = \{1,\ldots,K\}$. Betrachten Sie das durch

$$Q(\{k\}) = c \cdot \alpha^k, \qquad k \in E,$$

mit geeigneter Konstante $c > 0$ festgelegte Wahrscheinlichkeitsmaß Q auf E sowie die Funktion $f : E \to \mathbb{R}$ mit

$$f(k) = \beta^k, \qquad k \in E.$$

a) Bestimmen Sie c und den Erwartungswert

$$a = \sum_{k=1}^{K} f(k) \cdot Q(\{k\})$$

der Zufallsvariablen f.

b) Sei U gleichverteilt auf $[0,1]$ und $g\colon\ [0,1] \to [0,K]$ definiert durch

$$g(u) = (\ln \alpha)^{-1} \cdot \ln(1 - u \cdot (1 - \alpha^K)), \qquad u \in [0,1].$$

Zeigen Sie, daß die Zufallsvariable $Z = \lceil g(U) \rceil$ die Verteilung Q besitzt.

c) Betrachten Sie für die direkte Simulation zur näherungsweisen Berechnung von a die Basisexperimente $Y^{(1)} = f(Z)$ und $Y^{(2)} = K \cdot f(X) \cdot Q(\{X\})$ mit einer auf E gleichverteilten Zufallsvariablen X. Vergleichen Sie die beiden Basisexperimente hinsichtlich Varianz, Kosten und dem Produkt aus Kosten und Varianz, und führen Sie Experimente durch.

Aufgabe 3.2. Betrachten Sie die erste der beiden Monte Carlo-Methoden zur Berechnung von π, die in Abschnitt 3.2.1 vorgestellt wurden. Zeigen Sie, daß die Approximation des Viertelkreises B durch ein einbeschriebenes Dreieck und die Verminderung des Quadrates G um ein geeignetes Dreieck zu einer Methode mit reduzierter Varianz führt. Wie läßt sich die neue Methode implementieren, so daß der Vorteil reduzierter Varianz erhalten bleibt?

Aufgabe 3.3. Sei X gleichverteilt auf $[0, 2\pi]$ und $f(x) = \sin(x)$. Bestimmen Sie die Varianz, die Verteilungsfunktion und die Lebesgue-Dichte von $f(X)$.

Aufgabe 3.4. Implementieren Sie die in Abschnitt 3.2.2 beschriebene Monte Carlo-Methode zur numerischen Integration für $G = [0,1]^d$ und führen Sie unter anderem Experimente mit den Genz-Funktionen in verschiedenen Dimensionen d durch. Stellen Sie Ihre Ergebnisse auch graphisch dar.

Aufgabe 3.5. Betrachten Sie die Trapezregel

$$T_{n+1}(f) = \frac{1}{n} \left(f(0)/2 + \sum_{i=1}^{n-1} f(i/n) + f(1)/2 \right)$$

zur Approximation des Integrals von Funktionen $f\colon\ [0,1] \to \mathbb{R}$.

a) Zeigen Sie, daß

$$\left| \int_0^1 f(x)\,\mathrm{d}x - T_{n+1}(f) \right| \leq \frac{1}{4n} \cdot L$$

für Lipschitz-stetige Funktionen f mit Lipschitz-Konstante L gilt.

b) Leiten Sie für Funktionen $f \in C^2([0,1])$ eine asymptotisch bessere Abschätzung her.

Aufgabe 3.6. Berechnen Sie näherungsweise den Erwartungswert der Fläche eines Dreiecks, dessen Eckpunkte drei zufällige Punkte aus dem Einheitsquadrat sind. Nach dem in Abschnitt 3.2.3 Gesagten ist $V(\text{Quadrat}) = 11/144$ der gesuchte Wert.

Verwenden Sie, daß

$$f(x) = \frac{1}{2}|x_1y_2 + x_2y_3 + x_3y_1 - x_1y_3 - x_2y_1 - x_3y_2|$$

die Fläche des Dreiecks mit den Ecken (x_1,y_1), (x_2,y_2) und (x_3,y_3) ist. Zu berechnen ist also

$$V(\text{Quadrat}) = \int_{[0,1]^6} f(x)\,\mathrm{d}x\,.$$

Aufgabe 3.7. Sei Ω die Menge aller Permutationen von $\{1,\dots,n\}$, P ein Wahrscheinlichkeitsmaß auf der Potenzmenge von Ω und $X_i(\omega) = \omega_i$ für $\omega \in \Omega$ und $i = 1,\dots,n$.

a) Zeigen Sie, daß P genau dann die Gleichverteilung auf Ω ist, wenn

$$P(\{X_1 = x\}) = 1/n$$

und

$$P(\{X_i = x\} \mid \{X_1 = x_1\} \cap \dots \cap \{X_{i-1} = x_{i-1}\}) = 1/(n-i+1)$$

für $i = 2,\dots,n$ und alle paarweise verschiedenen $x, x_1,\dots,x_{i-1} \in \{1,\dots,n\}$ gilt.

b) Entwerfen Sie einen Algorithmus, der zufällige Permutationen von $\{1,\dots,n\}$ gemäß der Gleichverteilung erzeugt. Analysieren Sie die Kosten Ihres Algorithmus.

Für dieses Problem kennt man einfache Algorithmen, deren Kosten proportional zu n sind.

Aufgabe 3.8. Bestimmen sie näherungsweise die Anzahl aller fixpunktfreien Permutationen von $\{1,\dots,n\}$ mit $n = 1000$.

Weitere Informationen und eine exakte Anzahlformel findet man bei Aigner [1, S. 38].

Aufgabe 3.9. Betrachten Sie ein Cox-Ross-Rubinstein-Modell mit

$$X_0 = 1\,, \quad T = 1000\,, \quad u = 1.01\,, \quad d = 0.99\,, \quad r = 6 \cdot 10^{-5}\,.$$

Bewerten Sie einen Europäischen Call mit Ausübungspreis

$$K = 0.5$$

und die entsprechende up-and-out Option mit Barriere

$$L = 2\,.$$

Bestimmen Sie eine Barriere, so daß der zugehörige up-and-out Call etwa halb so teuer wie der Call ist.

Aufgabe 3.10. Sei Y eine Zufallsvariable mit $0 \le Y \le 1$. Zeigen Sie $\sigma^2(Y) \le 1/4$ und Gleichheit liegt genau dann vor, wenn Y die Werte 0 und 1 jeweils mit Wahrscheinlichkeit $1/2$ annimmt.

Aufgabe 3.11. Sei $f\colon G \to \mathbb{R}$ eine beschränkte meßbare Funktion auf einer Menge $G \subset \mathbb{R}^d$ mit $0 < \lambda^d(G) < \infty$. Bekannt sei die Schranke $\sup_{x \in G} |f(x)| \le c$. Betrachten Sie die klassische Monte Carlo-Methode D_n zur Approximation von $a = \int_G f(x)\,\mathrm{d}x$, und bestimmen Sie für $\varepsilon > 0$ und $0 < \delta < 1$ eine (möglichst kleine) Anzahl n von Wiederholungen, so daß

$$P(\{|D_n - a| \ge \varepsilon\}) \le \delta$$

gilt.

Berechnen Sie für konkrete Funktionen f und $\varepsilon = 10^{-2}$ sowie $\delta = 1/20$ durch direkte Simulation die entsprechende Wahrscheinlichkeit $P(\{|D_n - a| \ge \varepsilon\})$ und vergleichen Sie diese mit δ.

Aufgabe 3.12. Sei $n \in \mathbb{N}$ ungerade und $\alpha \in \,]0, 1/2[$. Betrachten Sie die n-malige Wiederholung eines Basisexperiments, das mit Wahrscheinlichkeit $1/2 + \alpha$ einen gesuchten Wert a liefert. Beweisen Sie: die Wahrscheinlichkeit, in mehr als der Hälfte der Wiederholungen des Basisexperiments den Wert a zu erhalten, beträgt mindestens $1 - \exp(-2\alpha^2 \cdot n)$.

Entscheidet man sich also für einen mehrheitlich auftretenden Wert, so genügt bereits eine „kleine" Wiederholungsanzahl n, um mit „großer" Wahrscheinlichkeit den richtigen Wert a zu finden. Diese Tatsache wird auch *Wahrscheinlichkeitsverstärkung* genannt.

Aufgabe 3.13. Zeigen Sie folgende Verallgemeinerung der Hoeffding-Ungleichung. Sei $X_1, \ldots, X_n$ eine unabhängige Folge von Zufallsvariablen, die $0 \le X_i \le 1$ sowie $0 < \mathrm{E}(X_i) < 1$ erfüllen. Wir definieren

$$M = \frac{1}{n} \sum_{i=1}^{n} X_i, \qquad a = \frac{1}{n} \sum_{i=1}^{n} \mathrm{E}(X_i).$$

Dann gilt für alle $\varepsilon \in \,]0, 1 - a[$ und $n \in \mathbb{N}$

$$P(\{M - a \ge \varepsilon\}) \le \exp(-n \cdot H(\varepsilon, a)),$$

wobei $H(\varepsilon, a)$ wie in Satz 3.10 definiert ist.

Gehen Sie hierzu analog zum Beweis von Satz 3.10 vor. Zeigen Sie die Gültigkeit von

$$\mathrm{E}(\exp(n \cdot \gamma \cdot M)) \le \prod_{i=1}^{n} (1 - \mathrm{E}(X_i) + \mathrm{E}(X_i) \cdot \exp(\gamma))$$

für $\gamma \ge 0$, und benutzen Sie die Ungleichung zwischen dem geometrischen und dem arithmetischen Mittel nicht-negativer Zahlen.

Aufgabe 3.14. Ergänzen Sie eine Auswahl Ihrer bisher durchgeführten Experimente um die Angabe von (asymptotischen) Konfidenzintervallen. Berechnen Sie bei der direkten Simulation immer auch die empirische Varianz und damit eine Schätzung des Fehlers der Methode.

In den folgenden vier Aufgaben betrachten wir das Ruinproblem mit seiner Modellierung gemäß Beispiel 3.21. Zum Studium von Irrfahrten und Ruinproblemen verweisen wir auf Širjaev [182, Kap. I.9–I.11].

Aufgabe 3.15. Für $t,x \in \mathbb{N}$ sei $f(x,t) = P(\{T \le t\} \cap \{X_T = z\})$ die Wahrscheinlichkeit dafür, daß der Spieler mit Startkapital x bis zur Zeit t sein Zielkapital z erreicht hat.

a) Beweisen Sie für $t \ge 2$ die Rekursionsformel

$$f(x,t) = p \cdot f(x+1,t-1) + (1-p) \cdot f(x-1,t-1).$$

b) Entwickeln und implementieren Sie einen Algorithmus zur Berechnung und graphischen Darstellung der Funktion $x \mapsto f(x,t)$.

Aufgabe 3.16. Berechnen Sie für $p = 1/2$ und verschiedene Werte von z und x die Erwartungswerte und Varianzen von X_T und T.

Aufgabe 3.17. Wir betrachten eine Variante des Ruinproblems: der Spieler spielt mit Startkapital $x = 1$ bis zum Bankrott. Untersuchen Sie per direkter Simulation für $p = 1/2$ die mittlere Spieldauer. Siehe auch Shreve [179, Sec. 5.2].

Aufgabe 3.18. Zeigen Sie, daß durch $S = \inf\{t \in \mathbb{N} \mid V_t = V_{t+1}\}$ keine Stoppzeit bezüglich $(V_t)_{t \in \mathbb{N}}$ definiert wird.

Im folgenden seien $S,T\colon \Omega \to \mathbb{N}_\infty$ Stoppzeiten bezüglich einer Folge $(V_t)_{t \in \mathbb{N}}$ von reellwertigen Zufallsvariablen.

Aufgabe 3.19. Zeigen Sie, daß $\mathfrak{A}_T$ eine σ-Algebra ist. Zeigen Sie $\mathfrak{A}_S \subset \mathfrak{A}_T$, falls $S(\omega) \le T(\omega)$ für alle $\omega \in \Omega$.

Aufgabe 3.20. Setzen Sie nun die Unabhängigkeit der Folge $(V_t)_{t \in \mathbb{N}}$ sowie (3.32) voraus. Beweisen oder widerlegen Sie folgende Verallgemeinerung von Satz 3.24:

$$P(A \cap A') = P(A) \cdot P(A'), \qquad A \in \mathfrak{A}_T,\ A' \in \mathfrak{A}'_T.$$

Kapitel 4
Simulation von Verteilungen

Bei der Analyse von Monte Carlo-Verfahren gehen wir meist davon aus, daß wir mit Hilfe eines Zufallszahlengenerators Realisierungen einer unabhängigen Folge von auf $[0,1]$ gleichverteilten Zufallsvariablen erzeugen können, siehe Abschnitt 1.3. In vielen Anwendungen möchte man jedoch weitere Verteilungen zur Verfügung haben, und man studiert deshalb Abbildungen, die diese Folge von Zufallsvariablen in eine unabhängige Folge von identisch verteilten Zufallsvariablen oder -vektoren mit einer gewünschten anderen Verteilung transformieren.

Wir behandeln zunächst die Inversionsmethode zur Simulation von Verteilungen auf $\mathbb{R}$ und stellen als Anwendung eine auf der Exponentialverteilung beruhende Simulation des Neutronendurchgangs durch Materie vor. Danach erläutern wir die auf von Neumann [143] zurückgehende Verwerfungsmethode und diskutieren die Simulation mehrdimensionaler Normalverteilungen. Ausführliche Darstellungen dieser und weiterer Simulationsverfahren enthalten Devroye [42] und Hörmann, Leydold, Derflinger [89] sowie Fishman [55, Chap. 3], Gentle [63, Chap. 4, 5], Glasserman [70, Sec. 2.2, 2.3], Knuth [107, Sec. 3.4] und Ripley [165, Chap. 3].

Mit der Verwerfungs- und der Inversionsmethode lassen sich Verteilungen, deren Dichten bzw. Verteilungsfunktionen bekannt und algorithmisch auswertbar sind, simulieren. Diese Voraussetzungen sind für Verteilungen, denen komplexere stochastische Modelle zugrunde liegen, in der Regel nicht erfüllt. Als wichtige Klasse solcher Modelle betrachten wir zum Abschluß dieses Kapitels stochastische Prozesse $(X_t)_{t\in I}$ mit Indexmengen $I \subset \mathbb{N}_0$ oder Intervallen $I \subset [0,\infty[$, die zeit-diskrete bzw. zeit-kontinuierliche zufällige Phänomene beschreiben. Wir diskutieren die Modellierung und Simulation zunächst für zeit-diskrete Markov-Prozesse und anschließend für die Brownsche und die geometrische Brownsche Bewegung sowie für den Poisson-Prozeß. Die geometrische Brownsche Bewegung und der Poisson-Prozeß sind die Basis klassischer Modelle der Finanz- bzw. Versicherungsmathematik, und mit der Brownschen Bewegung schlagen wir eine Brücke zur Analysis. Wir behandeln in diesen Anwendungsfeldern den Einsatz von Monte Carlo-Methoden zur Bewertung von Optionen, zur Berechnung von Ruinwahrscheinlichkeiten und zur Lösung elliptischer Randwertprobleme.

T. Müller-Gronbach, E. Novak, K. Ritter, *Monte Carlo-Algorithmen*,
DOI 10.1007/978-3-540-89141-3_4,

Zur Vereinfachung der Darstellung setzen wir in diesem Kapitel stets voraus, daß auf $[0,1]$ gleichverteilte Zufallsvariablen nur Werte in $]0,1[$ annehmen. Tritt in der Praxis dann tatsächlich eine Zufallszahl $u \notin]0,1[$ auf, so kann man diese Zahl außer acht lassen und zur nächsten Zufallszahl übergehen.

4.1 Die Inversionsmethode

Gegeben sei eine auf $[0,1]$ gleichverteilte Zufallsvariable U auf dem zugrundeliegenden Wahrscheinlichkeitsraum $(\Omega, \mathfrak{A}, P)$ und ein Wahrscheinlichkeitsmaß Q auf $\mathbb{R}$. Gesucht ist eine meßbare Abbildung $G\colon\ ]0,1[\to \mathbb{R}$, so daß die Zufallsvariable $G(U)$ die Verteilung $P_{G(U)} = Q$ besitzt.

Zur Konstruktion von G verwenden wir die *Verteilungsfunktion* F von Q, die durch

$$F(v) = Q(]-\infty, v])$$

gegeben ist, vgl. Abschnitt 3.3.2, und definieren

$$G(u) = \inf\{v \in \mathbb{R} \mid u \leq F(v)\}$$

für $u \in]0,1[$. Wegen $\lim_{v\to\infty} F(v) = 1$ und $\lim_{v\to-\infty} F(v) = 0$ gilt $G(u) \in \mathbb{R}$. Ferner ist mit F auch die Funktion G monoton wachsend und damit insbesondere meßbar. Für eine stetige und streng monoton wachsende Verteilungsfunktion F ist G die zu F inverse Funktion.

Man bezeichnet $G(u)$ als das *u-Quantil* des Wahrscheinlichkeitsmaßes Q, vgl. Abschnitt 3.5. Der folgende Satz zeigt, daß ein zufällig gemäß der Gleichverteilung gewähltes Quantil von Q wiederum die Verteilung Q besitzt.

Satz 4.1. *Die Zufallsvariable $G(U)$ besitzt die Verteilung Q, d. h., es gilt*

$$P(\{G(U) \leq v\}) = F(v)$$

für alle $v \in \mathbb{R}$.

Beweis. Sei $u \in]0,1[$ und $v \in \mathbb{R}$. Aus $u \leq F(v)$ folgt dann $G(u) \leq v$ nach Definition von G. Umgekehrt impliziert $G(u) \leq v$ aufgrund der Monotonie und rechtsseitigen Stetigkeit von F die Ungleichungen $F(v) \geq F(G(u)) \geq u$, so daß

$$G(u) \leq v \qquad \Leftrightarrow \qquad u \leq F(v).$$

Es folgt

$$P(\{G(U) \leq v\}) = P(\{U \leq F(v)\}) = F(v). \qquad \square$$

Bei der Anwendung einer meßbaren Abbildung auf alle Glieder einer unabhängigen Folge von Zufallsvariablen bleibt die Unabhängigkeit erhalten, wie unmittelbar aus den Definitionen folgt. Ist also $(U_i)_{i\in\mathbb{N}}$ eine unabhängige Folge von auf $[0,1]$ gleichverteilten Zufallsvariablen, so ist $(G(U_i))_{i\in\mathbb{N}}$ eine unabhängige Folge von identisch gemäß Q verteilten Zufallsvariablen. In der Praxis wendet man G auf Zufallszahlen $u_1, u_2, \dots \in]0,1[$ an und faßt $G(u_1), G(u_2), \dots \in \mathbb{R}$ als Realisierung der Folge $G(U_1), G(U_2), \dots$ auf.

Wir illustrieren dieses als *Inversionsmethode* bezeichnete Verfahren zunächst anhand der Exponentialverteilung und der geometrischen Verteilung.

Beispiel 4.2. Die *Exponentialverteilung* mit Parameter $\lambda > 0$ besitzt die Verteilungsfunktion

$$F(v) = \begin{cases} 1 - \exp(-\lambda\, v), & \text{falls } v > 0, \\ 0, & \text{sonst}. \end{cases}$$

Diese Verteilung wird beispielsweise zur stochastischen Modellierung von Lebensdauern technischer Geräte oder Wartezeiten in Bedienungssystemen verwendet, siehe Irle [91, S. 79 ff.] und Krengel [108, S. 131]. Eine wichtige Anwendung in der Teilchenphysik lernen wir im nächsten Abschnitt kennen. Die Exponentialverteilung ist durch folgende Gedächtnislosigkeit charakterisiert, die auch ihre Verwendung in den genannten Anwendungsfeldern erklärt. Eine Zufallsvariable V, die $P(\{V \leq 0\}) = 0$ und $P(\{V > s\}) > 0$ für alle $s > 0$ erfüllt, ist genau dann exponentialverteilt, wenn

$$P(\{V > s+t\} \mid \{V > s\}) = P(\{V > t\})$$

für alle $s,t > 0$ gilt. Siehe Irle [91, Satz 6.18].

Im Falle der Exponentialverteilung gilt

$$G(u) = -\frac{1}{\lambda} \ln(1-u)$$

für $u \in]0,1[$. Mit U ist auch $1-U$ gleichverteilt auf $[0,1]$, so daß die Zufallsvariable

$$V = -\frac{1}{\lambda} \ln U$$

exponentialverteilt mit Parameter λ ist. □

Beispiel 4.3. Als *geometrische Verteilung* mit Parameter $p \in]0,1[$ bezeichnet man das durch

$$Q(\{k\}) = p \cdot (1-p)^{k-1}, \qquad k \in \mathbb{N},$$

festgelegte diskrete Wahrscheinlichkeitsmaß auf $\mathbb{R}$. Diese Verteilung wird etwa zur stochastischen Modellierung von Lebensdauern und Wartezeiten in diskreter Zeit eingesetzt, siehe auch Beispiel 3.25, und ihre Simulation läßt sich in einfacher Weise auf die Simulation einer Exponentialverteilung zurückführen. Ist V exponentialverteilt mit Parameter λ, so gilt

$$P(\{\lceil V \rceil = k\}) = P(\{k-1 < V \leq k\}) = (1 - \exp(-\lambda)) \cdot \exp(-\lambda(k-1))$$

für alle $k \in \mathbb{N}$, d. h. die Zufallsvariable $\lceil V \rceil$ ist geometrisch verteilt mit dem Parameter $1 - \exp(-\lambda)$. Also ist die Zufallsvariable

$$W = \left\lceil \frac{\ln U}{\ln(1-p)} \right\rceil$$

geometrisch verteilt mit Parameter p.

Unter unserer Annahme, daß die Funktionen ln und ceil jeweils mit Kosten eins ausgewertet werden können, sind die Kosten zur Berechnung von W gleichmäßig beschränkt in p. Alternativ zur Methode W könnte man eine unabhängige Folge von auf $[0,1]$ gleichverteilten Zufallsvariablen U_i verwenden und benutzen, daß die Zufallsvariable $T = \inf\{i \in \mathbb{N} \mid U_i \leq p\}$ geometrisch mit Parameter p verteilt ist. Die Kosten zur Berechnung von T sind allerdings proportional zum Erwartungswert $\mathrm{E}(T) = 1/p$. □

Beispiel 4.4. Die Verteilungsfunktion der Gleichverteilung auf $\{0,\dots,N-1\}$ erfüllt

$$F(v) = \frac{\lfloor v \rfloor + 1}{N}$$

für $v \in [0, N-1]$, woraus

$$G(u) = \lceil N \cdot u - 1 \rceil$$

für $u \in \,]0,1[$ folgt. Somit ist $G(U)$ gleichverteilt auf $\{0,\dots,N-1\}$. Da $G(u) = \lfloor N \cdot u \rfloor$ für $u \notin \{1/N,\dots,1\}$, ist auch $\lfloor N \cdot U \rfloor$ gleichverteilt auf $\{0,\dots,N-1\}$, was wir bereits in Abschnitt 1.3 festgestellt haben. □

Entscheidend für die praktische Anwendbarkeit der Inversionsmethode ist der Aufwand zur Berechnung von $G(u)$. Hier muß oft auf spezielle Funktionen oder auf numerische Methoden zurückgegriffen werden. Bei der Simulation diskreter Verteilungen sind in der Regel geeignete Suchalgorithmen zur Berechnung von $G(u)$ nötig. Wir verweisen auf Devroye [42], Fishman [55] und Hörmann, Leydold, Derflinger [89] und behandeln hier nur die Simulation der Poisson-Verteilung.

Beispiel 4.5. Als *Poisson-Verteilung* mit Parameter $\vartheta > 0$ bezeichnet man das durch

$$Q(\{k\}) = \exp(-\vartheta) \cdot \vartheta^k / k!\,, \qquad k \in \mathbb{N}_0\,,$$

festgelegte diskrete Wahrscheinlichkeitsmaß auf $\mathbb{R}$. Diese Verteilung spielt bei sogenannten Zählprozessen, die die Anzahl zufällig auftretender „Ereignisse" innerhalb eines Zeitintervalles oder eines räumlichen Bereiches modellieren, eine wichtige Rolle, wie wir in den Abschnitten 4.5.2 und 4.5.4 sehen werden.

Ist X Poisson-verteilt mit Parameter ϑ, so gilt

$$\mathrm{E}(X) = \exp(-\vartheta) \cdot \sum_{k=1}^{\infty} \vartheta^k / (k-1)! = \vartheta\,.$$

Zur Simulation der Poisson-Verteilung verwenden wir die Inversionsmethode mit einer linearen Suche nach der kleinsten Zahl $k \in \mathbb{N}_0$ mit $u \leq F(k)$, wobei u eine Zufallszahl aus $]0,1[$ ist und F die Verteilungsfunktion der betrachteten Poisson-Verteilung bezeichnet. Eine MATLAB-Implementation des entsprechenden Algorithmus M ist in Listing 4.1 angegeben.

Listing 4.1 Algorithmus M zur Simulation der Poisson-Verteilung

```
function k = poisson(theta)
r = exp(-theta);
k = 0;
F = r;
u = rand;
while u > F
    k = k + 1;
    r = r*theta/k;
    F = F + r;
end;
```

Für die Kosten von M folgt somit $\mathrm{cost}(M) \asymp \vartheta$, da die Anzahl der Schleifendurchläufe nach Konstruktion Poisson-verteilt mit Parameter ϑ ist. □

4.2 Durchgang von Neutronen durch Materie

In den Vierziger Jahren des vergangenen Jahrhunderts erlebte das Gebiet der Monte Carlo-Methoden einen großen Aufschwung im Zusammenhang mit Fragen der Teilchenphysik, die bei der militärischen und friedlichen Nutzung der Atomenergie auftraten. Die Teilchenphysik bildet auch weiterhin ein wichtiges Anwendungsfeld der Monte Carlo-Methoden. Wir präsentieren zunächst ein einfaches Modell für die Bewegung von Neutronen in Materie und zeigen dann, wie die Wahrscheinlichkeiten für Absorption, Durchgang und Reflexion mit Hilfe der direkten Simulation ermittelt werden können. Eine umfassende Darstellung der Modellierung und Simulation des Neutronen- und Photonentransports geben Lux, Kolbinger [120].

Wir betrachten eine homogene Wand der Dicke $h > 0$, von der wir zur Vereinfachung annehmen, daß sie in den verbleibenden zwei Dimensionen unendlich ausgedehnt ist. Auf eine Seite der Wand trifft ein Neutron senkrecht auf und kollidiert eventuell mit Atomen des Stoffes, aus dem die Wand besteht. Wiederum vereinfachend gehen wir davon aus, daß bei einer solchen Kollision das Neutron entweder elastisch, d. h. ohne Energieänderung, gestreut oder absorbiert wird. Genauer gelte:

(i) die freie Weglänge, d. h. die Strecke, die das Neutron ohne Kollision in dem betrachteten Stoff zurücklegt, ist exponentialverteilt mit Parameter $\lambda > 0$,
(ii) bei einer Kollision ist $q_{\mathrm{ab}} \in \,]0,1[$ die Wahrscheinlichkeit für eine Absorption, die Wahrscheinlichkeit für eine Streuung beträgt $1 - q_{\mathrm{ab}}$,
(iii) die Richtung der Streuung nach Kollision ohne Absorption ist gleichverteilt auf der 2-Sphäre und besitzt keinen Einfluß auf die freie Weglänge,
(iv) das Verhalten des Neutrons bei und gegebenenfalls nach einer Kollision hängt nicht von seinem Verhalten bis zur Kollision ab.

Unter diesen Annahmen tritt mit Wahrscheinlichkeit eins nach endlich vielen Kollisionen genau einer der folgenden Fälle auf:

(0) das Neutron wird absorbiert,
(+) das Neutron hat die Wand passiert,
(−) das Neutron verläßt die Wand auf der Eintrittsseite.

Gesucht sind die entsprechenden Wahrscheinlichkeiten.

Zur stochastischen Modellierung der Streuungsrichtung in (iii) wird die Gleichverteilung auf der Einheitssphäre im $\mathbb{R}^3$ benutzt. Wir betrachten allgemeiner für $d \geq 2$ die Einheitssphäre

$$G = \{z \in \mathbb{R}^d \mid \|z\| = 1\}$$

bezüglich der euklidischen Norm $\|\cdot\|$ in $\mathbb{R}^d$ und bezeichnen mit O das Oberflächenmaß auf G. Es gilt also

$$O(G) = \frac{2\pi^{d/2}}{\Gamma(d/2)},$$

siehe Forster [57, Abschn. 14]. Die *Gleichverteilung* Q auf G ist das normierte Oberflächenmaß auf G, d. h.

$$Q(A) = \frac{O(A \cap G)}{O(G)}$$

für jede meßbare Menge $A \subset \mathbb{R}^d$. Diese Verteilung erfüllt $Q(G) = 1$, und sie ist *orthogonal-invariant*, d. h. es gilt

$$Q(LA) = Q(A)$$

für jede orthogonale Matrix $L \in \mathbb{R}^{d \times d}$ und jede meßbare Menge $A \subset \mathbb{R}^d$. Tatsächlich ist Q das einzige Wahrscheinlichkeitsmaß auf $\mathbb{R}^d$ mit diesen beiden Eigenschaften, siehe Mattila [132, Thm. 3.4].

Die Gleichverteilung auf G läßt sich aus jeder Verteilung auf $\mathbb{R}^d$ gewinnen, die eine rotationsinvariante Lebesgue-Dichte $h\colon \mathbb{R}^d \to [0,\infty[$ besitzt, d. h. h erfüllt

$$\|x\| = \|y\| \qquad \Rightarrow \qquad h(x) = h(y)$$

für alle $x, y \in \mathbb{R}^d$. Beispielsweise besitzt die Gleichverteilung auf der Einheitskugel in $\mathbb{R}^d$ diese Eigenschaft.

Satz 4.6. *Ist X ein d-dimensionaler Zufallsvektor mit einer rotationsinvarianten Dichte, so gilt $P(\{\|X\| = 0\}) = 0$, und*

$$R = \frac{X}{\|X\|}$$

ist gleichverteilt auf der Einheitssphäre G in $\mathbb{R}^d$.

Beweis. Zum Beweis verwenden wir die für jede integrierbare Funktion $f\colon \mathbb{R}^d \to \mathbb{R}$ gültige Beziehung

$$\int_{\mathbb{R}^d} f(x)\,\mathrm{d}x = \int_0^\infty \int_G f(rx)\,\mathrm{d}O(x)\, r^{d-1}\,\mathrm{d}r,$$

siehe Forster [57, Satz 14.8].

Sei $x_0 \in G$ und $A \subset \mathbb{R}^d$ meßbar. Nach Voraussetzung besitzt X eine rotationsinvariante Dichte h. Mit der Wahl von

$$f(x) = 1_A\big(x/\|x\|\big) \cdot h(x)$$

für $x \in \mathbb{R}^d \setminus \{0\}$ folgt also

$$\begin{aligned} P_R(A) &= \mathrm{E}\big(1_A\big(X/\|X\|\big)\big) = \int_{\mathbb{R}^d} f(x)\,\mathrm{d}x \\ &= \int_0^\infty \int_G 1_A(x)\,\mathrm{d}O(x)\,h(rx_0)\cdot r^{d-1}\,\mathrm{d}r = O(A\cap G)\cdot \int_0^\infty h(rx_0)\cdot r^{d-1}\,\mathrm{d}r. \end{aligned}$$

Die Wahl von $A = G$ zeigt

$$\int_0^\infty h(rx_0)\cdot r^{d-1}\,\mathrm{d}r = 1/O(G). \qquad \square$$

Es ist klar, daß man die Position des Neutrons nur in senkrechter Richtung zum Wandrand verfolgen muß. Von der Streuungsrichtung nach einer Kollision ist also nur die Koordinate in dieser Richtung relevant.

Lemma 4.7. *Ist $R = (R_1, R_2, R_3)$ gleichverteilt auf der Einheitssphäre in $\mathbb{R}^3$, so sind R_1, R_2 und R_3 jeweils gleichverteilt auf $[-1,1]$.*

Beweis. Sei $X = (X_1, X_2, X_3)$ gleichverteilt auf der Einheitskugel in $\mathbb{R}^3$. Nach Satz 4.6 können wir dann $R = 1/\|X\| \cdot X$ annehmen.

Sei $u \in \,]0,1]$. Die orthogonale Invarianz der Verteilung von (X_1, X_2, X_3) liefert für $i \in \{1,2,3\}$

$$P(\{R_i \in [0,u]\}) = P(\{R_i \in [-u,0]\}) = 1/2 \cdot P\big(\{X_3^2 \le u^2(X_1^2 + X_2^2 + X_3^2)\}\big).$$

Für $0 \le v \le u$ setzen wir

$$H(u,v) = \{(x_1,x_2) \in [-1,1]^2 \mid (1-u^2)/u^2 \cdot v^2 \le x_1^2 + x_2^2 \le 1 - v^2\}.$$

Das zweidimensionale Lebesgue-Maß dieser Menge beträgt $\pi(1 - v^2/u^2)$, und es folgt

$$\begin{aligned} &P\big(\{X_3^2 \le u^2(X_1^2 + X_2^2 + X_3^2)\}\big) \\ &\qquad = P\big(\{(1-u^2)/u^2 \cdot X_3^2 \le X_1^2 + X_2^2\}\big) \\ &\qquad = P\big(\{(1-u^2)/u^2 \cdot X_3^2 \le X_1^2 + X_2^2 \le 1 - X_3^2 \wedge X_3^2 \le u^2\}\big) \\ &\qquad = \frac{1}{4/3\cdot\pi} \cdot \int_{\mathbb{R}^3} 1_{H(u,x_3)}(x_1,x_2) \cdot 1_{[-u,u]}(x_3)\,\mathrm{d}(x_1,x_2,x_3) \\ &\qquad = \frac{1}{4/3\cdot\pi} \cdot \int_{-u}^{u} \pi(1 - x_3^2/u^2)\,\mathrm{d}x_3 = u. \end{aligned} \qquad \square$$

Zur Beschreibung des Weges des Neutrons senkrecht zum Wandrand betrachten wir nun eine unabhängige Familie von Zufallsvariablen

$$V_t^{(\mathrm{st})}, V_t^{(\mathrm{wl})}, V_t^{(\mathrm{ab})}, \qquad t \in \mathbb{N},$$

mit folgenden Eigenschaften: die Variablen $V_t^{(\mathrm{st})}$ bestimmen die Streuung senkrecht zum Plattenrand und sind gemäß Lemma 4.7 gleichverteilt auf $[-1,1]$, die Variablen $V_t^{(\mathrm{wl})}$ liefern freie Weglängen und sind exponentialverteilt mit Parameter λ, und die Variablen $V_t^{(\mathrm{ab})}$ entscheiden über Absorption und sind *Bernoulli-verteilt* auf $\{0,1\}$ mit $P(\{V_t^{(\mathrm{ab})} = 0\}) = q_{\mathrm{ab}}$. Die Variable $V_1^{(\mathrm{st})}$ dient nur der formalen Vereinfachung und geht nicht in die Modellierung ein.

Wir ignorieren zunächst die endliche Dicke der Wand sowie die Möglichkeit der Absorption. Wir zählen die Kollisionen sukzessive durch und definieren dementsprechend

$$X_t = V_1^{(\mathrm{wl})} + \sum_{s=2}^{t} V_s^{(\mathrm{st})} \cdot V_s^{(\mathrm{wl})}$$

zur Beschreibung der Positionen des Neutrons zu den Kollisionszeitpunkten $t \in \mathbb{N}$. Durch

$$T = \inf\{t \in \mathbb{N} \mid V_t^{(\mathrm{ab})} = 0 \vee X_t \notin [0,h]\}$$

mit der Konvention $\inf \emptyset = \infty$ erhalten wir eine Zufallsvariable, die

$$P(\{T < \infty\}) = 1$$

erfüllt. Diese liefert den Zeitpunkt, zu dem Absorption stattfindet oder das Neutron die Wand verlassen hat. Mit X_T bezeichnen wir die Position des Neutrons zum Zeitpunkt T, wir setzen also

$$X_T(\omega) = X_{T(\omega)}(\omega),$$

falls $T(\omega) < \infty$. Gesucht sind somit die Wahrscheinlichkeiten

$$p_0 = P(\{X_T \in [0,h]\}), \qquad p_+ = P(\{X_T > h\}), \qquad p_- = P(\{X_T < 0\}),$$

die den Fällen (0), (+) und (–) entsprechen.

Es bietet sich an, diese drei Wahrscheinlichkeiten simultan zu approximieren, d. h. das 3-dimensionale Basisexperiment

$$Y = \left(Y^{(0)}, Y^{(+)}, Y^{(-)}\right) = \left(1_{\{X_T \in [0,h]\}}, 1_{\{X_T > h\}}, 1_{\{X_T < 0\}}\right)$$

zu verwenden. Die direkte Simulation zur Approximation von (p_0, p_+, p_-) lautet dann

$$D_n = \left(D_n^{(0)}, D_n^{(+)}, D_n^{(-)}\right) = \left(\frac{1}{n}\sum_{\ell=1}^{n} Y_\ell^{(0)}, \frac{1}{n}\sum_{\ell=1}^{n} Y_\ell^{(+)}, \frac{1}{n}\sum_{\ell=1}^{n} Y_\ell^{(-)}\right)$$

mit n unabhängigen Kopien $Y_1,\ldots,Y_n$ von Y. Es werden also n Neutronen betrachtet, die sich unabhängig und wie oben definiert verhalten, und man approximiert die gesuchten Wahrscheinlichkeiten durch die relativen Häufigkeiten des Eintretens der entsprechenden Ereignisse. Dieses Vorgehen ist naheliegend und läßt sich außerdem relativ leicht auf kompliziertere Geometrien übertragen sowie um die Möglichkeiten der unelastischen Streuung und des Zerfalls von Atomen erweitern.

Zur praktischen Erzeugung einer Realisierung $y = (y^{(0)}, y^{(+)}, y^{(-)})$ des Basisexperiments Y wird der Weg eines Neutrons senkrecht zum Wandrand simuliert. Realisierungen der exponentialverteilten freien Weglängen $V_t^{(\mathrm{wl})}$ erhält man durch Anwendung der Inversionsmethode, siehe Beispiel 4.2. Die Gleichverteilung auf $[-1,1]$ der Variablen $V_t^{(\mathrm{st})}$ ergibt sich aus der Gleichverteilung auf $[0,1]$ durch die Transformation $u \mapsto 2u-1$. Zur Simulation der Bernoulli-Verteilung der Variablen $V_t^{(\mathrm{ab})}$ wendet man die Transformation $u \mapsto 1_{[q_{\mathrm{ab}},1]}(u)$ an. Eine MATLAB-Implementation des resultierenden Algorithmus findet sich in Listing 4.2.

Listing 4.2 Algorithmus zur Simulation der Neutronenbewegung

```
Dnull = 0;
Dplus = 0;
Dminus = 0;
r = -1/lambda;
for ell = 1:n
   x = r*log(rand);
   while 1
      if x > h
         Dplus = Dplus + 1;
         break;
      end;
      if x < 0
         Dminus = Dminus + 1;
         break;
      end;
      if rand < pa
         Dnull = Dnull + 1;
         break;
      end;
      x = x + (2*rand - 1)*r*log(rand);
   end;
end;
Dnull = Dnull/n;
Dplus = Dplus/n;
Dminus = Dminus/n;
```

Formal läßt sich dieses Vorgehen durch die Anwendung der Resultate aus Abschnitt 3.6 rechtfertigen. Ausgangspunkt ist die unabhängige Folge von Zufallsvektoren

$$V_t = (V_t^{(\mathrm{st})}, V_t^{(\mathrm{wl})}, V_t^{(\mathrm{ab})}), \qquad t \in \mathbb{N}.$$

Wir definieren $g_t = (g_t^{(1)}, g_t^{(2)}) \colon \mathbb{R}^{3\cdot t} \to \mathbb{R}^2$ für $t \in \mathbb{N}$ durch

$$g_t^{(1)}(v_1^{(\mathrm{st})}, \dots, v_t^{(\mathrm{ab})}) = v_1^{(\mathrm{wl})} + \sum_{s=2}^{t} v_s^{(\mathrm{st})} \cdot v_s^{(\mathrm{wl})}$$

sowie

$$g_t^{(2)}(v_1^{(\mathrm{st})}, \dots, v_t^{(\mathrm{ab})}) = v_t^{(\mathrm{ab})}.$$

Ferner setzen wir $T_0 = 0$ und definieren induktiv $T_\ell \colon \Omega \to \mathbb{N} \cup \{\infty\}$ durch

$$T_\ell = \inf\bigl\{t \in \mathbb{N} \mid t > T_{\ell-1},\ g_{t-T_{\ell-1}}\bigl(V_{T_{\ell-1}+1}, \dots, V_t\bigr) \notin [0,h] \times \{1\}\bigr\}$$

auf $\{T_{\ell-1} < \infty\}$. Diese Abbildungen sind Stoppzeiten bezüglich der Folge $(V_t)_{t\in\mathbb{N}}$ und fast sicher endlich.

Die Endposition $X^{(\ell)}$ des Neutrons bei der ℓ-ten Simulation erfüllt

$$X^{(\ell)} = g^{(1)}_{T_\ell - T_{\ell-1}}\bigl(V_{T_{\ell-1}+1}, \dots, V_{T_\ell}\bigr)$$

auf $\{T_\ell < \infty\}$, und $T_\ell - T_{\ell-1}$ gibt an, wie oft bei der ℓ-ten Simulation die while-Schleife (partiell) durchlaufen wurde. Nach Konstruktion gilt $T_1 = T$ und $X^{(1)} = X_T$.

Mit den gemäß (3.38) definierten σ-Algebren $\mathfrak{A}^{(\ell)}$ ist

$$\{X^{(\ell)} \in B\} \in \mathfrak{A}^{(\ell)}$$

für jede meßbare Menge $B \subset \mathbb{R}$ erfüllt. Da außerdem

$$T_\ell - T_{\ell-1} = \inf\bigl\{t \in \mathbb{N} \mid g_t\bigl(V_{T_{\ell-1}+1}, \dots, V_{T_{\ell-1}+t}\bigr) \notin [0,h] \times \{1\}\bigr\}$$

auf $\{T_\ell < \infty\}$ gilt, sichert Satz 3.26, daß $(X^{(\ell)})_{\ell\in\mathbb{N}}$ eine unabhängige Folge von identisch wie X_T verteilten Zufallsvariablen ist. Deshalb definiert

$$Y_\ell = \bigl(1_{\{X^{(\ell)} \in [0,h]\}}, 1_{\{X^{(\ell)} > h\}}, 1_{\{X^{(\ell)} < 0\}}\bigr), \qquad \ell \in \mathbb{N},$$

unabhängige Kopien des Basisexperiments Y.

Wir illustrieren den Einsatz des Monte Carlo-Verfahrens anhand der Neutronenbewegung in einer Wand aus Blei. Der stochastischen Modellierung liegen dabei die folgenden vereinfachten physikalischen Annahmen zugrunde:

- die Neutronen treffen mit der Geschwindigkeit $2200\,\mathrm{m/s}$ senkrecht auf die Wand auf,
- es treten keine Kernumwandlungen mit anschließender Neutronenemission auf,
- die Wand ist ein homogener Festkörper mit einer Teilchendichte von $N = 10^{23}$ Teilchen pro Kubikzentimeter,
- der Absorptionsquerschnitt von Blei beträgt (bei der angegebenen Geschwindigkeit) $\sigma_{\mathrm{ab}} = 0.117 \cdot 10^{-24}\mathrm{cm}^2$, der Streuquerschnitt von Blei beträgt $\sigma_{\mathrm{st}} = 11.118 \cdot 10^{-24}\mathrm{cm}^2$,

- die freie Weglänge ist exponentialverteilt mit dem Parameter

$$\lambda = N \cdot (\sigma_{\text{ab}} + \sigma_{\text{st}}),$$

- die Wahrscheinlichkeit für eine Absorption bei einer Kollision beträgt

$$q_{\text{ab}} = \frac{\sigma_{\text{ab}}}{\sigma_{\text{ab}} + \sigma_{\text{st}}}.$$

Die folgenden Abbildungen zeigen Näherungswerte für die Absorptionswahrscheinlichkeit p_0, die Durchgangswahrscheinlichkeit p_+ und die Reflexionswahrscheinlichkeit p_- in Abhängigkeit von der Wanddicke h in cm. Zur Ermittlung dieser Werte wurde für die 5450 Wanddicken

$$h = 0.001, 0.002, \ldots, 0.499, 0.50, 0.51, \ldots, 49.99, 50.00$$

jeweils eine direkte Simulation $(D_n^{(0)}, D_n^{(+)}, D_n^{(-)})$ mit $n = 10^5$ Wiederholungen durchgeführt. Zur Erzeugung der Zufallszahlen wurde der Generator TT800 verwendet, siehe Abschnitt 1.1.

Die Abbildung 4.1 zeigt, daß bis zu einer Dicke von etwa 0.5 cm die Absorptionswahrscheinlichkeit näherungsweise null beträgt. Die Reflexionswahrscheinlichkeit nimmt monoton zu und stabilisiert sich ab einer Dicke von ca. 10 cm auf einen Wert von etwa 0.7. Ersetzt man Blei durch ein anderes Material, so ergibt sich ein qualitativ ähnliches Bild, siehe Aufgabe 4.3.

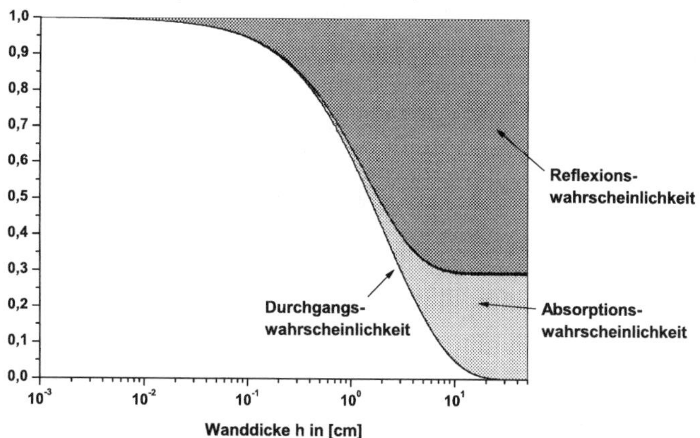

Abb. 4.1 Neutronendiffusion durch eine Wand aus Blei

Die Größenordnung der Näherungswerte für die Durchgangswahrscheinlichkeiten im Dickenbereich von 10 cm bis 50 cm wird durch logarithmische Skalierung der Wahrscheinlichkeitsachse in den Abbildungen 4.2 und 4.3 genauer erfaßt. Man erkennt eine zunehmende Schwankung der berechneten Werte ab einer Wanddicke von etwa 20 cm. Für diesen Bereich ist die Anzahl von 10^5 Wiederholungen unzureichend zur Approximation der sehr kleinen Durchgangswahrscheinlichkeiten. Für Wanddicken zwischen 40 cm und 50 cm erhält man als Näherungswerte fast nur noch 10^{-5} oder null. Wir begegnen hier wieder der Aufgabe, „kleine“ Wahrscheinlichkeiten mit geringen relativen Abweichungen zu berechnen, und erinnern an die Ausführungen in Beispiel 3.9. Eine andere Methode lernen wir in Aufgabe 4.3 kennen, siehe auch Abschnitt 5.4.

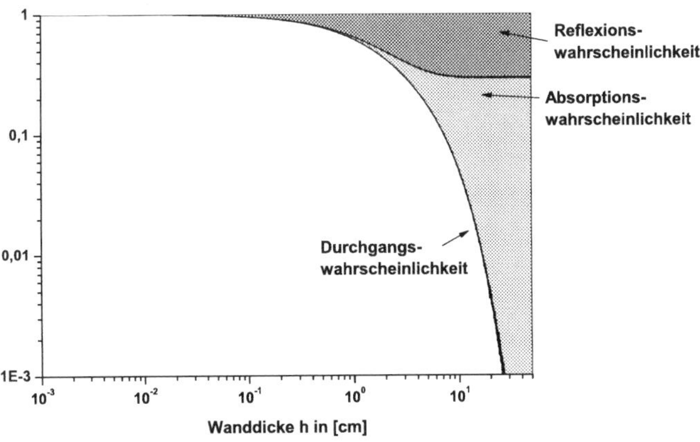

Abb. 4.2 Neutronendiffusion durch eine Wand aus Blei

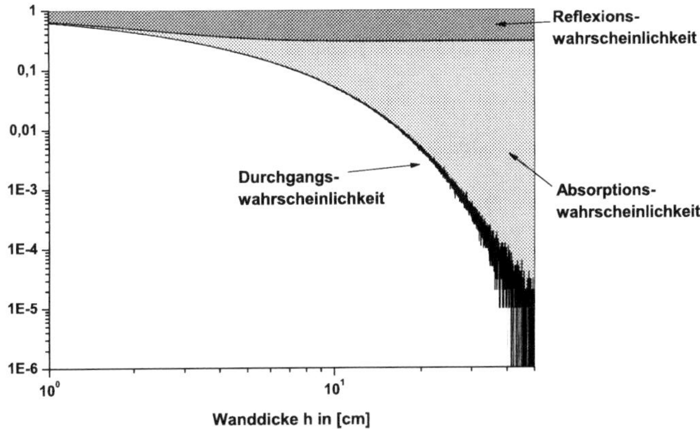

Abb. 4.3 Neutronendiffusion durch eine Wand aus Blei

In der Praxis, etwa bei der Abschirmung von Reaktorkernen, interessiert man sich manchmal für die Durchgangswahrscheinlichkeit p_+ gerade in solchen Fällen, in denen diese Wahrscheinlichkeit sehr klein ist. Hier sind wesentliche Verbesserungen der direkten Simulation nötig und bekannt. Ein einfacher Ansatz wird in

Sobol [185, S. 65 ff.] vorgestellt. Wir verweisen weiter auf Ermakov [53, S. 65–77], Fishman [55, Chap. 5.5], Hammersley, Handscomb [78, Chap. 8] und Lux, Koblinger [120, Chap. 3.II].

Für diese und ähnliche Monte Carlo-Simulationen von Bewegungen ungeladener Teilchen (Neutronen und Photonen) gibt es auch fertige Software-Pakete, die sehr komfortabel sind. Wir nennen etwa das Programm Vitess (Virtual Instrumentation Tool for Neutron Scattering at Pulsed and Continuous Sources). Informationen über das Programm und das Programm selbst findet man leicht über das Internet. Ein bekanntes Programm zur Beschreibung von Teilchentransport und Strahlung wurde in Los Alamos entwickelt und heißt MCNP (Monte Carlo N-particle). Die Arbeit von Hendricks [86] gibt hierzu einen Überblick, der auch die Geschichte und verschiedene Anwendungsfelder der Simulation des Teilchentransports darstellt.

4.3 Die Verwerfungsmethode

Wir studieren nun ein Verfahren zur Simulation von Verteilungen auf $\mathbb{R}^d$, die eine Lebesgue-Dichte besitzen. Eine integrierbare Funktion

$$h\colon \mathbb{R}^d \to [0,\infty[$$

mit

$$c_h = \int_{\mathbb{R}^d} h(x)\,\mathrm{d}x > 0$$

nennen wir *Quasi-Dichte*, und mit Q_h bezeichnen wir das Wahrscheinlichkeitsmaß auf $\mathbb{R}^d$ mit der Lebesgue-Dichte h/c_h. Für meßbare Mengen $A \subset \mathbb{R}^d$ gilt also

$$Q_h(A) = \frac{1}{c_h} \int_A h(x)\,\mathrm{d}x\,.$$

Gegeben seien zwei Quasi-Dichten h und $\tilde{h}$ auf $\mathbb{R}^d$ mit

$$\tilde{h} \le h\,.$$

Wir nehmen an, daß eine Methode zur Simulation der Verteilung Q_h zur Verfügung steht. Gesucht ist ein Verfahren zur Simulation der Verteilung $Q_{\tilde{h}}$.

Solch ein Verfahren ist die *Verwerfungsmethode* (*acceptance-rejection method*), zu der wir in Listing 4.3 eine MATLAB-Implementation angeben.

Listing 4.3 Verwerfungsmethode

```
function x = ar_method(h_t,h)
x = rand_h;
while h_t(x) < h(x)*rand
    x = rand_h;
end;
```

Durch Aufruf der Funktion rand_h wird, wie wir annehmen, ein zufälliger Punkt $x \in \mathbb{R}^d$ gemäß Q_h erzeugt und dann der Wert der Dichte $\tilde{h}$ an dieser Stelle mit einer weiteren auf $[0, h(x)]$ gleichverteilten Zufallszahl verglichen. Letztere erhält man als $h(x) \cdot u$ mit einer Zufallszahl $u \in [0,1]$. Im Falle

$$\tilde{h}(x) \geq h(x) \cdot u$$

wird $\tilde{x} = x$ „akzeptiert", und andernfalls wird x „verworfen" und die Schleife erneut durchlaufen. Die Wiederholung dieses Vorgangs liefert, wie wir zeigen werden, eine Realisierung $\tilde{x}_1, \tilde{x}_2, \ldots$ einer unabhängigen Folge von Zufallsvektoren, die jeweils die Verteilung $Q_{\tilde{h}}$ besitzen.

Beispiel 4.8. Zur Simulation der Standard-Normalverteilung betrachten wir die auf $\mathbb{R}$ definierten Quasi-Dichten

$$\tilde{h}(x) = \exp(-x^2/2), \qquad h(x) = \exp(-|x| + 1/2)$$

mit

$$c_{\tilde{h}} = \sqrt{2\pi}, \qquad c_h = 2\sqrt{\mathrm{e}},$$

die

$$\tilde{h}(x)/h(x) = \exp\big(-1/2 \cdot (|x| - 1)^2\big) \leq 1$$

für alle $x \in \mathbb{R}$ erfüllen.

Die Verteilungsfunktion F_h von Q_h und ihre Inverse G_h ergeben sich zu

$$F_h(v) = \begin{cases} 1 - \exp(-v)/2, & \text{falls } v > 0, \\ \exp(v)/2, & \text{sonst}, \end{cases}$$

und

$$G_h(u) = \begin{cases} -\ln(2(1-u)), & \text{falls } u > 1/2, \\ \ln(2u), & \text{sonst}. \end{cases}$$

Man kann also auf einfache Weise die Standard-Normalverteilung $Q_{\tilde{h}}$ mit Hilfe der Inversionsmethode und der Verwerfungsmethode simulieren, wozu wir in Listing 4.4 eine MATLAB-Implementation angeben. □

Listing 4.4 Inversionsmethode zur Simulation von Q_h

```
function x = rand_h
u = rand;
if u > .5
    x = -log(2*(1-u));
else
    x = log(2*u);
end;
```

Zur formalen Begründung der Verwerfungsmethode studieren wir zunächst die Beziehung zwischen dem Wahrscheinlichkeitsmaß Q_h und der Gleichverteilung auf der Menge

$$M_h = \left\{(x,y) \in \mathbb{R}^d \times \mathbb{R} \mid 0 \le y \le h(x)\right\}.$$

Lemma 4.9. *Die Menge M_h ist eine meßbare Teilmenge des $\mathbb{R}^{d+1}$ mit*

$$\lambda^{d+1}(M_h) = c_h.$$

Beweis. Die Meßbarkeit von h impliziert die Meßbarkeit der durch

$$g(x,y) = h(x) - y$$

definierten Abbildung $g\colon \mathbb{R}^{d+1} \to \mathbb{R}$. Die Meßbarkeit von M_h ergibt sich damit aus der Darstellung

$$M_h = \{(x,y) \in \mathbb{R}^d \times \mathbb{R} \mid g(x,y) \ge 0 \wedge y \ge 0\}.$$

Der Satz von Fubini sichert

$$\lambda^{d+1}(M_h) = \int_{\mathbb{R}^d}\int_{\mathbb{R}} 1_{[0,h(x)]}(y)\,\mathrm{d}y\,\mathrm{d}x = \int_{\mathbb{R}^d} h(x)\,\mathrm{d}x = c_h. \qquad \square$$

Wir leiten nun zwei Beziehungen zwischen der Gleichverteilung auf M_h und der Verteilung Q_h her.

Satz 4.10. *Gegeben seien eine auf $[0,1]$ gleichverteilte Zufallsvariable U sowie ein d-dimensionaler Zufallsvektor X und eine reellwertige Zufallsvariable Y.*

(i) Besitzt X die Verteilung Q_h, und sind X und U unabhängig, so ist $(X, h(X)\cdot U)$ gleichverteilt auf M_h.

(ii) Ist (X,Y) gleichverteilt auf M_h, so besitzt X die Verteilung Q_h.

Beweis. Um (i) zu zeigen, benutzen wir die Tatsache, daß jedes Wahrscheinlichkeitsmaß auf $\mathbb{R}^{d+1}$ eindeutig bestimmt ist durch seine Werte für Mengen der Form $A \times B$ mit meßbarem $A \subset \mathbb{R}^d$ und meßbarem $B \subset \mathbb{R}$, siehe Irle [91, Satz 6.24]. Für solche Mengen ergibt sich mit dem Transformationssatz, dem Satz von Fubini und Lemma 4.9

$$\begin{aligned}
P(\{(X,h(X)\cdot U) \in A \times B\}) &= \int_{\mathbb{R}^d}\int_0^1 1_A(x)\cdot 1_B(u\cdot h(x))\cdot h(x)/c_h\,\mathrm{d}u\,\mathrm{d}x \\
&= 1/c_h \cdot \int_A\int_0^{h(x)} 1_B(y)\,\mathrm{d}y\,\mathrm{d}x \\
&= 1/c_h \cdot \int_A\int_B 1_{[0,h(x)]}(y)\,\mathrm{d}y\,\mathrm{d}x \\
&= 1/c_h \cdot \int_{A\times B} 1_{M_h}(x,y)\,\mathrm{d}(x,y) \\
&= \lambda^{d+1}((A\times B)\cap M_h)/\lambda^{d+1}(M_h).
\end{aligned}$$

Unter der Voraussetzung in (ii) zeigt der Satz von Fubini, daß für meßbares $A \subset \mathbb{R}^d$

$$\begin{aligned} P(\{X \in A\}) &= P(\{(X,Y) \in A \times \mathbb{R}\}) \\ &= \lambda^{d+1}((A \times \mathbb{R}) \cap M_h)/\lambda^{d+1}(M_h) \\ &= 1/c_h \cdot \int_A \int_{\mathbb{R}} 1_{[0,h(x)]}(y)\, \mathrm{d}y\, \mathrm{d}x \\ &= \int_A h(x)/c_h\, \mathrm{d}x \end{aligned}$$

gilt. Also besitzt die Verteilung von X die Dichte h/c_h. □

Satz 4.10(i) liefert ein Verfahren zur Konstruktion von Gleichverteilungen auf geeigneten Teilmengen des $\mathbb{R}^{d+1}$, das wir anhand eines einfachen Beispiels illustrieren.

Beispiel 4.11. Das Simplex

$$S = \{(x,y) \in [0,1]^2 \mid x + y \leq 1\}$$

stimmt bis auf eine Lebesgue-Nullmenge mit M_h für

$$h(x) = \begin{cases} 1 - x, & \text{falls } x \in [0,1], \\ 0, & \text{sonst}, \end{cases}$$

überein.

Wir wählen zwei unabhängige, auf $[0,1]$ gleichverteilte Zufallsvariablen U_1 und U_2, und verwenden U_1 zur Simulation von Q_h mit Hilfe der Inversionsmethode. Es gilt $c_h = 1/2$, und die Verteilungsfunktion F_h von Q_h ergibt sich zu

$$F_h(v) = \begin{cases} 0, & \text{falls } v < 0, \\ 2v - v^2, & \text{falls } 0 \leq v \leq 1, \\ 1, & \text{sonst}. \end{cases}$$

Für $u \in]0,1[$ und $v \in \mathbb{R}$ gilt folglich

$$F_h(v) = u \qquad \Leftrightarrow \qquad v = 1 - \sqrt{1-u}.$$

Wir definieren

$$X = 1 - \sqrt{U_1} \qquad \text{und} \qquad Y = h(X) \cdot U_2 = \sqrt{U_1} \cdot U_2.$$

Nach Satz 4.1 besitzt X die Verteilung Q_h. Ferner sind X und U_2 unabhängig. Gemäß Satz 4.10(i) ist der zweidimensionale Zufallsvektor (X,Y) also gleichverteilt auf dem Simplex S. □

Gelingt es, aus der Gleichverteilung auf M_h die Gleichverteilung auf $M_{\tilde{h}} \subset M_h$ herzustellen, so erhält man die gewünschte Verteilung $Q_{\tilde{h}}$ durch Anwendung von Satz 4.10(ii). Wir betrachten allgemeiner zwei meßbare Mengen

$$\widetilde{M} \subset M \subset \mathbb{R}^{d+1}$$

mit $0 < \lambda^{d+1}(\widetilde{M}) \leq \lambda^{d+1}(M) < \infty$ sowie eine unabhängige Folge von Zufallsvektoren $(V_t)_{t\in\mathbb{N}}$, die jeweils auf M gleichverteilt sind. Ziel ist es, aus dieser Folge eine unabhängige Folge $(\widetilde{V}_\ell)_{\ell\in\mathbb{N}}$ von jeweils auf $\widetilde{M}$ gleichverteilten Zufallsvektoren zu konstruieren. Dies wird durch „Verwerfen" bzw. „Akzeptieren" erreicht. Von einer Realisierung $(V_t(\omega))_{t\in\mathbb{N}}$ werden diejenigen Werte $V_t(\omega)$ akzeptiert, die in $\widetilde{M}$ liegen. Die Teilfolge der akzeptierten Werte liefert die Realisierung $(\widetilde{V}_\ell(\omega))_{\ell\in\mathbb{N}}$ der Folge $(\widetilde{V}_\ell)_{\ell\in\mathbb{N}}$.

Wir verwenden die Ergebnisse aus Abschnitt 3.6 über Stoppzeiten und Unabhängigkeit und betrachten die Folge der sukzessiven Eintrittszeiten

$$T_\ell = \inf\{t \in \mathbb{N} \mid t > T_{\ell-1},\ V_t \in \widetilde{M}\}$$

der Folge $(V_t)_{t\in\mathbb{N}}$ in die Menge $\widetilde{M}$, wobei $T_0 = 0$ und $\inf\emptyset = \infty$ gesetzt wird. Auf $\{T_\ell < \infty\}$ definieren wir

$$\widetilde{V}_\ell = V_{T_\ell}\,.$$

Satz 4.12. *Die sukzessiven Wartezeiten $T_\ell - T_{\ell-1}$ bilden eine unabhängige Folge von Zufallsvariablen, die jeweils geometrisch verteilt mit Parameter*

$$p = \frac{\lambda^{d+1}(\widetilde{M})}{\lambda^{d+1}(M)} \tag{4.1}$$

sind. Die Zufallsvektoren $\widetilde{V}_\ell$ bilden eine unabhängige Folge und sind jeweils gleichverteilt auf $\widetilde{M}$.

Beweis. Die Aussagen zur Folge $(T_\ell - T_{\ell-1})_{\ell\in\mathbb{N}}$ finden sich in Beispiel 3.25. Insbesondere folgt damit $P(\{T_\ell < \infty\}) = 1$ für alle $\ell \in \mathbb{N}$. Ferner zeigt Beispiel 3.25 die Unabhängigkeit der Folge $(\widetilde{V}_\ell)_{\ell\in\mathbb{N}}$ sowie

$$P(\{\widetilde{V}_\ell \in B\}) = P(\{V_1 \in B\} \mid \{V_1 \in \widetilde{M}\}) = \frac{\lambda^{d+1}(B \cap \widetilde{M})}{\lambda^{d+1}(\widetilde{M})}$$

für jede meßbare Menge $B \subset \mathbb{R}^{d+1}$, d. h. $\widetilde{V}_\ell$ ist gleichverteilt auf $\widetilde{M}$. □

Zusammenfassend erhalten wir folgende stochastische Beschreibung der Verwerfungsmethode. Ausgangspunkt ist eine unabhängige Familie von Zufallsvariablen

$$X_t, U_t\,, \qquad t \in \mathbb{N},$$

wobei X_t die Verteilung Q_h besitzt und U_t gleichverteilt auf $[0,1]$ ist. Durch

$$V_t = (X_t, h(X_t) \cdot U_t)\,, \qquad t \in \mathbb{N},$$

erhalten wir gemäß Satz 4.10(i) eine unabhängige Folge von Zufallsvektoren, die jeweils gleichverteilt auf M_h sind. Betrachtet man diese Folge nur zu den sukzessiven Eintrittszeitpunkten in die Menge $M_{\tilde{h}}$, so erhält man gemäß Satz 4.12 eine unabhängige Folge von jeweils auf $M_{\tilde{h}}$ gleichverteilten Zufallsvariablen $\widetilde{V}_\ell = V_{T_\ell}$. Die Zufallsvariablen $\widetilde{X}_\ell = X_{T_\ell}$ bilden dann ebenfalls eine unabhängige Folge, und Satz 4.10(ii) zeigt, daß $\widetilde{X}_\ell$ die Verteilung $Q_{\tilde{h}}$ besitzt.

Die Kosten der Verwerfungsmethode sind im wesentlichen durch die Kosten zur Simulation der Verteilung Q_h, zur Auswertung von h und $\tilde{h}$ sowie durch die Wartezeit bis zum Eintritt in die Menge $M_{\tilde{h}}$ bestimmt. Letztere entspricht der Anzahl von Schleifendurchläufen in der Implementation in Listing 4.3, und ihre Verteilung ist durch die sogenannte *Akzeptanzwahrscheinlichkeit*

$$p = \frac{\int_{\mathbb{R}^d} \tilde{h}(x)\,\mathrm{d}x}{\int_{\mathbb{R}^d} h(x)\,\mathrm{d}x}$$

festgelegt, siehe (4.1) und Lemma 4.9. Die Zahl p gibt für jedes $t \in \mathbb{N}$ die Wahrscheinlichkeit dafür an, daß eine Realisierung von V_t akzeptiert wird. Für die Zeit T_ℓ zum Erzeugen von ℓ Zufallszahlen mit der Verwerfungsmethode gilt

$$\mathrm{E}(T_\ell) = \ell / p$$

und

$$\sigma^2(T_\ell) = \ell \cdot (1-p)/p^2,$$

wie aus Satz 4.12 folgt. Mit Blick auf T_ℓ sind also große Akzeptanzwahrscheinlichkeiten anzustreben, die jedoch manchmal nur durch hohe Kosten für die Simulation von Q_h erreicht werden. Im allgemeinen gilt es, das Produkt aus $1/p$ und den Kosten zur Simulation von Q_h zu minimieren.

Beispiel 4.13. Bei der Simulation der Standard-Normalverteilung in Beispiel 4.8 ergibt sich die Akzeptanzwahrscheinlichkeit zu

$$p = \sqrt{\pi/(2\mathrm{e})} \approx 0.760\,. \qquad \square$$

4.4 Simulation von Normalverteilungen

Die wichtige Rolle von Normalverteilungen bei der stochastischen Modellierung ergibt sich nicht zuletzt aus dem zentralen Grenzwertsatz. Zu ihrer Simulation besprechen wir in diesem Abschnitt das klassische Verfahren von Box, Muller [24] für die zweidimensionale Standard-Normalverteilung. Die Simulation mehrdimensionaler Normalverteilungen geschieht hierauf aufbauend mit Hilfe der Cholesky-Zerlegung von Kovarianzmatrizen. Wir stellen zuerst die benötigten Grundbegriffe bereit.

Erwartungswert und Varianz sind fundamentale Kenngrößen von reellwertigen Zufallsvariablen und ihren Verteilungen. Wir führen die entsprechenden Größen für Zufallsvektoren ein und stellen einige ihrer elementaren Eigenschaften zusammen. Dazu verwenden wir die Lineare Algebra und fassen in diesem Kontext Zufallsvektoren stets als Spaltenvektoren von reellwertigen Zufallsvariablen auf.

Für einen d-dimensionalen Zufallsvektor

$$X = \begin{pmatrix} X_1 \\ \vdots \\ X_d \end{pmatrix} : \Omega \to \mathbb{R}^d$$

mit integrierbaren Komponenten $X_1, \dots, X_d$ definiert man seinen *Erwartungswert*, oder auch Erwartungswertvektor, durch

$$\mathrm{E}(X) = \begin{pmatrix} \mathrm{E}(X_1) \\ \vdots \\ \mathrm{E}(X_d) \end{pmatrix} \in \mathbb{R}^d .$$

Im Fall quadratisch integrierbarer Komponenten definiert man die *Kovarianzmatrix* von X durch

$$\mathrm{Cov}(X) = \begin{pmatrix} \mathrm{Cov}(X_1, X_1) & \dots & \mathrm{Cov}(X_1, X_d) \\ \vdots & & \vdots \\ \mathrm{Cov}(X_d, X_1) & \dots & \mathrm{Cov}(X_d, X_d) \end{pmatrix} \in \mathbb{R}^{d \times d} .$$

In Verallgemeinerung der Rechenregeln für den Erwartungswert und die Varianz einer reellwertigen Zufallsvariablen gilt dann

$$\mathrm{E}(LX + b) = L\mathrm{E}(X) + b$$

und

$$\mathrm{Cov}(LX + b) = L\mathrm{Cov}(X)L^\top$$

für jede Matrix $L \in \mathbb{R}^{k \times d}$ und jeden Vektor $b \in \mathbb{R}^k$. Die letzte Gleichung liefert insbesondere für jeden Vektor $v \in \mathbb{R}^d$

$$0 \le \sigma^2(v^\top X) = v^\top \mathrm{Cov}(X)\, v,$$

so daß jede Kovarianzmatrix symmetrisch und nicht-negativ definit ist. Siehe hierzu Irle [91, Abschn. 9.9, 9.10].

Das Wahrscheinlichkeitsmaß auf $\mathbb{R}^d$ mit der Lebesgue-Dichte

$$h(x) = (2\pi)^{-d/2} \exp(-(x_1^2 + \dots + x_d^2)/2)$$

für $x \in \mathbb{R}^d$ heißt *d-dimensionale Standard-Normalverteilung*. Die Dichte h ist offenbar orthogonal-invariant und das d-fache Tensorprodukt der in Abschnitt 3.3.2 eingeführten Dichte der eindimensionalen Standard-Normalverteilung. Ein d-dimensionaler Zufallsvektor X ist deshalb genau dann d-dimensional standard-normalverteilt, wenn seine Komponenten unabhängig und jeweils eindimensional standard-normalverteilt sind, siehe Irle [91, S. 179]. Insbesondere gilt in diesem Fall $\mathrm{E}(X) = 0 \in \mathbb{R}^d$, und $\mathrm{Cov}(X)$ ist die Einheitsmatrix in $\mathbb{R}^{d \times d}$.

Ein Wahrscheinlichkeitsmaß Q auf $\mathbb{R}^k$ heißt *k-dimensionale Normalverteilung*, falls Q sich durch eine affin-lineare Transformation aus einer d-dimensionalen

Standard-Normalverteilung ergibt. Eine k-dimensionale Normalverteilung ist also die Verteilung eines k-dimensionalen Zufallsvektors Z von der Form

$$Z = LX + b \tag{4.2}$$

mit einem d-dimensional standard-normalverteilten Zufallsvektor X, einer Matrix $L \in \mathbb{R}^{k \times d}$ und einem Vektor $b \in \mathbb{R}^k$.

Ist Z von der Form (4.2), so gilt

$$\mathrm{E}(Z) = b, \qquad \mathrm{Cov}(Z) = LL^\top,$$

und diese beiden Größen bestimmen die Verteilung Q von Z bereits eindeutig, siehe Gänssler, Stute [61, Abschn. 1.19]. Mit

$$\Sigma = LL^\top \tag{4.3}$$

heißt Q dann die *k-dimensionale Normalverteilung mit Erwartungswert b und Kovarianzmatrix Σ*. Jede symmetrische nicht-negativ definite Matrix $\Sigma \in \mathbb{R}^{k \times k}$ ist diagonalisierbar mit nicht-negativen Eigenwerten und somit in der Form (4.3) darstellbar. Also treten genau die symmetrischen nicht-negativ definiten Matrizen als Kovarianzmatrizen von Normalverteilungen auf.

Wir betrachten nun einen auf $[0,1]^2$ gleichverteilten Zufallsvektor

$$U = (U_1, U_2)^\top.$$

Ziel ist es, hieraus einen zweidimensional standard-normalverteilten Zufallsvektor zu konstruieren. Das *Box-Muller-Verfahren* verwendet dazu die durch

$$G(u) = \sqrt{-2\ln u_1} \cdot (\cos(2\pi u_2),\ \sin(2\pi u_2))^\top$$

gegebene Abbildung $G\colon\ ]0,1[^2 \to \mathbb{R}^2$.

Satz 4.14. *Der Zufallsvektor $G(U)$ ist zweidimensional standard-normalverteilt.*

Beweis. Sei Q die zweidimensionale Standard-Normalverteilung und $A \subset \mathbb{R}^2$ meßbar. Der Transformationssatz und der Satz von Fubini liefern bei Verwendung von Polarkoordinaten

$$\begin{aligned}
Q(A) &= \frac{1}{2\pi}\int_A \exp\bigl(-(x_1^2+x_2^2)/2\bigr)\,\mathrm{d}(x_1,x_2) \\
&= \frac{1}{2\pi}\int_0^{2\pi}\int_0^\infty 1_A(r\cos\varphi,\, r\sin\varphi)\cdot\exp(-r^2/2)\cdot r\,\mathrm{d}r\,\mathrm{d}\varphi \\
&= \int_0^1\int_0^\infty 1_A\bigl(\sqrt{2u_1}\cos(2\pi u_2),\ \sqrt{2u_1}\sin(2\pi u_2)\bigr)\cdot\exp(-u_1)\,\mathrm{d}u_1\,\mathrm{d}u_2 \\
&= \int_0^1\int_0^1 1_A\bigl(\sqrt{-2\ln u_1}\cdot(\cos(2\pi u_2),\ \sin(2\pi u_2))\bigr)\,\mathrm{d}u_1\,\mathrm{d}u_2 \\
&= P(\{G(U)\in A\}).
\end{aligned}$$

□

Satz 4.14 kann folgendermaßen umformuliert werden. Ein zweidimensionaler Zufallsvektor ist genau dann standard-normalverteilt, wenn das Quadrat des Radius und der Winkel seiner Polardarstellung unabhängig und exponentialverteilt mit Parameter $1/2$ bzw. gleichverteilt auf $[0, 2\pi]$ sind.

Beim praktischen Einsatz des Box-Muller-Verfahrens gewinnt man durch

$$(x_{2j-1}, x_{2j}) = G(u_{2j-1}, u_{2j}), \qquad j \in \mathbb{N},$$

aus einer Folge von Zufallszahlen $u_1, u_2, \dots \in]0,1[$ eine Folge $x_1, x_2, \dots \in \mathbb{R}$, die als Realisierung einer unabhängigen Folge von standard-normalverteilten Zufallsvariablen aufgefaßt wird. Benötigt man die Zahlen x_i nicht paarweise, so kann man x_{2j} verwerfen oder für spätere Zwecke zwischenspeichern. Alternativen zum Box-Muller-Verfahren werden etwa bei Devroye [42, Chap. IX.1], Glasserman [70, Chap. 2.3] und Hörmann, Leydold, Derflinger [89, Sec. 8.2] vorgestellt. Siehe auch Beispiel 4.8 und Aufgabe 4.14.

Im folgenden sei $\Sigma \in \mathbb{R}^{d \times d}$ symmetrisch und nicht-negativ definit. Gesucht ist ein Verfahren zur Simulation der d-dimensionalen Normalverteilung mit Erwartungswert null und Kovarianzmatrix Σ. Jeder andere Erwartungswert wird dann durch Addition desselben erreicht. Im Falle der Einheitsmatrix Σ kann man durch mehrfache Anwendung des Box-Muller-Verfahrens die entsprechende d-dimensionale Standard-Normalverteilung simulieren. Im allgemeinen berechnet man eine Faktorisierung $\Sigma = LL^\top$ und transformiert einen standard-normalverteilten Zufallsvektor X durch Multiplikation mit L.

Wir nehmen nun an, daß Σ positiv definit ist, d. h.

$$v^\top \Sigma v > 0$$

gilt für alle $v \in \mathbb{R}^d \setminus \{0\}$. Dann steht mit dem *Cholesky-Verfahren* eine effiziente Methode zur Berechnung einer Faktorisierung bereit. Dieses Verfahren berechnet zu Σ die eindeutig bestimmte untere Dreiecksmatrix

$$L = \begin{pmatrix} \ell_{1,1} & 0 & \dots & \dots & 0 \\ \ell_{2,1} & \ell_{2,2} & 0 & \dots & 0 \\ \vdots & \vdots & \ddots & \ddots & \vdots \\ \ell_{d-1,1} & \ell_{d-1,2} & \dots & \ell_{d-1,d-1} & 0 \\ \ell_{d,1} & \ell_{d,2} & \dots & \dots & \ell_{d,d} \end{pmatrix},$$

die

$$\Sigma = LL^\top$$

erfüllt, siehe Werner [198, Kap. 1.4]. Also ist $Z = LX$ d-dimensional normalverteilt mit Erwartungswert null und Kovarianzmatrix Σ, falls X d-dimensional standard-normalverteilt ist.

Beispiel 4.15. Wir betrachten den Fall $d = 2$, in dem eine positiv-definite Kovarianzmatrix Σ eines Zufallsvektors $Z = (Z_1, Z_2)^\top$ die Darstellung

$$\Sigma = \begin{pmatrix} \sigma_1^2 & \rho\sigma_1\sigma_2 \\ \rho\sigma_1\sigma_2 & \sigma_2^2 \end{pmatrix}$$

mit Varianzen $\sigma_i^2 = \sigma^2(Z_i) > 0$ und Korrelationskoeffizient $\rho = \rho(Z_1, Z_2) \in]-1,1[$ besitzt. Hierfür ergibt sich

$$L = \begin{pmatrix} \sigma_1 & 0 \\ \rho\sigma_2 & \sqrt{1-\rho^2}\sigma_2 \end{pmatrix}.$$

Somit definiert

$$Z_1 = \sigma_1 X_1$$

und

$$Z_2 = \sigma_2 \cdot \left(\rho X_1 + \sqrt{1-\rho^2} X_2\right)$$

einen normalverteilten Zufallsvektor, der den Erwartungswert null und die Kovarianzmatrix Σ besitzt. □

4.5 Simulation stochastischer Prozesse

Für $I \subset [0,\infty[$ bezeichnet man beliebige Familien $(X_t)_{t\in I}$ von Zufallsvariablen, die auf einem gemeinsamen Wahrscheinlichkeitsraum $(\Omega, \mathfrak{A}, P)$ definiert sind und Werte in einem gemeinsamen Raum $(\Omega', \mathfrak{A}')$ annehmen, als *stochastische Prozesse*. Man nennt $(\Omega', \mathfrak{A}')$ den *Zustandsraum* des stochastischen Prozesses, und die Elemente der Indexmenge I werden meist als Zeitpunkte interpretiert, so daß stochastische Prozesse zur Modellierung zeitabhängiger zufälliger Phänomene in einer Menge Ω' dienen. Fixiert man für einen Prozeß $(X_t)_{t\in I}$ ein Element $\omega \in \Omega$, so erhält man eine Abbildung

$$t \mapsto X_t(\omega)$$

von I nach Ω', die als *Pfad* oder Trajektorie des Prozesses bezeichnet wird. Die Pfade entstehen also zufällig gemäß dem zugrundeliegenden Wahrscheinlichkeitsmaß P, und sie beschreiben die möglichen zeitlichen Entwicklungen des zufälligen Vorgangs.

Gilt $I \subset \mathbb{N}_0$, so spricht man von einem *zeit-diskreten stochastischen Prozeß*, und seine Pfade sind endliche oder unendliche Folgen in Ω'. Im Falle $I = \{0,\dots,T\}$ spricht man von einem zeit-diskreten Prozeß mit endlichem Zeithorizont $T \in \mathbb{N}$. Ist I ein Teilintervall von $[0,\infty[$, so heißt $(X_t)_{t\in I}$ ein *zeit-kontinuierlicher stochastischer Prozeß*.

In diesem Abschnitt betrachten wir $\mathbb{R}^k$*-wertige stochastische Prozesse*, es gilt also $\Omega' = \mathbb{R}^k$ und $\mathfrak{A}'$ ist die entsprechende Borelsche σ-Algebra. Zeit-diskrete $\mathbb{R}^k$-wertige Prozesse haben wir bisher als Zufallsvektoren bzw. Folgen von Zufallsvektoren bezeichnet und ihre Pfade Realisierungen genannt. Zeit-diskrete Prozesse mit endlichen Zustandsräumen werden wir in Kapitel 6 studieren.

Die Modellierung komplexer zufälliger Vorgänge führt selbst im Fall einer endlichen Indexmenge oft auf Zufallsvektoren $(X_0,\dots,X_T)$, deren Verteilung nicht explizit gegeben ist, so daß Simulationsverfahren wie etwa die Verwerfungsmethode nicht unmittelbar eingesetzt werden können. Als Beispiel nennen wir die Neutronenbewegung in Materie, bei der wir die Positionen X_t eines Neutrons zu den ersten T Kollisionszeitpunkten verfolgen, siehe Abschnitt 4.2. Hier gelingt die Simulation der Verteilung von $(X_0,\dots,X_T)$, da mit

$$X_{t+1} = X_t + V_{t+1}^{(\mathrm{s})} \cdot V_{t+1}^{(\mathrm{w})}$$

ein einfacher Übergangsmechanismus von X_t zu X_{t+1} vorliegt und die stochastische Basis des Modells aus einer unabhängigen Folge von identisch verteilten Zufallsvektoren V_t besteht, deren Verteilung außerdem leicht zu simulieren ist. Diese Struktur werden wir in allgemeinerer Form in Abschnitt 4.5.1 behandeln. In Abschnitt 4.5.2 diskutieren wir die Brownsche und die geometrische Brownsche Bewegung sowie den Poisson-Prozeß, um anschließend jeweils eine Anwendung dieser Prozesse und entsprechender Monte Carlo-Verfahren in der Numerik elliptischer Randwertprobleme und der Finanz- bzw. Versicherungsmathematik kennenzulernen.

4.5.1 Zeit-diskrete Markov-Prozesse

Wir betrachten einen Punkt $x_0 \in \mathbb{R}^k$, der Startwert genannt wird, eine meßbare Abbildung

$$g\colon \mathbb{R}^k \times \mathbb{R}^k \to \mathbb{R}^k$$

und eine unabhängige Folge $(V_t)_{t\in\mathbb{N}}$ von identisch verteilten Zufallsvektoren mit Werten in $\mathbb{R}^k$. Durch

$$X_0 = x_0 \tag{4.4}$$

und

$$X_{t+1} = g(X_t, V_{t+1}), \qquad t \in \mathbb{N}_0, \tag{4.5}$$

wird eine Folge von Zufallsvektoren mit Werten in $\mathbb{R}^k$ definiert, die nur in Trivialfällen unabhängig oder identisch verteilt sind.

Es genügen jedoch ein Algorithmus zur Auswertung von g und ein Algorithmus zur Simulation der Verteilung von V_1, um die Verteilung von $(X_0,\dots,X_T)$ simulieren zu können. Man erzeugt eine Realisierung $v_1,\dots,v_T$ der Folge $V_1,\dots,V_T$ und berechnet dabei fortlaufend $x_{t+1} = g(x_t, v_{t+1})$, um $(x_0,\dots,x_T)$ als Realisierung von $(X_0,\dots,X_T)$ zu erhalten. Wir präsentieren in diesem Abschnitt zunächst Beispiele für eine Modellierung dieser Art aus unterschiedlichen Anwendungsbereichen und erläutern dann die Markov-Eigenschaft des stochastischen Prozesses $(X_t)_{t\in\mathbb{N}_0}$.

Die Definition eines zeit-diskreten Prozesses $(X_t)_{t\in\mathbb{N}_0}$ durch (4.4), (4.5) und eine unabhängige Folge $(V_t)_{t\in\mathbb{N}}$ von identisch verteilten Zufallsvariablen erfordert die Festlegung der Funktion g und der Verteilung der Zufallsvariablen V_1. In den ersten beiden Beispielen gilt

$$g(x,v) = x + v, \qquad x,v \in \mathbb{R}^k,$$

weshalb die resultierenden Prozesse $(X_t)_{t\in\mathbb{N}_0}$ auch als *additive Irrfahrten* bezeichnet werden. Solche Irrfahrten besitzen die Darstellung

$$X_t = x_0 + \sum_{s=1}^{t} V_s, \qquad t \in \mathbb{N}_0.$$

Beispiel 4.16. Für $x_0 \in \mathbb{Z}^k$ und Zufallsvariablen V_t mit Werten in $\mathbb{Z}^k$ erhalten wir eine additive Irrfahrt auf $\mathbb{Z}^k$. Im Falle $k = 1$ führt

$$P(\{V_1 = 1\}) = p, \qquad P(\{V_1 = -1\}) = 1 - p$$

mit $p \in]0,1[$ auf den Prozeß der Kapitalstände beim Ruinproblem aus Beispiel 3.21. Seine Pfade sind Folgen $(x_t)_{t\in\mathbb{N}_0}$ in $\mathbb{Z}$, die $|x_{t+1} - x_t| = 1$ für alle $t \in \mathbb{N}_0$ erfüllen. Das mehrdimensionale Analogon des symmetrischen Falles $p = 1/2$ ist durch

$$P(\{V_1 = v\}) = 1/(2k)$$

für die $2k$ Vektoren $v \in \{0,1,-1\}^k$ der Länge eins gegeben, siehe Krengel [108, S. 212]. □

Beispiel 4.17. Zur Modellierung der Neutronenbewegung in einer homogenen Materie, die den ganzen Raum $\mathbb{R}^3$ ausfüllt, wählen wir $k = 3$ und betrachten unabhängige Zufallsvariablen $V^{(w)}$ und $V^{(s)}$, die exponentialverteilt bzw. gleichverteilt auf der Einheitssphäre in $\mathbb{R}^3$ sind. Als Verteilung der Zufallsvariablen V_t wählen wir die Verteilung von $V^{(s)} \cdot V^{(w)}$, und die Neutronenbewegung ist die zugehörige additive Irrfahrt. Die Simulation der Exponentialverteilung wurde bereits in Beispiel 4.2 behandelt, zur Simulation der Gleichverteilung auf einer Einheitssphäre verweisen wir auf Satz 4.6. □

Im folgenden Beispiel gilt $k = 1$ und

$$g(x,v) = x \cdot v, \qquad x,v \in \mathbb{R}.$$

Ferner gilt $x_0 > 0$, und die Zufallsvariablen V_t nehmen Werte in $]0,\infty[$ an, weshalb der resultierende Prozeß $(X_t)_{t\in\mathbb{N}_0}$ auch als *multiplikative Irrfahrt* auf den positiven reellen Zahlen bezeichnet wird. Solche Irrfahrten besitzen die Darstellung

$$X_t = x_0 \cdot \prod_{s=1}^{t} V_s, \qquad t \in \mathbb{N}_0.$$

Beispiel 4.18. Der Preisprozeß der Aktie im Cox-Ross-Rubinstein-Modell ist eine multiplikative Irrfahrt. Hier gilt

$$P(\{V_1 = u\}) = p, \qquad P(\{V_1 = d\}) = 1 - p$$

mit $0 < d < u$ und $p \in]0,1[$, siehe Abschnitt 3.2.5. Die Pfade des Aktienpreisprozesses sind Folgen $(x_t)_{t\in\mathbb{N}_0}$ in $]0,\infty[$, die $x_{t+1}/x_t \in \{u,d\}$ für alle $t \in \mathbb{N}_0$ erfüllen. Offenbar ergibt sich der Aktienpreisprozeß auch durch die Anwendung der Exponentialfunktion auf eine additive Irrfahrt, die auf der diskreten Verteilung mit den Punktmassen p und $1-p$ in $\ln u$ bzw. $\ln d$ beruht. □

Abschließend präsentieren wir ein einfaches *Warteschlangenmodell.*

Beispiel 4.19. Wir betrachten eine Bedieneinheit, beispielsweise einen Skilift, die pro Zeitintervall der Länge eins einen Kunden abfertigen kann. Wir nehmen an, daß sich die Anzahlen eintreffender Kunden in den Zeitintervallen von $t-1$ bis t durch eine unabhängige Folge $(V_t)_{t\in\mathbb{N}}$ von identisch verteilten Zufallsvariablen V_t mit Werten in $\mathbb{N}_0$ beschreiben lassen. Dann entwickelt sich die Gesamtanzahl der Kunden, die sich zu den ganzzahligen Zeitpunkten wartend oder in Bedienung im System befinden, gemäß

$$X_{t+1} = (X_t - 1)^+ + V_{t+1}\,.$$

Dieses und weitere Beispiele mit diskreten Verteilungen werden bei Brémaud [27, Sec. 2.2] vorgestellt, siehe auch Krengel [108, S. 195]. □

Mit Hilfe der direkten Simulation lassen sich in den hier vorgestellten Modellen Größen wie etwa mittlere Spieldauern oder Wahrscheinlichkeiten dafür, daß eine Warteschlange bis zur Zeit T nie länger als eine Konstante c ist, näherungsweise berechnen.

Durch (4.4), (4.5) und eine unabhängige Folge von identisch verteilten Zufallsvariablen V_t wird ein „gedächtnisloser" stochastischer Prozeß $(X_t)_{t\in\mathbb{N}_0}$ definiert. Wir präzisieren dies für Prozesse mit diskreten Verteilungen P_{X_t} und geben anschließend einen Ausblick auf den allgemeinen Fall.

Ein $\mathbb{R}^k$-wertiger stochastischer Prozeß $(X_t)_{t\in\mathbb{N}_0}$ mit diskreten Verteilungen P_{X_t} besitzt die *Markov-Eigenschaft*, falls

$$P(\{X_{t+1} \in A\} \mid \{(X_0,\dots,X_t) = (x_0,\dots,x_t)\}) = P(\{X_{t+1} \in A\} \mid \{X_t = x_t\}) \qquad (4.6)$$

für alle meßbaren Mengen $A \subset \mathbb{R}^k$, jedes $t \in \mathbb{N}$ und alle $x_0,\dots,x_t \in \mathbb{R}^k$ mit

$$P(\{(X_0,\dots,X_t) = (x_0,\dots,x_t)\}) > 0$$

gilt. Jeder solche Prozeß heißt *Markov-Kette*. Brémaud [27] und Krengel [108, Kap. III] geben umfangreiche Einführungen in die Theorie und Anwendungen von Markov-Ketten. Algorithmen, die Markov-Ketten mit endlichen Zustandsräumen verwenden, werden wir in Kapitel 6 behandeln.

Zur Interpretation der Markov-Eigenschaft fassen wir den Zeitpunkt t als Gegenwart auf und nehmen an, daß uns eine Realisierung $(x_0,\dots,x_t)$ des Prozesses bis zur Zeit t bekannt ist. Die bedingten Wahrscheinlichkeiten der Ereignisse $\{X_{t+1} \in A\}$ gegeben $\{(X_0,\dots,X_t) = (x_0,\dots,x_t)\}$ bilden dann das stochastische Modell für den Zustand des Prozesses zum nächsten Zeitpunkt $t+1$. Eine Markov-Kette liegt genau dann vor, wenn für diese bedingten Wahrscheinlichkeiten der Verlauf des Prozesses in der Vergangenheit, d. h. bis zum Zeitpunkt $t-1$, irrelevant ist. Diese Eigenschaft wird deshalb auch als Gedächtnislosigkeit des Prozesses $(X_t)_{t\in\mathbb{N}_0}$ bezeichnet.

Satz 4.20. *Sei* $(V_t)_{t\in\mathbb{N}}$ *eine unabhängige Folge identisch verteilter Zufallsvariablen, die Werte in einer höchstens abzählbaren Teilmenge von* $\mathbb{R}^k$ *annehmen. Dann definieren* (4.4) *und* (4.5) *eine Markov-Kette* $(X_t)_{t\in\mathbb{N}_0}$, *und es gilt*

$$P(\{X_{t+1}\in A\}\,|\,\{X_t=x_t\})=P(\{g(x_t,V_1)\in A\})$$

für alle meßbaren Mengen $A\subset\mathbb{R}^k$, *jedes* $t\in\mathbb{N}$ *und alle* $x_t\in\mathbb{R}^k$ *mit* $P(\{X_t=x_t\})>0$.

Beweis. Die Konstruktionsvorschrift (4.4) und (4.5) garantiert, daß jede der Zufallsvariablen X_t höchstens abzählbar viele Werte annimmt. Wir setzen $Z=(X_0,\dots,X_t)$ und $z=(x_0,\dots,x_t)$. Die Unabhängigkeit der Folge $(V_t)_{t\in\mathbb{N}}$ impliziert dann die Unabhängigkeit von Z und V_{t+1}, und es folgt

$$\begin{aligned}P(\{X_{t+1}\in A\}\cap\{Z=z\})&=P(\{g(x_t,V_{t+1})\in A\}\cap\{Z=z\})\\&=P(\{g(x_t,V_{t+1})\in A\})\cdot P(\{Z=z\})\end{aligned}$$

sowie

$$P(\{X_{t+1}\in A\}\cap\{X_t=x_t\})=P(\{g(x_t,V_{t+1})\in A\})\cdot P(\{X_t=x_t\})\,.$$

Man beachte schließlich, daß die Verteilungen der Zufallsvariablen V_{t+1} und V_1 übereinstimmen. □

Satz 4.20 ermöglicht eine neue Sicht auf unser Vorgehen zur Simulation eines endlichen Anfangsstückes des Prozesses $(X_t)_{t\in\mathbb{N}_0}$. Man gewinnt $x_1,\dots,x_T$ sukzessive durch unabhängige Simulationen der sogenannten *Übergangswahrscheinlichkeit*

$$(x_t,A)\mapsto P(\{X_{t+1}\in A\}\,|\,\{X_t=x_t\})\,.$$

Auf diese Weise läßt sich allgemein die Simulation einer Markov-Kette auf die Simulation ihrer Übergangswahrscheinlichkeit zurückführen. Das analoge Vorgehen für beliebige zeit-diskrete Prozesse $(X_t)_{t\in\mathbb{N}_0}$ würde die Kenntnis aller bedingten Verteilungen

$$((x_0,\dots,x_t),A)\mapsto P(\{X_{t+1}\in A\}\,|\,\{(X_0,\dots,X_t)=(x_0,\dots,x_t)\})$$

und die Verfügbarkeit entsprechender Simulationsalgorithmen erfordern.

Satz 4.20 sichert die Markov-Eigenschaft in den Beispielen 4.16, 4.18 und 4.19. Dem Beispiel 4.17 liegen keine diskreten Verteilungen zugrunde, da dort

$$P(\{X_t=x_t\})=0$$

für alle $t\in\mathbb{N}$ und alle $x_t\in\mathbb{R}^k$ gilt. Somit sind die sogenannten elementaren bedingten Wahrscheinlichkeiten in (4.6) nicht erklärt, und man benötigt zur Definition der

Gedächtnislosigkeit einen allgemeineren Begriff von bedingten Wahrscheinlichkeiten und der Markov-Eigenschaft, siehe Irle [91, S. 291 ff.] und Klenke [105, Kap. 8]. Die Konstruktion (4.4) und (4.5) mit einer unabhängigen Folge von identisch verteilten Zufallsvariablen V_t führt stets zu Prozessen $(X_t)_{t\in\mathbb{N}_0}$ mit dieser Eigenschaft, die als zeit-diskrete *Markov-Prozesse* bezeichnet werden, siehe Klenke [105, Kap. 17]. Ferner kann unser Vorgehen bei der Simulation auch in diesem Fall als unabhängige Simulation einer Übergangswahrscheinlichkeit verstanden werden, und diese ist wieder durch die Abbildung g und die Verteilung von V_1 vorgegeben.

4.5.2 Die Brownsche Bewegung und der Poisson-Prozeß

Die besondere Rolle der Brownschen Bewegung in der Theorie der stochastischen Prozesse beruht auf einem unendlich-dimensionalen Analogon zum zentralen Grenzwertsatz. Statt Verteilungen auf der reellen Achse betrachtet man hierbei Verteilungen auf dem Raum der stetigen $\mathbb{R}^k$-wertigen Funktionen auf $[0,\infty[$. Wir diskutieren einige Aspekte der Modellierung und Simulation der Brownschen Bewegung und verweisen für eine umfassendere Einführung auf Klenke [105, Kap. 21], Partzsch [156] und Embrechts, Maejima [52].

Eine k-dimensionale *Brownsche Bewegung* mit Startwert $w_0 \in \mathbb{R}^k$ ist ein zeitkontinuierlicher, $\mathbb{R}^k$-wertiger stochastischer Prozeß $(W_t)_{t\in[0,\infty[}$ mit folgenden Eigenschaften:

(B1) Es gilt $W_0 = w_0$.
(B2) Für $0 \le s < t$ ist $W_t - W_s$ normalverteilt mit Erwartungswert null und dem $(t-s)$-fachen der k-dimensionalen Einheitsmatrix als Kovarianzmatrix.
(B3) Für $m \ge 2$ und $0 = t_0 < t_1 < \cdots < t_m$ sind $W_{t_1} - W_{t_0}, \ldots, W_{t_m} - W_{t_{m-1}}$ unabhängig.
(B4) Alle Pfade des Prozesses sind stetig.

In der Physik verwendet man die Brownsche Bewegung als stochastisches Modell der Bewegung eines freien Partikels bei vernachläßigter Reibung. Dabei ist W_t die Position des Partikels zur Zeit t, und (B1)–(B3) spezifizieren die gemeinsame Verteilung der Positionen zu endlich vielen Zeitpunkten, während (B4) festlegt, daß jede mögliche Bewegung des Partikels stetig verläuft. Der Name bezieht sich auf Robert Brown, der im Jahre 1828 die irreguläre Bewegung von in Wasser gelösten Pollen beobachtet hat. Die mathematische Untersuchung der Brownschen Bewegung beginnt mit der Arbeit von Wiener [199], der erstmals die Existenz eines solchen stochastischen Prozesses bewiesen hat. Die Brownsche Bewegung bildet auch die Basis vieler zeit-stetiger Finanzmarktmodelle.

Unter Verwendung der in Abschnitt 4.4 behandelten Eigenschaften mehrdimensionaler Normalverteilungen erhält man, daß ein $\mathbb{R}^k$-wertiger stochastischer Prozeß

$$(W_t)_{t\in[0,\infty[} = \left((W_{1,t},\ldots,W_{k,t})^\top\right)_{t\in[0,\infty[}$$

genau dann eine k-dimensionale Brownsche Bewegung mit dem Startwert $w_0 = (w_{1,0}, \dots, w_{k,0})^\top$ ist, wenn seine k reellwertigen Komponenten $(W_{i,t})_{t\in[0,\infty[}$ unabhängige eindimensionale Brownsche Bewegungen sind, die jeweils die entsprechende Komponente $w_{i,0}$ von w_0 als Startwert besitzen. Dabei bedeutet die Unabhängigkeit dieser Prozesse, daß für alle $m \in \mathbb{N}$ und alle $t_1, \dots, t_m \in [0,\infty[$ die Zufallsvektoren $(W_{1,t_1}, \dots, W_{1,t_m})^\top, \dots, (W_{k,t_1}, \dots, W_{k,t_m})^\top$ unabhängig sind.

Tatsächlich gilt die Unabhängigkeit noch in einem stärkeren Sinn. Auf dem Raum $\Omega'' = C([0,\infty[)$ wird durch

$$\delta(f,g) = \sum_{n=1}^{\infty} 2^{-n} \cdot \min\Big(\sup_{t\in[0,n]} |f(t) - g(t)|, 1 \Big), \qquad f,g \in \Omega'',$$

eine Metrik definiert, so daß man von offenen Teilmengen von Ω'' und von der Borelschen σ-Algebra $\mathfrak{A}''$ in Ω'' sprechen kann. Wir bemerken ergänzend, daß die Konvergenz einer Funktionenfolge bezüglich δ die gleichmäßige Konvergenz auf kompakten Teilmengen von $[0,\infty[$ ist. Man kann die eindimensionalen Prozesse $W^{(i)} = (W_{i,t})_{t\in[0,\infty[}$ als Zufallsvariablen mit Werten in $(\Omega'', \mathfrak{A}'')$ auffassen, und diese sind dann unabhängig im Sinne der Definition aus Abschnitt 1.2. Es gilt also

$$P\Big(\bigcap_{i=1}^{k} \{W^{(i)} \in A_i\} \Big) = \prod_{i=1}^{k} P(\{W^{(i)} \in A_i\})$$

für jede Wahl von $A_1, \dots, A_k \in \mathfrak{A}''$. In einem konkreten Beispiel betrachten wir das Ereignis, daß die Brownsche Bewegung bis zu einer Zeitschranke $T > 0$ innerhalb der Menge $B =]-\infty, b_1] \times \cdots \times]-\infty, b_k] \subset \mathbb{R}^k$ verläuft. Für die entsprechende Wahrscheinlichkeit gilt

$$P\Big(\bigcap_{i=1}^{k} \Big\{ \sup_{t\in[0,T]} W_{i,t} \le b_i \Big\} \Big) = \prod_{i=1}^{k} P\Big(\Big\{ \sup_{t\in[0,T]} W_{i,t} \le b_i \Big\} \Big).$$

Siehe Klenke [105, Abschn. 21.6].

Wir betrachten die Brownsche Bewegung im folgenden nur zu den diskreten Zeitpunkten aus $\mathbb{N}_0$. Dann liegt eine additive Irrfahrt vor, denn

$$V_t = W_t - W_{t-1}, \qquad t \in \mathbb{N},$$

definiert eine unabhängige Folge von standard-normalverteilten Zufallsvektoren, die offenbar

$$W_t = w_0 + \sum_{s=1}^{t} V_s, \qquad t \in \mathbb{N}_0,$$

erfüllen.

Definitionsgemäß gilt

$$P(\{V_1 \in A\}) = (2\pi)^{-k/2} \int_A \exp\big(-\|v\|^2/2\big)\, \mathrm{d}v$$

für jede meßbare Menge $A \subset \mathbb{R}^k$. Nach dem Start in $w_0 \in \mathbb{R}^k$ kann der Prozeß damit bereits im ersten Schritt jede solche Menge A, die positives Lebesgue-Maß besitzt, mit positiver Wahrscheinlichkeit erreichen. Mit wachsendem Abstand der Menge vom Startwert w_0 konvergieren die Wahrscheinlichkeiten $P(\{W_1 \in A\})$ jedoch exponentiell schnell gegen null.

Wählen wir die k-dimensionale Standard-Normalverteilung als Verteilung von V_1 und definieren $(W_t)_{t\in\mathbb{N}_0}$ als zugehörige additive Irrfahrt mit Startwert w_0, so gelingt die Konstruktion eines zeit-diskreten Prozesses, der (B1) und für ganzzahlige Zeitpunkte auch (B2) und (B3) erfüllt. Die Eigenschaft (B2) ergibt sich daraus, daß Summen unabhängiger normalverteilter Zufallsvektoren wieder normalverteilt sind, siehe Abschnitt 4.4. Zur Simulation der Normalverteilung und damit der zeit-diskreten Brownschen Bewegung $(W_t)_{t\in\mathbb{N}_0}$ steht beispielsweise das Box-Muller-Verfahren bereit. Wir verweisen auch auf die Aufgaben 4.16 und 4.17.

Abbildung 4.4 zeigt die Ergebnisse der Simulation von drei Pfaden einer eindimensionalen zeit-diskreten Brownschen Bewegung $(W_t)_{t\in\{0,\ldots,T\}}$ mit Startwert $w_0 = 0$ und endlichem Zeithorizont $T = 360$. Zur besseren Darstellung folgen wir hier der üblichen Konvention, die jeweils erhaltenen Daten $W_0(\omega),\ldots,W_T(\omega)$ stückweise linear zu interpolieren, vgl. auch (B4).

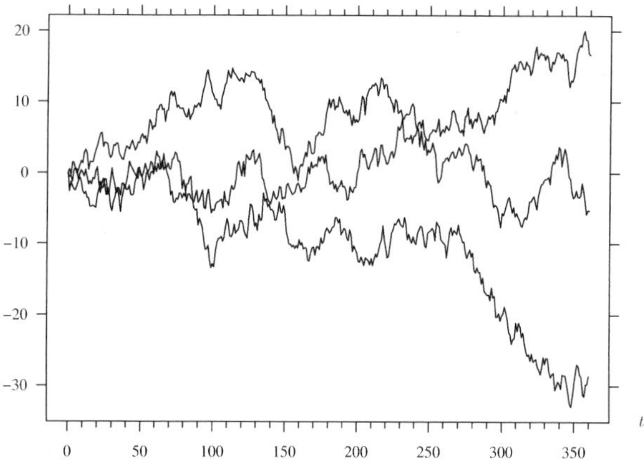

Abb. 4.4 Pfade einer eindimensionalen Brownschen Bewegung

Man erhält die Brownsche Bewegung auch als Grenzwert von geeignet skalierten symmetrischen Irrfahrten gemäß Beispiel 4.16. Wir erläutern dies für den Fall $k = 1$ und $w_0 = 0$. Im Modell aus Beispiel 4.16 erlaubt man pro Zeiteinheit einen Übergang zu einer benachbarten ganzen Zahl, die räumliche Schrittweite beträgt also eins. Wir betrachten nun pro Zeiteinheit n unabhängige Übergänge mit räumlichen Schrittweiten $1/\sqrt{n}$. Faßt man diese Übergänge zusammen, so erhält man für alle $n \in \mathbb{N}$ eine unabhängige Folge $(V_t^{(n)})_{t\in\mathbb{N}}$ von identisch verteilten Zufallsvariablen mit

$$P\big(\{V_1^{(n)} = (2\ell - n)/\sqrt{n}\}\big) = \binom{n}{\ell} \cdot 2^{-n}, \qquad \ell = 0,\dots,n.$$

Die resultierende Folge additiver Irrfahrten ist dann durch

$$W_t^{(n)} = \sum_{s=1}^{t} V_s^{(n)}, \qquad t \in \mathbb{N}_0, \tag{4.7}$$

gegeben. Wie der zentrale Grenzwertsatz zeigt, konvergiert $(V_1^{(n)})_{n\in\mathbb{N}}$ in Verteilung gegen die standard-normalverteilte Zufallsvariable V_1. Mit Hilfe eines Stetigkeitssatzes, siehe Gänssler, Stute [61, S. 345], folgt hieraus für jeden Zeithorizont T die Verteilungskonvergenz des Anfangsstücks $(W_0^{(n)},\dots,W_T^{(n)})$ der Irrfahrt gemäß (4.7) gegen das entsprechende Anfangsstück einer zeit-diskreten Brownschen Bewegung.

Aus der Brownschen Bewegung gewinnt man durch Anwendung der Exponentialfunktion leicht die sogenannte geometrische Brownsche Bewegung, die unter anderem als Aktienpreisprozeß im Black-Scholes-Modell Verwendung findet, siehe Abschnitt 4.5.3. Zur Vereinfachung der Notation setzen wir

$$\exp(v) = (\exp(v_1),\dots,\exp(v_k))^\top$$

für $v = (v_1,\dots,v_k)^\top$ und verfahren in entsprechender Weise auch für die Logarithmusfunktion und die Multiplikation und Division.

Eine k-dimensionale *geometrische Brownsche Bewegung* mit Startwert $x_0 \in \mathbb{R}^k$ mit positiven Komponenten, *Trendvektor*

$$\mu \in \mathbb{R}^k$$

und *Volatilitätsmatrix*

$$L \in \mathbb{R}^{k\times d}$$

ist ein zeit-kontinuierlicher, $\mathbb{R}^k$-wertiger stochastischer Prozeß $(X_t)_{t\in[0,\infty[}$ der Form

$$X_t = x_0 \cdot \exp(t\cdot\mu + LW_t), \qquad t \in [0,\infty[, \tag{4.8}$$

wobei $(W_t)_{t\in[0,\infty[}$ eine d-dimensionale Brownsche Bewegung mit Startwert null ist.

Wir erläutern im folgenden die Rolle der Parameter μ und L und zeigen, daß geometrische Brownsche Bewegungen zu diskreten Zeitpunkten aus $\mathbb{N}_0$ multiplikative Irrfahrten sind. Die zugrundeliegende Verteilung ist die Lognormalverteilung, die wir zunächst einführen werden.

Ein k-dimensionaler Zufallsvektor V mit positiven Komponenten heißt *lognormalverteilt* mit Parametern $\mu \in \mathbb{R}^k$ und $\Sigma \in \mathbb{R}^{k\times k}$, falls $\ln V$ normalverteilt ist mit Erwartungswert μ und Kovarianzmatrix Σ. Insbesondere gilt dies im Falle $V = \exp(\mu + LZ)$ mit einem d-dimensionalen standard-normalverteilten Zufallsvektor Z und $\Sigma = LL^\top$, siehe (4.3), so daß X_t in (4.8) lognormalverteilt ist. Zur Simulation der Lognormalverteilung kann man das Box-Muller-Verfahren zusammen mit der Transformation

$$G(z) = \exp(\mu + Lz), \qquad z \in \mathbb{R}^d,$$

verwenden.

Im folgenden sei

$$\Sigma = (\Sigma_{i,j})_{i,j \in \{1,\dots,k\}} = LL^\top.$$

Unmittelbar aus den entsprechenden Eigenschaften der Brownschen Bewegung ergibt sich für die geometrische Brownsche Bewegung gemäß (4.8):

(G1) Es gilt $X_0 = x_0$.
(G2) Für $0 \leq s < t$ ist X_t/X_s lognormalverteilt mit den Parametern $(t-s)\cdot\mu$ und $(t-s)\cdot\Sigma$.
(G3) Für $m \geq 2$ und $0 = t_0 < t_1 < \dots < t_m$ sind $X_{t_1}/X_{t_0}, \dots, X_{t_m}/X_{t_{m-1}}$ unabhängig.
(G4) Alle Pfade des Prozesses sind stetig.

Lemma 4.21. *Eine lognormalverteilte reellwertige Zufallsvariable V mit Parametern $\mu \in \mathbb{R}$ und $\sigma^2 > 0$ besitzt die Dichte*

$$h(v) = \begin{cases} \frac{1}{\sqrt{2\pi\sigma^2}} \exp\big(-\frac{(\ln(v)-\mu)^2}{2\sigma^2}\big) \cdot \frac{1}{v}, & \textit{falls } v > 0, \\ 0, & \textit{sonst}. \end{cases}$$

Ferner gilt

$$\mathrm{E}(V) = \exp(\mu + \sigma^2/2)$$

und

$$\sigma^2(V) = \exp(2\mu + \sigma^2) \cdot \big(\exp(\sigma^2) - 1\big).$$

Beweis. Die erste Aussage folgt aus der Tatsache, daß die Verteilungfunktion F_V von V für $v > 0$ durch

$$F_V(v) = P(\{\ln V \leq \ln v\}) = \frac{1}{\sqrt{2\pi\sigma^2}} \int_{-\infty}^{\ln v} \exp\Big(-\frac{(u-\mu)^2}{2\sigma^2}\Big)\,\mathrm{d}u = \int_{-\infty}^{v} h(u)\,\mathrm{d}u$$

gegeben ist. Zur Berechnung des Erwartungswertes und der Varianz von V können wir ohne Einschränkung $V = \exp(\mu + \sigma \cdot Z)$ mit einer standard-normalverteilten Zufallsvariablen Z annehmen. Es gilt

$$\begin{aligned} \mathrm{E}(\exp(a \cdot Z)) &= \frac{1}{\sqrt{2\pi}} \int_{-\infty}^{\infty} \exp(a \cdot z) \cdot \exp(-z^2/2)\,\mathrm{d}z \\ &= \exp(a^2/2) \cdot \frac{1}{\sqrt{2\pi}} \int_{-\infty}^{\infty} \exp(-(z-a)^2/2)\,\mathrm{d}z = \exp(a^2/2) \end{aligned}$$

für alle $a \in \mathbb{R}$, und somit folgt

$$\mathrm{E}(V) = \exp(\mu) \cdot \mathrm{E}(\exp(\sigma \cdot Z)) = \exp(\mu + \sigma^2/2)$$

sowie

$$\begin{aligned}\sigma^2(V) &= \exp(2\mu)\cdot \mathrm{E}(\exp(2\sigma\cdot Z)) - (\exp(\mu+\sigma^2/2))^2\\ &= \exp(2\mu+2\sigma^2) - \exp(2\mu+\sigma^2)\end{aligned}$$

wie behauptet. □

Wir fixieren nun einen Zeitpunkt $s \in [0,\infty[$ und betrachten für $t \in [s,\infty[$ den Zufallsvektor

$$R_t = \frac{X_t - X_s}{X_s}$$

der relativen Zuwächse der geometrischen Brownschen Bewegung $(X_t)_{t\in[0,\infty[}$. Es gilt $R_s = 0$ und somit auch $\mathrm{E}(R_s) = 0$ sowie $\mathrm{Cov}(R_s) = 0$. Wir bestimmen die Ableitungen der Abbildungen $t \mapsto \mathrm{E}(R_t)$ und $t \mapsto \mathrm{Cov}(R_t)$ zur Zeit s.

Satz 4.22. *Es gilt*

$$\lim_{t\to s+} \frac{1}{t-s}\cdot \mathrm{Cov}(R_t) = \Sigma$$

und

$$\lim_{t\to s+} \frac{1}{t-s}\cdot \mathrm{E}(R_t) = \mu + 1/2\cdot \begin{pmatrix}\Sigma_{1,1}\\ \vdots \\ \Sigma_{k,k}\end{pmatrix}.$$

Beweis. Wir betrachten die k-dimensionalen Zufallsvektoren $V_t = X_t/X_s$ und bezeichnen mit $L_i = (L_{i,1},\dots,L_{i,d})$ die Zeilen von $L \in \mathbb{R}^{k\times d}$. Offenbar gilt

$$R_t = V_t - (1,\dots,1)^\top,$$

und die Zufallsvariablen

$$V_{i,t} = \exp((t-s)\cdot\mu_i + L_i\cdot(W_t - W_s))$$

sowie

$$V_{i,t}\cdot V_{j,t} = \exp((t-s)\cdot(\mu_i+\mu_j) + (L_i+L_j)\cdot(W_t-W_s))$$

sind lognormalverteilt. Wir betrachten

$$f_{i,j}(t) = \mathrm{Cov}(R_{i,t},R_{j,t}) = \mathrm{Cov}(V_{i,t},V_{j,t}) = \mathrm{E}(V_{i,t}\cdot V_{j,t}) - \mathrm{E}(V_{i,t})\cdot\mathrm{E}(V_{j,t}).$$

Lemma 4.21 sichert

$$\begin{aligned}f_{i,j}(t) &= \exp\Big((t-s)\cdot(\mu_i+\mu_j) + (t-s)/2\cdot(L_i+L_j)(L_i+L_j)^\top\Big)\\ &\quad - \exp\Big((t-s)\cdot(\mu_i+\mu_j) + (t-s)/2\cdot(L_iL_i^\top + L_jL_j^\top)\Big),\end{aligned}$$

und wie gewünscht ergibt sich

$$f'_{i,j}(s) = 1/2\cdot(L_iL_j^\top + L_jL_i^\top) = \Sigma_{i,j}.$$

Für

$$g_i(t) = \mathrm{E}(R_{i,t}) = \mathrm{E}(V_{i,t}) - 1$$

folgt analog

$$g_i'(s) = \mu_i + 1/2 \cdot L_i L_i^\top = \mu_i + 1/2 \cdot \Sigma_{i,i}$$

wie behauptet. □

Für kleine Zeitdifferenzen $t-s$ verhält sich also die Kovarianzmatrix der relativen Zuwächse R_t in erster Näherung wie $(t-s) \cdot LL^\top$, was auch die Bezeichnung Volatilitätsmatrix für L erkärt. Entsprechendes gilt für den Erwartungswertvektor mit $(t-s) \cdot (\mu + 1/2 \cdot \eta)$ für

$$\eta = \left((LL^\top)_{1,1}, \ldots, (LL^\top)_{k,k}\right)^\top .$$

Außer den Diagonalelementen von $LL^\top$ geht also hier der Trendvektor μ der geometrischen Brownschen Bewegung ein. Besonders ausgezeichnet ist der Fall

$$\mu = -1/2 \cdot \eta \,,$$

der global auf

$$\mathrm{E}(X_t) = x_0 \tag{4.9}$$

führt, siehe Aufgabe 4.18.

Wir betrachten auch die geometrische Brownsche Bewegung im folgenden nur zu den diskreten Zeitpunkten aus $\mathbb{N}_0$. Durch

$$V_t = X_t / X_{t-1} \,, \qquad t \in \mathbb{N} \,,$$

wird eine unabhängige Folge lognormalverteilter Zufallsvariablen mit Parametern μ und Σ definiert. Offenbar gilt

$$X_t = x_0 \cdot \prod_{s=1}^{t} V_s \,, \qquad t \in \mathbb{N}_0 \,,$$

so daß der zeit-diskrete Prozeß $(X_t)_{t \in \mathbb{N}_0}$ eine multiplikative Irrfahrt auf $]0,\infty[^k$ bildet. Die entsprechende Abbildung g ist durch

$$g(x,v) = x \cdot v = (x_1 \cdot v_1, \ldots, x_k \cdot v_k)^\top \,, \qquad x, v \in \mathbb{R}^k \,,$$

gegeben. Die Simulation zweidimensionaler geometrischer Brownscher Bewegungen ist Gegenstand von Aufgabe 4.19.

Die Exponentialfunktion transformiert additive zu multiplikativen Irrfahrten, wie wir in Beispiel 4.18 bemerkt haben. Ferner werden Normalverteilungen in Lognormalverteilungen transformiert, und dies beschreibt in diskreter Zeit den Übergang von einer Brownschen Bewegung zu einer geometrischen Brownschen Bewegung.

Schließlich erinnern wir an die Konstruktion der Brownschen Bewegung als Grenzwert geeignet skalierter additiver Irrfahrten, siehe (4.7). Analog ergibt sich die geometrische Brownsche Bewegung als Grenzwert von geeignet skalierten multiplikativen Irrfahrten gemäß Beispiel 4.18, siehe Irle [92, Abschn. 8.5].

Mit dem Poisson-Prozeß lernen wir nun noch einen zeit-stetigen stochastischen Prozeß kennen, der Werte in der diskreten Menge $\mathbb{N}_0$ annimmt. Die Konstruktion und Simulation dieses Prozesses gelingt in einfacher Weise auf Basis einer additiven Irrfahrt. In Abschnitt 4.5.4 bildet der Poisson-Prozeß die Grundlage eines versicherungsmathematischen Risikomodells.

Zur Modellierung der zeitlichen Abfolge einer Reihe von „Ereignissen", wie etwa radioaktive Zerfälle, technische Defekte einer Maschine oder Versicherungsansprüche, betrachten wir eine unabhängige Folge $(V_i)_{i\in\mathbb{N}}$ von Zufallsvariablen, die jeweils exponentialverteilt mit Parameter $\lambda > 0$ sind. Die Zufallsvariable V_i beschreibt dabei den zeitlichen Abstand zwischen dem Eintreten des $(i-1)$-ten und des i-ten „Ereignisses", so daß

$$X_k = \sum_{i=1}^{k} V_i\,, \qquad k \in \mathbb{N}_0\,, \tag{4.10}$$

angibt, zu welchem Zeitpunkt das k-te „Ereignis" stattfindet. Die Verwendung der Exponentialverteilung erklärt sich aus der sie charakterisierenden Gedächtnislosigkeit, siehe Beispiel 4.2.

Offenbar bildet der zeit-diskrete stochastische Prozeß $(X_k)_{k\in\mathbb{N}_0}$ eine additive Irrfahrt, und die Simulation kann leicht mit Hilfe der Inversionsmethode für die Exponentialverteilung geschehen, siehe Beispiel 4.2.

Lemma 4.23. *Für $t \geq 0$ gilt*

$$P(\{X_k \leq t\}) = \exp(-\lambda t) \cdot \sum_{i=k}^{\infty} \frac{(\lambda t)^i}{i!}\,.$$

Beweis. Wir zeigen zunächst per Induktion, daß X_k für $k \geq 1$ die Lebesgue-Dichte

$$h_k(x) = \begin{cases} \lambda^k x^{k-1}/(k-1)! \cdot \exp(-\lambda x)\,, & \text{falls } x \geq 0\,, \\ 0\,, & \text{sonst}\,, \end{cases}$$

besitzt. Für $k = 1$ ist h_k in der Tat die Dichte der Exponentialverteilung mit Parameter λ. Die Dichte h von $X_{k+1} = X_k + V_{k+1}$ ergibt sich als Faltung der Dichten h_k und h_1, siehe Irle [91, S. 163]. Für $x \geq 0$ gilt also

$$h(x) = \int_0^x h_k(y) \cdot h_1(x-y)\,\mathrm{d}y = \frac{\lambda^{k+1} \cdot \exp(-\lambda x)}{(k-1)!} \cdot \int_0^x y^{k-1}\,\mathrm{d}y = h_{k+1}(x)\,.$$

Wegen

$$\int_0^t h_k(x)\,\mathrm{d}x = \int_0^t h_{k-1}(x)\,\mathrm{d}x - \exp(-\lambda t) \cdot \frac{(\lambda t)^{k-1}}{(k-1)!}$$

für $k \geq 2$, folgt die Aussage über die Verteilungsfunktion von X_k ebenfalls per Induktion. □

Die Verteilung von X_k wird als *Erlang-Verteilung* mit Parametern λ und k bezeichnet und ist ein Spezialfall der in Aufgabe 4.6 untersuchten Gammaverteilung.

Die Verteilungsannahme an die Folge $(V_i)_{i\in\mathbb{N}}$ impliziert, daß die Folge $(X_k)_{k\in\mathbb{N}_0}$ fast sicher streng monoton wächst und nach dem starken Gesetz der großen Zahlen unbeschränkt ist. Der Einfachheit halber nehmen wir im folgenden an, daß alle Pfade $(X_k(\omega))_{k\in\mathbb{N}_0}$ diese Eigenschaften besitzen.

Wir führen nun einen zeit-kontinuierlichen Prozeß ein, indem wir zählen, wieviele „Ereignisse" bis zur Zeit t stattgefunden haben. Die formale Definition lautet

$$N_t = \sup\{k \in \mathbb{N}_0 \mid X_k \le t\}, \qquad t \in [0,\infty[\,, \tag{4.11}$$

und $(N_t)_{t\in[0,\infty[}$ heißt *Poisson-Prozeß* mit Intensität λ. Die Namensgebung erklärt sich durch folgenden Sachverhalt.

Satz 4.24. *Für $t > 0$ ist die Zufallsvariable N_t Poisson-verteilt mit Parameter λt. Insbesondere gilt*

$$\mathrm{E}(N_t) = \sigma^2(N_t) = \lambda t\,.$$

Beweis. Zur Bestimmung der Verteilung von N_t verwenden wir die für alle $k \in \mathbb{N}_0$ und $t \in [0,\infty[$ gültige Beziehung

$$\{N_t \ge k\} = \{X_k \le t\}\,.$$

Unter Verwendung von Lemma 4.23 ergibt sich

$$P(\{N_t = k\}) = P(\{X_k \le t\}) - P(\{X_{k+1} \le t\}) = \exp(-\lambda t)\cdot\frac{(\lambda t)^k}{k!}\,.$$

Also ist $N = N_t$ Poisson-verteilt mit Parameter $\vartheta = \lambda t$. Der Erwartungswert einer solchen Zufallsvariablen wurde bereits in Beispiel 4.5 bestimmt, und analog zeigt man

$$\mathrm{E}(N^2) = \exp(-\vartheta)\cdot\sum_{k=1}^{\infty} k\cdot\vartheta^k/(k-1)! = \vartheta^2 + \vartheta\,,$$

so daß $\sigma^2(N) = \vartheta$. □

Zum genaueren Studium des Poisson-Prozesses verweisen wir auf Gänssler, Stute [61, Abschn. 7.5], Krengel [108, Abschn. 18] und Mikosch [136]. Wir halten hier lediglich die große strukturelle Ähnlichkeit von Poisson-Prozessen und eindimensionalen Brownschen Bewegungen fest:

(P1) Es gilt $N_0 = 0$.
(P2) Für $0 \le s < t$ ist $N_t - N_s$ Poisson-verteilt mit Parameter $\lambda\cdot(t-s)$.
(P3) Für $m \ge 2$ und $0 = t_0 < t_1 < \cdots < t_m$ sind $N_{t_1} - N_{t_0}, \dots, N_{t_m} - N_{t_{m-1}}$ unabhängig.
(P4) Alle Pfade des Prozesses sind monoton wachsend und rechtsseitig stetig mit Werten in $\mathbb{N}_0$.

Die durch (P1)–(P3) spezifizierten Verteilungseigenschaften entsprechen genau denen einer eindimensionalen Brownschen Bewegung mit Startwert null, wobei die Normalverteilung durch eine Poissonverteilung zu ersetzen ist. Im Spezialfall $s = 0$ ist (P2) der Inhalt von Satz 4.24. Die Darstellung

$$N_t(\omega) = \sum_{k=1}^{\infty} k \cdot 1_{[X_k(\omega),X_{k+1}(\omega)[}(t)$$

zeigt, daß alle Pfade $t \mapsto N_t(\omega)$ eines Poisson-Prozesses stückweise konstante, rechtsseitig stetige Funktionen von $[0,\infty[$ nach $\mathbb{N}_0$ sind, die in $t = 0$ den Wert 0 besitzen, in Sprüngen der Höhe eins monoton wachsen und unbeschränkt sind.

Die Simulation des Poisson-Prozesses erfordert nur die Simulation seiner Sprungstellen X_k, die wir oben bereits behandelt haben. Im Unterschied zur Simulation von Brownschen oder geometrischen Brownschen Bewegungen erhalten wir vollständige Pfade auf endlichen Zeitintervallen, da keine Notwendigkeit besteht, mit einer fest vorgegebenen Zeitdiskretisierung zu arbeiten.

4.5.3 Bewertung von Optionen im Black-Scholes-Modell

Der klassische Ansatz zur zeit-kontinuierlichen Beschreibung des Preisverlaufs einer Aktie ist das *Black-Scholes-Modell*, siehe Irle [92, Kap. 8]. Zur Beschreibung dieses Preisverlaufs dient dabei eine eindimensionale geometrische Brownsche Bewegung. Abbildung 4.5 in Beispiel 4.25 zeigt die Simulation von drei Pfaden eines solchen Preisprozesses zusammen mit dem zeitlichen Verlauf des Erwartungswertes.

Zur Beschreibung des simultanen Preisverlaufes von k Aktien verwendet man sehr oft ein k-dimensionales Black-Scholes-Modell, das auf einer k-dimensionalen geometrischen Brownschen Bewegung $(X_t)_{t\in[0,\infty[}$ beruht, siehe (4.8). Die Struktur des Aktienpreisprozesses wird durch die Eigenschaften (G1)–(G4) beschrieben, wobei die Zufallsvektoren $\ln(X_t/X_s)$ im finanzmathematischen Kontext als log-returns bezeichnet werden. Die Rolle des Trendvektors μ und der Volatilitätsmatrix L für die in der Finanzmathematik als returns bezeichneten Zufallsvektoren $(X_t - X_s)/X_s$ klärt Satz 4.22.

Neben den Aktien gehört zum Black-Scholes-Modell wie zum Cox-Ross-Rubinstein-Modell ein festverzinsliches Wertpapier, dessen Zinsen nicht ausgezahlt, sondern akkumuliert werden. Im Black-Scholes-Modell geschieht die Verzinsung kontinuierlich mit der Zinsrate $r > 0$, so daß sich aus dem Anfangskapital eins zur Zeit null das Kapital

$$B_t = \exp(r \cdot t)$$

zur Zeit t ergibt.

Optionen als derivative Finanzinstrumente und die Frage ihrer Bewertung haben wir bereits in Abschnitt 3.2.5 kennengelernt, und dabei zwischen pfadunabhängigen und pfadabhängigen Optionen unterschieden. Wir wollen hier keine

Pfadabhängigkeit betrachten, bei der die Auszahlung vom zeit-kontinuierlichen Verlauf des Preisprozesses abhängt, sondern beschränken uns auf eine Abhängigkeit zu den diskreten Zeitpunkten

$$t \in \{0, \dots, T\}$$

bis zu einem endlichen Zeithorizont $T \in \mathbb{N}$. Solche Optionen werden in einem Modell mit k Aktien durch meßbare Abbildungen

$$c\colon \mathbb{R}^{(T+1)\cdot k} \to \mathbb{R}$$

definiert. Zum Auszahlungszeitpunkt T erhält der Inhaber der Option eine Zahlung in Höhe von $c(X_0, \dots, X_T)$. Pfadunabhängige Optionen werden durch

$$c\colon \mathbb{R}^k \to \mathbb{R}$$

definiert, was die Zahlung $c(X_T)$ zur Zeit T festlegt.

Im folgenden setzen wir $d = k$ in (4.8) und die Invertierbarkeit der Volatilitätsmatrix $L \in \mathbb{R}^{k \times k}$ voraus. Unter dieser Annahme werden im Black-Scholes-Modell ebenso wie im Cox-Ross-Rubinstein-Modell Optionen mit Hilfe des Prinzips der Arbitragefreiheit bewertet, siehe Irle [92, Kap. 12]. Es zeigt sich, daß die Optionspreise $s(c)$ zur Zeit $t = 0$ nicht vom Trendvektor μ, sondern nur von der Zinsrate r und der Volatilitätsmatrix L abhängen. Die Preise sind Erwartungswerte der diskontierten Auszahlung $\exp(-r \cdot T) \cdot c(X_T)$ bzw. $\exp(-r \cdot T) \cdot c(X_0, \dots, X_T)$ in einem neuen stochastischen Modell, das dadurch entsteht, daß man μ durch den Trendvektor v mit Komponenten

$$v_i = r - (LL^\top)_{i,i}/2 \tag{4.12}$$

ersetzt. Entsprechende Erwartungswerte bezeichnen wir mit E_v. Dieser Trendvektor v ist, wie (4.9) belegt, durch

$$\mathrm{E}_v(X_t) = x_0 \cdot B_t$$

ausgezeichnet, also dadurch, daß sich alle Aktien „im Mittel wie das festverzinsliche Wertpapier verhalten“.

Für pfadunabhängige Optionen gilt somit

$$s(c) = \exp(-r \cdot T) \cdot \mathrm{E}_v(c(X_T)).$$

Wir betrachten zunächst den Fall einer einzigen Aktie, d. h. $k = 1$, und setzen $\sigma = L$. Dann ist X_T im Modell mit Trendparameter v lognormalverteilt mit Parametern $\ln x_0 + T \cdot (r - \sigma^2/2)$ und $T \cdot \sigma^2$. Die Berechnung des Preises $s(c)$ kann deshalb als Integration bezüglich einer Normal- oder Lognormalverteilung verstanden werden. In manchen Fällen ist diese Integration explizit möglich, und das klassische Beispiel hierfür ist der europäische Call

$$c(X_T) = (X_T - K)^+$$

mit Ausübungspreis $K > 0$. Hierfür gilt die sogenannte *Black-Scholes-Formel*

$$s(c) = x_0 \cdot \Phi\left(\frac{\ln(x_0/K) + (r+\sigma^2/2)\cdot T}{\sigma\cdot\sqrt{T}}\right)$$
$$- \exp(-r\cdot T)\cdot K\cdot\Phi\left(\frac{\ln(x_0/K) + (r-\sigma^2/2)\cdot T}{\sigma\cdot\sqrt{T}}\right), \tag{4.13}$$

wobei Φ die Verteilungsfunktion der Standard-Normalverteilung bezeichnet, siehe Irle [92, S. 168]. Bei komplizierteren Integranden c kann man deterministische oder Monte Carlo-Verfahren zur eindimensionalen Integration einsetzen.

Basket-Optionen sind pfadunabhängige Optionen in Modellen mit $k \geq 2$ Aktien, die auf dem Endpreis eines Portfolios mit Aktienanteilen $\alpha_1, \ldots, \alpha_k > 0$ basieren. So ist

$$c(X_T) = \left(\sum_{i=1}^{k} \alpha_i \cdot X_T^{(i)} - K\right)^+$$

die Auszahlung eines entsprechenden Call mit Ausübungspreis $K > 0$. Der Preis einer solchen Option beruht auf der Verteilung einer Summe von im allgemeinen korrelierten lognormalverteilten Zufallsvariablen, und hierfür sind keine expliziten Formeln bekannt. In diesem und allen anderen Fällen pfadunabhängiger Optionen c kann man den Preis $s(c)$ jedoch in der Form

$$s(c) = \exp(-r\cdot T)\cdot \mathrm{E}(c(x_0\cdot\exp(T\cdot v + \sqrt{T}\cdot LZ)))$$

mit einem standard-normalverteilten k-dimensionalen Zufallsvektor Z darstellen, da W_T in (4.8) k-dimensional normalverteilt mit Erwartungswert null und dem T-fachen der Einheitsmatrix als Kovarianzmatrix ist. Die Berechnung von $s(c)$ kann also als Integration bezüglich einer k-dimensionalen Normalverteilung verstanden werden, und hierzu steht insbesondere für große Dimensionen k als Grundform eines Monte Carlo-Verfahrens die direkte Simulation bereit.

Für pfadabhängige Optionen wie die in Abschnitt 3.2.5 betrachteten Barriere- und asiatischen Optionen ist der Preis

$$s(c) = \exp(-r\cdot T)\cdot \mathrm{E}_v(c(X_0,\ldots,X_T))$$

im wesentlichen ein $(T\cdot k)$-dimensionales Integral, das auf Normal- oder Lognormalverteilungen basiert. Hier treten oft sehr große Dimensionen und im Grenzwert unendlich-dimensionale Integrationsprobleme auf, wie sie in den Abschnitten 7.3 und 7.4 diskutiert werden. Explizite Preisformeln gibt es etwa für Barriere-Optionen im Falle $k = 1$, siehe Irle [92, Abschn. 8.17]. Im Falle asiatischer Optionen sind solche Formeln nicht bekannt, weshalb wir die direkte Simulation zu ihrer Bewertung einsetzen.

Beispiel 4.25. Wir betrachten einen asiatischen Call auf eine Aktie mit Ausübungspreis $K = 100$ und Ausübungszeitpunkt in $T = 360$ Tagen. Für die festverzinsliche Anlage betrage die Zinsrate $r = 0.00015$ pro Tag, was einer Zinsrate von $r\cdot T = 5.4$ Prozent pro Jahr entspricht. Als Modellparameter für den Aktienpreisprozeß $(X_t)_{t\in\{0,\ldots,T\}}$ wählen wir den Anfangspreis $x_0 = 100$, die Volatilität $\sigma = 0.015$

pro Tag, was auf ein ganzes Jahr bezogen einer Volatilität von $\sqrt{T} \cdot \sigma \approx 28.5$ Prozent entspricht, und den gemäß (4.12) bestimmten Trendparameter $v = r - \sigma^2/2 = 3.75 \cdot 10^{-5}$. Die Abbildung 4.5 zeigt drei simulierte Pfade dieses Prozesses, die unter Verwendung der Beziehung (4.8) für $t \in \{0, \ldots, T\}$ und mit $\mu = v$ aus den drei in Abbildung 4.4 enthaltenen Pfaden einer zeit-diskreten Brownschen Bewegung gewonnen wurden. Die mittlere Preisentwicklung $t \mapsto x_0 \cdot \exp(r \cdot t)$ ist durch die unterbrochene Linie dargestellt.

Zur Berechnung des Preises der Option mittels direkter Simulation verwenden wir das Basisexperiment

$$Y = \exp(-0.054) \cdot \left(\frac{1}{360} \sum_{t=1}^{360} X_t - 100 \right)^+ .$$

Abbildung 4.6 basiert auf $N = 10^7$ unabhängigen Wiederholungen des Basisexperiments. Für n zwischen 10^3 und 10^7 sind die resultierenden Näherungswerte $D_n(\omega)$ und asymptotischen Konfidenzintervalle $I_n(\omega)$ zum Niveau 0.95 für den Preis dargestellt. Insbesondere ergibt sich $D_N(\omega) \approx 7.716$ und die Länge von $I_N(\omega)$ beträgt etwa 0.014.

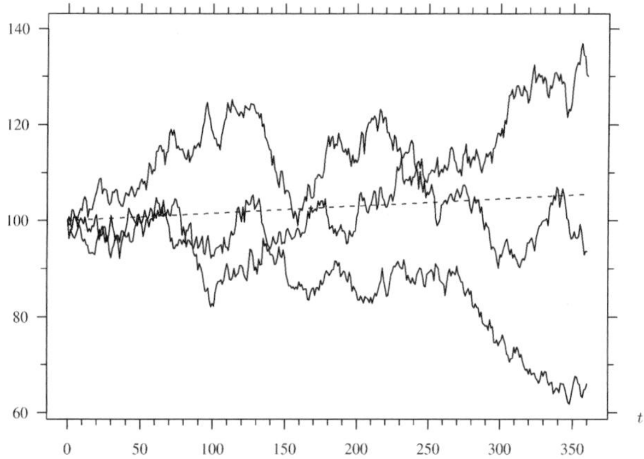

Abb. 4.5 Pfade einer eindimensionalen geometrischen Brownschen Bewegung

Zum Vergleich berechnen wir den Preis eines europäischen Call für dieselben Parameter mit Hilfe der Black-Scholes-Formel und erhalten $s(c) \approx 13.84$.

Bei der Bewertung des asiatischen Call erhalten wir wesentlich größere Konfidenzintervalle als bei der numerischen Integration in Beispiel 3.19. Dies beruht auf den stark unterschiedlichen Varianzen der jeweiligen Basisexperimente. Im vorliegenden Beispiel liefert die empirische Varianz einen Näherungswert von etwa 127.6, während die Varianz des Basisexperiments bei der Integration nur 2/9 beträgt. Für große Wiederholungsanzahlen unterscheiden sich also die Längen der Konfidenzintervalle ungefähr um den Faktor 24. □

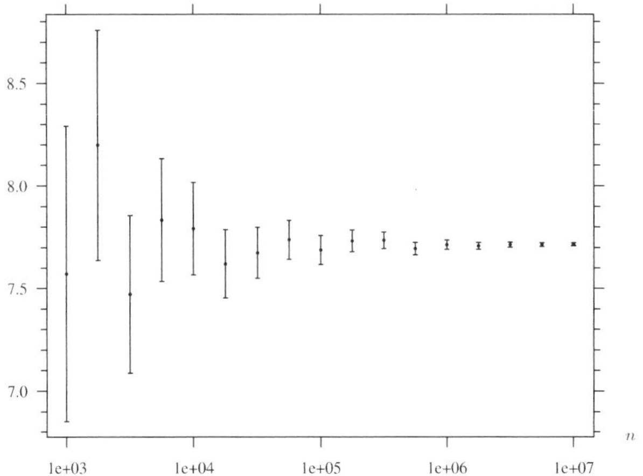

Abb. 4.6 Berechnung des Preises eines asiatischen Call

4.5.4 Ruinwahrscheinlichkeiten im Cramér-Lundberg-Modell

Als wichtige Anwendung des Poisson-Prozesses stellen wir hier das *Cramér-Lundberg-Modell* aus der Versicherungsmathematik vor. Hierzu betrachten wir zusätzlich zu den Zufallsvariablen V_i, die mittels (4.10) und (4.11) einen Poisson-Prozeß $(N_t)_{t\in[0,\infty[}$ definieren, nicht-negative, identisch verteilte Zufallsvariablen H_k und setzen voraus, daß die Folge $V_1, H_1, V_2, H_2, \ldots$ unabhängig ist. Die Modellannahme lautet, daß von einem Versicherungsunternehmen Schäden in den Höhen H_k zu den Zeitpunkten X_k zu tragen sind. Die Gesamthöhe der bis zu einer vorgegebenen Zeit $t \geq 0$ angefallenen Ansprüche beträgt dann

$$S_t = \sum_{k=1}^{N_t} H_k$$

und wird als Gesamtschaden zur Zeit t bezeichnet.

Da $\{N_t = k\} = \{(V_1, \ldots, V_{k+1}) \in B\}$ mit einer meßbaren Menge $B \subset \mathbb{R}^{k+1}$ gilt, ist die Folge $N_t, H_1, H_2, \ldots$ unabhängig. Die Verteilung von S_t läßt sich deshalb leicht wie in Listing 4.5 angegeben simulieren, wenn ein Algorithmus rand_H zur Simulation der Verteilung von H_1 und, wie beispielsweise in Listing 4.1 vorgestellt, ein Algorithmus zur Simulation der Poisson-Verteilung zur Verfügung stehen.

Listing 4.5 Algorithmus zur Simulation des Gesamtschadens S_t

```
N = poisson(lambda*t);
S = 0;
for k=1:N
    S = S + rand_H;
end;
```

Nun kann man etwa die Wahrscheinlichkeit $P(\{S_t > s\})$ dafür, daß der Gesamtschaden zur Zeit t eine Schranke $s > 0$ überschreitet, durch direkte Simulation mit dem Basisexperiment $Y = 1_{]s,\infty[}(S_t)$ berechnen. Siehe Aufgabe 4.23.

Den Zahlungsverpflichtungen eines Versicherungsunternehmens stehen die Einzahlungen der Versicherungsnehmer gegenüber. Wir nehmen an, daß die Gesamteinzahlungen zur Zeit t durch $c \cdot t$ mit einer Konstanten $c > 0$ gegeben sind, und daß die Versicherung zur Zeit $t = 0$ ein Anfangskapital $c_0 > 0$ zur Schadensdeckung bereitstellt. Die Differenz

$$R_t = c_0 + c \cdot t - S_t$$

wird als Risikoreserve zur Zeit t bezeichnet. Für einen festen Zeithorizont $T > 0$ ist dann der Ruin der Versicherung bis zur Zeit T durch das Ereignis

$$\left\{ \inf_{t \in [0,T]} R_t < 0 \right\} = \left\{ \min_{k=1,\dots,N_T} \left(c_0 + c \cdot X_k - \sum_{i=1}^{k} H_i \right) < 0 \right\}$$

definiert, und die Darstellung dieses Ereignisses auf der rechten Seite zeigt einen Weg zur Berechnung von Ruinwahrscheinlichkeiten per direkter Simulation, siehe Aufgabe 4.23.

Beispiel 4.26. Eine positive reellwertige Zufallsvariable X ist *Pareto-verteilt* mit Parametern $\alpha, \kappa > 0$, falls X die Verteilungsfunktion

$$F(v) = \begin{cases} 1 - (\kappa/(\kappa + v))^{\alpha}, & \text{falls } v > 0, \\ 0, & \text{sonst}, \end{cases}$$

besitzt. Diese Verteilung wird in der Praxis unter anderem zur Modellierung der Höhe von Großschäden verwendet. Für $\gamma > 0$ ist die Zufallsvariable X^{γ} genau dann integrierbar, wenn $\gamma < \alpha$ erfüllt ist, und insbesondere gilt

$$\mathrm{E}(X) = \frac{\kappa}{\alpha - 1}$$

im Falle $\alpha > 1$ sowie

$$\sigma^2(X) = \frac{\kappa^2 \cdot \alpha}{(\alpha - 1)^2 \cdot (\alpha - 2)}$$

für $\alpha > 2$, siehe Aufgabe 4.22. Die Pareto-Verteilung läßt sich leicht mit Hilfe der Inversionsmethode simulieren.

Abbildung 4.7 zeigt für einen Zeithorizont von $T = 360$ Tagen zwei simulierte Pfade eines Risikoreserveprozesses, bei dem die Schadenshöhen Pareto-verteilt mit Parametern $\alpha = 3$ und $\kappa = 1$ sind. Die Intensität des zugrunde liegenden Poisson-Prozesses beträgt $\lambda = 1/2$, so daß im Mittel alle zwei Tage ein Schaden eintritt. Als Anfangskapital ist $c_0 = 10$ gewählt und die Einzahlungsrate beträgt $c = 0.2525$. Man erkennt, daß in einem Fall zwischen Tag 330 und Tag 340 Ruin eintritt. □

Zur Modellierung und Analyse versicherungsmathematischer Fragestellungen mit Hilfe stochastischer Prozesse verweisen wir auf Mikosch [136]. Dort findet der

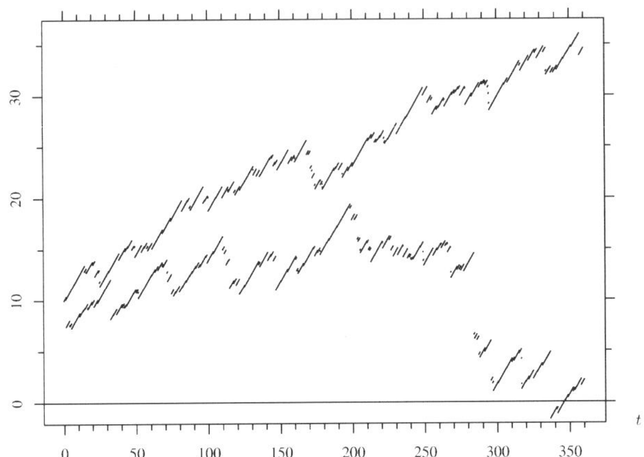

Abb. 4.7 Zwei Pfade eines Risikoreserveprozesses

Leser in Abschnitt 3.3.5 auch eine kurze Abhandlung und weitere Literaturhinweise zum Einsatz von Monte Carlo-Methoden.

4.5.5 Der sphärische Prozeß und das Dirichlet-Problem

Wir beginnen mit den folgenden beiden Annahmen.

(D1) G ist eine beschränkte offene Teilmenge des $\mathbb{R}^d$ und
(D2) $f\colon \partial G \to \mathbb{R}$ ist eine stetige Funktion auf dem Rand ∂G der Menge G.

Ferner bezeichnen wir in diesem Abschnitt mit Δ auch den Laplace-Operator, es gilt also

$$\Delta u(x) = \sum_{i=1}^{d} \frac{\partial^2 u}{\partial x_i^2}(x)\,, \qquad x \in G\,,$$

für zweimal stetig differenzierbare Funktionen $u\colon G \to \mathbb{R}$. Gesucht ist eine stetige Funktion

$$u\colon \operatorname{cl} G \to \mathbb{R}$$

auf dem Abschluß $\operatorname{cl} G$ der Menge G, die auf G stetige partielle Ableitungen bis zur Ordnung zwei besitzt und

$$\Delta u = 0 \qquad \text{auf } G\,, \tag{4.14}$$

$$u = f \qquad \text{auf } \partial G \tag{4.15}$$

erfüllt.

Diese Fragestellung aus der Analysis, genauer aus dem Gebiet der partiellen Differentialgleichungen, bezeichnet man als *Dirichlet-Problem* für die Menge G und die Randdaten f, und Funktionen u mit (4.14) heißen *harmonisch* auf G. Siehe Forster [57, Abschn. 16]. Als konkrete Anwendung betrachten wir ein Vakuum $G \subset \mathbb{R}^3$ mit einem Potential f auf dem Rand. In dieser Situation beschreibt u das resultierende Potential.

Mit Hilfe der Brownschen Bewegung, d. h. mit Konzepten und Methoden der Stochastik, kann man die Lösbarkeit des Dirichlet-Problems charakterisieren sowie Lösungen konstruieren und Eindeutigkeitsaussagen gewinnen. Diese Erkenntnisse gehen auf Kakutani [98, 99] zurück, und sie bilden einen der Anfangspunkte der stochastischen Analysis. Sie eröffnen zugleich die Möglichkeit, Monte Carlo-Methoden zur numerischen Lösung gewisser Klassen von partiellen Differentialgleichungen einzusetzen. Wir werden im folgenden einige wichtige Resultate behandeln und verweisen für genauere Untersuchungen dieser Zusammenhänge auf weiterführende Literatur. Als Texte zur stochastischen Behandlung des Dirichlet-Problems nennen wir Karatzas, Shreve [100, Chap. 4, Sec. 5.7], Klenke [105, Abschn. 25.4] und Øksendal [154, Chap. 9]. Als Literatur über Monte Carlo-Methoden zur Lösung von partiellen Differentialgleichungen und von Integralgleichungen nennen wir Milstein, Tretyakov [135] und Sabelfeld, Shalimova [175].

Wir erlauben uns, technische Fragen der Meßbarkeit in diesem Abschnitt nicht zu diskutieren und versichern stattdessen, daß alle im folgenden betrachteten Abbildungen die erforderlichen Meßbarkeitseigenschaften besitzen.

Im weiteren sei $(W_t^x)_{t\in[0,\infty[}$ eine d-dimensionale Brownsche Bewegung mit Startwert $x \in \mathbb{R}^d$. Wir setzen

$$T^x = \inf\{t \in \,]0,\infty[\; \mid W_t^x \notin G\}$$

und erhalten eine Zufallsvariable mit Werten in $[0,\infty[\, \cup \{\infty\}$, die angibt, zu welcher Zeit der in x startende Prozeß erstmals das Komplement von G erreicht. Wegen der Stetigkeit der Pfade der Brownschen Bewegung gilt

$$T^x = \inf\{t \in \,]0,\infty[\; \mid W_t^x \in \partial G\}, \qquad x \in G,$$

d. h. T^x ist für $x \in G$ die Eintrittszeit in den Rand von G.

Lemma 4.27. *Für alle $x \in \mathbb{R}^d$ gilt*

$$P(\{T^x < \infty\}) = 1.$$

Beweis. Mit Z_t bezeichnen wir die erste Komponente des Zufallsvektors W_t^x, und mit r bezeichnen wir das Supremum des Betrags der ersten Komponenten der Punkte aus G. Schließlich sei x_1 die erste Komponente des Startwertes. Für $t > 0$ ist $(Z_t - x_1)/\sqrt{t}$ standard-normalverteilt. Es folgt

$$\begin{aligned} P(\{T^x > t\}) &\le P(\{W_t^x \in G\}) \le P(\{|Z_t| \le r\}) \\ &\le P(\{|Z_t - x_1| \le r\}) = 2 \cdot \Phi(r/\sqrt{t}) - 1 \end{aligned}$$

und somit $\lim_{t\to\infty} P(\{T^x > t\}) = 0$. □

Für $x \in G$ definieren wir auf $\{T^x < \infty\}$ durch

$$R^x = W^x_{T^x}$$

denjenigen Randpunkt, in dem der in x startende Prozeß erstmals den Rand von G trifft. Für $x \in \partial G$ setzen wir $R^x = x$. Die Verteilung des d-dimensionalen Zufallsvektors R^x wird als *harmonisches Maß* auf ∂G zum Startwert $x \in \mathrm{cl}\, G$ bezeichnet.

Im folgenden sei

$$B^z_r = \{y \in \mathbb{R}^d \mid \|y - z\| < r\}$$

die offene Kugel mit Radius $r > 0$ und Mittelpunkt z bezüglich der euklidischen Norm $\|\cdot\|$, und Q^z_r sei die Gleichverteilung auf der Sphäre

$$\partial B^z_r = \{y \in \mathbb{R}^d \mid \|y - z\| = r\},$$

vgl. Abschnitt 4.2.

Beispiel 4.28. Im einfachsten Fall

$$G = B^z_r$$

und $d \geq 2$ ist das harmonische Maß auf ∂G zum Startwert $x = z$ die Gleichverteilung Q^z_r. Nach der Eindeutigkeitsaussage in Abschnitt 4.2 genügt es hierfür, die orthogonale Invarianz der Verteilung von $R^z - z$ einzusehen. Für jede orthogonale Matrix $L \in \mathbb{R}^{d \times d}$ definiert

$$\overline{W}^z_t = L(W^z_t - z) + z, \qquad t \in [0, \infty[,$$

wieder eine Brownsche Bewegung mit Startwert z, und wir bezeichnen mit $\overline{T}^z$ die zugehörige erste Eintrittszeit in den Rand von G. Dann besitzen $W^z_{T^z}$ und $\overline{W}^z_{\overline{T}^z}$ dieselbe Verteilung, und wegen $L(\partial G - z) + z = \partial G$ stimmen T^z und $\overline{T}^z$ überein. Für eine beliebige meßbare Menge $A \subset \mathbb{R}^d$ folgt

$$\begin{aligned} P(\{R^z - z \in LA\}) &= P(\{W^z_{T^z} \in LA + z\}) = P(\{\overline{W}^z_{\overline{T}^z} \in LA + z\}) \\ &= P(\{W^z_{\overline{T}^z} - z \in A\}) = P(\{R^z - z \in A\}). \end{aligned}$$

Für die Kugel G kennt man eine explizite Darstellung der Lösung des Dirichlet-Problems. Dazu definiert man den sogenannten Poissonschen Integralkern

$$k(x,y) = \frac{r^{d-2} \cdot (r^2 - \|x - z\|^2)}{\|x - y\|^d}, \qquad x \in G,\ y \in \partial G.$$

Dann ist die eindeutig bestimmte Lösung des Dirichlet-Problems durch die Poissonsche Integralformel

$$u(x) = \int_{\partial B^z_r} f(y) \cdot k(x,y)\, \mathrm{d}Q^z_r(y), \qquad x \in G,$$

gegeben. Siehe Forster [57, Abschn. 16].

Man beachte, daß $k(z,\cdot) = 1$ gilt und deshalb $u(z)$ der Mittelwert von f bezüglich des harmonischen Maßes auf ∂B_r^z zum Startwert $x = z$ ist. □

Der Rand ∂G der beschränkten Menge G ist kompakt, so daß die stetige Abbildung f beschränkt und damit $f(R^x)$ eine quadratisch-integrierbare Zufallsvariable ist. Wir definieren

$$u^*(x) = \mathrm{E}(f(R^x)), \qquad x \in \mathrm{cl}\, G.$$

Also ist $u^*(x)$ der Erwartungswert von f bezüglich des harmonischen Maßes auf ∂G zum Startwert x. Für $x \in \partial G$ gilt offenbar $u^*(x) = f(x)$, d. h. u^* erfüllt (4.15). Wir werden sehen, daß u^* unter geeigneten Voraussetzungen die eindeutig bestimmte Lösung des Dirichlet-Problems ist. Beispiel 4.28 zeigt dies im Spezialfall $G = B_r^z$ und $x = z$.

Satz 4.29. *Die Funktion u^* ist unendlich-oft differenzierbar und harmonisch auf G.*

Wir skizzieren den Beweis dieser Aussage. Für Details verweisen wir auf Karatzas, Shreve [100, Sec. 4.2.A, 4.2.B]. Wie Beispiel 4.28 zeigt, ist Q_r^x das harmonische Maß auf ∂B_r^x zum Startwert x. Ferner besitzt $(W_t^x)_{t\in[0,\infty[}$ die sogenannte starke Markov-Eigenschaft: nach Eintritt in ∂B_r^x verhält sich der Prozeß wie eine Brownsche Bewegung mit einem gemäß Q_r^x verteilten Startwert, die unabhängig vom Verhalten des Prozesses vor dem Randeintritt ist. Diese Zerlegung führt auf die Gleichung

$$\mathrm{E}(f(R^x)) = \int_{\partial B_r^x} \mathrm{E}(f(R^y))\, \mathrm{d}Q_r^x(y),$$

die für jeden Punkt $x \in G$ und jeden Radius $r > 0$ mit $B_r^x \subset G$ erfüllt ist. Folglich besitzt u^* die Mittelwerteigenschaft: der Funktionswert an jeder Stelle $x \in G$ ist der Mittelwert von u^* über jede in G enthaltene Sphäre mit Mittelpunkt x. Letzteres ist äquivalent dazu, daß u^* unendlich-oft differenzierbar auf G ist und (4.14) erfüllt.

Wie Satz 4.29 zeigt, ist die Funktion u^* genau dann eine Lösung des Dirichlet-Problems, wenn sie stetig in allen Punkten $x \in \partial G$ ist. Ferner gilt folgender Darstellungssatz, nach dem u^* der einzige Kandidat für die Lösung des Dirichlet-Problems ist, siehe Karatzas, Shreve [100, Prop. 4.2.7].

Satz 4.30. *Jede Lösung u des Dirichlet-Problems erfüllt $u = u^*$.*

Beispiel 4.31. Sei $d \geq 2$. Dann ist für beliebige Punkte $x, y \in \mathbb{R}^d$ die Wahrscheinlichkeit des Ereignisses $\bigcup_{t>0}\{W_t^x = y\}$ gleich null, siehe Karatzas, Shreve [100, Prop. 3.3.22]. Für

$$G = \{y \in \mathbb{R}^d \mid 0 < \|y\| < 1\}$$

und $x \in G$ folgt deshalb $P(\{R^x = 0\}) = 0$, d. h. eine in x startende Brownsche Bewegung verläßt G mit Wahrscheinlichkeit eins über den „äußeren" Rand ∂B_1^0.

Wir nehmen nun $f(0) = 1$ und $f = 0$ auf ∂B_1^0 an. Für diese Randdaten existiert keine Lösung u des Dirichlet-Problems. Nach Satz 4.30 müßte sonst $u = u^* = 0$ auf $\mathrm{cl}\, G$ gelten, was im Widerspruch zu $u(0) = 1$ steht. □

Die noch zu klärende Stetigkeit von u^* auf ∂G hängt von G und f ab, und wir diskutieren die Abhängigkeit von G. Für einen Punkt $x \in \partial G$ betrachten wir das Ereignis $\{T^x > 0\}$, was besagt, daß die in x startende Brownsche Bewegung sich sofort nach G bewegt und dort für eine positive Zeitdauer verbleibt. Hierfür gilt $P(\{T^x > 0\}) \in \{0,1\}$, siehe Karatzas, Shreve [100, Rem. 4.2.10]. Im Fall

$$P(\{T^x > 0\}) = 0$$

wird x als *regulärer Randpunkt* bezeichnet.

Beispiel 4.32. Wir betrachten die Situation von Beispiel 4.31 und entnehmen diesem zunächst, daß in Dimensionen $d \geq 2$ die Wahrscheinlichkeit einer Rückkehr von $(W_t^x)_{t\in[0,\infty[}$ zum Startwert x gleich null ist. Somit ist $x = 0$ kein regulärer Randpunkt von G. Das folgende Resultat zeigt, daß alle anderen Randpunkte dieser Menge G regulär sind. □

Satz 4.33. *Gilt $d = 1$, so sind alle Randpunkte von G regulär. Im Fall $d \geq 2$ ist folgende Kegelbedingung hinreichend für die Regularität von $x \in \partial G$: es existiert ein nichtleerer offener Kegel K mit Spitze x und eine offene Kugel B_r^x um x mit Radius $r > 0$, so daß*

$$K \cap B_r^x \subset \mathbb{R}^d \setminus G.$$

Dieser Satz zeigt insbesondere, daß die Konvexität von G eine hinreichende Bedingung für die Regularität aller Randpunkte ist. Der Zusammenhang zum Dirichlet-Problem ergibt sich wie folgt.

Satz 4.34. *Ein Randpunkt $x \in \partial G$ ist genau dann regulär, wenn*

$$\lim_{y\to x,\ y\in G} \mathrm{E}(f(R^y)) = f(x)$$

für alle stetigen Abbildungen $f \colon \partial G \to \mathbb{R}$ gilt.

Für die Beweise der beiden vorangegangenen Sätze verweisen wir auf Karatzas, Shreve [100, Thm. 4.2.19, Thm. 4.2.12]. Wir fassen zusammen.

Korollar 4.35. *Ist jeder Randpunkt von G regulär und f stetig, so ist u^* die eindeutig bestimmte Lösung des Dirichlet-Problems.*

Dies ist, wie Øksendal [154, S. 3] schreibt, nur die Spitze eines Eisberges: für eine große Klasse von elliptischen Differentialgleichungen 2. Ordnung erhält man die Lösung des Dirichlet-Problems als Erwartungswert der Randdaten bezüglich des harmonischen Maßes einer zugehörigen stochastischen Differentialgleichung.

Wir konstruieren nun eine Monte Carlo-Methode zur Lösung des Dirichlet-Problems an einer Stelle $x \in G$ und setzen fortan folgendes voraus.

(D3) Es gilt $d \geq 2$ und alle Randpunkte der beschränkten offenen Menge $G \subset \mathbb{R}^d$ sind regulär.

Zur Vereinfachung der Darstellung nehmen wir außerdem an, daß die nachstehende Bedingung erfüllt ist.

(D2′) Die Funktion f ist auf $\mathrm{cl}\, G$ definiert und stetig.

Zur Berechnung der Lösung u des Dirichlet-Problems in einem Punkt $x \in G$ bietet sich aufgrund von Korollar 4.35 die direkte Simulation mit dem Basisexperiment $Y = f(R^x)$ an. Die Simulation der Verteilung von R^x ist jedoch nur in Ausnahmefällen möglich, so daß wir diesen Ansatz nicht weiter verfolgen.

Wir approximieren stattdessen R^x durch Zufallsvektoren $R^{x,\delta}$ mit Werten in $\mathrm{cl}\, G$, die für $\delta \to 0$ gegen R^x konvergieren und deren Verteilungen einfach zu simulieren sind. Hierzu führen wir eine zeitliche Diskretisierung der Brownschen Bewegung ein, die die Geometrie von G berücksichtigt. Diese Methode wurde von Muller [141] entwickelt und analysiert, und sie bildet die Grundform einer großen Klasse von Monte Carlo-Algorithmen zur Lösung elliptischer Randwertprobleme.

Für $z \in \mathrm{cl}\, G$ bezeichnen wir mit

$$r(z) = \inf\{\|z - y\| \mid y \in \partial G\}$$

den Randabstand von z bezüglich der euklidischen Norm. Wir setzen ferner

$$S(z) = \partial B^z_{r(z)},$$

d. h. $S(z)$ ist die Sphäre mit Mittelpunkt z, deren Radius durch den Randabstand von z gegeben ist. Wir erinnern an Lemma 4.27 und definieren für $x \in G$ auf der Menge $\{T^x < \infty\}$ induktiv

$$T^x_0 = 0 \qquad \text{und} \qquad \widetilde{W}^x_0 = x$$

sowie

$$T^x_{k+1} = \inf\{t \in [T^x_k, T^x] \mid W^x_t \in S(\widetilde{W}^x_k)\}$$

und

$$\widetilde{W}^x_{k+1} = W^x_{T^x_{k+1}}.$$

Die Stetigkeit der Pfade der Brownschen Bewegung garantiert dabei, daß das Infimum stets über eine nichtleere Menge gebildet wird, und es gilt

$$\widetilde{W}^x_{k+1} \in S(\widetilde{W}^x_k) \subset \mathrm{cl}\, G.$$

Der Prozeß $(\widetilde{W}^x_k)_{k \in \mathbb{N}_0}$ heißt *sphärischer Prozeß* auf $\mathrm{cl}\, G$ mit Startwert x. Die Zeitpunkte T^x_k, zu denen man die Brownsche Bewegung betrachtet, sind die sukzessiven Eintrittszeiten in die Sphären $S(\widetilde{W}^x_k)$. Über die jeweiligen Randabstände $r(\widetilde{W}^x_k)$ wird die Geometrie von G berücksichtigt.

Für $\delta > 0$ definieren wir die Eintrittszeit

$$k^\delta = \inf\{k \in \mathbb{N} \mid \widetilde{W}^x_k \in G^\delta\}$$

des sphärischen Prozesses in die Menge

$$G^\delta = \{y \in G \mid r(y) \leq \delta\},$$

die wir als Abbruchkriterium verwenden, indem wir

$$R^{x,\delta} = \widetilde{W}^x_{k^\delta}$$

auf $\{k^\delta < \infty\}$ setzen.

Satz 4.36. *Fast sicher gilt $k^\delta < \infty$ und*

$$\lim_{\delta \to 0} R^{x,\delta} = R^x .$$

Beweis. Wir zeigen zunächst die fast sichere Konvergenz des sphärischen Prozesses gegen R^x, woraus sich insbesondere ergibt, daß k^δ fast sicher endlich ist. Da $(T^x_k)_{k\in\mathbb{N}_0}$ auf der Menge $\{T^x < \infty\}$ monoton wachsend und durch T^x beschränkt ist, existiert der Grenzwert $\widetilde{T} = \lim_{k\to\infty} T^x_k$ und wegen der Stetigkeit der Brownschen Bewegung auch der Grenzwert $\widetilde{W}^x = \lim_{k\to\infty} \widetilde{W}^x_k$ fast sicher. Aus der Annahme $\widetilde{T}(\omega) < T^x(\omega) < \infty$ folgt $\widetilde{W}^x(\omega) \in G$ und weiter

$$\lim_{k\to\infty} \|\widetilde{W}^x_{k+1}(\omega) - \widetilde{W}^x_k(\omega)\| = \lim_{k\to\infty} r(\widetilde{W}^x_k(\omega)) = r(\widetilde{W}^x(\omega)) > 0,$$

was im Widerspruch zur Konvergenz steht. Also gilt $\widetilde{T} = T^x$ und damit auch

$$\lim_{k\to\infty} \widetilde{W}^x_k = R^x$$

fast sicher.

Zum Nachweis der zweiten Aussage betrachten wir eine monoton fallende Folge positiver Zahlen δ_ℓ mit $\lim_{\ell\to\infty} \delta_\ell = 0$ sowie für $\omega \in \{T^x < \infty\}$ die zugehörige monoton wachsende Folge $k_\ell = k^{\delta_\ell}(\omega)$. Im Fall $\sup_\ell k_\ell = \infty$ folgt wegen des soeben gezeigten Sachverhalts

$$\lim_{\ell\to\infty} R^{x,\delta_\ell}(\omega) = \lim_{\ell\to\infty} \widetilde{W}^x_{k_\ell}(\omega) = R^x(\omega).$$

Anderenfalls gilt sogar $R^{x,\delta_\ell}(\omega) = R^x(\omega)$ für ℓ groß genug. □

Um eine Approximation von $u(x) = \mathrm{E}(Y)$ ohne Simulation des harmonischen Maßes zu gewinnen, ersetzen wir $Y = f(R^x)$ durch die Zufallsvariable

$$Y^\delta = f(R^{x,\delta})$$

und definieren die Monte Carlo-Methode

$$M^\delta_n = \frac{1}{n} \sum_{i=1}^n Y^\delta_i$$

mit unabhängigen Kopien $Y_1^\delta, \dots, Y_n^\delta$ von Y^δ zur Berechnung der Lösung u des Dirichlet-Problems in x.

Wir präsentieren zunächst einen einfachen Sachverhalt zur Konvergenz von M_n^δ und erklären dann die Simulation der Verteilung von $R^{x,\delta}$.

Korollar 4.37. *Für die Fehler $\Delta(M_n^\delta, f)$ der Monte Carlo-Methoden M_n^δ und jede Nullfolge $(\delta_n)_{n\in\mathbb{N}}$ gilt*

$$\lim_{n\to\infty} \Delta(M_n^{\delta_n}, f) = 0 .$$

Beweis. Wir benutzen die Zerlegung

$$\Delta^2(M_n^\delta, f) = \frac{1}{n} \cdot \sigma^2(f(R^{x,\delta})) + \Big(\mathrm{E}(f(R^{x,\delta})) - u(x)\Big)^2 \tag{4.16}$$

und bezeichnen mit

$$\|f\|_\infty = \sup_{z\in \mathrm{cl}\, G} |f(z)|$$

das Maximum von f auf $\mathrm{cl}\, G$. Damit gilt

$$\sup_{\delta>0} \sigma^2(f(R^{x,\delta})) \leq \|f\|_\infty^2 . \tag{4.17}$$

Satz 4.36 und die Stetigkeit von f liefern die fast sichere Konvergenz von $f(R^{x,\delta})$ gegen $f(R^x)$. Die Konvergenz

$$\lim_{\delta\to 0} \mathrm{E}(f(R^{x,\delta})) = u(x)$$

der Erwartungswerte folgt nun aus dem Satz von der majorisierten Konvergenz und Korollar 4.35. □

Gemäß Beispiel 4.28 ist $\widetilde{W}_1^x$ gleichverteilt auf der Sphäre $S(x)$. Besitzt also der Durchschnitt $S(x)\cap\partial G$ positives Oberflächenmaß, so erreicht der sphärische Prozeß mit positiver Wahrscheinlichkeit den Rand von G in einem Schritt. Zur Vereinfachung der Darstellung nehmen wir im weiteren an, daß der sphärische Prozeß mit Wahrscheinlichkeit null den Rand von G in endlich vielen Schritten erreicht.

(D4) Alle Randabstände $r(\widetilde{W}_k^x)$ sind fast sicher positiv.

Wir bemerken ergänzend, daß die Bedingung

$$\nu_{d-1}(\partial G) < \infty \qquad \text{und} \qquad \nu_{d-1}(S(x)\cap\partial G) = 0$$

mit dem $(d-1)$-dimensionalen Hausdorff-Maß ν_{d-1} hinreichend für (D4) ist. Für die Definition und für Eigenschaften des Hausdorff-Maßes verweisen wir auf Mattila [132].

Wir definieren

$$V_k = \frac{1}{r(\widetilde{W}_{k-1}^x)} \cdot \big(\widetilde{W}_k^x - \widetilde{W}_{k-1}^x\big)$$

für $k \in \mathbb{N}$. Unter erneuter Verwendung der starken Markov-Eigenschaft der Brownschen Bewegung ergibt sich folgende Eigenschaft.

Satz 4.38. *Die Zufallsvektoren V_k bilden eine unabhängige Folge und sind jeweils gleichverteilt auf der Einheitssphäre.*

Nach Konstruktion gilt

$$\widetilde{W}_k^x = x + \sum_{\ell=1}^{k} r(\widetilde{W}_{\ell-1}^x) \cdot V_\ell, \qquad k \in \mathbb{N}_0.$$

Gemäß Satz 4.38 ist der sphärische Prozeß also ein zeit-diskreter Markov-Prozeß der durch (4.4) mit $x_0 = x$ und (4.5) mit

$$g(w,v) = w + r(w) \cdot v, \qquad w, v \in \mathbb{R}^d,$$

definiert wird.

Die Simulation der Gleichverteilung auf der Einheitssphäre in $\mathbb{R}^d$ gelingt leicht, indem man die d-dimensionale Standard-Normalverteilung mit Hilfe des Box-Muller-Verfahrens simuliert und entsprechende Realisierungen wie in Satz 4.6 beschrieben auf die Einheitssphäre projiziert. Zur Auswertung von g benötigt man einen Algorithmus zur Berechnung von Randabständen $r(w)$ für Punkte w im Gebiet G.

Unter zusätzlichen Glattheitsannahmen an die Randdaten f und die Lösung u kann man über die Konvergenzaussage aus Korollar 4.37 hinaus eine explizite Schranke für den Fehler von M_n^δ gewinnen. Wir setzen hierzu nun bis zum Ende dieses Abschnittes die Lipschitz-Stetigkeit beider Abbildungen auf $\operatorname{cl} G$ voraus; zur Beziehung zwischen der Glattheit von f und G und der Glattheit von u verweisen wir auf Jost [97, Kap. 10].

(D5) Die Lösung u und die Randdaten f erfüllen

$$|u(y) - u(z)| + |f(y) - f(z)| \le L \, \|y - z\| \tag{4.18}$$

mit einer Konstanten $L > 0$ für alle $y, z \in \operatorname{cl} G$.

Satz 4.39. *Für den Fehler $\Delta(M_n^\delta, f)$ der Monte Carlo-Methode M_n^δ gilt*

$$\Delta^2(M_n^\delta, f) \le \frac{1}{n} \|f\|_\infty^2 + L^2 \delta^2.$$

Beweis. Wir benutzen wieder (4.16) und (4.17), so daß die Abschätzung

$$|\mathrm{E}(f(R^{x,\delta})) - u(x)| \le L\delta$$

für den Bias von $f(R^{x,\delta})$ zu zeigen bleibt. Die Mittelwerteigenschaft von u liefert

$$\mathrm{E}(u(R^{x,\delta})) = u(x),$$

siehe Motoo [137, Lemma 1], und hieraus ergibt sich

$$\mathrm{E}(f(R^{x,\delta})) - u(x) = \mathrm{E}(f(R^{x,\delta}) - u(R^{x,\delta}))\,.$$

Zu $y \in G^\delta$ existiert nach Definition ein $z \in \partial G$ mit $\|y - z\| \leq \delta$, und somit folgt

$$|f(y) - u(y)| = |f(y) - f(z) + u(z) - u(y)| \leq L\delta$$

wegen der Lipschitz-Stetigkeit von u und f. Wir erhalten also

$$|f(R^{x,\delta}) - u(R^{x,\delta})| \leq L\delta\,,$$

und dies beendet den Beweis. □

Die Kosten $\mathrm{cost}(M_n^\delta, f)$ werden durch die Wiederholungsanzahl n, die Kosten zur Berechnung von Randabständen und die mittlere Anzahl $\mathrm{E}(k^\delta)$ von Schritten des sphärischen Prozesses bis zum Eintritt in G^δ bestimmt. Für konvexe Mengen G gilt im nicht-trivialen Fall $r(x) > \delta$ die Abschätzung

$$\mathrm{E}(k^\delta) < (1 + \ln(r(x)/\delta)) \cdot 16d\,, \tag{4.19}$$

siehe Motoo [137, S. 53]. Ersetzt man hier ln durch $\ln_+ = \max(\ln, 0)$, so gilt die Abschätzung für beliebige $\delta > 0$. Der Beweis beruht auf der Analyse des sphärischen Prozesses mit Startwert null für den Halbraum $\{y \in \mathbb{R}^d \mid y_1 < r(x)\}$, was sich als Grenzfall ergibt. Unter der folgenden Annahme erhalten wir also eine explizite Schranke für die Kosten von M_n^δ.

(D6) Die offene und beschränkte Menge $G \subset \mathbb{R}^d$ ist konvex, und die Kosten zur Berechnung von Randabständen $r(z)$ für beliebige Punkte $z \in G$ sind beschränkt durch eine Konstante $c_1 > 0$.

Wir setzen

$$c_2 = \sup_{z \in G} r(z)\,.$$

Satz 4.40. *Für die Kosten* $\mathrm{cost}(M_n^\delta, f)$ *der Monte Carlo-Methode* M_n^δ *gilt*

$$\mathrm{cost}(M_n^\delta, f) \leq \left(\kappa d \cdot (c_1 + d) \cdot \left(1 + \ln_+ \frac{c_2}{\delta}\right) + \mathbf{c}\right) n$$

mit einer Konstanten $\kappa > 0$, *die unabhängig ist von* d, G, n, δ *und* x.

Beweis. Es genügt, die Kosten zur Simulation der Zufallsvariablen $Y^\delta = f(R^{x,\delta})$ abzuschätzen. Zur Simulation von $R^{x,\delta}$ werden k^δ viele Schritte des sphärischen Prozesses durchgeführt. Jeder Schritt erfordert die Berechnung eines Randabstandes, die Simulation der Gleichverteilung auf einer Sphäre mit diesem Randabstand als Radius und eine Vektoraddition. Da die Kosten zur Erzeugung der Gleichverteilung auf der Sphäre linear in der Dimension d wachsen, erhalten wir

$$\mathrm{cost}(R^{x,\delta}) \leq (\kappa_1 d + c_1) \cdot \mathrm{E}(k^\delta)$$

mit einer von d, G, δ und x unabhängigen Konstanten $\kappa_1 \geq 2$ und mit (4.19) folgt

$$\mathrm{cost}(R^{x,\delta}) \leq \kappa_1 \cdot (d + c_1) \cdot (1 + \ln_+(c_2/\delta)) \cdot 16d\,.$$

Hinzu kommt noch ein Orakelaufruf mit Kosten $\mathbf{c}$ zur Berechnung von $f(R^{x,\delta})$. □

In Anbetracht von Satz 4.39 wäre die Wahl $\delta_n = n^{-1/2}\|f\|_\infty L^{-1}$ naheliegend, was allerdings die Kenntnis von $\|f\|_\infty L^{-1}$ voraussetzt. Wir wählen deshalb

$$\delta_n = n^{-1/2}$$

und betrachten die Methoden

$$M_n = M_n^{\delta_n}\,.$$

Korollar 4.41. *Für Fehler und Kosten der Monte Carlo-Methoden M_n gilt*

$$\Delta(M_n, f) \leq \kappa_0 \left(\frac{\ln \mathrm{cost}(M_n, f)}{\mathrm{cost}(M_n, f)} \right)^{1/2}$$

mit einer Konstanten $\kappa_0 > 0$, die nicht von der Wiederholungszahl n abhängt.

Beweis. Satz 4.40 zeigt

$$\mathrm{cost}(M_n, f) \leq \widetilde{\kappa} \cdot n \ln n$$

mit einer von n unabhängigen Konstanten $\widetilde{\kappa}$. Mit Satz 4.39 folgt somit

$$\Delta^2(M_n, f) \leq \max\bigl(\|f\|_\infty^2, L^2\bigr) \cdot \frac{1}{n} \leq \max\bigl(\|f\|_\infty^2, L^2\bigr) \cdot \widetilde{\kappa} \cdot \frac{\ln n}{\mathrm{cost}(M_n, f)}\,.$$

Ferner gilt $\mathrm{cost}(M_n, f) \geq n$. □

Im allgemeinen ist Y^{δ_n} und damit auch M_n nicht erwartungstreu für $u(x)$, so daß M_n zwar ein arithmetisches Mittel unabhängiger Zufallsvariablen, aber keine Methode der direkten Simulation ist. Um mit wachsender Wiederholungsanzahl n den Bias $\mathrm{E}(M_n) - u(x)$ und die Standardabweichung $\sigma(M_n)$ in gleicher Größenordnung zu halten, wachsen die Kosten von Y^{δ_n} logarithmisch in n. Gemäß Korollar 4.41 besitzt das Monte Carlo-Verfahren M_n deshalb die Konvergenzordnung $1/2 - \rho$ für jedes $\rho > 0$, vgl. Korollar 3.3.

Korollar 4.41 klärt im Unterschied zu den Sätzen 4.39 und 4.40 nicht, wie die Problemparameter G und f und ihre Eigenschaften in die Beziehung zwischen Fehler und Kosten eingehen. Insbesondere wird keine Aussage zur Dimensionsabhängigkeit der Konstanten κ_0 gemacht. Diese Fragestellung behandeln wir abschließend unter der folgenden Annahme.

(D7) Es gilt

$$c_1 \leq cd \qquad \text{und} \qquad \mathbf{c} \leq cd^2$$

sowie

$$\|f\|_\infty \leq c\,, \qquad L \leq c \qquad \text{und} \qquad c_2 \leq c$$

mit einer Konstanten $c > 0$.

Wir können nun explizit angeben, zu welchen Kosten sich mit dem Verfahren M_n eine vorgegebene Fehlerschranke $\varepsilon > 0$ erreichen läßt.

Korollar 4.42. *Sei*

$$n(\varepsilon) = \left\lceil \frac{2c^2}{\varepsilon^2} \right\rceil.$$

Für das Verfahren $M_{n(\varepsilon)}$ *gilt*

$$\Delta(M_{n(\varepsilon)}, f) \le \varepsilon$$

und

$$\mathrm{cost}(M_{n(\varepsilon)}, f) \le \kappa d^2 \varepsilon^{-2} (1 + \ln_+ \varepsilon^{-1})$$

mit einer Konstanten $\kappa > 0$*, die nur von* c *abhängt.*

Beweis. Man verwendet die Sätze 4.39 und 4.40 und beachtet (D7). □

Wir sehen insbesondere, daß die Kosten höchstens quadratisch in der Dimension d wachsen.

Aufgaben

Aufgabe 4.1. Entwerfen und implementieren Sie einen Algorithmus zur Simulation der *Arkussinus-Verteilung*, die durch die Dichte

$$h(x) = \begin{cases} 1/\pi \cdot (x \cdot (1-x))^{-1/2}, & \text{falls } 0 < x < 1, \\ 0, & \text{sonst}, \end{cases}$$

gegeben ist.

Aufgabe 4.2. Gegeben sei eine Zufallsvariable X und reelle Zahlen $a < b$ mit $P(\{X \in]a,b]\}) > 0$. Betrachten Sie die durch

$$Q(A) = P(\{X \in A\} \mid \{X \in]a,b]\})$$

für meßbare Mengen $A \subset \mathbb{R}$ definierte sogenannte bedingte Verteilung von X gegeben $\{X \in]a,b]\}$. Modifizieren Sie die Inversionsmethode zur Simulation von P_X, so daß Sie eine Methode zur Simulation von Q erhalten.

Aufgabe 4.3. a) Stellen Sie Berechnungen zur Neutronendiffusion durch eine Platte aus Blei an und vergleichen Sie Ihre Rechenergebnisse mit den Abbildungen 4.1 bis 4.3. Was ergeben analoge Rechnungen, wenn man Blei durch das Kalium-Isotop ^{41}K ersetzt? Der Absorptionsquerschnitt ist dann $\sigma_{\mathrm{ab}} = 1{,}2 \cdot 10^{-24}\,\mathrm{cm}^2$, der Streuquerschnitt ist $\sigma_{\mathrm{st}} = 1{,}46 \cdot 10^{-24}\,\mathrm{cm}^2$.

b) Es scheint plausibel, daß bei großen Wanddicken h für die entsprechenden Durchgangswahrscheinlichkeiten $p_{(+)}(h) \approx \alpha^h$ mit $\alpha \in]0,1[$ gilt. Bestimmen Sie unter dieser Annahme einen Näherungswert für α auf Basis Ihrer Simulationsergebnisse.

Aufgabe 4.4. Gegeben seien Verteilungen Q_j auf $\mathbb{R}^d$ und reelle Zahlen $\mu_j > 0$ für $j = 1,\ldots,m$ mit $\sum_{j=1}^m \mu_j = 1$. Ziel ist die Simulation der Verteilung

$$Q = \sum_{j=1}^{m} \mu_j \cdot Q_j .$$

a) Betrachten Sie Zufallsvariablen Z und X_j, wobei $P(\{Z = j\}) = \mu_j$ gilt und X_j gemäß Q_j verteilt ist. Unter welcher zusätzlichen Annahme besitzt

$$X = \sum_{j=1}^{m} 1_{\{Z=j\}} \cdot X_j$$

die Verteilung Q?

b) Entwerfen Sie einen Algorithmus zur Simulation von Q, der auf Algorithmen zur Simulation der Verteilungen Q_j beruht.

Dieses Vorgehen zur Simulation einer Verteilung Q wird als *Kompositionsmethode* bezeichnet.

Aufgabe 4.5. Entwerfen Sie einen Algorithmus zur Simulation der Gleichverteilung auf $\{0,\ldots,N-1\}$ mit Hilfe einer unabhängigen Folge von Zufallsvariablen, die jeweils gleichverteilt auf $\{0,1\}$ sind.

Aufgabe 4.6. Die *Gammaverteilung* mit Parametern $\alpha,\beta > 0$ besitzt die Quasi-Dichte

$$h(x) = \begin{cases} x^{\alpha-1} \cdot \exp(-\beta x), & \text{falls } x > 0, \\ 0, & \text{sonst}. \end{cases}$$

a) Entwerfen und implementieren Sie einen auf der Verwerfungsmethode beruhenden Algorithmus zur Simulation der Gammaverteilung im Falle $\alpha \geq 1$. Bestimmen Sie die Akzeptanzwahrscheinlichkeit Ihres Algorithmus.

b) Entwerfen und implementieren Sie einen Algorithmus zur Simulation der Gammaverteilung im Falle $0 < \alpha < 1$. Hinweis: Kombinieren Sie die Verwerfungsmethode mit der Kompositionsmethode aus Aufgabe 4.4.

Aufgabe 4.7. a) Entwickeln, implementieren und testen Sie einen Algorithmus zur Simulation der Gleichverteilung auf dem Simplex

$$S = \Big\{x \in [0,1]^d \mid \sum_{i=1}^{d} x_i \leq 1\Big\},$$

der auf der Verwerfungsmethode basiert.

b) Untersuchen Sie die Kosten Ihres Algorithmus in Abhängigkeit von der Dimension d. Berechnen Sie dazu die Akzeptanzwahrscheinlichkeit.

Aufgabe 4.8. Betrachten Sie unabhängige Zufallsvariablen $U_1,\ldots,U_d$, die jeweils auf $[0,1]$ gleichverteilt sind. Die zugehörige Ordnungs-Statistik

$$\left(U_{(1)}, \ldots, U_{(d)}\right)$$

ergibt sich durch Anordnen der Werte von $U_1, \ldots, U_d$ in aufsteigender Reihenfolge. Zeigen Sie, daß $(U_{(1)}, \ldots, U_{(d)})$ gleichverteilt auf dem Simplex

$$\{x \in [0,1]^d \mid x_1 \leq \cdots \leq x_d\}$$

ist.

Aufgabe 4.9. In der Situation von Aufgabe 4.8 sei

$$X_i = U_{(i)} - U_{(i-1)}$$

mit $U_{(0)} = 0$. Zeigen Sie, daß $(X_1, \ldots, X_d)$ gleichverteilt auf dem in Aufgabe 4.7 definierten Simplex ist.

Aufgabe 4.10. Zur Simulation der Gleichverteilung auf der Einheitssphäre in $\mathbb{R}^3$ wird folgender Weg vorgeschlagen: Mit Hilfe von Zufallszahlen $u_1, u_2, u_3 \in [0,1]$ wird der Vektor $x = (2u_1 - 1, 2u_2 - 1, 2u_3 - 1)$ gebildet und im Fall $x \neq 0$ der Vektor $x/\|x\|$ ausgegeben. Kommentieren Sie diesen Versuch.

Aufgabe 4.11. Entwerfen und implementieren Sie Algorithmen zur Simulation der Gleichverteilung auf folgenden Mengen:

a) Ellipsen in $\mathbb{R}^2$,

b) Trapeze in $\mathbb{R}^2$,

c) Dreiecke in $\mathbb{R}^2$,

d) Einheitskugel in $\mathbb{R}^d$.

Diskutieren Sie auch die Kosten Ihrer Algorithmen. Bei d) sollten die Kosten proportional zur Dimension d sein.

Aufgabe 4.12. Betrachten Sie folgendes Vorgehen zur Simulation der Gleichverteilung auf der Einheitssphäre in $\mathbb{R}^d$: ausgehend von der Gleichverteilung auf dem Würfel $[-1,1]^d$ simuliert man die Gleichverteilung auf der d-dimensionalen Einheitskugel mit Hilfe der Verwerfungsmethode und wendet dann Satz 4.6 an. Untersuchen Sie die Kosten dieses Verfahrens in Abhängigkeit von der Dimension d.

Aufgabe 4.13. Sei X d-dimensional normalverteilt. Zeigen Sie, daß die Verteilung P_X genau dann eine Dichte bezüglich des d-dimensionalen Lebesgue-Maßes besitzt, wenn $\mathrm{Cov}(X)$ nicht singulär ist. Bestimmen Sie gegebenenfalls die Dichte.

Aufgabe 4.14. a) Sei (X_1, X_2) gleichverteilt auf der euklidischen Einheitskugel in $\mathbb{R}^2$ und $S = X_1^2 + X_2^2$. Zeigen Sie, daß der durch

$$Z_i = X_i \cdot \sqrt{(-2 \ln S)/S}$$

definierte Zufallsvektor (Z_1, Z_2) standard-normalverteilt ist.

b) Vergleichen Sie experimentell hinsichtlich ihrer Laufzeiten das Box-Muller-Verfahren mit einem Algorithmus, der a) und die Verwerfungsmethode verwendet.

Aufgabe 4.15. Zeigen Sie, daß $(X_t)_{t\in\{0,\dots,T\}}$ genau dann eine zeit-diskrete eindimensionale Brownsche Bewegung mit Startwert null und Zeithorizont T ist, wenn $(X_0,\dots,X_T)$ normalverteilt mit Erwartungswert null und Kovarianzmatrix

$$\Sigma = (\min(s,t))_{0\le s,t\le T}$$

ist.

Aufgabe 4.16. Für $0<\beta<1$ und $s,t\ge 0$ sei

$$K(s,t) = 1/2\cdot\left(s^{2\beta}+t^{2\beta}-|s-t|^{2\beta}\right).$$

Ferner sei

$$\Sigma = (K(t_i,t_j))_{1\le i,j\le d}$$

mit fest gewählten Punkten $0<t_1<\cdots<t_d$.

a) Zeigen Sie, daß Σ im Falle $\beta=1/2$ positiv definit ist. Hinweis: Aufgabe 4.15. Ergänzung: die positive Definitheit gilt auch für $\beta\neq 1/2$.

b) Simulieren Sie einen d-dimensionalen Zufallsvektor X, der normalverteilt mit Erwartungswert null und Kovarianzmatrix Σ ist. Wählen Sie etwa $d=100$ oder $d=1000$, $t_i=i/d$ und $\beta=0.1,\dots,0.9$. Plotten Sie für verschiedene Realisierungen von X die stückweise lineare Interpolation der Daten $(t_i,X_i(\omega))$, wobei $t_0=X_0=0$ gesetzt sei.

Die eindimensionale *gebrochene Brownsche Bewegung* mit Startwert $x_0\in\mathbb{R}$ ist ein zeit-kontinuierlicher Prozeß $(X_t)_{t\in[0,\infty[}$ mit Werten in $\mathbb{R}$, der stetige Pfade mit $X_0=x_0$ und folgende Verteilungseigenschaft besitzt. Für jede Wahl von d und Zeitpunkten t_i wie oben ist $(X_{t_1},\dots,X_{t_d})$ normalverteilt mit Erwartungswert null und Kovarianzmatrix Σ, siehe Embrechts, Maejima [52, S. 5]. Also dient Aufgabenteil b) zur näherungsweisen Simulation dieses Prozesses. Für $\beta=1/2$ liegt eine eindimensionale Brownsche Bewegung vor, vgl. Aufgabe 4.16.

Aufgabe 4.17. Gegeben sei eine unabhängige Familie von jeweils standard-normalverteilten Zufallsvariablen

$$Z_0, Z_{1,1}, Z_{2,1}, Z_{2,3}, \dots\dots, Z_{m,1}, Z_{m,3}, \dots, Z_{m,2^m-1}\,.$$

Wir definieren $X_0=0$, $X_{2^m}=2^{m/2}\cdot Z_0$ und rekursiv

$$X_{i\cdot 2^{m-\ell}} = (X_{(i-1)\cdot 2^{m-\ell}}+X_{(i+1)\cdot 2^{m-\ell}})/2+2^{(m-\ell)/2}\cdot Z_{\ell,i}$$

für $\ell=1,\dots,m$ und $i=1,3,\dots,2^\ell-1$.

a) Zeigen Sie, daß $(X_t)_{t\in\{0,\dots,2^m\}}$ eine zeit-diskrete eindimensionale Brownsche Bewegung mit Startwert null und Zeithorizont 2^m ist. Hinweis: Verwenden Sie Aufgabe 4.15.

b) Implementieren Sie einen entsprechenden Algorithmus für die Simulation der Brownschen Bewegung.

Dieses Vorgehen und sein zeit-kontinuierliches Analogon ist auch als *Brownsche-Brücken-* oder *Lévy-Ciesielski-Konstruktion* der Brownschen Bewegung bekannt. Siehe Partzsch [156, Abschn. 2.1] und Glasserman [70, Sec. 3.1].

Aufgabe 4.18. Gegeben sei eine geometrische Brownsche Bewegung $(X_t)_{t\in[0,\infty[}$ gemäß (4.8). Ferner gelte $\Sigma = LL^\top$.

a) Zeigen Sie, daß die Komponenten $\left(X_t^{(i)}\right)_{t\in[0,\infty[}$ eindimensionale geometrische Brownsche Bewegungen sind und

$$\mathrm{E}(X_t^{(i)}) = x_0^{(i)} \cdot \exp(t \cdot (\mu_i + \Sigma_{i,i}/2))$$

erfüllen.

b) Zeigen Sie

$$\mathrm{Cov}(X_t^{(i)}, X_t^{(j)}) = \mathrm{E}(X_t^{(i)}) \cdot \mathrm{E}(X_t^{(j)}) \cdot (\exp(t \cdot \Sigma_{i,j}) - 1)\,.$$

Die Korrelation zwischen den Komponenten wird somit durch die Nichtdiagonal-Elemente von Σ bestimmt. Unkorreliertheit für alle $i \neq j$ liegt genau dann vor, wenn Σ eine Diagonalmatrix ist.

Aufgabe 4.19. Entwickeln und implementieren Sie einen Algorithmus zur Simulation von zeit-diskreten zweidimensionalen geometrischen Brownschen Bewegungen mit endlichem Zeithorizont. Stellen Sie Ihre Simulationsergebnisse in geeigneter graphischer Form dar.

Aufgabe 4.20. Betrachten Sie ein Black-Scholes-Modell mit zwei Aktien, deren Anfangspreise $x_0^{(1)} = 100$ und $x_0^{(2)} = 120$ betragen. Ferner seien $r = 0.06$ und

$$L = \begin{pmatrix} 0.3 & 0.1 \\ 0.0 & 0.2 \end{pmatrix}$$

die auf ein Jahr bezogene Zinsrate bzw. Volatilitätsmatrix. Bewerten Sie eine Basket-Option mit Aktienanteilen $\alpha_1 = 1$ und $\alpha_2 = 2$, mit Ausübungspreis $K = 350$ und Ausübungszeitpunkt in einem Jahr.

Aufgabe 4.21. Entwerfen und implementieren Sie einen Algorithmus zur Bewertung asiatischer Calls in einem Black-Scholes-Modell mit einer Aktie.

Aufgabe 4.22. Die Zufallsvariable X besitze eine Pareto-Verteilung mit Parametern α und κ.

a) Sei $\gamma > 0$. Zeigen Sie, daß X^γ genau dann integrierbar ist, wenn $\gamma < \alpha$ erfüllt ist.

b) Bestimmen Sie die Lebesgue-Dichte der Verteilung von X und zeigen Sie

$$\mathrm{E}(X) = \frac{\kappa}{\alpha - 1}$$

im Falle $\alpha > 1$ sowie

$$\sigma^2(X) = \frac{\kappa^2 \cdot \alpha}{(\alpha-1)^2 \cdot (\alpha-2)},$$

für $\alpha > 2$.

Aufgabe 4.23. Betrachten Sie das Cramér-Lundberg-Modell mit dem Zeithorizont $T > 0$.

a) Entwickeln und implementieren Sie einen Algorithmus zur Berechnung der Wahrscheinlichkeit, daß der Gesamtschaden zur Zeit T eine Schranke $s > 0$ übersteigt.

b) Entwickeln und implementieren Sie einen Algorithmus zur Simulation und graphischen Darstellung von Pfaden des Risikoreserveprozesses $(R_t)_{t\in[0,T]}$.

c) Entwickeln und implementieren Sie einen Algorithmus zur Berechnung der Ruinwahrscheinlichkeit.

Stellen Sie in a), b), c) die Pareto-Verteilung, die Lognormalverteilung und die Gammaverteilung als Schadenshöhenverteilung zur Verfügung und führen Sie Vergleiche durch. Während die Lognormalverteilung neben der Pareto-Verteilung zur Modellierung von Großschäden verwendet wird, setzt man die Gammaverteilung zur Modellierung von Kleinschäden ein.

Aufgabe 4.24. Entwickeln und implementieren Sie einen Algorithmus zur Simulation des sphärischen Prozesses auf polygonal berandeten Gebieten $G \subset \mathbb{R}^2$ und, darauf aufbauend, ein Verfahren zur Lösung des Dirichlet-Problems.

Kapitel 5
Varianzreduktion

Wie Korollar 3.3 zeigt, wird die Güte einer direkten Simulation durch das Produkt aus Kosten und Varianz des Basisexperiments bestimmt. Es gibt nun zahlreiche Techniken der *Varianzreduktion*, mit denen man das Basisexperiment so zu ändern versucht, daß dieses Produkt verkleinert wird. Wir diskutieren hier vier solche Techniken, nämlich antithetic sampling, control variates, stratified sampling und importance sampling, in allgemeiner Form und illustrieren ihren Einsatz insbesondere bei der numerischen Integration. Wir zeigen ferner, wie sich bei der numerischen Integration durch geeignete Varianzreduktion Monte Carlo-Methoden konstruieren lassen, deren Konvergenzordnung größer als $1/2$ ist. Ausführliche Darstellungen von Methoden zur Varianzreduktion findet man bei Asmussen, Glynn [5], Fishman [55, Chap. 4] und, mit Anwendungen auf finanzmathematische Probleme, bei Glasserman [70, Chap. 4]. Die englischsprachigen Bezeichnungen der Varianzreduktionsmethoden finden auch in der deutschsprachigen Literatur Verwendung, und wir benutzen sie hier aus Gründen der Einheitlichkeit.

Als Standardsituation betrachten wir die Berechnung eines Erwartungswertes

$$a = \mathrm{E}(f(X)) \tag{5.1}$$

mit einem d-dimensionalen Zufallsvektor X, der nur Werte in einer meßbaren Menge $G \subset \mathbb{R}^d$ annimmt, und einer Funktion $f\colon G \to \mathbb{R}$. Bei der numerischen Integration ist X gleichverteilt auf dem Integrationsbereich G, und bis auf eine multiplikative Konstante ist f der Integrand, siehe Abschnitt 3.2.2. Bei der Bewertung von Finanzderivaten im Cox-Ross-Rubinstein-Modell oder im zeit-diskreten Black-Scholes-Modell bietet es sich an, den Aktienpreisverlauf $X = (X_0, \dots, X_T)$ oder die Gesamtheit der multiplikativen Änderungen $X = (V_1, \dots, V_T)$ des Aktienpreises zu betrachten, siehe Abschnitt 3.2.5 und Abschnitt 4.5.3. Die Abbildung f beschreibt dann die diskontierte Auszahlung der Option als Funktion des Aktienpreisverlaufs bzw. der multiplikativen Änderungen der Aktienpreise.

T. Müller-Gronbach, E. Novak, K. Ritter, *Monte Carlo-Algorithmen*,
DOI 10.1007/978-3-540-89141-3_5, © Springer-Verlag Berlin Heidelberg 2012

5.1 Antithetic Sampling

Eine einfache Technik zur Varianzreduktion ist das von Hammersley, Morton [77] eingeführte antithetic sampling. Vorausgesetzt ist, daß der Zufallsvektor X bezüglich eines Punktes $\mu \in \mathbb{R}^d$ *symmetrisch verteilt* ist. Hierunter versteht man, daß die Verteilungen von X und $2\mu - X$ übereinstimmen, daß also

$$P(\{X \in \mu + A\}) = P(\{X \in \mu - A\})$$

für jede meßbare Menge $A \subset \mathbb{R}^d$ gilt. Als wichtige Beispiele nennen wir auf $[0,1]^d$ gleichverteilte Zufallsvektoren, die diese Symmetrie mit $\mu = (1/2, \ldots, 1/2)$ erfüllen, und standard-normalverteilte Zufallsvektoren, die bezüglich $0 \in \mathbb{R}^d$ symmetrisch verteilt sind.

Von G können wir ohne Einschränkung voraussetzen, daß diese Menge symmetrisch bezüglich μ ist. Eine Funktion $f\colon G \to \mathbb{R}$ heißt *gerade*, falls $f(x) = f(2\mu - x)$ bzw. *ungerade*, falls $f(x) = -f(2\mu - x)$ für alle $x \in G$ gilt. Zur Ausnutzung der Symmetrie von X betrachtet man neben der Funktion f ihren geraden Anteil

$$f_{\mathrm{g}}(x) = \tfrac{1}{2}\,(f(x) + f(2\mu - x))$$

und ihren ungeraden Anteil

$$f_{\mathrm{u}}(x) = \tfrac{1}{2}\,(f(x) - f(2\mu - x))\,.$$

Offenbar sind f_{g} und f_{u} gerade bzw. ungerade, und es gilt $f = f_{\mathrm{g}} + f_{\mathrm{u}}$. Wir setzen voraus, daß $f(X)$ quadratisch integrierbar ist, womit dies auch für $f_{\mathrm{g}}(X)$ und $f_{\mathrm{u}}(X)$ gilt. Die Symmetrie von X sichert zusammen mit dem Transformationssatz

$$a = \mathrm{E}(f_{\mathrm{g}}(X))\,,$$

so daß sich neben der Zufallsvariablen

$$Y = f(X)$$

auch das sogenannte *antithetic sampling*

$$\widetilde{Y} = f_{\mathrm{g}}(X) = \tfrac{1}{2}\,(f(X) + f(2\mu - X))$$

als Basisexperiment zur Berechnung von a anbietet. Zum Vergleich der entsprechenden direkten Simulationen

$$D_n = \frac{1}{n} \sum_{i=1}^{n} f(X_i)$$

und

$$\widetilde{D}_n = \frac{1}{2n} \sum_{i=1}^{n} (f(X_i) + f(2\mu - X_i))$$

mit unabhängigen Kopien X_i von X betrachten wir zunächst die Varianzen der Basisexperimente Y und $\widetilde{Y}$, wobei wir $\sigma^2(f_\mathrm{g}(X)) > 0$ annehmen.

Lemma 5.1. *Seien $g,u\colon G \to \mathbb{R}$ gerade bzw. ungerade mit $g(X), u(X) \in L^2$. Dann sind $g(X)$ und $u(X)$ unkorreliert.*

Beweis. Es gilt

$$\mathrm{E}(g(X)\cdot u(X)) = \mathrm{E}(g(2\mu - X)\cdot u(2\mu - X)) = -\mathrm{E}(g(X)\cdot u(X))$$

sowie $\mathrm{E}(u(X)) = 0$, woraus die Behauptung folgt. □

Satz 5.2. *Es gilt*

$$\frac{\sigma^2(Y)}{\sigma^2(\widetilde{Y})} = 1 + \frac{\sigma^2(f_\mathrm{u}(X))}{\sigma^2(f_\mathrm{g}(X))}.$$

Beweis. Lemma 5.1 liefert

$$\sigma^2(Y) = \sigma^2(f_\mathrm{g}(X)) + \sigma^2(f_\mathrm{u}(X)),$$

woraus sich unmittelbar die Aussage des Satzes ergibt. □

Nehmen wir an, daß ein Algorithmus zur Simulation der Verteilung von X und ein Orakel für f zur Verfügung steht, so erfordert die Berechnung von $f(X) + f(2\mu - X)$ gegenüber der Berechnung von $f(X)$ zusätzlich $d+1$ arithmetische Operationen und einen weiteren Orakelaufruf. Nehmen wir weiter an, daß die Kosten zur Simulation der Verteilung von X ungefähr d betragen, so ist $\mathrm{cost}(\widetilde{D}_n)$ also ungefähr doppelt so groß wie $\mathrm{cost}(D_n)$. Zu vergleichen sind in diesem Fall also D_{2n} und $\widetilde{D}_n$, und man erhält aufgrund der Sätze 3.2 und 5.2

$$\frac{\Delta(D_{2n})}{\Delta(\widetilde{D}_n)} = \frac{\sigma(Y)}{\sqrt{2}\,\sigma(\widetilde{Y})} \in \left[1/\sqrt{2}, \infty\right[.$$

Antithetic sampling bietet genau dann einen Vorteil, wenn die Varianz des geraden Anteils von $f(X)$ kleiner als die Varianz des ungeraden Anteils dieser Zufallsvariablen ist. Siehe auch Aufgabe 5.1. Im schlechtesten Fall verliert man durch antithetic sampling den Faktor $1/\sqrt{2}$.

Wir halten jedoch fest, daß sich die Konvergenzordnung durch Übergang von Y zu $\widetilde{Y}$ nur im Ausnahmefall $\sigma^2(f_\mathrm{g}(X)) = 0$ und $\sigma^2(f_\mathrm{u}(X)) > 0$ verbessert; hier besitzt $\widetilde{D}_n$ im Unterschied zu D_n den Fehler null.

Beispiel 5.3. Higham [87, Sec. 21.4] diskutiert als einfaches Beispiel für den Einsatz des antithetic sampling die numerische Integration der Funktion

$$f(x) = \exp(x^{1/2}), \qquad x \in [0,1].$$

Es gilt $\int_0^1 f(x)\,\mathrm{d}x = 2$. Ist X gleichverteilt auf $[0,1]$, so folgt

$$\sigma^2(f(X)) = (\exp(2) - 7)/2 \approx 0.1945.$$

Eine einfache numerische Berechnung zeigt

$$\sigma^2(f_{\mathrm{g}}(X)) \approx 1.073 \cdot 10^{-3}, \qquad \sigma^2(f_{\mathrm{u}}(X)) \approx 0.1934,$$

so daß

$$\frac{\sigma^2(Y)}{\sigma^2(\widetilde{Y})} \approx 181.2.$$

Hieraus ergibt sich

$$\frac{\Delta(D_{2n})}{\Delta(\widetilde{D}_n)} \approx 9.520$$

für das Verhältnis der Fehler der ungefähr gleichen Rechenaufwand erfordernden direkten Simulationen D_{2n} und $\widetilde{D}_n$. □

Beispiel 5.4. Wir betrachten für $\alpha \in \,]1/2,1[$ die quadratisch integrierbare Funktion

$$f(x) = \begin{cases} x^{\alpha-1} \cdot \exp(-x), & \text{für } x \in \,]0,1], \\ 0, & \text{für } x = 0, \end{cases}$$

die eine Singularität in $x = 0$ besitzt, und für deren Integral keine explizite Formel bekannt ist. Ist X gleichverteilt auf $[0,1]$, so gilt

$$\sigma^2(f(X)) \le \mathrm{E}(f^2(X)) \le \int_0^1 x^{2(\alpha-1)}\,\mathrm{d}x = \frac{1}{2\alpha-1},$$

und wegen $f \ge 0$ erhält man

$$\sigma^2(f_{\mathrm{g}}(X)) \ge \tfrac{1}{2}\,\mathrm{E}(f^2(X)) - (\mathrm{E}(f(X)))^2 \ge \frac{\exp(-2)}{2\cdot(2\alpha-1)} - \frac{1}{\alpha^2}.$$

Für Werte von α, die nahe bei $1/2$ liegen, führt antithetic sampling also nur zu einer geringen Reduktion der Varianz des Basisexperiments $f(X)$. Für $\alpha = 0.51$ liefern einfache numerische Berechnungen

$$\sigma^2(f(X)) \approx 46.58, \qquad \sigma^2(f_{\mathrm{g}}(X)) \approx 22.79,$$

so daß sich

$$\frac{\Delta(D_{2n})}{\Delta(\widetilde{D}_n)} \approx 1.010$$

ergibt. □

Die Funktionen aus den Beispielen 5.3 und 5.4 werden wir auch zur Illustration der weiteren Varianzreduktionstechniken verwenden.

Beispiel 5.5. Wir skizzieren eine Anwendung aus dem Bereich der Finanzmathematik, siehe Caflisch, Morokoff, Owen [31], Paskov, Traub [157] und Traub, Werschulz [192]. *Mortgage backed securities* (MBS) sind hypothekarisch besicherte Anleihen, die besonders in den USA zu den gebräuchlichsten Anleiheformen gehören und typischerweise eine Laufzeit von 30 Jahren besitzen. Zur Bewertung solch eines Finanzinstruments wird im einfachsten Fall der Verlauf der monatlichen Zinssätze über 360 Monate durch eine zeit-diskrete geometrische Brownsche Bewegung modelliert, siehe Abschnitt 4.5.2, und eine Mittelung über alle möglichen Zinsentwicklungen durchgeführt. Der aktuelle Preis a einer MBS ist dann ein Erwartungswert und läßt sich nach geeigneten Transformationen als

$$a = \int_{[0,1]^{360}} f(x) \, \mathrm{d}x$$

darstellen, siehe auch Aufgabe 5.2. Diese Darstellung legt es nahe, zur näherungsweisen Berechnung des Preises a die klassische Monte Carlo-Methode D_n zur numerischen Integration anzuwenden, also das Basisexperiment $Y = f(X)$ mit einer auf $[0,1]^{360}$ gleichverteilten Zufallsvariablen X zu wählen. Für die deterministischen Kosten von D_n gilt nach (3.8)

$$\operatorname{cost}(D_n) \asymp n \cdot \mathbf{c}.$$

In den von Caflisch, Morokoff, Owen [31] betrachteten Beispielen benötigt man etwa $n = 10^4$ Auswertungen der Funktion f, um einen relativen Fehler $\Delta(D_n)/a$ in der Größenordnung von 10^{-3} zu erhalten. Typischerweise ist in diesem Fall und bei ähnlichen Problemen die Berechnung von Funktionswerten aufwendig und somit die Kosten pro Orakelaufruf $\mathbf{c}$ sehr groß. So erfordert bereits in vereinfachten Modellproblemen für MBS jede Funktionsauswertung ungefähr 10^5 arithmetische Operationen, siehe Traub, Werschulz [192, S. 47]. Es besteht also großes Interesse an besseren Verfahren.

Durch antithetic sampling mit $n = 10^4$, also mit $2 \cdot 10^4$ Auswertungen von f, ergibt sich bei der Berechnung des Preises einer MBS in dem von Caflisch, Morokoff, Owen [31, Fig. 3] betrachteten Fall eine Reduktion des relativen Fehlers um einen Faktor von näherungsweise 10^3. □

Man gelangt zu einem vertieften Verständnis des antithetic sampling, indem man für $\widetilde{D}_n \colon F \times \Omega \to \mathbb{R}$ bzw. $\widetilde{Y} \colon F \times \Omega \to \mathbb{R}$ den Fehler und die Menge der Funktionen, deren Erwartungswerte exakt berechnet werden, in Beziehung setzt. Dazu betrachten wir den Hilbertraum F aller meßbaren Funktionen $f \colon G \to \mathbb{R}$, für die $f(X)$ quadratisch integrierbar ist, mit der L^2-Norm

$$\|f\|_2 = \left(\mathrm{E}(f^2(X))\right)^{1/2}. \tag{5.2}$$

Im Raum F werden Funktionen $f, h \colon G \to \mathbb{R}$, die $P(\{f(X) = h(X)\}) = 1$ erfüllen, identifiziert. Der Unterraum

$$F_0 = \{f \in F \mid \Delta(\widetilde{Y}, f) = 0\}$$

von F ist der *Exaktheitsraum* von $\widetilde{D}_n$ bzw. $\widetilde{Y}$. Mit $S(f)$ bezeichnen wir den Erwartungswert $\mathrm{E}(f(X))$.

Satz 5.6. *Es gilt*

$$F_0 = \{b + u \mid b \in \mathbb{R},\ u \in F \text{ ungerade}\}$$

sowie

$$\sigma(\widetilde{Y}(f)) = \min_{f_0 \in F_0} \|f - f_0\|_2 .$$

Beweis. Die erste Aussage des Satzes ergibt sich daraus, daß $f \in F_0$ äquivalent zu $f_g(X) = S(f)$ ist. Zum Beweis der zweiten Aussage setzen wir

$$F_1 = \{g \in F \mid g \text{ gerade},\ S(g) = 0\}.$$

Wie die erste Aussage und Lemma 5.1 zeigen, sind F_0 und F_1 orthogonal, und es gilt

$$f = (S(f) + f_u) + (f_g - S(f))$$

für $f \in F$. Somit ist F die orthogonale Summe von F_0 und F_1, und $S(f) + f_u$ ist die orthogonale Projektion von f auf F_0. Wir erhalten

$$\min_{f_0 \in F_0} \|f - f_0\|_2 = \|f - (S(f) + f_u)\|_2 = \|f_g - S(f)\|_2 = \sigma(\widetilde{Y}(f)). \qquad \square$$

Für die auf Y basierende Monte Carlo-Methode besteht der Exaktheitsraum F_0 nur aus den konstanten Funktionen. Satz 5.6 gilt jedoch analog.

Die Varianz des Basisexperiments $\widetilde{Y}(f)$ bzw. $Y(f)$ ist also jeweils dadurch bestimmt, wie gut sich f durch Funktionen aus dem entsprechenden Exaktheitsraum approximieren läßt. Die praktische Durchführung des antithetic sampling erfordert jedoch keine Kenntnis der Exaktheitsräume oder ihrer Approximationseigenschaften.

Satz 5.6 zeigt, daß die affin-linearen Funktionen im Exaktheitsraum von $\widetilde{D}_n$ liegen, und in vielen Fällen liefert bereits die Approximation durch solche Funktionen, d. h.

$$\sigma(\widetilde{Y}(f)) \leq \min\{\|f - f_0\|_2 \mid f_0(x) = b + \sum_{i=1}^{d} c_i \cdot x_i \text{ mit } b \in \mathbb{R},\ c \in \mathbb{R}^d\},$$

gute Abschätzungen für $\sigma(\widetilde{Y}(f))$.

Beispiel 5.7. Wir betrachten wieder die Situation aus Beispiel 5.3, d.h. $f(x) = \exp(x^{1/2})$ für $x \in G = [0,1]$ und X ist gleichverteilt auf G. Die beste Approximation der Funktion f in F durch affin-lineare Funktionen ist

$$f_0(x) = 2 + 12\,(11 - 4\exp(1)) \cdot (x - 1/2), \qquad x \in [0,1],$$

und hierfür gilt

$$\|f - f_0\|_2 \approx 3.698 \cdot 10^{-2},$$

was sich nur wenig von $\sigma(\widetilde{Y}(f)) \approx 3.276 \cdot 10^{-2}$ unterscheidet. Der Beweis dieser Aussagen ist Inhalt der Aufgabe 5.3, und dazu ist es hilfreich, das vorliegende Approximationsproblem als lineares Regressionsproblem aufzufassen, siehe Abschnitt 1.2.

Im Fall der Funktion aus Beispiel 5.4, also $f(x) = x^{\alpha-1} \cdot \exp(-x)$ für $x \in]0,1]$ und $f(0) = 0$, ergibt sich für den Wert $\alpha = 0.51$ aus einfachen numerischen Rechnungen

$$f_0(x) \approx 3.578 - 4.240 \cdot x$$

für die beste Approximation von f in F durch affin-lineare Funktionen. Man erhält

$$\|f - f_0\|_2 \approx 6.715,$$

und damit nur eine grobe obere Schranke für $\sigma(\widetilde{Y}(f)) \approx 4.774$. □

Das Beweisprinzip, die Güte eines Algorithmus durch Approximationseigenschaften seines Exaktheitsraumes zu bestimmen bzw. abzuschätzen, wird in der Numerischen Mathematik häufig angewandt. So wird uns diese Technik im Abschnitt 5.5 wieder begegnen.

5.2 Control Variates

Zur Beschreibung der Varianzreduktion mittels control variates betrachten wir einen zweidimensionalen Zufallsvektor (Y,Z) mit quadratisch integrierbaren Komponenten Y und Z, wobei $\mathrm{E}(Z)$ bekannt oder leicht zu berechnen und

$$a = \mathrm{E}(Y)$$

der gesuchte Erwartungwert ist. Für jede Wahl von $b \in \mathbb{R}$ eignet sich damit neben Y auch

$$\widetilde{Y}_b = Y - b(Z - \mathrm{E}(Z))$$

als Basisexperiment zur Berechnung von a, und die zugehörige direkte Simulation ist

$$\widetilde{D}_{n,b} = \frac{1}{n} \sum_{i=1}^{n} (Y_i - b(Z_i - \mathrm{E}(Z))) = b\,\mathrm{E}(Z) + \frac{1}{n} \sum_{i=1}^{n} (Y_i - bZ_i)$$

mit unabhängigen Kopien (Y_i, Z_i) von (Y,Z). Man versucht Z und b so zu wählen, daß die Varianz von $Y - bZ$ kleiner als die Varianz von Y ist und bezeichnet bZ als *control variate* für Y. Ebenso gebräuchlich ist es, bZ als Hauptteil von Y zu bezeichnen, und deshalb heißt diese Varianzreduktionstechnik auch *Abspaltung des Hauptteils*, wobei man, da keine Eindeutigkeit vorliegt, besser von der Abspaltung eines Hauptteils sprechen sollte.

Zum Ausschluß trivialer Fälle nehmen wir $\sigma(Y) > 0$ und $\sigma(Z) > 0$ an.

Satz 5.8. *Es gilt*

$$\min_{b \in \mathbb{R}} \sigma^2(\widetilde{Y}_b) = \sigma^2(Y) \cdot (1 - \rho^2(Y,Z)) = \sigma^2(\widetilde{Y}_{b^*})$$

mit

$$b^* = \frac{\mathrm{Cov}(Y,Z)}{\sigma^2(Z)}.$$

Ferner gilt

$$\sigma^2(\widetilde{Y}_b) < \sigma^2(Y) \qquad \Leftrightarrow \qquad \min(0,2b^*) < b < \max(0,2b^*).$$

Beweis. Die Optimalität von b^* und die resultierende Varianzreduktion folgen aus

$$\sigma^2(\widetilde{Y}_b) = \mathrm{E}(Y - (a + b(Z - \mathrm{E}(Z))))^2$$

und den Ergebnissen zur linearen Regression, siehe Abschnitt 1.2. Ferner ergibt sich

$$\sigma^2(\widetilde{Y}_b) = \sigma^2(Y) + b^2\sigma^2(Z) - 2b\,\mathrm{Cov}(Y,Z), \tag{5.3}$$

wie unmittelbar aus der Verallgemeinerung der Gleichung von Bienaymé auf korrelierte Zufallsvariablen folgt. Also ist $\sigma^2(\widetilde{Y}_b)$ eine quadratische Funktion in b, woraus sich die letzte Teilaussage des Satzes ergibt. □

Aufgrund von Satz 5.8 sucht man Zufallsvariablen Z, die stark mit Y korreliert sind und deren Erwartungswerte bekannt oder leicht zu berechnen sind. Die optimale Skalierung, d. h. den Parameter b^*, wird man in der Regel nicht verwenden können, da $\mathrm{Cov}(Y,Z)$ meist nicht leicht zu berechnen sein wird.

Wählt man willkürlich $b = 1$, so gilt

$$\sigma^2(\widetilde{Y}_1) = \sigma^2(Y - Z) \le \mathrm{E}(Y - Z)^2,$$

so daß eine gute Approximation der Zufallsvariablen Y im quadratischen Mittel durch eine Zufallsvariable Z mit bekanntem Erwartungswert ein Basisexperiment mit verringerter Varianz liefert. Wir halten jedoch fest, daß sich die Konvergenzordnung selbst bei optimaler Wahl von b nur im Ausnahmefall $|\rho(Y,Z)| = 1$ verbessert; hier besitzt $\widetilde{Y}_{b^*}$ im Unterschied zu Y den Fehler null.

In vielen Fällen ist das Basisexperiment Y wie in Abschnitt 5.1 durch

$$Y = f(X)$$

mit einer Funktion $f\colon G \to \mathbb{R}$ und einem d-dimensionalen Zufallsvektor X gegeben, wobei wir hier jedoch keine Symmetrie für X voraussetzen. Zur Abspaltung des Hauptteils sucht man dann eine Funktion $\tilde{f}\colon G \to \mathbb{R}$, so daß

$$Z = \tilde{f}(X)$$

stark mit Y korreliert und $\mathrm{E}(Z)$ bekannt oder leicht zu berechnen ist, und verwendet das Basisexperiment

$$\widetilde{Y}_b = b\,\mathrm{E}(\tilde{f}(X)) + \big(f - b\tilde{f}\big)(X).$$

Die zugehörige direkte Simulation ist

$$\widetilde{D}_{n,b} = b\,\mathrm{E}(\tilde{f}(X)) + \frac{1}{n}\sum_{i=1}^{n}(f - b\tilde{f})(X_i) \tag{5.4}$$

mit unabhängigen Kopien X_i von X, d. h. man wendet die übliche direkte Simulation auf die Differenz $f - b\tilde{f}$ an und korrigiert das Ergebnis um den Erwartungswert von $b\tilde{f}(X)$. Beim Übergang von der auf $Y = f(X)$ basierenden direkten Simulation D_n zu $\widetilde{D}_{n,b}$ erhöhen sich die Kosten im wesentlichen um das n-fache der Kosten zur Berechnung von $\tilde{f}(X)$. Deshalb vergleichen wir im folgenden die Fehler von D_{2n} und $\widetilde{D}_{n,b}$.

Beispiel 5.9. Wir betrachten erneut die Funktion

$$f(x) = \exp(x^{1/2}), \qquad x \in [0,1],$$

und eine auf $[0,1]$ gleichverteilte Zufallsvariable X, siehe Beispiel 5.3. Zur Integration von f mit Hilfe der Methode der control variates bietet sich ihre Approximation durch die affin-lineare Interpolation

$$\tilde{f}(x) = 1 + (\exp(1) - 1)\cdot x, \qquad x \in [0,1],$$

an. Es gilt

$$\sigma^2(f(X)) = (\exp(2) - 7)/2,$$
$$\sigma^2(\tilde{f}(X)) = (\exp(1) - 1)^2/12$$

und

$$\mathrm{Cov}(f(X), \tilde{f}(X)) = 15\exp(1) - 4\exp(2) - 11.$$

Mit (5.3) folgt $\sigma^2(\widetilde{Y}_1) \approx 4.563 \cdot 10^{-3}$ für die Wahl von $b = 1$, und wir erhalten

$$\frac{\sigma^2(Y)}{\sigma^2(\widetilde{Y}_1)} \approx 42.63, \qquad \frac{\Delta(D_{2n})}{\Delta(\widetilde{D}_{n,1})} \approx 4.617,$$

während der optimale Parameter sich gemäß Satz 5.8 zu $b^* \approx 0.8860$ ergibt und auf $\sigma^2(\widetilde{Y}_{b^*}) \approx 1.368 \cdot 10^{-3}$ und

$$\frac{\sigma^2(Y)}{\sigma^2(\widetilde{Y}_{b^*})} \approx 142.2, \qquad \frac{\Delta(D_{2n})}{\Delta(\widetilde{D}_{n,b^*})} \approx 8.491$$

führt. Mit $\rho(f(X), \tilde{f}(X)) \approx 0.9965$ liegt eine sehr starke Korrelation zwischen den Zufallsvariablen $f(X)$ und $\tilde{f}(X)$ vor.

Zum Vergleich betrachten wir auch die Approximation

$$\tilde{f}(x) = \exp(x), \qquad x \in [0,1].$$

Hier gilt

$$\sigma^2(\tilde{f}) = \tfrac{1}{2}(\exp(1) - 1)(3 - \exp(1)) \approx 0.2420,$$

und eine einfache numerische Berechnung zeigt $\mathrm{Cov}(f(X), \tilde{f}(X)) \approx 0.2126$. Wir erhalten $\sigma^2(\widetilde{Y}_1) \approx 1.136 \cdot 10^{-2}$ und

$$\frac{\sigma^2(Y)}{\sigma^2(\widetilde{Y}_1)} \approx 17.12, \qquad \frac{\Delta(D_{2n})}{\Delta(\widetilde{D}_{n.1})} \approx 2.926$$

bei Wahl von $b = 1$, während sich $\sigma^2(\widetilde{Y}_{b^*}) \approx 7.819 \cdot 10^{-3}$ und

$$\frac{\sigma^2(Y)}{\sigma^2(\widetilde{Y}_{b^*})} \approx 24.88, \qquad \frac{\Delta(D_{2n})}{\Delta(\widetilde{D}_{n.b^*})} \approx 3.527$$

für den optimalen Parameter $b^* \approx 0.8784$ ergibt. Obwohl die Korrelation zwischen $f(X)$ und $\tilde{f}(X)$ mit $\rho(f(X), \tilde{f}(X)) \approx 0.9797$ hier ebenfalls stark ist, liefert die affin-lineare Interpolation eine wesentlich größere Varianzreduktion als die Interpolation durch die Exponentialfunktion. Dies erklärt sich durch Satz 5.8 und den scharfen Anstieg von $\rho \mapsto 1/(1-\rho^2)$ in der Nähe von $\rho = 1$. □

Beispiel 5.10. Wir setzen Beispiel 5.4 fort und wenden nun die Technik der control variates zur numerischen Integration der Funktion

$$f(x) = \begin{cases} x^{\alpha-1} \cdot \exp(-x), & \text{für } x \in]0,1], \\ 0, & \text{für } x = 0, \end{cases}$$

mit $\alpha \in]1/2, 1[$ an. Zur Approximation verwenden wir

$$\tilde{f}(x) = \exp(x) \cdot f(x), \qquad x \in [0,1].$$

Für alle $b \in \mathbb{R}$ gilt

$$\sigma^2(\widetilde{Y}_b) = \int_0^1 x^{2(\alpha-1)} \cdot (\exp(-x) - b)^2 \, \mathrm{d}x - \left(\int_0^1 x^{\alpha-1} \cdot (\exp(-x) - b) \, \mathrm{d}x \right)^2,$$

und man erhält

$$\lim_{\alpha \to 1/2} (2\alpha - 1) \cdot \int_0^1 x^{2(\alpha-1)} \cdot (\exp(-x) - b)^2 \, \mathrm{d}x = (b-1)^2$$

mit partieller Integration sowie

$$\lim_{\alpha \to 1/2} (2\alpha - 1) \cdot \left(\int_0^1 x^{\alpha-1} \cdot (\exp(-x) - b) \, \mathrm{d}x \right)^2 = 0.$$

Im Unterschied zum antithetic sampling läßt sich mit der Methode der control variates für Werte von α nahe bei $1/2$ also eine sehr große Varianzreduktion erzielen. Für den Parameter $\alpha = 0.51$ ergeben einfache numerische Berechnungen $\sigma^2(\widetilde{Y}_1) \approx 1.800 \cdot 10^{-2}$ und

$$\frac{\sigma^2(Y)}{\sigma^2(\widetilde{Y}_1)} \approx 2.587 \cdot 10^3, \qquad \frac{\Delta(D_{2n})}{\Delta(\widetilde{D}_{n,1})} \approx 35.97$$

bei Wahl von $b = 1$, und für den optimalen Parameter $b^* \approx 1.458$ erhält man $\sigma^2(\widetilde{Y}_{b^*}) \approx 1.708 \cdot 10^{-2}$ und

$$\frac{\sigma^2(Y)}{\sigma^2(\widetilde{Y}_{b^*})} \approx 2.727 \cdot 10^3, \qquad \frac{\Delta(D_{2n})}{\Delta(\widetilde{D}_{n,b^*})} \approx 36.93. \qquad \square$$

Die Berechnung der Approximation $\widetilde{D}_{n,b}(\omega)$ von $a = E(Y)$ beruht auf einer Realisierung $(Y_1(\omega), Z_1(\omega)), \dots, (Y_n(\omega), Z_n(\omega))$. Zur näherungsweisen Bestimmung des in der Regel unbekannten optimalen Parameters b^* aus dieser Realisierung bietet sich folgende Methode der Mathematischen Statistik an. Man approximiert $\sigma^2(Z)$ wie in Abschnitt 3.5 besprochen durch die empirische Varianz der Daten $Z_i(\omega)$ und $\mathrm{Cov}(Y,Z)$ durch die *empirische Kovarianz* der Daten $(Y_i(\omega), Z_i(\omega))$. Der Quotient

$$B_n(\omega) = \frac{\sum_{i=1}^n Y_i(\omega) Z_i(\omega) - 1/n \sum_{i=1}^n Y_i(\omega) \cdot \sum_{i=1}^n Z_i(\omega)}{\sum_{i=1}^n Z_i^2(\omega) - 1/n \left(\sum_{i=1}^n Z_i(\omega)\right)^2}$$

wird zur Approximation von b^* verwendet, falls hier der Nenner von null verschieden ist. Andernfalls setzen wir $B_n(\omega) = 0$. Wir ersetzen nun b^* in der Definition von $\widetilde{D}_{n,b^*}$ durch B_n und betrachten die Monte Carlo-Methode

$$M_n = \frac{1}{n} \sum_{i=1}^n (Y_i - B_n (Z_i - \mathrm{E}(Z))) . \tag{5.5}$$

Die enge Verbindung dieses Vorgehens mit der linearen Regression wird in Aufgabe 5.4 thematisiert. Die Methode M_n ist kein Verfahren der direkten Simulation, da durch B_n eine Korrelation zwischen den Zufallsvariablen $Y_i - B_n (Z_i - \mathrm{E}(Z))$ induziert wird. Insbesondere ist M_n nicht notwendig erwartungstreu für die Approximation von a. Das folgende Resultat zeigt jedoch die starke Konsistenz der Folge $(M_n)_{n \in \mathbb{N}}$ für das Schätzen von a.

Satz 5.11. *Es gilt fast sicher*

$$\lim_{n \to \infty} B_n = b^*$$

und

$$\lim_{n \to \infty} M_n = a .$$

Beweis. Um die erste Aussage zu zeigen, dividiert man den Zähler und den Nenner in der Definition von B_n durch n, und wendet das starke Gesetz der großen Zahlen an. Damit ergibt sich die zweite Aussage aus der Darstellung

$$M_n = \frac{1}{n} \sum_{i=1}^n Y_i + B_n \left(\mathrm{E}(Z) - \frac{1}{n} \sum_{i=1}^n Z_i \right)$$

durch erneute Anwendung des starken Gesetzes der großen Zahlen. $\square$

Zur Konstruktion von asymptotischen Konfidenzintervallen für a gehen wir wie in Abschnitt 3.5 vor und setzen

$$V_n = \frac{1}{n-1}\sum_{i=1}^{n}\big(Y_i - B_n(Z_i - \mathrm{E}(Z)) - M_n\big)^2$$

sowie

$$L_n = \Phi^{-1}(1-\delta/2)\cdot\sqrt{V_n/n}$$

für $\delta \in \,]0,1[$. Wir erhalten mit einem modifizierten Beweis, der die induzierten Korrelationen berücksichtigt, wieder die Aussage von Satz 3.18.

Satz 5.12. *Durch*

$$I_n = [M_n - L_n, M_n + L_n]$$

wird ein asymptotisches Konfidenzintervall zum Niveau $(1-\delta)$ *für a definiert. Genauer gilt*

$$\lim_{n\to\infty} P(\{a \in I_n\}) = 1-\delta\,,$$

falls $\sigma(\widetilde{Y}_{b^*}) > 0$, *und* $P(\{a\in I_n\}) = 1$, *falls* $\sigma(\widetilde{Y}_{b^*}) = 0$.

Beweis. Wir können ohne Einschränkung $\mathrm{E}(Z) = 0$ annehmen. Zunächst untersuchen wir die Konvergenz der Folge $(V_n)_{n\in\mathbb{N}}$. Aus

$$\begin{aligned}\frac{n-1}{n}\cdot V_n &= \frac{1}{n}\sum_{i=1}^{n}(Y_i - B_n Z_i)^2 - M_n^2\\ &= \frac{1}{n}\sum_{i=1}^{n} Y_i^2 - M_n^2 - 2B_n\cdot\frac{1}{n}\sum_{i=1}^{n} Y_i Z_i + B_n^2\cdot\frac{1}{n}\sum_{i=1}^{n} Z_i^2\end{aligned}$$

ergibt sich mit Satz 5.11, dem starken Gesetz der großen Zahlen und (5.3) fast sicher

$$\lim_{n\to\infty} V_n = \mathrm{E}(Y^2) - a^2 - 2b^*\cdot\mathrm{E}(YZ) + (b^*)^2\cdot\mathrm{E}(Z^2) = \sigma^2(\widetilde{Y}_{b^*})\,, \tag{5.6}$$

vgl. Satz 3.14. Im Fall $\sigma(\widetilde{Y}_{b^*}) = 0$ gilt $Y = a + b^*(Z - \mathrm{E}(Z))$ fast sicher und damit $P(\{B_n = b^*\}) = 1$. Es folgt $P(\{M_n = a\}) = 1$ und somit $P(\{a\in I_n\}) = 1$.

Im nicht-trivialen Fall $\sigma(\widetilde{Y}_{b^*}) > 0$ untersuchen wir nun die Folge von Zufallsvariablen $(n/\widetilde{V}_n)^{1/2}\cdot(M_n - a)$, wobei $\widetilde{V}_n$ gemäß (3.26) definiert ist. Dazu setzen wir

$$T_n = \frac{\sigma(\widetilde{Y}_{b^*})}{\widetilde{V}_n^{1/2}}$$

sowie

$$R_n^{(1)} = \frac{\sqrt{n}}{\sigma(\widetilde{Y}_{b^*})}\cdot(D_{n,b^*} - a)$$

und

$$R_n^{(2)} = \frac{1}{\sqrt{n}}\sum_{i=1}^{n}\frac{Z_i}{\sigma(Z)}\,,$$

so daß

$$\frac{\sqrt{n}}{\widetilde{V}_n^{1/2}} \cdot (M_n - a) = R_n^{(1)} \cdot T_n + R_n^{(2)} \cdot \sigma(Z) \cdot \frac{b^* - B_n}{\widetilde{V}_n^{1/2}}$$

folgt. Mit (5.6) und Satz 5.11 erhält man fast sicher

$$\lim_{n \to \infty} T_n = 1\,,$$

da $\sigma(\widetilde{Y}_{b^*}) > 0$, sowie

$$\lim_{n \to \infty} \frac{b^* - B_n}{\widetilde{V}_n^{1/2}} = 0\,.$$

Ferner sind nach dem zentralen Grenzwertsatz $R_n^{(1)}$ und $R_n^{(2)}$ asymptotisch standard-normalverteilt. Durch Anwendung von Lemma 3.17 sehen wir, daß auch die Zufallsvariablen $(n/\widetilde{V}_n)^{1/2} \cdot (M_n - a)$ asymptotisch standard-normalverteilt sind. Wir schließen nun wie im Beweis von Satz 3.18, um

$$\lim_{n \to \infty} P(\{a \in I_n\}) = 1 - \delta$$

zu erhalten. □

Beispiel 5.13. Wir skizzieren den Einsatz von control variates zur Bewertung von Optionen in einem eindimensionalen zeit-diskreten Black-Scholes-Modell. Die relevanten Parameter des Modells sind der Zeithorizont $T \in \mathbb{N}$, die Volatilität $\sigma > 0$, der Anfangswert $x_0 > 0$ und die Zinsrate $r > 0$, und wie in Abschnitt 4.5.3 erläutert wurde, betrachtet man zur Bewertung von Optionen in diesem Modell eine geometrische Brownsche Bewegung $X = (X_0, \ldots, X_T)$ der Form

$$X_t = x_0 \cdot \exp((r - \sigma^2/2) \cdot t + \sigma \cdot W_t)\,.$$

Hierbei bezeichnet $(W_0, \ldots, W_T)$ eine eindimensionale zeit-diskrete Brownsche Bewegung. Der Optionspreis a ist dann der Erwartungswert

$$a = \mathrm{E}(\exp(-r \cdot T) \cdot c(X))$$

der diskontierten zufälligen Auszahlung $c(X)$ der Option zur Zeit T, und speziell für eine asiatische Option mit Ausübungspreis $K > 0$ gilt

$$c(X) = \Big(\frac{1}{T} \sum_{t=1}^{T} X_t - K\Big)^+.$$

Numerische Ergebnisse mit dem Basisexperiment $Y = \exp(-r \cdot T) \cdot c(X)$ wurden in Beispiel 4.25 präsentiert.

Indem man das arithmetische Mittel der Aktienpreise durch ihr geometrisches Mittel ersetzt, gelangt man zu einer Zufallsvariablen

$$\tilde{c}(X) = \left(\left(\prod_{t=1}^{T} X_t\right)^{1/T} - K\right)^+ ,$$

die Kemna, Vorst [101] als control variate eingeführt haben. Im Unterschied zum arithmetischen Mittel ist die Verteilung des geometrischen Mittels bekannt. Es gilt nämlich

$$\left(\prod_{t=1}^{T} X_t\right)^{1/T} = x_0 \cdot \exp\Big(\mu + \frac{\sigma}{T}\sum_{t=1}^{T} W_t\Big)$$

mit

$$\mu = \tfrac{1}{2}(r - \sigma^2/2) \cdot (T+1),$$

und

$$\sum_{t=1}^{T} W_t = \sum_{t=1}^{T} (T+1-t) \cdot (W_t - W_{t-1})$$

ist normalverteilt mit Erwartungswert null und Varianz

$$\widetilde{\sigma}^2 = \sum_{t=1}^{T} t^2 = \tfrac{1}{6} T(T+1)(2T+1) .$$

Folglich ist das geometrische Mittel der Aktienpreise lognormalverteilt mit Parametern $\ln x_0 + \mu$ und $(\sigma \cdot \widetilde{\sigma}/T)^2$. Der Erwartungswert von $\tilde{c}(X)$ läßt sich deshalb mit der Black-Scholes-Formel (4.13) berechnen, und das neue Basisexperiment zur Berechnung von a ist

$$\widetilde{Y}_b = \exp(-r \cdot T) \cdot (c(X) - b\,(\tilde{c}(X) - \mathrm{E}(\tilde{c}(X)))) .$$

Die praktische Umsetzung dieser Methode und der numerische Vergleich von Y und $\widetilde{Y}_b$ sind Gegenstand der Aufgabe 5.5. □

5.3 Stratified Sampling

Wir betrachten wieder die Situation (5.1) und setzen die quadratische Integrierbarkeit von $f(X)$ voraus. Wir zerlegen den Wertebereich des Zufallsvektors X durch meßbare Mengen $A_1, \ldots, A_m \subset G$ mit

$$p_j = P(\{X \in A_j\}) > 0$$

und

$$P(\{X \in A_j \cap A_k\}) = 0$$

für $j \neq k$ sowie

$$P\Big(\Big\{X \in \bigcup_{j=1}^{m} A_j\Big\}\Big) = 1 .$$

Die letzten beiden Bedingungen sind beispielsweise erfüllt, wenn die Mengen $A_1,\dots,A_m$ eine disjunkte Zerlegung von G bilden. Während die naheliegende direkte Simulation zur Berechnung von a auf der Verteilung P_X von X und dem Basisexperiment $f(X)$ beruht, verwendet man bei der Methode des *stratified sampling* die Mengen A_j, um P_X in endlich viele Komponenten Q_j zu zerlegen. Diese Wahrscheinlichkeitsmaße sind durch

$$Q_j(A) = P(\{X \in A\} \mid \{X \in A_j\}) = P_X(A \mid A_j)$$

für meßbare Mengen $A \subset \mathbb{R}^d$ definiert, und die Eigenschaften der Zerlegung sichern

$$P_X(A) = \sum_{j=1}^{m} p_j \cdot Q_j(A)\,.$$

Beim stratified sampling simuliert man die bedingten Verteilungen Q_j und erzeugt unabhängig jeweils n_j Punkte bezüglich Q_j, an denen dann die Funktion f ausgewertet wird. Ein geeignet gewichtetes Mittel der Funktionswerte wird als Näherung für a verwendet. Dieses Vorgehen wird auch als Verfahren der *geschichteten Stichprobe* bezeichnet, wobei die sogenannten Schichten durch die Mengen A_j gegeben sind.

Wir diskutieren zunächst anhand von Beispielen Möglichkeiten zur Simulation der Verteilungen Q_j.

Beispiel 5.14. Ist X gleichverteilt, so ist Q_j die Gleichverteilung auf der Menge A_j. Als wichtigen Spezialfall betrachten wir die Gleichverteilung auf $G = [0,1]^d$ und Mengen

$$A_j = [a_{1,j}, b_{1,j}] \times \cdots \times [a_{d,j}, b_{d,j}]\,.$$

Zur Simulation der Gleichverteilung auf dem Rechtecksbereich A_j verwendet man unabhängige Zufallsvariablen $U_1,\dots,U_d$, die jeweils gleichverteilt auf $[0,1]$ sind, und bildet hieraus einen d-dimensionalen Zufallsvektor mit den Komponenten $a_{i,j} + (b_{i,j} - a_{i,j}) \cdot U_i$.

Eine äquidistante Zerlegung von $[0,1]$ mit Schrittweite $1/k$ führt auf Mengen A_j, die kartesische Produkte von Intervallen $[(\ell-1)/k, \ell/k]$ sind. Ihre Gesamtzahl beträgt $m = k^d$, weshalb das zugehörige stratified sampling in hohen Dimensionen d selbst für $k = 2$ und je eine Auswertung pro Rechtecksbereich, d.h. $n_1 = \cdots = n_m = 1$, praktisch nicht mehr durchführbar ist. □

Beispiel 5.15. Wir betrachten den Fall $d = 1$, wählen reelle Zahlen

$$z_1 < \cdots < z_{m-1}$$

und definieren

$$A_1 = \left]-\infty, z_1\right]\,, \qquad A_m = \left]z_{m-1}, \infty\right[$$

sowie

$$A_j = \left]z_{j-1}, z_j\right]\,, \qquad j = 2,\dots,m-1\,.$$

Ferner sei F die Verteilungsfunktion von X und

$$G(u) = \inf\{v \in \mathbb{R} \mid u \leq F(v)\}$$

für $u \in]0,1[$, siehe Abschnitt 4.1. Wir setzen $z_0 = -\infty$ sowie $F(-\infty) = 0$ und definieren

$$X^{(j)} = G\big(F(z_{j-1}) + p_j \cdot U\big)$$

für $j = 1, \ldots, m$ mit einer auf $[0,1]$ gleichverteilten Zufallsvariablen U. Gilt $p_j > 0$, so besitzt $X^{(j)}$ die Verteilung Q_j, siehe Aufgabe 4.2. Auf diese Weise kann man beispielsweise Exponentialverteilungen und, unter Verwendung numerischer Routinen zur Berechnung von Φ und Φ^{-1}, Normalverteilungen stratifizieren. □

Im folgenden bezeichnen wir mit

$$a_j = \int_{\mathbb{R}^d} f(x)\,\mathrm{d}Q_j(x), \qquad \sigma_j^2 = \int_{\mathbb{R}^d} (f(x) - a_j)^2\,\mathrm{d}Q_j(x)$$

den Erwartungswert bzw. die Varianz von f bezüglich Q_j. Falls P_X eine Lebesgue-Dichte h besitzt, gilt

$$Q_j(A) = 1/p_j \cdot \int_{A \cap A_j} h(x)\,\mathrm{d}x,$$

d. h. Q_j besitzt die Lebesgue-Dichte $1_{A_j} \cdot h/p_j$, und es folgt

$$a_j = 1/p_j \cdot \int_{A_j} f(x) \cdot h(x)\,\mathrm{d}x. \tag{5.7}$$

Ist P_X diskret mit Gewichten $\alpha_i \geq 0$ in Punkten $x_i \in \mathbb{R}^d$, so gilt

$$Q_j(A) = 1/p_j \cdot \sum_{i=1}^{\infty} \alpha_i\, 1_{A \cap A_j}(x_i),$$

d. h. Q_j ist diskret mit Gewichten α_i/p_j in den Punkten $x_i \in A_j$, und man erhält

$$a_j = 1/p_j \cdot \sum_{i=1}^{\infty} f(x_i) \cdot \alpha_i\, 1_{A_j}(x_i). \tag{5.8}$$

In beiden Fällen (5.7) und (5.8) ergibt sich

$$a_j = 1/p_j \cdot \mathrm{E}(f(X) \cdot 1_{A_j}(X)), \tag{5.9}$$

und die Betrachtung von $(f - a_j)^2$ anstelle von f zeigt

$$\sigma_j^2 = 1/p_j \cdot \mathrm{E}((f(X) - a_j)^2 \cdot 1_{A_j}(X)) = 1/p_j \cdot \mathrm{E}(f^2(X) \cdot 1_{A_j}(X)) - a_j^2. \tag{5.10}$$

Die letzten beiden Beziehungen gelten in der Tat ohne Voraussetzungen an die Verteilung P_X. Zum Beweis benutzt man, daß $1/p_j \cdot 1_{A_j}$ die Wahrscheinlichkeitsdichte von Q_j bezüglich P_X ist, siehe Abschnitt 5.4, und wendet die Transformationsformel

(5.16) an. Wir erhalten damit die folgenden Zerlegungen des Erwartungswerts und der Varianz von $f(X)$.

Lemma 5.16. *Es gilt*

$$a = \sum_{j=1}^{m} p_j \cdot a_j$$

sowie

$$\sigma^2(f(X)) = \sum_{j=1}^{m} p_j \cdot \sigma_j^2 + \sum_{j=1}^{m} p_j \cdot (a_j - a)^2 .$$

Beweis. Die Eigenschaften der Zerlegung $A_1, \ldots, A_m$ sichern

$$\mathrm{E}(f(X)) = \sum_{j=1}^{m} \mathrm{E}(f(X) \cdot 1_{A_j}(X)),$$

so daß sich die erste Aussage durch Anwendung von (5.9) ergibt.

Mit (5.10) folgt

$$\mathrm{E}(f^2(X)) = \sum_{j=1}^{m} \mathrm{E}(f^2(X) \cdot 1_{A_j}(X)) = \sum_{j=1}^{m} p_j \cdot (\sigma_j^2 + a_j^2),$$

und hieraus erhält man

$$\sigma^2(f(X)) = \mathrm{E}(f^2(X)) - a^2 = \sum_{j=1}^{m} p_j \cdot (\sigma_j^2 + a_j^2) - \left(\sum_{j=1}^{m} p_j \cdot a_j \right)^2 .$$

Wegen

$$\sum_{j=1}^{m} p_j \cdot a_j^2 - \left(\sum_{j=1}^{m} p_j \cdot a_j \right)^2 = \sum_{j=1}^{m} p_j \cdot (a_j - a)^2$$

ist damit die zweite Aussage bewiesen. □

Wir betrachten nun eine unabhängige Folge von d-dimensionalen Zufallsvektoren

$$X^{(1)}, \ldots, X^{(m)}$$

mit

$$P_{X^{(j)}} = Q_j ,$$

d. h. $X^{(j)}$ besitzt die Verteilung Q_j. Ferner seien

$$\left(X_i^{(1)}, \ldots, X_i^{(m)}\right), \qquad i \in \mathbb{N},$$

unabhängige Kopien des Zufallsvektors $(X^{(1)}, \ldots, X^{(m)})$.

Für $n_1, \ldots, n_m \in \mathbb{N}$ und

$$n = \sum_{j=1}^{m} n_j \tag{5.11}$$

definieren wir das Monte Carlo-Verfahren

$$M_n = \sum_{j=1}^{m} \left(p_j \cdot \frac{1}{n_j} \sum_{i=1}^{n_j} f(X_i^{(j)}) \right).$$

Gemäß Lemma 5.16 ist diese Methode erwartungstreu, und für ihren Fehler gilt

$$\Delta^2(M_n) = \sigma^2(M_n) = \sum_{j=1}^{m} p_j^2 \cdot \frac{\sigma_j^2}{n_j}. \tag{5.12}$$

Die Methode M_n kombiniert unabhängige direkte Simulationen zur Approximation von $a_1, \dots, a_m$, die auf den Basisexperimenten $f(X^{(1)}), \dots, f(X^{(m)})$ beruhen. Zur Implementation von M_n benötigt man neben einem Orakel für die Auswertung von f die Werte der Wahrscheinlichkeiten p_j und Algorithmen zur Simulation der Verteilungen der Zufallsvektoren $X^{(j)}$. Im Spezialfall $n_1 = \dots = n_m$ ist M_n ein Verfahren der direkten Simulation mit Basisexperiment $\sum_{j=1}^m p_j \cdot f(X^{(j)})$, und für $m = 1$ erhält man die direkte Simulation D_n mit Basisexperiment $f(X)$.

Bei der Analyse der Kosten von M_n nehmen wir an, daß Algorithmen zur Simulation der Verteilungen von X sowie $X^{(1)}, \dots, X^{(m)}$ zur Verfügung stehen, deren Kosten die Bedingung

$$\operatorname{cost}(X^{(j)}) \leq c_1 \cdot \operatorname{cost}(X), \qquad j = 1, \dots, m,$$

mit einer Konstanten $c_1 > 0$ erfüllen. Es folgt

$$\operatorname{cost}(M_n) \leq n \cdot (\mathbf{c} + c_1 \operatorname{cost}(X) + 1) + m - 1,$$

und ferner gilt

$$\operatorname{cost}(D_n) \geq n \cdot (\mathbf{c} + \operatorname{cost}(X) + 1).$$

Da stets $m \leq n$ erfüllt ist, erhalten wir

$$\operatorname{cost}(M_n) \asymp \operatorname{cost}(D_n).$$

Wir untersuchen im folgenden den Fehler von M_n in Abhängigkeit von der Wahl der Wiederholungsanzahlen n_j. Der Einfachheit halber erlauben wir $n_j \in \,]0, \infty[$ und definieren dann $\sigma^2(M_n)$ durch (5.12). Ziel ist die Minimierung dieser Funktion unter der Nebenbedingung (5.11). Zunächst behandeln wir die naheliegende Wahl von Wiederholungsanzahlen

$$n_j^{\mathrm{prop}} = p_j \cdot n, \qquad j = 1, \dots, m, \tag{5.13}$$

die proportional zu den entsprechenden Wahrscheinlichkeiten p_j sind, und vergleichen die entsprechende Fehlergröße $\sigma^2(M_n^{\mathrm{prop}})$ mit dem Fehler der auf dem Basisexperiment $f(X)$ beruhenden direkten Simulation D_n. Die Konstruktion asymptotischer Konfidenzintervalle ist Gegenstand von Aufgabe 5.6.

Satz 5.17. *Es gilt*

$$\sigma^2(M_n^{\text{prop}}) = \frac{1}{n} \sum_{j=1}^{m} p_j \cdot \sigma_j^2 = \sigma^2(D_n) - \frac{1}{n} \sum_{j=1}^{m} p_j \cdot (a_j - a)^2.$$

Insbesondere folgt $\sigma^2(M_n^{\text{prop}}) \leq \sigma^2(D_n)$, und Gleichheit der Fehler liegt genau dann vor, wenn $a_1 = \cdots = a_m = a$.

Beweis. Die erste Gleichung ist eine unmittelbare Konsequenz aus (5.12) und der Festlegung (5.13). Wegen $\sigma^2(D_n) = \sigma^2(f(X))/n$ folgt die zweite Gleichung unmittelbar aus Lemma 5.16. □

Gemäß Satz 5.17 sollten also im Falle (5.13) die Mengen $A_1, \ldots, A_m$ so gewählt werden, daß sich eine möglichst große mittlere quadratische Abweichung der Erwartungswerte a_j von a ergibt, wobei zur Mittelung die Gewichte p_j verwendet werden. Wir halten jedoch fest, daß sich die Konvergenzordnung beim Übergang von D_n zu M_n^{prop} nur dann verbessert, wenn einerseits die Varianzen von f bezüglich aller Verteilungen Q_j verschwinden, und andererseits die entsprechenden Erwartungswerte nicht alle übereinstimmen. Dieser Ausnahmefall liegt genau dann vor, wenn f fast sicher auf jeder der Mengen A_j konstant ist, ohne bereits auf G fast sicher konstant zu sein. Dann besitzt M_n^{prop} im Gegensatz zu D_n den Fehler null.

Beispiel 5.18. Für $k, m \in \mathbb{N}$ und $N = m \cdot k$ sei X gleichverteilt auf $G = \{1, \ldots, N\}$. Für $f\colon G \to \mathbb{R}$ gilt

$$a = \mathrm{E}(f(X)) = \frac{1}{N} \sum_{x=1}^{N} f(x),$$

und für die durch

$$A_j = \{(j-1)k + 1, \ldots, jk\}$$

mit $j = 1, \ldots, m$ definierte Zerlegung von G erhält man

$$a_j = \frac{1}{k} \sum_{x \in A_j} f(x)$$

sowie

$$\sigma_j^2 = \frac{1}{k} \sum_{x \in A_j} (f(x) - a_j)^2.$$

Die Wahl von $n = m$ in (5.13) definiert eine Monte Carlo-Methode M_n^{prop}, die wir schon in Abschnitt 2.3 studiert und dort mit $\widetilde{M}_n$ bezeichnet haben. Im Spezialfall, daß f nur die Werte null oder eins annimmt, ist Satz 5.17 bereits in Aufgabe 2.1 formuliert und bewiesen worden. □

Wir zeigen nun, daß eine feinere Partition des Wertebereichs von X beim stratified sampling mit (5.13) zu einem kleineren Fehler führt. Dazu zerlegen wir die Menge A_1 durch meßbare Mengen $A_{1,1}, A_{1,2} \subset G$, die

$$p_{1,k} = P(\{X \in A_{1,k}\}) > 0$$

für $k = 1,2$ sowie $P(\{X \in A_{1,1} \cap A_{1,2}\}) = 0$ und

$$P(\{X \in A_1\}) = P(\{X \in A_1 \cap (A_{1,1} \cup A_{1,2})\}) = P(\{X \in A_{1,1} \cup A_{1,2}\})$$

erfüllen. Wir betrachten jetzt die Zerlegung $A_{1,1}, A_{1,2}, A_2, \ldots, A_m$ und bezeichnen mit $\sigma^2(\widetilde{M}_n^{\text{prop}})$ die gemäß (5.12) definierte entsprechende Fehlergröße bei Verwendung von $m+1$ Wiederholungsanzahlen, die in Summe gleich n und proportional zu $p_{1,1}, p_{1,2}, p_2, \ldots, p_m$ sind. Ferner bezeichnen wir mit $a_{1,k}$ den Erwartungswert von f bezüglich des durch $A_{1,k}$ bestimmten Wahrscheinlichkeitsmaßes $Q_{1,k}$.

Lemma 5.19. *Es gilt* $\sigma^2(\widetilde{M}_n^{\text{prop}}) \leq \sigma^2(M_n^{\text{prop}})$ *und*

$$\sigma^2(\widetilde{M}_n^{\text{prop}}) < \sigma^2(M_n^{\text{prop}}) \qquad \Leftrightarrow \qquad a_{1,1} \neq a_{1,2}\,.$$

Beweis. Nach Satz 5.17 genügt es, den Fall $a_{1,1} \neq a_{1,2}$ zu betrachten, und für diesen

$$p_1 \cdot (a_1 - a)^2 < p_{1,1} \cdot (a_{1,1} - a)^2 + p_{1,2} \cdot (a_{1,2} - a)^2$$

nachzuweisen. Diese Ungleichung folgt aber wegen $p_{1,1} + p_{1,2} = p_1$ sofort aus

$$a_1 = \frac{p_{1,1}}{p_1} \cdot a_{1,1} + \frac{p_{1,2}}{p_1} \cdot a_{1,2}\,,$$

siehe (5.9), und der strikten Konvexität von $t \mapsto (t-a)^2$. □

Wie der folgende Satz zeigt, ist die optimale Wahl der Wiederholungsanzahlen n_j proportional zu $p_j \cdot \sigma_j$. Die praktische Relevanz dieser Aussage wird dadurch eingeschränkt, daß die Varianzen σ_j^2 in der Regel unbekannt sind.

Mit

$$\overline{\sigma} = \sum_{j=1}^{m} p_j \cdot \sigma_j$$

bezeichnen wir das gewichtete Mittel der Standardabweichungen σ_j.

Satz 5.20. *Gelte* $\sigma_j > 0$ *für* $j = 1, \ldots, m$, *und sei*

$$n_j^{\text{opt}} = \frac{p_j \cdot \sigma_j}{\overline{\sigma}} \cdot n\,, \qquad j = 1, \ldots, m,$$

mit $n \in \mathbb{N}$. *Dann folgt*

$$\sigma^2(M_n^{\text{opt}}) = \frac{\overline{\sigma}^2}{n} = \inf\{\sigma^2(M_n) \mid n_1, \ldots, n_m \in \,]0,\infty[\ \textit{erfüllen}\ (5.11)\}\,,$$

und es gilt

$$\sigma^2(M_n^{\text{opt}}) = \sigma^2(M_n^{\text{prop}}) - \frac{1}{n} \sum_{j=1}^{m} p_j \cdot (\sigma_j - \overline{\sigma})^2\,.$$

Beweis. Einsetzen von n_j^{opt} in (5.12) und die Cauchy-Schwarz-Ungleichung liefern

$$\sigma^2(M_n^{\text{opt}}) = \frac{1}{n}\left(\sum_{j=1}^{m} p_j \cdot \sigma_j\right)^2 \leq \sum_{j=1}^{m} \frac{p_j^2 \cdot \sigma_j^2}{n_j}$$

für jede Wahl von $n_1, \dots, n_m \in]0, \infty[$, die (5.11) erfüllen. Mit (5.12) folgt die Optimalitätsaussage.

Weiter ergibt sich mit Satz 5.17

$$n \cdot \left(\sigma^2(M_n^{\text{prop}}) - \sigma^2(M_n^{\text{opt}})\right) = \sum_{j=1}^{m} p_j \cdot \sigma_j^2 - \overline{\sigma}^2 = \sum_{j=1}^{m} p_j \cdot (\sigma_j - \overline{\sigma})^2 . \qquad \square$$

Als wichtige Anwendung des stratified sampling diskutieren wir die numerische Integration und dies der Einfachheit halber für Funktionen f auf dem Einheitsintervall $[0,1]$. Die Mengen A_j seien die durch die Punkte

$$0 = z_0 < \cdots < z_m = 1$$

definierten Teilintervalle $A_j = [z_{j-1}, z_j]$. Folglich benötigen wir eine unabhängige Familie von Zufallsvariablen $X_i^{(j)}$, die jeweils gleichverteilt auf dem entsprechenden Intervall A_j sind. Hierzu verwenden wir eine unabhängige Familie von Zufallsvariablen $U_i^{(j)}$, die jeweils gleichverteilt auf $[0,1]$ sind, und setzen

$$X_i^{(j)} = z_{j-1} + (z_j - z_{j-1}) \cdot U_i^{(j)} ,$$

siehe Beispiel 5.14. Wir wählen natürliche Zahlen n_j und erhalten die Monte Carlo-Methode

$$M_n = \sum_{j=1}^{m} \left((z_j - z_{j-1}) \cdot \frac{1}{n_j} \sum_{i=1}^{n_j} f(X_i^{(j)}) \right) .$$

Offenbar gilt $\text{cost}(M_n) \asymp n \cdot \mathbf{c}$, und als Fehler ergibt sich

$$\sigma^2(M_n) = \sum_{j=1}^{m} \frac{1}{n_j} \cdot \left((z_j - z_{j-1}) \int_{z_{j-1}}^{z_j} f^2(x)\,\mathrm{d}x - \left(\int_{z_{j-1}}^{z_j} f(x)\,\mathrm{d}x \right)^2 \right)$$

aus (5.9), (5.10) und (5.12).

Ohne weitere Kenntnis über den Integranden bieten sich eine äquidistante Zerlegung sowie aufgrund von Satz 5.17 gleiche Knotenanzahlen n_j in den Teilintervallen an, d. h. man wählt

$$z_j = \frac{j}{m}$$

sowie $n_1 = \cdots = n_m = k$, so daß insgesamt $n = k \cdot m$ Knoten zufällig gewählt werden. Dann gilt

$$M_{k,m} = M_n^{\text{prop}} = \frac{1}{k \cdot m} \sum_{j=1}^{m} \sum_{i=1}^{k} f(X_i^{(j)}) , \tag{5.14}$$

und es folgt

$$\sigma^2(M_{k.m}) = \frac{1}{k \cdot m} \cdot \left(\int_0^1 f^2(x)\,\mathrm{d}x - m \sum_{j=1}^{m} \left(\int_{(j-1)/m}^{j/m} f(x)\,\mathrm{d}x \right)^2 \right).$$

Das zugehörige Basisexperiment ist

$$Y^{(m)} = \frac{1}{m} \sum_{j=1}^{m} f(X^{(j)})$$

mit unabhängigen Zufallsvariablen $X^{(1)},\ldots,X^{(m)}$, wobei $X^{(j)}$ gleichverteilt auf $[(j-1)/m, j/m]$ ist. Die Kosten von $M_{k.m}$ und $D_{k \cdot m} = M_{k \cdot m.1}$ unterscheiden sich höchstens um eine multiplikative Konstante, die weder von k noch von m abhängt, und für die Fehler dieser Monte Carlo-Methoden gilt

$$\frac{\Delta(D_{k\cdot m})}{\Delta(M_{k.m})} = \frac{\sigma(Y^{(1)})}{\sqrt{m} \cdot \sigma(Y^{(m)})}.$$

Beispiel 5.21. Für die Funktion

$$f(x) = \exp(x^{1/2}), \qquad x \in [0,1],$$

aus den Beispielen 5.3 und 5.9 läßt sich für jedes $m \in \mathbb{N}$ die Varianz von $Y^{(m)}$ analytisch berechnen, und hieraus ergeben sich die numerischen Werte

$$\frac{\Delta(D_{k\cdot 10})}{\Delta(M_{k.10})} \approx 8.795, \qquad \frac{\Delta(D_{k\cdot 100})}{\Delta(M_{k.100})} \approx 80.13.$$

In den Beispielen 5.4 und 5.10 haben wir die Funktion

$$f(x) = \begin{cases} x^{\alpha-1} \cdot \exp(-x), & \text{für } x \in \,]0,1], \\ 0, & \text{für } x = 0, \end{cases}$$

insbesondere für $\alpha = 0.51$ betrachtet. Hier ergeben einfache numerische Berechnungen, daß

$$\frac{\Delta(D_{k\cdot 10})}{\Delta(M_{k.10})} \approx 1.027, \qquad \frac{\Delta(D_{k\cdot 100})}{\Delta(M_{k.100})} \approx 1.052.$$

Während sich im zweiten Fall die Fehlerquotienten für $m = 10$ und $m = 100$ kaum von eins unterscheiden und deshalb stratified sampling keine Verbesserung liefert, sehen wir im ersten Fall eine deutliche Abnahme der Fehlerquotienten mit wachsender Anzahl m von Teilintervallen. Diesen wichtigen exemplarischen Befund greifen wir in Abschnitt 5.5 wieder auf. □

5.4 Importance Sampling

Zur Beschreibung dieser Varianzreduktionsmethode benötigen wir den Begriff der Wahrscheinlichkeitsdichte bezüglich eines Wahrscheinlichkeitsmaßes auf $\mathbb{R}^d$, siehe Irle [91, Abschn. 8.24]. Sei Q ein Wahrscheinlichkeitsmaß auf $\mathbb{R}^d$. Eine Abbildung $\psi\colon \mathbb{R}^d \to [0,\infty[$, die integrierbar bezüglich Q ist und $\int_{\mathbb{R}^d} \psi \,\mathrm{d}Q = 1$ erfüllt, heißt *Wahrscheinlichkeitsdichte* bezüglich Q, und jede solche Abbildung definiert durch

$$\widetilde{Q}(A) = \int_A \psi \,\mathrm{d}Q \tag{5.15}$$

für meßbare Mengen $A \subset \mathbb{R}^d$ ein Wahrscheinlichkeitsmaß $\widetilde{Q}$ auf $\mathbb{R}^d$, das wir mit $\psi \odot Q$ bezeichnen. Für zwei Wahrscheinlichkeitsdichten ψ_1, ψ_2 bezüglich Q gilt

$$\psi_1 \odot Q = \psi_2 \odot Q \qquad \Leftrightarrow \qquad Q(\{\psi_1 = \psi_2\}) = 1\,.$$

Ist eine Eigenschaft für alle $x \in A$ erfüllt, wobei $A \subset \mathbb{R}^d$ eine meßbare Menge mit $Q(A) = 1$ ist, so sagen wir, daß diese Eigenschaft Q-fast sicher vorliegt. Also gilt $\psi_1 \odot Q = \psi_2 \odot Q$ genau dann, wenn ψ_1 und ψ_2 Q-fast sicher übereinstimmen. In diesem Sinne sind Wahrscheinlichkeitsdichten eindeutig bestimmt, und man bezeichnet ψ in (5.15) deshalb auch als die Wahrscheinlichkeitsdichte von $\widetilde{Q}$ bezüglich Q. Umgekehrt genügt es, eine Wahrscheinlichkeitsdichte ψ bezüglich Q auf einer meßbaren Menge $A \subset \mathbb{R}^d$ mit $Q(A) = 1$ zu definieren, um das Wahrscheinlichkeitsmaß $\psi \odot Q$ festzulegen.

Bei der Integration bezüglich Q und $\psi \odot Q$ liegt der folgende einfache Zusammenhang vor. Eine meßbare Abbildung $f\colon \mathbb{R}^d \to \mathbb{R}$ ist genau dann integrierbar bezüglich $\psi \odot Q$, wenn $f \cdot \psi$ integrierbar bezüglich Q ist, und dann gilt

$$\int_{\mathbb{R}^d} f \,\mathrm{d}\psi \odot Q = \int_{\mathbb{R}^d} f \cdot \psi \,\mathrm{d}Q\,. \tag{5.16}$$

Besonders ausgezeichnet ist der Fall, daß Q-fast sicher $\psi > 0$ gilt, denn dann ist die Wahrscheinlichkeitsdichte von Q bezüglich $\psi \odot Q$ durch $\psi^{-1} = 1/\psi$ auf $\{\psi > 0\}$ gegeben, wie unmittelbar aus (5.16) folgt. Ist Q durch eine Lebesgue-Dichte h definiert, gilt also

$$Q(A) = \int_A h(x)\,\mathrm{d}x\,,$$

so besitzt $\psi \odot Q$ die Lebesgue-Dichte $\psi \cdot h$, da sich

$$\widetilde{Q}(A) = \int_A \psi(x) \cdot h(x)\,\mathrm{d}x$$

aus (5.16) ergibt.

Beispiel 5.22. Sei $d = 1$ und Q eine Normalverteilung mit Erwartungswert $\mu \in \mathbb{R}$ und Varianz $\sigma^2 > 0$, d. h. Q besitzt die Lebesgue-Dichte

$$h(x) = \frac{1}{\sqrt{2\pi\sigma^2}} \cdot \exp\left(-\frac{(x-\mu)^2}{2\sigma^2}\right), \qquad x \in \mathbb{R}.$$

Als Kandidaten für Wahrscheinlichkeitsdichten bezüglich Q betrachten wir Abbildungen

$$\psi(x) = c \cdot \exp(\gamma \cdot x), \qquad x \in \mathbb{R},$$

mit $c > 0$ und $\gamma \in \mathbb{R}$. Aus

$$\gamma \cdot x - \frac{(x-\mu)^2}{2\sigma^2} = -\frac{(x-(\mu+\gamma\cdot\sigma^2))^2}{2\sigma^2} + \gamma\cdot\mu + \gamma^2\cdot\sigma^2/2$$

folgt

$$\int_{\mathbb{R}} \exp(\gamma \cdot x) \cdot h(x)\,\mathrm{d}x = \exp(\gamma\cdot\mu + \gamma^2\cdot\sigma^2/2),$$

so daß die Wahl von

$$c = \exp(-\gamma\cdot\mu - \gamma^2\cdot\sigma^2/2)$$

für jedes $\gamma \in \mathbb{R}$ auf eine Wahrscheinlichkeitsdichte ψ bezüglich Q führt. Das Wahrscheinlichkeitsmaß $\psi \odot Q$ besitzt dann die Lebesgue-Dichte

$$(\psi \cdot h)(x) = \frac{1}{\sqrt{2\pi\sigma^2}} \cdot \exp\left(-\frac{(x-(\mu+\gamma\cdot\sigma^2))^2}{2\sigma^2}\right), \qquad x \in \mathbb{R},$$

so daß der Übergang von Q zu $\psi \odot Q$ wieder eine Normalverteilung mit unveränderter Varianz σ^2 und einem um $\gamma \cdot \sigma^2$ verschobenen Erwartungswert liefert. □

Im folgenden betrachten wir in der Situation (5.1) neben X noch einen weiteren d-dimensionalen Zufallsvektor $\widetilde{X}$, der nur Werte in G annimmt und

$$P_X = \varphi \odot P_{\widetilde{X}} \tag{5.17}$$

mit einer Wahrscheinlichkeitsdichte φ bezüglich $P_{\widetilde{X}}$ erfüllt. Dann zeigen (5.16) und der Transformationssatz für Erwartungswerte, daß

$$\mathrm{E}(f(X)) = \int_G f\,\mathrm{d}P_X = \int_G f\cdot\varphi\,\mathrm{d}P_{\widetilde{X}} = \mathrm{E}(f(\widetilde{X})\cdot\varphi(\widetilde{X})),$$

weshalb sich neben $Y = f(X)$ auch das Basisexperiment

$$\widetilde{Y} = f(\widetilde{X}) \cdot \varphi(\widetilde{X})$$

zur direkten Simulation anbietet. Dies entspricht einem *Maßwechsel* von P_X zu $P_{\widetilde{X}}$, der durch die Multiplikation von f mit der Wahrscheinlichkeitsdichte φ kompensiert wird. Mit dem Wechsel von X zu $\widetilde{X}$ will man, grob formuliert, erreichen, daß der Integrand f überwiegend in demjenigen Bereich von G ausgewertet wird, der am meisten zur gesuchten Größe $\mathrm{E}(f(X))$ beiträgt, und deshalb wird diese Technik als *importance sampling* bezeichnet. Zur praktischen Durchführung benötigt man außer einem Orakel für f noch Algorithmen zur Simulation der Verteilung $P_{\widetilde{X}}$ und zur

Berechnung von φ. Besonders einfach ist die Situation, wenn man zunächst $P_{\widetilde{X}}$ aus P_X durch $P_{\widetilde{X}} = \psi \odot P_X$ mit einer P_X-fast sicher positiven Wahrscheinlichkeitsdichte ψ gewinnt, denn dann ist (5.17) mit $\varphi = \psi^{-1}$ auf $\{\psi > 0\}$ erfüllt.

Beispiel 5.23. In vielen Anwendungen besitzen sowohl P_X wie auch $P_{\widetilde{X}}$ Lebesgue-Dichten h bzw. $\tilde{h}$, und es gilt P_X-fast sicher $\tilde{h} > 0$ sowie $P_{\widetilde{X}}$-fast sicher $h > 0$. Dies ist insbesondere dann der Fall, wenn

$$h(x) > 0 \qquad \Leftrightarrow \qquad \tilde{h}(x) > 0$$

für alle $x \in G$ gilt. Wir setzen $\psi = \tilde{h}/h$ auf der Menge $\{h > 0\}$. Der Dichtequotient ψ ist eine Wahrscheinlichkeitsdichte bezüglich P_X, die P_X-fast sicher positiv ist, und wir erhalten (5.17) mit $\varphi = h/\tilde{h}$ auf $\{\tilde{h} > 0\}$. Beispiel 5.22 kann deshalb auch so verstanden werden, daß ψ der Quotient zweier Normalverteilungsdichten mit gleicher Varianz ist.

Analoge Aussagen gelten für diskrete Verteilungen P_X und $P_{\widetilde{X}}$, die

$$P(\{X = x\}) > 0 \qquad \Leftrightarrow \qquad P(\{\widetilde{X} = x\}) > 0$$

für alle $x \in G$ erfüllen. In Aufgabe 3.1 haben wir bereits den Maßwechsel von einer Verteilung P_X auf einer endlichen Menge G zur Gleichverteilung $P_{\widetilde{X}}$ auf dieser Menge analysiert. □

Wir untersuchen nun die Varianzen der Basisexperimente Y und $\widetilde{Y}$ im nichttrivialen Fall $\sigma^2(Y) > 0$. Ergänzend sei bemerkt, daß bei einem Vergleich von Y und $\widetilde{Y}$ auch die Kosten dieser Basisexperimente zu berücksichtigen sind.

Zunächst weisen wir auf einen wichtigen Unterschied zwischen importance sampling und den Varianzreduktionsmethoden aus den vorangehenden Abschnitten hin: Bei ungeeigneter Wahl der neuen Verteilung $P_{\widetilde{X}}$ kann die Varianz von $\widetilde{Y}$ und damit der Fehler der hierauf basierenden direkten Simulation beliebig groß oder sogar unendlich werden. Wir präsentieren hier ein elementares Beispiel und verweisen auch auf Beispiel 6.4, in dem ein naheliegender Algorithmus für das Ising-Modell untersucht wird.

Beispiel 5.24. In der Situation von Beispiel 5.23 sei $G = [0, 1]$ und

$$h(x) = 1, \qquad \tilde{h}(x) = 2x$$

für $x \in G$, so daß (5.17) mit

$$\varphi(x) = 1/(2x)$$

für $x \in]0, 1]$ erfüllt ist. Die Abbildung φ^2 ist genau dann integrierbar bezüglich $P_{\widetilde{X}}$, wenn $\varphi^2 \cdot \tilde{h} = 1/\tilde{h}$ auf $]0, 1]$ Lebesgue-integrierbar ist, aber letzteres trifft nicht zu. Für $f = 1$, oder allgemeiner für alle stetigen Funktionen f mit $f(0) \neq 0$ ist $\widetilde{Y}$ deshalb nicht quadratisch integrierbar. □

Der folgende Satz zeigt, wie die Verteilung $P_{\widetilde{X}}$ zu wählen ist, um die Varianz $\sigma^2(\widetilde{Y})$ zu minimieren.

Satz 5.25. *Jede Verteilung* $P_{\widetilde{X}}$ *mit* (5.17) *erfüllt*

$$\sigma^2(\widetilde{Y}) \geq (\mathrm{E}(|Y|))^2 - (\mathrm{E}(Y))^2 \,,$$

und Gleichheit gilt genau dann, wenn

$$P_{\widetilde{X}} = \frac{|f|}{\mathrm{E}(|Y|)} \odot P_X \,. \tag{5.18}$$

In diesem Fall gilt

$$\sigma^2(\widetilde{Y}) \leq \sigma^2(Y) \,,$$

mit Gleichheit genau dann, wenn $|f|$ P_X*-fast sicher konstant ist, sowie* $\sigma^2(\widetilde{Y}) = 0$*, falls* f *keinen Vorzeichenwechsel besitzt.*

Beweis. Aus (5.17) folgt $\mathrm{E}(\widetilde{Y}) = \mathrm{E}(Y)$ sowie

$$\mathrm{E}(\widetilde{Y}^2) = \int_G f^2 \cdot \varphi^2 \,\mathrm{d}P_{\widetilde{X}} \geq \left(\int_G |f| \cdot \varphi \,\mathrm{d}P_{\widetilde{X}}\right)^2 = \left(\int_G |f| \,\mathrm{d}P_X\right)^2 = (\mathrm{E}(|Y|))^2 \,, \tag{5.19}$$

woraus sich die Ungleichung $\sigma^2(\widetilde{Y}) \geq (\mathrm{E}(|Y|))^2 - (\mathrm{E}(Y))^2$ ergibt. Gleichheit liegt genau dann vor, wenn Gleichheit in (5.19) gilt, und letzteres ist äquivalent dazu, daß $|f| \cdot \varphi$ $P_{\widetilde{X}}$-fast sicher konstant ist. Da $\sigma^2(Y) > 0$, folgt $\int_G |f| \cdot \varphi \,\mathrm{d}P_{\widetilde{X}} = E(|Y|) > 0$, so daß $\sigma^2(\widetilde{Y}) = (\mathrm{E}(|Y|))^2 - (\mathrm{E}(Y))^2$ äquivalent zu $|f| \cdot \varphi = \mathrm{E}(|Y|)$ $P_{\widetilde{X}}$-fast sicher ist. Wegen $|f|/\mathrm{E}(|Y|) \odot P_X = |f|/\mathrm{E}(|Y|) \cdot \varphi \odot P_{\widetilde{X}}$ ist letzteres aber äquivalent zu (5.18).

Im Fall $\sigma^2(\widetilde{Y}) = (\mathrm{E}(|Y|))^2 - (\mathrm{E}(Y))^2$ gilt

$$\sigma^2(Y) - \sigma^2(\widetilde{Y}) = E(f^2(X)) - (\mathrm{E}(|f(X)|))^2 \geq 0 \,,$$

und Gleichheit der Varianzen von $\widetilde{Y}$ und Y ist dann äquivalent dazu, daß $|f|$ P_X-fast sicher konstant ist. Ferner gilt $E(|Y|) = |E(Y)|$, falls f keinen Vorzeichenwechsel besitzt. □

Gilt P_X-fast sicher $f \neq 0$, und definiert man $P_{\widetilde{X}}$ durch (5.18), so ergibt sich (5.17) mit $\varphi = \mathrm{E}(|Y|)/|f|$ auf $\{f \neq 0\}$. Satz 5.25 sichert dann die Optimalität von $P_{\widetilde{X}}$ zur Berechnung von $\mathrm{E}(Y)$. Zur Anwendung des Satzes im Fall $p = P_X(\{f \neq 0\}) \in \,]0,1[$ kann man statt P_X das Wahrscheinlichkeitsmaß

$$Q = \frac{1}{p} \cdot 1_{\{f \neq 0\}} \odot P_X$$

betrachten, d. h. $Q(A) = P_X(A \,|\, \{f \neq 0\})$. Es gilt Q-fast sicher $f \neq 0$, und Satz 5.25 sichert die Optimalität von $P_{\widetilde{X}} = p \cdot |f|/\mathrm{E}(|Y|) \odot Q$ zur Berechnung von $\mathrm{E}(Y)/p$.

Die Optimalitätsaussage von Satz 5.25 ist nur von eingeschränktem Interesse, da zur Simulation des optimalen Basisexperiments $\widetilde{Y} = E(|Y|) \cdot f(\widetilde{X})/|f(\widetilde{X})|$ der Erwartungswert $\mathrm{E}(|Y|)$ benötigt wird. Wir erhalten aber durch (5.18) eine Vorstellung davon, wie gute Verteilungen $P_{\widetilde{X}}$ zu wählen sind: diese sollten eine Dichte bezüglich

P_X besitzen, die näherungsweise proportional zu $|f|$ ist. In der Situation von Beispiel 5.23 mit Lebesgue-Dichten h und $\tilde{h}$ gilt

$$\sigma^2(\widetilde{Y}) = \int_G \Big(\frac{f(x) \cdot h(x)}{\tilde{h}(x)} - \mathrm{E}(Y) \Big)^2 \cdot \tilde{h}(x) \, \mathrm{d}x .$$

Günstig sind also Lebesgue-Dichten $\tilde{h}$, für die $f \cdot h / \tilde{h}$ auf $\{\tilde{h} > 0\}$ nahezu konstant ist.

Beispiel 5.26. Wir setzen die Beispiele 5.4 und 5.10 fort und betrachten $G = [0,1]$, $h(x) = 1$ für $x \in [0,1]$ und

$$f(x) = x^{\alpha - 1} \cdot \exp(-x) , \qquad x \in \,]0,1] ,$$

mit $\alpha \in \,]1/2, 1]$. Siehe auch Fishman [55, Sec. 4.1.1]. Mit der naheliegenden Wahl von

$$\tilde{h}(x) = \alpha \cdot x^{\alpha - 1} , \qquad x \in \,]0,1] ,$$

ergibt sich

$$\widetilde{Y} = \frac{1}{\alpha} \cdot \exp(-\widetilde{X})$$

und

$$P(\{\widetilde{X} \leq v\}) = v^{\alpha} , \qquad v \in [0,1] .$$

Die Simulation der Verteilung von $\widetilde{X}$ gelingt mit der Inversionsmethode, was auf die Darstellung

$$\widetilde{Y} = \frac{1}{\alpha} \cdot \exp(-U^{1/\alpha})$$

mit einer auf $[0,1]$ gleichverteilten Zufallsvariablen U führt. Die Implementation des neuen Basisexperiments $\widetilde{Y}$ ist also auf sehr einfache Weise möglich, und die Kosten zur Simulation von Y und $\widetilde{Y}$ sind nahezu gleich.

Wir vergleichen die Varianzen von Y und $\widetilde{Y}$. Einerseits gilt

$$\sigma^2(Y) \geq \frac{\exp(-2)}{2\alpha - 1} - \frac{1}{\alpha^2} ,$$

so daß Werte von α nahe bei $1/2$ zu beliebig großen Varianzen von Y führen. Andererseits ist $\widetilde{Y}$ beschränkt durch $1/\alpha$, woraus sich

$$\sigma^2(\widetilde{Y}) \leq \frac{1}{\alpha^2} < 4$$

ergibt. Für den Wert $\alpha = 0.51$ erhält man mit einfachen numerischen Berechnungen $\sigma^2(\widetilde{Y}) \approx 0.1552$ und

$$\frac{\sigma^2(Y)}{\sigma^2(\widetilde{Y})} \approx 300.2 , \qquad \frac{\Delta(D_n)}{\Delta(\widetilde{D}_n)} \approx 17.33 . \qquad \square$$

Wir greifen nun noch ein Problem auf, das in fast derselben Form in Beispiel 3.9 und ähnlich in Abschnitt 4.2 aufgetreten ist. Dazu betrachten wir unabhängige und identisch verteilte Zufallsvariablen $X^{(1)},\dots,X^{(d)}$ mit positiver Varianz. Wir setzen $\mu = \mathrm{E}(X^{(1)})$ und fixieren $\varepsilon > 0$ mit $P(\{X^{(1)} \geq \mu + \varepsilon\}) > 0$. Gesucht ist die positive Wahrscheinlichkeit

$$p_d = P\Big(\Big\{\frac{1}{d}\sum_{j=1}^{d} X^{(j)} - \mu \geq \varepsilon\Big\}\Big).$$

Wir setzen $X = (X^{(1)},\dots,X^{(d)})$ und

$$B = \Big\{x \in \mathbb{R}^d \,\Big|\, \sum_{j=1}^{d} x_j \geq d\cdot(\mu+\varepsilon)\Big\},$$

so daß $p_d = P(\{X \in B\})$. Das Basisexperiment $Y_d = 1_B(X)$ führt auf den relativen Fehler

$$\frac{\Delta(Y_d)}{p_d} = \frac{\sigma(Y_d)}{p_d} = \sqrt{\frac{1-p_d}{p_d}}, \tag{5.20}$$

was in großen Dimensionen d problematisch ist, da die Wahrscheinlichkeiten p_d nach dem Gesetz der großen Zahlen gegen null konvergieren. Typischerweise liegt sogar eine sehr schnelle Konvergenz vor. Gilt beispielsweise $0 \leq X^{(j)} \leq 1$ sowie $\varepsilon \in \,]0,1-\mu[$, dann zeigen Satz 3.10 und Lemma 3.11

$$p_d \leq \exp(-2d\varepsilon^2).$$

In diesem Sinn ist $\{Y_d = 1\}$ für große Werte d ein seltenes Ereignis, und die Simulation solcher Ereignisse wird im Kontext der Monte Carlo-Methoden deshalb als *Simulation seltener Ereignisse* bezeichnet. Der relative Fehler von Y_d wächst mindestens so stark wie $\exp(d\varepsilon^2)$. Ziel der folgenden Überlegungen ist es, durch einen geeigneten Maßwechsel ein schwächeres Wachstum der relativen Fehler zu erreichen.

Ein komponentenweiser Maßwechsel erhält die Struktur von P_X. Genauer betrachten wir eine Wahrscheinlichkeitsdichte ψ bezüglich $P_{X^{(1)}}$ und setzen

$$\psi^{\otimes d}(x) = \psi(x_1)\cdots\psi(x_d)$$

für $x = (x_1,\dots,x_d) \in \mathbb{R}^d$. Für meßbare Mengen $A_1,\dots,A_d \subset \mathbb{R}$ folgt aus der Unabhängigkeit der Zufallsvariablen $1_{A_j}(X^{(j)})\cdot\psi(X^{(j)})$, daß

$$\begin{aligned}\int_{A_1\times\cdots\times A_d} \psi^{\otimes d}\,\mathrm{d}P_X &= \mathrm{E}\Big(\prod_{j=1}^{d} 1_{A_j}(X^{(j)})\cdot\psi(X^{(j)})\Big)\\ &= \prod_{j=1}^{d}\mathrm{E}(1_{A_j}(X^{(j)})\cdot\psi(X^{(j)})) = \prod_{j=1}^{d}\int_{A_j}\psi\,\mathrm{d}P_{X^{(1)}}.\end{aligned} \tag{5.21}$$

Damit ist zunächst gezeigt, daß $\psi^{\otimes d}$ eine Wahrscheinlichkeitsdichte bezüglich P_X ist. Sei $\widetilde{X} = (\widetilde{X}^{(1)}, \ldots, \widetilde{X}^{(d)})$ ein Zufallsvektor mit $P_{\widetilde{X}} = \psi^{\otimes d} \odot P_X$. Mit (5.21) folgt

$$P_{\widetilde{X}}(A_1 \times \cdots \times A_d) = \psi^{\otimes d} \odot P_X(A_1 \times \cdots \times A_d) = \prod_{j=1}^{d} \psi \odot P_{X^{(1)}}(A_j),$$

woraus sich ergibt, daß die Komponenten $\widetilde{X}^{(j)}$ von $\widetilde{X}$ unabhängig und identisch verteilt mit $P_{\widetilde{X}^{(1)}} = \psi \odot P_{X^{(1)}}$ sind.

Zur Vorbereitung der Wahl von ψ betrachten wir in der Dimension $d = 1$ eine Zufallsvariable Z und schreiben Γ_Z für die Menge aller $\gamma \in \mathbb{R}$, für die $\exp(\gamma \cdot Z)$ integrierbar ist. Durch

$$m_Z(\gamma) = \mathrm{E}(\exp(\gamma \cdot Z)), \qquad \gamma \in \Gamma_Z,$$

definieren wir eine Funktion $m_Z : \Gamma_Z \to]0, \infty[$, die wegen des folgenden Resultats als *momenterzeugende Funktion* von Z bezeichnet wird.

Lemma 5.27. *Der Definitionsbereich Γ_Z von m_Z ist ein Intervall mit $0 \in \Gamma_Z$. Die Funktion m_Z ist stetig auf Γ_Z und in allen inneren Punkten γ von Γ_Z beliebig oft differenzierbar mit*

$$m_Z^{(k)}(\gamma) = \mathrm{E}(Z^k \cdot \exp(\gamma \cdot Z))$$

für $k \in \mathbb{N}$.

Zum Beweis verweisen wir auf Billingsley [18, S. 278]. Das Innere des Intervalls Γ_Z bezeichnen wir im folgenden mit $\mathring{\Gamma}_Z$. Lemma 5.27 zeigt insbesondere, daß m_Z strikt konvex ist, falls $\mathrm{E}(Z^2) > 0$, und daß $m_Z^{(k)}(0) = \mathrm{E}(Z^k)$ gilt, falls $0 \in \mathring{\Gamma}_Z$.

Offenbar ist

$$\psi_\gamma(x) = \exp(\gamma \cdot x)/m_Z(\gamma), \qquad x \in \mathbb{R},$$

für jedes $\gamma \in \Gamma_Z$ eine Wahrscheinlichkeitsdichte bezüglich P_Z. Der Übergang von P_Z zu $\psi_\gamma \odot P_Z$ heißt *exponentieller Maßwechsel*. Als Dichte von P_Z bezüglich $\psi_\gamma \odot P_Z$ erhält man

$$\varphi_\gamma(x) = \exp(-\gamma \cdot x + \ln m_Z(\gamma)), \qquad x \in \mathbb{R}.$$

Beispiel 5.28. Die momenterzeugende Funktion einer normalverteilten Zufallsvariablen Z mit Erwartungswert μ und Varianz $\sigma^2 > 0$ und die zugehörigen exponentiellen Maßwechsel wurden bereits in Beispiel 5.22 bestimmt. Hier gilt $\Gamma_Z = \mathbb{R}$ und

$$m_Z(\gamma) = \exp(\gamma \cdot \mu + \gamma^2 \cdot \sigma^2/2),$$

und $\psi_\gamma \odot P_Z$ ist die Normalverteilung mit Erwartungswert $\mu + \gamma \cdot \sigma^2$ und Varianz σ^2.

Als weiteres Beispiel betrachten wir eine Zufallsvariable Z, die exponentialverteilt mit Parameter $\lambda > 0$ ist. In diesem Fall zeigt eine einfache Rechnung $\Gamma_Z =]-\infty, \lambda[$ und

$$m_Z(\gamma) = \frac{\lambda}{\lambda - \gamma}.$$

Für $\gamma < \lambda$ ist $\psi_\gamma \odot P_Z$ die Exponentialverteilung mit Parameter $\lambda - \gamma$, da sich

$$\tilde{h}(x) = \psi_\gamma(x) \cdot \lambda \exp(-\lambda x) = (\lambda - \gamma) \cdot \exp(-(\lambda - \gamma) \cdot x)$$

für die Werte der entsprechenden Lebesgue-Dichte $\widetilde{h}$ auf $[0, \infty[$ ergibt. □

Die Wahl von $Z = X^{(1)}$ und komponentenweise durchgeführter Maßwechsel mit ψ_γ für $\gamma \in \Gamma_{X^{(1)}}$ führen zur Wahrscheinlichkeitsdichte

$$\psi_\gamma^{\otimes d}(x) = \exp\Big(\gamma \cdot \sum_{j=1}^{d} x_j - d \cdot \ln m_{X^{(1)}}(\gamma)\Big), \qquad x \in \mathbb{R}^d,$$

bezüglich der Verteilung P_X, und der Übergang von P_X zu $\psi_\gamma^{\otimes d} \odot P_X$ wird ebenfalls als exponentieller Maßwechsel bezeichnet. Die Dichte von P_X bezüglich $\psi_\gamma^{\otimes d} \odot P_X$ ist durch

$$\varphi_\gamma^{\otimes d}(x) = \exp\Big(-\gamma \cdot \sum_{j=1}^{d} x_j + d \cdot \ln m_{X^{(1)}}(\gamma)\Big), \qquad x \in \mathbb{R}^d,$$

gegeben. Unausgesprochen haben wir einen exponentiellen Maßwechsel in den ersten Zeilen des Beweises der Hoeffding-Ungleichung verwendet, siehe Satz 3.10.

Im folgenden schreiben wir kurz m und Γ für $m_{X^{(1)}}$ und $\Gamma_{X^{(1)}}$. Für $\gamma \in \Gamma$ betrachten wir einen Zufallsvektor $\widetilde{X}_\gamma = (\widetilde{X}_\gamma^{(1)}, \ldots, \widetilde{X}_\gamma^{(d)})$ mit $P_{\widetilde{X}_\gamma} = \psi_\gamma^{\otimes d} \odot P_X$ und erhalten damit das neue Basisexperiment

$$\widetilde{Y}_{d,\gamma} = 1_B(\widetilde{X}_\gamma) \cdot \varphi_\gamma^{\otimes d}(\widetilde{X}_\gamma)$$

zur Berechnung von p_d, wobei daran erinnert sei, daß B und $\widetilde{X}_\gamma$ von d abhängen. Gesucht sind solche Werte γ, die zu kleinen Varianzen $\sigma^2(\widetilde{Y}_{d,\gamma})$ führen.

Die momenterzeugende Funktion m von $X^{(1)}$ führt auf eine obere Schranke für die Varianz von $\widetilde{Y}_{d,\gamma}$, die wir anschließend minimieren.

Lemma 5.29. *Für $\gamma \in \Gamma$ und*

$$J(\gamma) = \gamma \cdot (\mu + \varepsilon) - \ln m(\gamma)$$

gilt

$$\sigma^2(\widetilde{Y}_{d,\gamma}) \leq \exp(-2d \cdot J(\gamma)).$$

Ferner ist J stetig und strikt konkav auf Γ.

Beweis. Mit

$$\sigma^2(\widetilde{Y}_{d,\gamma}) \leq \mathrm{E}(\widetilde{Y}_{d,\gamma}^2) = \int_B \left(\varphi_\gamma^{\otimes d}\right)^2 \mathrm{d}P_{\widetilde{X}_\gamma}$$

und der Abschätzung

$$\varphi_\gamma^{\otimes d}(x) \le \exp(-\gamma \cdot d \cdot (\mu + \varepsilon) + d \cdot \ln m(\gamma)) = \exp(-d \cdot J(\gamma))$$

für $x \in B$ erhält man die erste Aussage. Auf $\mathring{\Gamma}$ gilt

$$J' = \mu + \varepsilon - \frac{m'}{m}, \qquad J'' = \frac{(m')^2 - m'' \cdot m}{m^2},$$

und mit Lemma 5.27 folgt

$$\begin{aligned}(m'(\gamma))^2 &= (\mathrm{E}(X^{(1)} \cdot \exp(\gamma \cdot X^{(1)})))^2 \\ &\le \mathrm{E}((X^{(1)})^2 \cdot \exp(\gamma \cdot X^{(1)})) \cdot \mathrm{E}(\exp(\gamma \cdot X^{(1)})) = m''(\gamma) \cdot m(\gamma),\end{aligned}$$

wobei Gleichheit genau dann gilt, wenn $X^{(1)}$ fast sicher konstant ist. Nach Voraussetzung besitzt $X^{(1)}$ jedoch eine positive Varianz. □

Nach Konstruktion sind die Komponenten $\widetilde{X}_\gamma^{(j)}$ des Zufallsvektors $\widetilde{X}_\gamma$ unabhängig und identisch verteilt. Für $\gamma \in \mathring{\Gamma}$ gilt

$$\mathrm{E}(\widetilde{X}_\gamma^{(1)}) = \frac{1}{m(\gamma)} \int_{\mathbb{R}} x \cdot \exp(\gamma \cdot x) \, \mathrm{d}P_{X^{(1)}}(x) = \frac{m'(\gamma)}{m(\gamma)}$$

und

$$\mathrm{E}(\widetilde{X}_\gamma^{(1)})^2 = \frac{1}{m(\gamma)} \int_{\mathbb{R}} x^2 \cdot \exp(\gamma \cdot x) \, \mathrm{d}P_{X^{(1)}}(x) = \frac{m''(\gamma)}{m(\gamma)},$$

wie Lemma 5.27 zeigt, und damit insbesondere

$$\sigma^2(\widetilde{X}_\gamma^{(1)}) = -J''(\gamma) > 0, \tag{5.22}$$

siehe Lemma 5.29.

Im folgenden setzen wir die Existenz eines Punktes $\gamma^* \in \mathring{\Gamma}$ mit $J'(\gamma^*) = 0$ voraus. Dieser Punkt ist dann die eindeutig bestimmte Maximalstelle von J oder äquivalent die eindeutig bestimmte Lösung von

$$\frac{m'(\gamma^*)}{m(\gamma^*)} = \mu + \varepsilon \tag{5.23}$$

auf $\mathring{\Gamma}$, so daß insbesondere $\gamma^* \neq 0$. Siehe Aufgabe 5.11 zur Existenz des Maximums. Wegen $J(0) = 0$ folgt $J(\gamma^*) > 0$.

Für die Komponenten $\widetilde{X}_{\gamma^*}^{(j)}$ des Zufallsvektors $\widetilde{X}_{\gamma^*}$ ergibt sich

$$\mathrm{E}(\widetilde{X}_{\gamma^*}^{(j)}) = \mu + \varepsilon. \tag{5.24}$$

Wie der zentrale Grenzwertsatz zeigt, liegt die Wahrscheinlichkeit $P(\{\widetilde{X}_{\gamma^*} \in B\})$ für große Dimensionen d nahe bei $1/2$, d. h. im Gegensatz zu $\{X \in B\}$ ist $\{\widetilde{X}_{\gamma^*} \in B\}$ kein seltenes Ereignis.

Beispiel 5.30. Wir verwenden Beispiel 5.28, um γ^* im Fall von normalverteilten oder exponentialverteilten Komponenten von X zu bestimmen.

Ist $X^{(1)}$ normalverteilt mit Erwartungswert μ und Varianz σ^2, so gilt

$$\frac{m'(\gamma)}{m(\gamma)} = \mu + \gamma \cdot \sigma^2,$$

und es folgt

$$\gamma^* = \varepsilon / \sigma^2.$$

Sind die Zufallsvariablen $X^{(j)}$ jeweils exponentialverteilt mit Parameter $\lambda > 0$, so gilt $\mu = 1/\lambda$ und

$$\frac{m'(\gamma)}{m(\gamma)} = \frac{1}{\lambda - \gamma}$$

für $\gamma < \lambda$, was den Parameter

$$\gamma^* = \lambda - \frac{1}{1/\lambda + \varepsilon}$$

für den Maßwechsel ergibt. □

Für die Wahrscheinlichkeiten p_d gilt folgende asymptotische untere Schranke.

Lemma 5.31. *Für γ^* gemäß (5.23) gilt*

$$\liminf_{d \to \infty} (\exp(d \cdot J(\gamma^*) + \sqrt{d} \cdot \gamma^*) \cdot p_d) > 0.$$

Beweis. Setze

$$B' = \left\{ x \in \mathbb{R}^d \,\middle|\, \sum_{j=1}^{d} x_j - d \cdot (\mu + \varepsilon) \in [0, \sqrt{d}] \right\}.$$

Aus $B' \subset B$ folgt

$$p_d = \int_B \varphi_\gamma^{\otimes d} \, \mathrm{d}P_{\widetilde{X}_\gamma} \geq \int_{B'} \varphi_\gamma^{\otimes d} \, \mathrm{d}P_{\widetilde{X}_\gamma}$$

für $\gamma \in \Gamma$, und für $x \in B'$ gilt

$$\varphi_\gamma^{\otimes d}(x) \geq \exp(-d \cdot J(\gamma) - \sqrt{d} \cdot \gamma).$$

Dies zeigt

$$\exp(d \cdot J(\gamma) + \sqrt{d} \cdot \gamma) \cdot p_d \geq P_{\widetilde{X}_\gamma}(B') = P(C_{d,\gamma})$$

mit

$$C_{d,\gamma} = \Big\{ \sum_{j=1}^{d} (\widetilde{X}_\gamma^{(j)} - (\mu+\varepsilon))/\sqrt{d} \in [0,1] \Big\}.$$

Aus (5.22), (5.24) und dem zentralen Grenzwertsatz folgt $\lim_{d\to\infty} P(C_{d,\gamma^*}) > 0$. □

Für den relativen Fehler von $\widetilde{Y}_{d,\gamma^*}$ ergibt sich folgende asymptotische obere Schranke.

Satz 5.32. *Für γ^* gemäß (5.23) und jedes $\delta > 0$ gilt*

$$\limsup_{d\to\infty} \frac{\Delta(\widetilde{Y}_{d,\gamma^*})}{p_d^{1-\delta}} = 0.$$

Beweis. Kombiniere die Schranke $\Delta(\widetilde{Y}_{d,\gamma^*}) \le \exp(-d \cdot J(\gamma^*))$ gemäß Lemma 5.29 mit der asymptotischen Schranke für p_d aus Lemma 5.31. □

Zusammenfassend sehen wir, daß sich die Fehler der Basisexperimente vor und nach dem Maßwechsel ganz erheblich in ihrer Abhängigkeit von der Dimension d unterscheiden, denn für jedes $\delta > 0$ existiert eine Konstante $c > 0$, so daß

$$\frac{\Delta(\widetilde{Y}_{d,\gamma^*})}{\Delta(Y_d)} \le c \cdot p_d^{1/2-\delta},$$

siehe (5.20) und Satz 5.32. Im folgenden Beispiel wachsen die relativen Fehler der Basisexperimente $\widetilde{Y}_{d,\gamma^*}$ nur sehr langsam mit der Dimension d.

Beispiel 5.33. Wir betrachten den Fall standard-normalverteilter Komponenten $X^{(j)}$ und bezeichnen mit Φ die Verteilungsfunktion der Standard-Normalverteilung. Mit (3.18) folgt

$$p_d = 1 - \Phi(\sqrt{d}\cdot\varepsilon) \approx \frac{1}{\sqrt{2\pi d}\cdot\varepsilon} \cdot \exp(-d\cdot\varepsilon^2/2).$$

Die Beispiele 5.28 und 5.30 zeigen, daß $\gamma^* = \varepsilon$ und

$$\varphi_{\gamma^*}^{\otimes d}(x) = \exp\Big(-\varepsilon \cdot \sum_{j=1}^{d} x_j + d\cdot\varepsilon^2/2\Big),$$

und daß die Komponenten $\widetilde{X}_{\gamma^*}^{(j)}$ unabhängig und jeweils normalverteilt mit Erwartungswert ε und Varianz eins sind.

Wir setzen $V = \sum_{j=1}^{d} (\widetilde{X}_{\gamma^*}^{(j)} - \varepsilon)$. Dann gilt

$$\widetilde{Y}_{d,\gamma^*} = 1_{[0,\infty[}(V) \cdot \exp(-\varepsilon\cdot V - d\cdot\varepsilon^2/2),$$

und wir erhalten

$$
\begin{aligned}
\mathrm{E}(\widetilde{Y}_{d,\gamma^*}^2) &= \frac{\exp(-d\cdot\varepsilon^2)}{\sqrt{2\pi}}\cdot\int_0^\infty \exp(-2\varepsilon\cdot\sqrt{d}z - z^2/2)\,\mathrm{d}z \\
&= \frac{\exp(d\cdot\varepsilon^2)}{\sqrt{2\pi}}\cdot\int_0^\infty \exp(-1/2\cdot(z+\sqrt{d}\cdot 2\varepsilon)^2)\,\mathrm{d}z \\
&= \exp(d\cdot\varepsilon^2)\cdot(1-\Phi(\sqrt{d}\cdot 2\varepsilon)) \\
&\approx \frac{1}{\sqrt{2\pi d}\cdot 2\varepsilon}\cdot\exp(-d\cdot\varepsilon^2)\,.
\end{aligned}
$$

Es folgt

$$
\frac{\Delta^2(\widetilde{Y}_{d,\gamma^*})}{p_d^2} = \frac{\mathrm{E}(\widetilde{Y}_{d,\gamma^*}^2)}{p_d^2} - 1 \approx \sqrt{\pi/2}\cdot\varepsilon\cdot\sqrt{d}\,. \qquad \square
$$

Wir kehren kurz zu Abschätzungen für die Wahrscheinlichkeiten p_d zurück und nehmen dabei an, daß (5.23) eine Lösung $\gamma^* \in \mathring{\Gamma}$ besitzt. Wie im Beweis von Lemma 5.29 zeigt man $p_d \le \exp(-d\cdot J(\gamma^*))$, und in Verbindung mit Lemma 5.31 ergibt sich hieraus

$$
\lim_{d\to\infty} \frac{\ln p_d}{d} = -J(\gamma^*)\,.
$$

Dieses Resultat ist als Satz von Cramér bekannt, und es bildet den Ausgangspunkt der Theorie der großen Abweichungen, siehe Klenke [105, Kap. 23]. Dieser Begriff drückt aus, daß man Abweichungen von $1/d\cdot\sum_{j=1}^d X^{(j)}$ zu $\mathrm{E}(X^{(j)})$ in der Größenordnung eins und nicht, wie im zentralen Grenzwertsatz, in der Größenordnung $1/\sqrt{d}$ studiert.

Mehr zum Zusammenhang von großen Abweichungen und importance sampling zur Simulation seltener Ereignisse findet der Leser bei Asmussen, Glynn [5, Chap. 6]. Dort und bei Glasserman [70, Sec. 4.1] werden auch Anwendungen auf die Berechnung von Ruinwahrscheinlichkeiten und die Bewertung von Optionen vorgestellt.

5.5 Varianzreduktion zur Verbesserung der Konvergenzordnung

Bisher haben wir bei der direkten Simulation das zugrundeliegende Basisexperiment, welches durch eine Zufallsvariable Y beschrieben wird, nicht explizit an die Anzahl n der unabhängigen Wiederholungen gekoppelt. Eine solche Kopplung führt auf ein „Dreiecksschema“ von Zufallsvariablen $Y_{i,n}$ mit $n\in\mathbb{N}$ und $i=1,\dots,n$, wobei die Zufallsvariablen $Y_{1,n},\dots,Y_{n,n}$ für festes n unabhängig und identisch verteilt sind und

$$
\mathrm{E}(Y_{1,n}) = a
$$

gilt. Die Varianzen $\sigma^2(Y_{1,n})$ sollten monoton fallend in n sein, und hierzu lassen sich Varianzreduktionsmethoden einsetzen. Man setzt dann

$$D_n^* = \frac{1}{n} \sum_{i=1}^{n} Y_{i,n} \tag{5.25}$$

und versucht auf diese Weise zu erreichen, daß der Fehler $\Delta(D_n^*) = \sigma(D_n^*)$ schneller als $\mathrm{cost}(D_n^*)^{-1/2}$ gegen null konvergiert, siehe Korollar 3.3. Wir diskutieren dieses Vorgehen am Beispiel der numerischen Integration unter Verwendung von control variates sowie stratified sampling und greifen es in Kapitel 7 wieder auf.

Mit

$$S(f) = \int_G f(x)\,\mathrm{d}x$$

bezeichnen wir das Integral einer quadratisch integrierbaren Funktion $f\colon G \to \mathbb{R}$ auf einer meßbaren Menge $G \subset \mathbb{R}^d$ mit $0 < \lambda^d(G) < \infty$. Offenbar gilt

$$S(f) = S(f_n) + S(f - f_n)$$

für jede quadratisch integrierbare Funktion $f_n\colon G \to \mathbb{R}$. Bei der Methode der control variates wählt man nun f_n, den sogenannten Hauptteil von f, so, daß sich $S(f_n)$ leicht exakt berechnen läßt und außerdem die Berechnung von $S(f - f_n)$ durch eine direkte Simulation mit kleiner Varianz gelingt. Im einfachsten Fall ist f_n eine geeignete Approximation des Integranden f, und das Basisexperiment $\lambda^d(G) \cdot (f - f_n)(X)$ mit einer auf G gleichverteilten Zufallsvariablen X dient zur näherungsweisen Berechnung von $S(f - f_n)$. Die Zufallsvariablen $Y_{1,n}, \dots, Y_{n,n}$ sind dann unabhängige Kopien von

$$Y_n = S(f_n) + \lambda^d(G) \cdot (f - f_n)(X)\,.$$

Wir illustrieren diese Technik anhand der Integration von Hölder-stetigen Funktionen $f\colon G \to \mathbb{R}$ und betrachten der Einfachheit halber den Fall $G = [0,1]$. Also gilt

$$|f(x) - f(y)| \le L \cdot |x - y|^\beta \tag{5.26}$$

für alle $x, y \in [0,1]$ mit Konstanten $L > 0$ und $0 < \beta \le 1$. Die Menge dieser Funktionen bezeichnen wir mit $F_{L,\beta}$.

Für $m \in \mathbb{N}$ sei f_m die auf den Intervallen $[(k-1)/m, k/m[$ mit $k = 1, \dots, m$ konstante Funktion, die f in den Knoten $(2k-1)/(2m)$ interpoliert. Wir erhalten folgende deterministische Fehlerabschätzung in der L^2-Norm, die durch

$$\|f\|_2 = \left(\int_0^1 f^2(x)\,\mathrm{d}x \right)^{1/2}$$

definiert ist, vgl. (5.2).

Lemma 5.34. *Für $f \in F_{L,\beta}$ gilt*

$$\|f - f_m\|_2 \le \frac{L}{2^\beta \sqrt{2\beta + 1} \cdot m^\beta}\,.$$

Beweis. Die Hölder-Stetigkeit von f sichert

$$\left| f(x) - f\left(\frac{2k-1}{2m}\right) \right| \leq L \cdot \left| x - \frac{2k-1}{2m} \right|^{\beta}$$

für $x \in [(k-1)/m, k/m[$, woraus

$$\|f - f_m\|_2^2 \leq 2m \cdot \int_0^{1/(2m)} \left(Lx^{\beta}\right)^2 \mathrm{d}x = \frac{L^2}{2^{2\beta}(2\beta+1) \cdot m^{2\beta}}$$

folgt. □

Zur direkten Simulation wählen wir das Basisexperiment

$$Y_m(f) = S(f_m) + (f - f_m)(X) = \frac{1}{m} \sum_{k=1}^{m} f\left(\frac{2k-1}{2m}\right) + (f - f_m)(X) \tag{5.27}$$

mit einer auf $[0,1]$ gleichverteilten Zufallsvariablen X, und wir setzen

$$D_{n,m}(f) = \frac{1}{m} \sum_{k=1}^{m} f\left(\frac{2k-1}{2m}\right) + \frac{1}{n} \sum_{i=1}^{n} (f - f_m)(X_i)$$

mit unabhängigen, auf $[0,1]$ gleichverteilten Zufallsvariablen X_i, was (5.4) mit $\tilde{f} = f_m$ und $b = 1$ entspricht. Der deterministische Anteil von $D_{n,m}(f)$ ist die *Mittelpunktregel*.

Durch die Wahl von

$$m_n = \lceil 2\beta \cdot n \rceil \tag{5.28}$$

koppeln wir nun das Basisexperiment Y_{m_n} an die Anzahl der unabhängigen Wiederholungen n und betrachten

$$D_n^*(f) = D_{n,m_n}(f),$$

was (5.25) mit unabhängigen Kopien $Y_{1,n}, \ldots, Y_{n,n}$ von Y_{m_n} entspricht.

Satz 5.35. *Für alle $f \in F_{L,\beta}$ und $n \in \mathbb{N}$ gilt*

$$\Delta(D_n^*, f) \leq \frac{L}{(4\beta)^{\beta} \cdot (2\beta+1)^{1/2} \cdot n^{\beta+1/2}} \asymp (\mathrm{cost}(D_n^*, f))^{-(\beta+1/2)} \cdot c_{L,\beta} \cdot \mathbf{c}^{\beta+1/2}$$

mit $c_{L,\beta} = L \cdot 2^{-\beta}$.

Beweis. Für $f \in F_{L,\beta}$ gilt

$$\sigma^2(Y_m(f)) = \sigma^2((f - f_m)(X)) \leq \|f - f_m\|_2^2 \leq \frac{L^2}{2^{2\beta}(2\beta+1) \cdot m^{2\beta}},$$

siehe Lemma 5.34. Mit Satz 3.2 erhalten wir

$$\Delta(D_{n,m}, f) = \sigma(D_{n,m}(f)) \leq \frac{1}{\sqrt{n}} \cdot \frac{L}{2^\beta \sqrt{2\beta+1} \cdot m^\beta} . \tag{5.29}$$

Da das Runden reeller Zahlen auf die nächstkleinere ganze Zahl mit Kosten eins möglich ist, sind die Kosten zur Berechnung von $f_m(X) = f((2\lfloor m \cdot X \rfloor + 1)/(2m))$ proportional zu $\mathbf{c}$. Also erreicht man

$$\mathrm{cost}(D_{n,m}, f) \asymp (m+n) \cdot \mathbf{c} , \tag{5.30}$$

und hier gilt die asymptotische Äquivalenz gleichmäßig in n, m und f. Die Minimierung der oberen Schranke in (5.29) unter der Nebenbedingung, daß $m+n$ konstant ist, führt auf die Wahl (5.28), und hierfür ergibt sich die Aussage des Satzes. □

Die Methode $D_n^*(f)$ berechnet eine deterministische Approximation f_{m_n} von f und verwendet als grobe Näherung für $S(f)$ das Integral von f_{m_n}. Die klassische Monte Carlo-Methode aus Abschnitt 3.2.2 wird auf die Differenz $f - f_{m_n}$ angewandt, um die grobe Näherung zu verbessern. Auf diese Weise erreichen wir bei der Integration von Hölder-stetigen Funktionen $f\colon [0,1] \to \mathbb{R}$ eine Verbesserung der Konvergenzordnung $1/2$ der klassischen Monte Carlo-Methode auf eine Konvergenzordnung von (mindestens) $\beta + 1/2$. Dasselbe Resultat erhält man mit einer für $\beta \neq 1/2$ schlechteren Konstanten auch bei der Wahl von $m_n = n$. Mit Techniken, die wir in Kapitel 7 kennenlernen werden, läßt sich zeigen, daß beliebige Monte Carlo-Verfahren auf der Funktionenklasse $F_{L,\beta}$ keine bessere Konvergenzordnung als $\beta + 1/2$ erreichen, siehe Aufgabe 7.8.

Sehr interessant ist die Tatsache, daß man mit beliebigen deterministischen Methoden für die Klasse $F_{L,\beta}$ höchstens die Konvergenzordnung β erreichen kann. Für das Problem der Integration von Funktionen $f \in F_{L,\beta}$ besitzen also geeignete Monte Carlo-Methoden eine Konvergenzordnung, die mindestens um den Faktor $1 + 1/(2\beta)$ größer ist als die Konvergenzordnung jeder beliebigen deterministischen Methode, und diese Überlegenheit ist für kleine Werte von β besonders beeindruckend. Ein ähnlich drastischer Unterschied zwischen deterministischen und randomisierten Verfahren zeigt sich beim Problem der hochdimensionalen Integration von r-fach stetig differenzierbaren Funktionen auf $[0,1]^d$, wenn die Dimension d viel größer als r ist. Auch diese Aussagen werden wir in Kapitel 7 präzisieren und beweisen.

Beispiel 5.36. Wir illustrieren das Verhalten der Methode D_n^* anhand der Funktion

$$f(x) = \exp(x^{1/2}), \qquad x \in [0,1],$$

aus Beispiel 5.3, die $f \in F_{L,\beta}$ mit

$$L = \exp(1) - 1, \qquad \beta = 1/2,$$

erfüllt. Wir vergleichen diese Methode und die klassische direkte Simulation $D_{2n} = 1/(2n) \sum_{i=1}^{2n} f(X_i)$ mit unabhängigen, auf $[0,1]$ gleichverteilten Zufallsvariablen X_i.

Abbildung 5.1 zeigt jeweils eine Realisierung der ersten 400 Glieder der Folgen $(D_n^*)_{n\in\mathbb{N}}$ und $(D_{2n})_{n\in\mathbb{N}}$. Abbildung 5.2 zeigt für beide Methoden Realisierungen und zugehörige asymptotische Konfidenzintervalle zum Niveau 0.95 zusammen mit dem gesuchten Wert $S(f) = 2$. Man erkennt bei gleichen Kosten die wesentlich höhere Genauigkeit der Approximationen $D_n^*(\omega)$, was sich auch in viel kleineren Konfidenzintervallen widerspiegelt. So betragen die Intervallängen zu den beiden Näherungswerten $D_{100}^*(\omega)$ und $D_{400}^*(\omega)$ etwa $1.8 \cdot 10^{-3}$ und $2.3 \cdot 10^{-4}$. Bei der direkten Simulation besitzen die entsprechenden Konfidenzintervalle hingegen etwa die Längen $1.1 \cdot 10^{-1}$ und $5.9 \cdot 10^{-2}$.

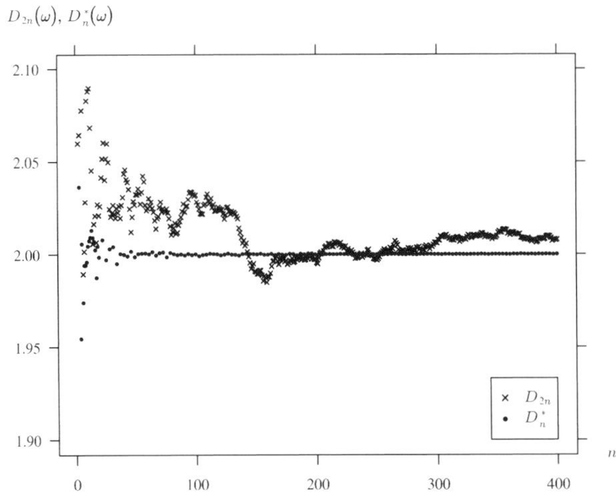

Abb. 5.1 $D_n^*(\omega)$ und $D_{2n}(\omega)$ für $n = 1,\dots,400$

Außerdem vergleichen wir die Fehlerschranke gemäß Satz 5.35 mit dem Fehler $\Delta(D_n^*, f)$. Für den vorliegenden Integranden läßt sich dieser Fehler ausgehend von

$$\sigma^2(Y_m(f)) = \sum_{k=1}^{m} \int_{(k-1)/m}^{k/m} (f(x) - f((2k-1)/(2m)))^2 \,\mathrm{d}x - \left(\sum_{k=1}^{m} \int_{(k-1)/m}^{k/m} \big(f(x) - f((2k-1)/(2m))\big) \,\mathrm{d}x \right)^2$$

durch einfache numerische Berechnung ermitteln. Abbildung 5.3 zeigt Fehlerschranken und Fehler in Abhängigkeit von n in einer doppelt-logarithmischen Darstellung, und zum Vergleich sind auch die Fehler $(\exp(2) - 7)^{1/2}/(4n)^{1/2}$ der klassischen direkten Simulation D_{2n} dargestellt. Letztere besitzen die Konvergenzordnung $1/2$, während nach Satz 5.35 für die Fehler $\Delta(D_n^*, f)$ mindestens die Konvergenzordnung 1 vorliegt. Die zu diesen Fehlerwerten ebenfalls eingetragene Regressionsgerade, siehe Aufgabe 5.4, weist auf eine noch schnellere Konvergenz hin. Ihre negative Steigung liefert den Wert 1.4641 als approximative Konvergenzordnung der Fehler $\Delta(D_n^*, f)$.

Wie Abbildung 5.3 zeigt, ist der Fehler von D_n^* bereits für $n = 400$ kleiner als 10^{-4}, während die klassische direkte Simulation diese Genauigkeit erst bei etwa $n = 10^7$ erreicht. □

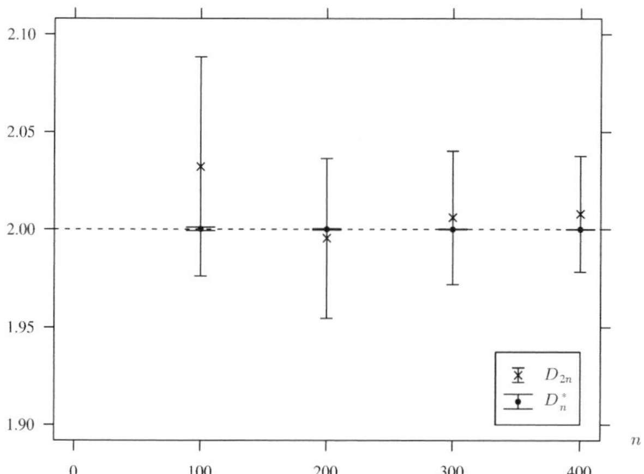

Abb. 5.2 $D_n^*(\omega)$ und $D_{2n}(\omega)$, sowie Konfidenzintervalle

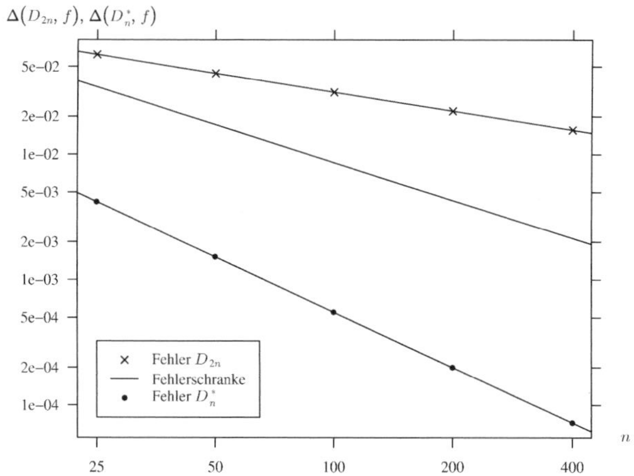

Abb. 5.3 Fehler von D_n^* und D_{2n}, sowie Fehlerschranke für D_n^*

Wie beim antithetic sampling liegt auch bei der Abspaltung des Hauptteils ein enger Zusammenhang zwischen Exaktheit und Fehler vor. Wir betrachten hierzu einen normierten Raum F und eine lineare Abbildung $S\colon F \to \mathbb{R}$ sowie einen linearen randomisierten Algorithmus $M\colon F \times \Omega \to \mathbb{R}$, d. h.

$$M(\cdot)(\omega)\colon F \to \mathbb{R}$$

ist für jedes $\omega \in \Omega$ ebenfalls eine lineare Abbildung. Wir nehmen an, daß M und S in folgendem Sinne stetig sind. Es existieren positive Konstanten c_M und c_S, so daß für alle $f \in F$ die Abschätzungen

$$\left(\mathrm{E}\left(M^2(f)\right)\right)^{1/2} \leq c_M \cdot \|f\|$$

und

$$|S(f)| \leq c_S \cdot \|f\|$$

gelten. Ferner sei

$$F_0 = \{f \in F \mid \Delta(M, f) = 0\}$$

der Exaktheitsraum von M.

Lemma 5.37. *Unter obigen Voraussetzungen gilt für alle $f \in F$*

$$\Delta(M, f) \leq (c_M + c_S) \cdot \inf_{f_0 \in F_0} \|f - f_0\| .$$

Beweis. Sei $f_0 \in F_0$. Dann gilt

$$\Delta(M, f) = \left(\mathrm{E}\left(M(f - f_0) - S(f - f_0)\right)^2\right)^{1/2} \leq (c_M + c_S) \cdot \|f - f_0\| ,$$

woraus die Behauptung folgt. □

Aus diesem Lemma ergibt sich Satz 5.35 bis auf Konstanten, indem man F als Raum der beschränkten meßbaren Funktionen $f\colon [0,1] \to \mathbb{R}$ mit der Supremumsnorm

$$\|f\|_\infty = \sup_{x \in [0,1]} |f(x)|$$

wählt, und beachtet, daß der lineare Algorithmus $M = Y_m$ gemäß (5.27) alle Funktionen, die auf den Intervallen $[(k-1)/m, k/m[$ konstant sind, exakt integriert. Weiter gilt

$$\left(\mathrm{E}\left(M^2(f)\right)\right)^{1/2} \leq \left(\int_0^1 f_m^2(x)\,\mathrm{d}x\right)^{1/2} + \left(\int_0^1 f^2(x)\,\mathrm{d}x\right)^{1/2} \leq c_M \cdot \|f\|_\infty$$

mit $c_M = 2$ für alle $f \in F$. Offenbar kann $c_S = 1$ für die lineare Abbildung S, die jeder Funktion $f \in F$ ihr Integral zuordnet, gewählt werden. Schließlich ergibt sich in Analogie zu Lemma 5.34 die Abschätzung

$$\inf_{f_0 \in F_0} \|f - f_0\|_\infty \leq \frac{L}{(2m)^\beta}$$

für $f \in F_{L,\beta}$.

Auch die obere Schranke aus Satz 5.6 zum antithetic sampling ergibt sich bis auf Konstanten aus Lemma 5.37. Wir wählen F mit der entsprechenden Norm als

Raum aller Funktionen $f\colon G \to \mathbb{R}$, für die $f(X)$ quadratisch integrierbar ist. Für das Basisexperiment $M(f) = f_{\mathrm{g}}(X)$ gilt

$$\left(\mathrm{E}\left(M^2(f)\right)\right)^{1/2} = \|f_{\mathrm{g}}(X)\|_2 \leq \|f\|_2,$$

siehe Satz 5.2, so daß $c_M = 1$ gewählt werden kann. Ferner gilt $|S(f)| \leq \|f\|_2$, so daß auch $c_S = 1$ verwendet werden kann.

Abschließend diskutieren wir die Methode der *zufälligen Riemann-Summen*, die durch

$$M_n(f) = \frac{1}{n} \sum_{j=1}^{n} f(X^{(j)})$$

mit unabhängigen, jeweils auf $[(j-1)/n, j/n]$ gleichverteilten Zufallsvariablen $X^{(j)}$ definiert ist. Hier geschieht die Varianzreduktion mit Hilfe des stratified sampling, denn M_n ergibt sich als Spezialfall aus der Familie der in (5.14) eingeführten Methoden $M_{k,m}$ bei Wahl von $k = 1$ und $m = n$. Für alle $f \in F_{L,\beta}$ und $n \in \mathbb{N}$ gilt

$$\Delta(M_n, f) \leq \frac{c_{L,\beta}}{n^{\beta+1/2}}$$

mit einer Konstanten $c_{L,\beta} > 0$, siehe Aufgabe 5.14. Da $\mathrm{cost}(M_n, f) \asymp n$, erreicht man also auch mit den Methoden M_n bei der Integration Hölder-stetiger Funktionen auf $G = [0,1]$ (mindestens) die Konvergenzordnung $\beta + 1/2$.

Aufgaben

Aufgabe 5.1. a) Betrachten Sie einen d-dimensionalen Zufallsvektor X, der symmetrisch verteilt bezüglich $\mu \in \mathbb{R}^d$ ist, und eine Funktion $f\colon \mathbb{R}^d \to \mathbb{R}$, so daß $f(X)$ quadratisch integrierbar ist. Zeigen Sie

$$\sigma^2(\widetilde{Y}) < \tfrac{1}{2}\,\sigma^2(Y) \qquad \Leftrightarrow \qquad \mathrm{Cov}(f(X), f(2\mu - X)) < 0$$

für die Zufallsvariablen $Y = f(X)$ und $\widetilde{Y} = f_{\mathrm{g}}(X)$.

b) Zeigen Sie ferner, daß im Falle $d = 1$ die strenge Monotonie von f hinreichend für $\sigma^2(\widetilde{Y}) < \frac{1}{2}\,\sigma^2(Y)$ ist.

Ross [170] behandelt das mehrdimensionale Analogon zu b) sowie antithetic sampling für die Gleichverteilung auf den Permutationen von $\{1, \ldots, n\}$.

Aufgabe 5.2. Sei h eine stetige positive Lebesgue-Dichte auf $\mathbb{R}$ und bezeichne H die zugehörige Verteilungsfunktion. Zeigen Sie

$$\int_{\mathbb{R}} f(x) \cdot h(x)\,\mathrm{d}x = \int_0^1 f(H^{-1}(x))\,\mathrm{d}x$$

für $f\colon \mathbb{R} \to \mathbb{R}$, falls das Lebesgue-Integral von $f \cdot h$ über $\mathbb{R}$ existiert.

Aufgabe 5.3. Bestimmen Sie die beste L^2-Approximation der Funktion

$$f(x) = \exp(x^{1/2}), \qquad x \in [0,1],$$

durch affin-lineare Funktionen sowie den entsprechenden Approximationsfehler.

Aufgabe 5.4. Für Punkte $(z_1, y_1), \ldots, (z_n, y_n) \in \mathbb{R}^2$, die $|\{z_1 \ldots, z_n\}| > 1$ erfüllen, setzen wir

$$b^* = \frac{\sum_{i=1}^n y_i z_i - 1/n \sum_{i=1}^n y_i \cdot \sum_{i=1}^n z_i}{\sum_{i=1}^n z_i^2 - 1/n \left(\sum_{i=1}^n z_i\right)^2}$$

und

$$g(t) = \frac{1}{n} \sum_{i=1}^n y_i + b^* \left(t - \frac{1}{n} \sum_{i=1}^n z_i \right), \qquad t \in \mathbb{R}.$$

Die Funktion g definiert die sogenannte *Regressionsgerade* zu den Punkten (y_i, z_i), siehe Krengel [108, S. 168]. Zeigen Sie mit Hilfe des Ergebnisses aus Aufgabe 1.5, daß

$$\sum_{i=1}^n (y_i - g(z_i))^2 \leq \sum_{i=1}^n (y_i - h(z_i))^2$$

für jede affin-lineare Funktion h gilt.

Aufgabe 5.5. Betrachten Sie die Bewertung eines asiatischen Calls mit Ausübungspreis K und Ausübungszeitpunkt $T \in \mathbb{N}$ in einem eindimensionalen zeitdiskreten Black-Scholes-Modell $X = (X_0, \ldots, X_T)$ mit Anfangswert $x_0 > 0$, Volatilität $\sigma > 0$ und Zinsrate $r > 0$ unter Verwendung der Zufallsvariablen

$$\tilde{c}(X) = \left(\left(\prod_{t=1}^T X_t \right)^{1/T} - K \right)^+$$

als control variate, siehe Beispiel 5.13. Implementieren Sie die direkte Simulation $\widetilde{D}_{n,b}$ mit Basisexperiment $\widetilde{Y}_b$ und die Methode M_n gemäß (5.5) sowie die zugehörigen asymptotischen Konfidenzintervalle. Wählen Sie die Parametereinstellungen aus Beispiel 4.25, und führen Sie numerische Experimente zum Vergleich der Methode $D_{2n} = \widetilde{D}_{2n,0}$ mit den Verfahren $\widetilde{D}_{n,b}$ und M_n durch.

Aufgabe 5.6. Im folgenden werden die Bezeichnungen aus Abschnitt 5.3 verwendet. Bei der praktischen Durchführung der Methode M_n^{prop} des stratified sampling mit proportionalen Wiederholungsanzahlen betrachten wir das Verfahren

$$M_n^{\text{prop}} = \sum_{j=1}^m \left(p_j \cdot \frac{1}{n_j} \sum_{i=1}^{n_j} f(X_i^{(j)}) \right)$$

mit $n_j = \lceil p_j \cdot n \rceil$ für $j = 1, \ldots, m$.

a) Zeigen Sie, daß die Zufallsvariablen

$$\frac{n^{1/2}}{\left(\sum_{j=1}^m p_j \cdot \sigma_j^2\right)^{1/2}} \cdot \left(M_n^{\text{prop}} - a\right)$$

asymptotisch standard-normalverteilt sind.

Hinweis: Benutzen Sie Lemma 3.17 und die Tatsache, daß aus der Verteilungskonvergenz von $(X_n)_{n\in\mathbb{N}}$ gegen X und von $(Y_n)_{n\in\mathbb{N}}$ gegen Y die Verteilungskonvergenz von $(X_n+Y_n)_{n\in\mathbb{N}}$ gegen $X+Y$ folgt, falls X und Y sowie für jedes $n\in\mathbb{N}$ auch X_n und Y_n unabhängig sind. Siehe Chung [35, S. 165].

b) Konstruieren Sie asymptotische Konfidenzintervalle der Form

$$[M_n^{\text{prop}} - L_n, M_n^{\text{prop}} + L_n]$$

zum Niveau $1-\delta$ für a.

Aufgabe 5.7. Entwerfen und implementieren Sie einen Algorithmus zum stratified sampling im Cox-Ross-Rubinstein-Modell, wobei die Schichten durch die möglichen Endpreise der Aktie definiert sind.

Betrachten Sie dazu in einer Vorüberlegung eine unabhängige Folge von identisch verteilten Zufallsvariablen $X_1,\dots,X_T$ mit

$$P(\{X_t = u\}) = p, \qquad P(\{X_t = d\}) = 1-p$$

für $0<d<u$ und $p\in\,]0,1[$. Ferner sei $X=(X_1,\dots,X_T)$ und

$$A_j = \{x\in\{u,d\}^T \mid |\{t \mid x_t = u\}| = j\}$$

für $j=0,\dots,T$. Zeigen Sie, daß

$$P(\{X=x\}\mid\{X\in A_j\}) = 1\Big/\binom{T}{j}$$

für alle $x\in A_j$ gilt.

Aufgabe 5.8. Für $d\in\mathbb{N}$ und $G=[0,1]^d$ sei

$$f_d(x) = (e-1)^{-d}\cdot\exp\Big(\sum_{j=1}^{d} x_i\Big), \qquad x\in G.$$

Betrachten Sie die Menge F_d aller meßbaren Funktionen $f\colon G\to\mathbb{R}$, die $|f|\le f_d$ erfüllen.

a) Sei X gleichverteilt auf G, und sei $D_n(f)$ die direkte Simulation mit Basisexperiment $f(X)$. Untersuchen Sie das Verhalten von $\Delta(D_n, f_d)$ in großen Dimensionen d.

b) Entwerfen Sie eine direkte Simulation $\widetilde{D}_n$, die n Auswertungen für jede Funktion $f\in F_d$ verwendet und

$$\sup_{f\in F_d}\Delta(\widetilde{D}_n, f)\le n^{-1/2}$$

erfüllt.

Aufgabe 5.9. Untersuchen Sie das Verhalten von Poisson- und Binomialverteilungen unter exponentiellen Maßwechseln.

Aufgabe 5.10. Seien $X^{(1)},\dots,X^{(d)}$ unabhängig und jeweils Bernoulli-verteilt mit Parameter $1/2$, d.h. $P(\{X^{(j)}=1\}) = P(\{X^{(j)}=0\}) = 1/2$ für $j=1,\dots,d$. Bestimmen Sie für $\varepsilon \in\,]0,1/2[$ die Asymptotik von $\ln p_d$, wobei

$$p_d = P\Big(\Big\{\frac{1}{d}\sum_{j=1}^{d} X^{(j)} - 1/2 \geq \varepsilon\Big\}\Big).$$

Bestimmen Sie p_d auch durch geeignete Monte Carlo-Methoden, und vergleichen Sie die Ergebnisse.

Aufgabe 5.11. Sei Z eine Zufallsvariable, deren momenterzeugende Funktion m_Z auf ganz $\mathbb{R}$ definiert ist und die $\mathrm{E}(Z)=0$ erfüllt. Setze

$$J(\gamma) = \gamma \cdot \varepsilon - \ln m_Z(\gamma)$$

für $\varepsilon > 0$. Zeigen Sie folgende Aussagen:

a) Die Funktion J besitzt genau dann ein globales Maximum, wenn $m_{Z-\varepsilon}$ ein globales Minimum besitzt.

b) Aus $P(\{Z>\varepsilon\})>0$ und $P(\{Z<\varepsilon\})>0$ folgt die Existenz eines globalen Maximums von J.

c) Gilt $P(\{Z \leq \varepsilon\}) = 1$, so besitzt J kein globales Maximum.

Aufgabe 5.12. Implementieren Sie die in diesem Kapitel beschriebenen Algorithmen zur numerischen Integration mit Varianzreduktion für $G=[0,1]$, und führen Sie Experimente und Vergleiche mit dem Verfahren ohne Varianzreduktion durch. Stellen Sie Ihre Ergebnisse auch graphisch dar.

Aufgabe 5.13. Wir vergleichen das Verhalten der Methoden $D_{n,n}$ und M_n aus Abschnitt 5.5 für quadratisch integrierbare Funktionen $f\colon [0,1]\to\mathbb{R}$, die wenig Glattheit besitzen.

a) Zeigen Sie

$$\Delta(M_n,f) \leq \|f\|_2 \cdot n^{-1/2}.$$

b) Konstruieren Sie eine Funktion f mit $\lim_{n\to\infty}\Delta(D_{n,n},f)=\infty$.

c) Fomulieren Sie Bedingungen an den Integranden f, die hinreichend für die Konvergenz von $\Delta(D_{n,n},f)$ gegen null sind.

d) Untersuchen Sie analytisch oder durch numerische Experimente das Konvergenzverhalten von $D_{n,n}$ für die Funktion

$$f(x) = \begin{cases} x^{\alpha-1}, & \text{für } x\in\,]0,1], \\ 0, & \text{für } x=0, \end{cases}$$

wobei $\alpha \in\,]1/2,1[$.

Aufgabe 5.14. Zeigen Sie, daß die Methode M_n der zufälligen Riemann-Summen für Hölder-stetige Funktionen mit Exponent β mindestens die Konvergenzordnung $\beta + 1/2$ besitzt.

Kapitel 6
Die Markov Chain Monte Carlo-Methode

Der Einsatz der direkten Simulation setzt voraus, daß ein Algorithmus zur Simulation der Verteilung des Basisexperiments zur Verfügung steht. Tatsächlich ist die Simulation einer Wahrscheinlichkeitsverteilung ein eigenständiges Problem, für das wir in Kapitel 4 einige grundlegende Techniken kennengelernt haben. Oft besitzt das Basisexperiment in natürlicher Weise die Struktur $Y = f(X)$, und simuliert wird die Verteilung P_X von X.

Besonders einfach erscheint auf den ersten Blick der Fall, daß X Werte in einer endlichen Menge annimmt und der zu berechnende Erwartungswert $\mathrm{E}(f(X))$ deshalb eine endliche Summe ist, aber diese Einschätzung ist unzutreffend. Wir werden Problemstellungen dieser Art, insbesondere aus der Statistischen Physik, kennenlernen, bei denen es kaum möglich erscheint, den Erwartungswert $\mathrm{E}(f(X))$ explizit zu berechnen oder die Verteilung P_X mit akzeptablen Kosten zu simulieren. Das Ising-Modell wird dabei eine besondere Rolle spielen.

An diesem Punkt kommen Markov-Ketten $(X_n)_{n\in\mathbb{N}_0}$, die wir bereits in Abschnitt 4.5.1 kennengelernt haben, ins Spiel. Wir werden sehen, wie sich Markov-Ketten konstruieren lassen, so daß einerseits die Verteilung von $(X_0,\ldots,X_n)$ einfach zu simulieren ist und andererseits P_{X_n} gegen P_X konvergiert. Der Ergodensatz

$$\lim_{n\to\infty} \frac{1}{n} \sum_{k=1}^{n} f(X_k) = \mathrm{E}(f(X))$$

tritt dann an die Stelle des starken Gesetzes der großen Zahlen für die direkte Simulation und erlaubt die approximative Berechnung des gesuchten Erwartungswertes. Markov-Ketten oder allgemeiner zeit-diskrete Markov-Prozesse verwendet man also in zweierlei Weise: zur Modellierung wie in Abschnitt 4.5 und als algorithmisches Werkzeug wie im vorliegenden Kapitel. Häggström [75] und Georgii [66] geben Einführungen in das Gebiet der Markov-Ketten, und wir verweisen auch auf die weiterführenden Texte von Behrends [14], Brémaud [27] und Levin, Peres, Wilmer [115].

In Abschnitt 6.1 diskutieren wir die bereits angesprochenen Grenzen der direkten Simulation genauer und stellen zugleich das hard core model und das Ising-

T. Müller-Gronbach, E. Novak, K. Ritter, *Monte Carlo-Algorithmen*,
DOI 10.1007/978-3-540-89141-3_6,

Modell aus der Statistischen Physik vor. Abschnitt 6.2 bereitet mit einer Einführung in die Theorie endlicher Markov-Ketten auf die Behandlung von Grundprinzipien der Markov Chain Monte Carlo-Methode in Abschnitt 6.3 vor, in dem wir als klassische Verfahren den Metropolis-Algorithmus und den Gibbs-Sampler studieren. Abschließend geben wir in Abschnitt 6.4 Ausblicke auf die Themen Fehlerschranken und Aufwärmzeit sowie schnelle Mischung und perfekte Simulation, insbesondere für das Ising-Modell. Um den technischen Aufwand gering zu halten, beschränken wir uns auf Markov-Ketten mit endlichen Zustandsräumen; dies gilt nicht für Abschnitt 6.4.5, in dem unter anderem die Volumenberechnung für konvexe Körper in $\mathbb{R}^d$ diskutiert wird.

Wie in Kapitel 5 verwenden wir englischsprachige Bezeichnungen, etwa für Algorithmen oder für Modelle der Physik, wenn diese auch in der deutschsprachigen Literatur gebräuchlich sind.

6.1 Die Grenzen der direkten Simulation

In diesem Kapitel ist Z eine endliche Menge, die als *Zustandsraum* bezeichnet wird und mit der Potenzmenge $\mathbb{P}(Z)$ als σ-Algebra versehen ist. Ein Vektor aus $\mathbb{R}^Z$ heißt *Wahrscheinlichkeitsvektor*, falls er nicht-negative Komponenten besitzt, die sich zu eins addieren. Wahrscheinlichkeitsmaße μ auf $(Z, \mathbb{P}(Z))$, kurz Wahrscheinlichkeitsmaße auf Z, identifizieren wir durch

$$\mu_z = \mu(\{z\}), \qquad z \in Z,$$

mit Wahrscheinlichkeitsvektoren $\mu = (\mu_z)_{z \in Z} \in \mathbb{R}^Z$. Für jede Zufallsvariable X mit Werten in Z und Verteilung $\mu = P_X$ und für jede Funktion $f \colon Z \to \mathbb{R}$ ist der Erwartungswert von $f(X)$ die endliche Summe

$$\mathrm{E}(f(X)) = \int_Z f \, \mathrm{d}\mu = \sum_{z \in Z} f(z) \cdot \mu_z . \tag{6.1}$$

Da wir oft mit verschiedenen Verteilungen μ auf Z arbeiten werden, schreiben wir auch

$$\mathrm{E}_\mu(f) = \sum_{z \in Z} f(z) \cdot \mu_z ,$$

um die Abhängigkeit des Erwartungswertes von μ zu unterstreichen.

Die exakte Berechnung von Erwartungswerten $\mathrm{E}_\mu(f)$ durch Summation ist nicht möglich, falls der Zustandsraum Z, wie bei den in diesem Kapitel betrachteten Anwendungen in Physik und Informatik, astronomisch groß ist. In diesem Fall bietet sich der Einsatz von Monte Carlo-Algorithmen an. Bisher haben wir die direkte Simulation und Varianten davon betrachtet, um Erwartungswerte zu berechnen. Der Einsatz der direkten Simulation setzt allerdings voraus, daß ein Algorithmus mit akzeptablen Kosten zur Simulation der Verteilung des Basisexperiments zur Verfügung steht, was bei den bisher betrachteten konkreten Anwendungen stets gegeben war. Im Fall der Berechnung von $\mathrm{E}(f(X))$ in (6.1) wäre $Y = f(X)$ das natürliche Basisexperiment, und man müßte in der Lage sein, die Verteilung $\mu = P_X$ mit vertretbarem Aufwand zu simulieren.

Diese Voraussetzung ist jedoch bei den in diesem Kapitel betrachteten Anwendungen nicht erfüllt. Beim hard core model ist die Zielverteilung μ zwar die Gleichverteilung auf Z, aber die Menge Z ist kombinatorisch sehr kompliziert. Beim Ising-Modell besitzt der Zustandsraum Z dagegen eine sehr einfache kombinatorische Struktur, aber für die gewünschte Verteilung μ ist keine einfache Möglichkeit der Simulation bekannt.

Zur Vorbereitung der folgenden Beispiele erinnern wir an eine Grundstruktur der Graphentheorie. Ein *Graph* (E,K) besteht aus einer endlichen Menge $E \neq \emptyset$, deren Elemente als *Ecken* bezeichnet werden, und einer Menge K, deren Elemente zweielementige Teilmengen von E sind und als *Kanten* bezeichnet werden, siehe Aigner [1]. Graphen werden auch als ungerichtete Graphen bezeichnet, gerichtete Graphen werden in Abschnitt 6.2 benötigt und eingeführt. In vielen Fällen besteht der Zustandsraum aus Abbildungen auf der Eckenmenge E eines Graphen in eine endliche Menge Λ, es gilt also

$$Z \subset \Lambda^E .$$

Beispiel 6.1. Wir diskutieren ein *hard core model* der Statistischen Physik, siehe Häggström [75, Chap. 7]. Gegeben sei ein Graph (E,K). Die Menge

$$\widetilde{Z} = \{0,1\}^E$$

wird als erweiterter Zustandsraum bezeichnet, und ihre Elemente heißen Konfigurationen. Der Zustandsraum Z besteht aus allen Konfigurationen $z \in \widetilde{Z}$ mit

$$z(e) = z(e') = 1 \qquad \Rightarrow \qquad \{e,e'\} \notin K$$

für alle $e,e' \in E$, und solche Konfigurationen heißen zulässig. Dabei hat man etwa die Vorstellung eines Gases: $z(e) = 1$ bedeutet, daß sich an der Position e ein Gasmolekül befindet, und in diesem Fall sind die Nachbarpositionen von e blockiert. Schließlich ist μ die Gleichverteilung auf Z.

Konfigurationen beschreiben als Indikatorfunktionen Teilmengen von E, und die zulässigen Konfigurationen entsprechen genau denjenigen Teilmengen von E, die keine benachbarten Knoten enthalten. In der Informatik wird eine Teilmenge mit dieser Eigenschaft als unabhängig bezeichnet, und das hard core model ist als *Modell der unabhängigen Mengen* bekannt, siehe Randall [161].

Wir betrachten die Funktion

$$f(z) = \frac{1}{|E|} \sum_{e \in E} z(e) ,$$

welche den Anteil der besetzten Positionen in einer zulässigen Konfiguration z liefert. Zu berechnen ist der mittlere Anteil

$$\mathrm{E}_\mu(f) = \frac{1}{|Z|} \sum_{z \in Z} f(z) \tag{6.2}$$

der besetzten Positionen. Da im allgemeinen die Mächtigkeit $|Z|$ des Zustandsraums sehr groß ist und der Zustandsraum eine komplizierte kombinatorische Struktur besitzt, ist oft nicht nur die exakte Berechnung der endlichen Summe $\sum_{z \in Z} f(z)$, sondern bereits die Bestimmung von $|Z|$ ein schwieriges Problem.

Im Spezialfall eines zweidimensionalen Gitters (E, K), das durch

$$E = \{1, \ldots, m\}^2$$

und

$$K = \{\{e, e'\} \mid |e_1 - e'_1| + |e_2 - e'_2| = 1\}$$

definiert ist, gilt $|E| = m^2$. Grundsätzlich kann man die Gleichverteilung auf Z mit der Verwerfungsmethode simulieren: Durch m^2 unabhängige Bernoulli-Experimente gewinnt man eine Konfiguration $z \in \widetilde{Z}$, die akzeptiert wird, falls $z \in Z$. Diese Methode ist für $m = 5$ noch praktikabel, aber schon nicht mehr für $m = 8$. Ein numerisches Experiment der Autoren hat bei $m = 5$ und 10^7 Versuchen immerhin noch 16516 zulässige Konfigurationen erzeugt, bei $m = 8$ und derselben Anzahl von Versuchen dagegen keine einzige.

Leicht erkennt man

$$|Z| \geq 2^{m^2/2}, \tag{6.3}$$

während sich der Anteil der zulässigen Konfigurationen im erweiterten Zustandsraum für gerades m durch

$$\frac{|Z|}{|\widetilde{Z}|} \leq \left(\frac{7}{16}\right)^{m^2/4} \tag{6.4}$$

abschätzen läßt, siehe Aufgabe 6.1. Also ist Z einerseits exponentiell groß, andererseits ist der Anteil von Z in $\widetilde{Z}$ exponentiell klein. Mit (6.4) kennen wir auch eine obere Schranke für die Akzeptanzwahrscheinlichkeit $|Z|/|\widetilde{Z}|$ der Verwerfungsmethode, deren Kosten demnach mindestens $(16/7)^{m^2/4}$ betragen. Bislang steht uns also kein Verfahren zur Verfügung, um den Erwartungswert $\mathrm{E}_\mu(f)$ beispielsweise für das zweidimensionale Gitter mit $m = 20$ zu berechnen, da die entsprechende Akzeptanzwahrscheinlichkeit kleiner als $1.3 \cdot 10^{-36}$ ist. □

Beispiel 6.2. Wir betrachten einen Zustandsraum der Form

$$Z = \{-1, 1\}^E,$$

wobei E die Eckenmenge eines Graphen (E, K) ist. Die Zustände $z \in Z$ ordnen also jeder Ecke $e \in E$ ein Vorzeichen $z(e) \in \{-1, 1\}$ zu. In der Physik beschreibt der Graph die Nachbarschaftsstruktur von Dipolen oder Elementarmagneten $e \in E$, die die Ausrichtungen 1 und -1 annehmen können. Diese Ausrichtungen werden oft auch als *Spins* bezeichnet, weshalb die Zustände $z \in Z$ auch Spin-Konfigurationen heißen. Spinmodelle spielen in der Physik eine wichtige Rolle; wir verweisen hierzu auf Baxter [12].

Positive Wahrscheinlichkeitsvektoren $\mu \in \mathbb{R}^Z$ lassen sich stets in der Form

$$\mu_z = \frac{1}{C_\beta} \cdot \exp(-\beta \cdot H(z)), \qquad z \in Z, \tag{6.5}$$

mit einer Funktion

$$H\colon Z \to \mathbb{R}$$

und einer Konstanten

$$\beta > 0$$

darstellen, die wir der Terminologie der Statistischen Physik folgend als *Hamilton-Funktion* oder *Energiefunktion* bzw. als *inverse Temperatur* bezeichnen; die Größe $T = 1/\beta$ heißt Temperatur. Die Normierungskonstante

$$C_\beta = \sum_{z \in Z} \exp(-\beta \cdot H(z))$$

oder genauer die Abbildung $\beta \mapsto C_\beta$ wird in diesem Kontext *Partitionsfunktion* genannt. Schließlich heißt das durch (6.5) definierte Wahrscheinlichkeitsmaß auf Z *Boltzmann-Verteilung* zur Energiefunktion H und inversen Temperatur β. Um die Abhängigkeit von β auszudrücken, schreiben wir μ^β und bezeichnen die Wahrscheinlichkeit von z entsprechend mit μ_z^β. Wir halten fest, daß große Wahrscheinlichkeiten μ_z^β kleinen Energien $H(z)$ entsprechen, und daß $\beta \cdot H$ durch μ bis auf eine additive Konstante eindeutig bestimmt ist. Die Extremfälle sind durch die Gleichverteilung μ^0 auf Z und die Gleichverteilung μ^∞ auf der Menge der Minimalstellen von H gegeben, denn es gilt

$$\lim_{\beta \to 0} \mu_z^\beta = \mu_z^0$$

und

$$\lim_{\beta \to \infty} \mu_z^\beta = \mu_z^\infty \tag{6.6}$$

für alle $z \in Z$, siehe Aufgabe 6.2.

Die Kantenmenge K des Graphen schränkt die Struktur der Energiefunktionen ein, die wir im folgenden betrachten werden. Wir nehmen an, daß H die Form

$$H(z) = \sum_{e \in E} h_e(z(e)) + \sum_{\{e,e'\} \in K} h_{\{e,e'\}}(z(e), z(e')) \tag{6.7}$$

mit Funktionen

$$h_e\colon \{-1,1\} \to \mathbb{R}$$

und symmetrischen Funktionen

$$h_{\{e,e'\}}\colon \{-1,1\}^2 \to \mathbb{R}$$

besitzt. Konkret beschreiben wir das *Ising-Modell* für die Magnetisierung einer ferromagnetischen Substanz. Hier sind die Funktionen h_e durch

$$h_e(\lambda) = -g_e \cdot \lambda$$

mit $g_e \in \mathbb{R}$ definiert, während die Funktionen $h_{\{e,e'\}}$ nicht von den Kanten $\{e,e'\}$ abhängen und durch

$$h_{\{e,e'\}}(\lambda_1, \lambda_2) = -\lambda_1 \cdot \lambda_2$$

gegeben sind. Somit gilt

$$H(z) = -\sum_{e \in E} g_e \cdot z(e) - \sum_{\{e,e'\} \in K} z(e) \cdot z(e').$$

Durch $(g_e)_{e \in E}$ und die Summe über alle Ecken wird der Einfluß eines externen Magnetfelds berücksichtigt, während die Summe über alle Kanten die magnetische Wechselwirkung zwischen benachbarten Elementarmagneten erfaßt. Gleiche Spins an benachbarten Ecken und die Ausrichtung des Spins nach dem externen Magnetfeld führen zu niedrigen Energien. Beide Einflüsse werden mit wachsender Temperatur, d. h. mit fallendem β, schwächer.

Im klassischen Fall ist (E,K) ein periodisches Gitter mit

$$E = \{1, \ldots, m\}^d,$$

wobei $d \in \mathbb{N}$. Zwei Ecken $e, e' \in E$ sind genau dann benachbart, wenn sie sich nur in einer Koordinate i mit

$$|e_i - e'_i| \in \{1, m-1\}$$

unterscheiden, so daß jede Ecke genau $2d$ Nachbarn hat.

Die exakte Berechnung von Erwartungswerten $\mathrm{E}_{\mu^\beta}(f)$ im Ising-Modell mit periodischem Gitter durch Summation über Z ist typischerweise nicht möglich, da der Zustandsraum die Mächtigkeit $|Z| = 2^{(m^d)}$ besitzt. Dieselbe Schwierigkeit tritt bereits bei der Bestimmung der Partitionsfunktion C_β und damit bei der Berechnung der Wahrscheinlichkeiten μ_z^β auf.

Ohne äußeres Magnetfeld besitzt ein Ferromagnet im Ising-Modell die Energiefunktion

$$H(z) = -\sum_{\{e,e'\} \in K} z(e) \cdot z(e'), \tag{6.8}$$

und seine *absolute Magnetisierung*

$$f(z) = \frac{1}{|E|} \left| \sum_{e \in E} z(e) \right| \tag{6.9}$$

ist eine wichtige makroskopische Größe. Offensichtlich gilt $0 \le f(z) \le 1$ und damit $\sigma^2(f(X)) \le 1/4$ für die Varianz des Basisexperiments $Y = f(X)$ zur direkten Simulation mit $P_X = \mu^\beta$, siehe Aufgabe 3.10. Nach unserem bisherigen Kenntnisstand ist es jedoch unklar, ob sich die Zielverteilung μ^β mit vertretbarem Aufwand simulieren läßt, und damit bleibt offen, ob die direkte Simulation mit obigem Basisexperiment praktikabel ist.

Das Ising-Modell spielt in der Statistischen Physik eine herausragende Rolle, da mit ihm das Phänomen des Phasenübergangs mathematisch verstanden werden kann. Dieses Thema werden wir in Abschnitt 6.4.4 wieder aufgreifen.

Wir bemerken, daß die Energiefunktion H der Form (6.7) mit $h_e = 0$ und

$$h_{\{e,e'\}}(\lambda_1, \lambda_2) = \begin{cases} 1, & \text{falls } \lambda_1 = \lambda_2 = 1, \\ 0, & \text{sonst}, \end{cases}$$

im Grenzfall $\beta \to \infty$ auf das hard core model mit einem periodischen Gitter führt. Die Zustände $z \in Z$ beschreiben nämlich mittels $\{e \in E \mid z(e) = 1\}$ die Teilmengen von E, und die Minimalstellen von H sind genau diejenigen Teilmengen von E, die keine benachbarten Knoten enthalten. □

Jede endliche Summe (6.1) kann als Erwartungswert bezüglich der Gleichverteilung μ^0 auf Z geschrieben werden. Genauer gilt

$$\mathrm{E}_\mu(f) = \frac{1}{|Z|} \sum_{z \in Z} f(z) \cdot |Z| \cdot \mu_z = \mathrm{E}_{\mu^0}(f \cdot \varphi)$$

mit

$$\varphi(z) = |Z| \cdot \mu_z, \qquad z \in Z,$$

was der Tatsache entspricht, daß φ die Wahrscheinlichkeitsdichte von μ bezüglich μ^0 ist. Damit ist das Basisexperiment

$$Y^0 = f(X^0) \cdot \varphi(X^0)$$

mit einer auf Z gleichverteilten Zufallsvariablen X^0 eine Alternative zu $Y = f(X)$ mit $P_X = \mu$.

Dieses Vorgehen haben wir bereits im Abschnitt 5.4 über importance sampling als Maßwechsel mit dem Ziel der Varianzreduktion kennengelernt, siehe auch Aufgabe 3.1. Im aktuellen Kontext stellen sich beim Maßwechsel die folgenden Fragen:

1. Kann man die Gleichverteilung auf Z mit akzeptablen Kosten simulieren?
2. Kann man Funktionswerte $\varphi(z)$ mit akzeptablen Kosten berechnen?
3. Wie groß ist die Varianz $\sigma^2(Y^0)$ von Y^0?

Beim hard core model gilt $\mu^0 = \mu$, so daß dieser Maßwechsel keine neuen Möglichkeiten eröffnet. Für die Diskussion des Maßwechsels beim Ising-Modell ist das folgende Lemma hilfreich.

Lemma 6.3. *Sind V_1 und V_2 nicht-negative Zufallsvariablen, die* $\mathrm{E}(V_1) = 1$, $V_2 \leq 1$ *und* $\mathrm{E}(V_1 V_2) \geq 1/2$ *erfüllen, so gilt für jedes* $\varepsilon \in \,]0, 1/2[$

$$\sigma^2(V_1 V_2) \geq \frac{(1/2 - \varepsilon)^2}{P(\{V_2 \geq \varepsilon\})} - 1.$$

Beweis. Setze $A = \{V_2 \geq \varepsilon\}$. Dann gilt

$$1/2 \leq \int_A V_1 V_2 \,\mathrm{d}P + \int_{A^c} V_1 V_2 \,\mathrm{d}P \leq \int_A V_1 V_2 \,\mathrm{d}P + \varepsilon\,.$$

Es folgt $\int_A V_1 V_2 \,\mathrm{d}P \geq 1/2 - \varepsilon$ und daraus insbesondere $P(A) > 0$. Die Cauchy-Schwarz-Ungleichung liefert weiter

$$\int_A V_1 V_2 \,\mathrm{d}P \leq \left(\int_\Omega V_1^2 V_2^2 \,\mathrm{d}P\right)^{1/2} \cdot (P(A))^{1/2}.$$

Hiermit erhalten wir

$$\int_\Omega V_1^2 V_2^2 \,\mathrm{d}P \geq \frac{1}{P(A)} \cdot \left(\int_A V_1 V_2 \,\mathrm{d}P\right)^2 \geq \frac{(1/2-\varepsilon)^2}{P(A)}\,.$$

Schließlich benutzt man $\mathrm{E}(V_1 V_2) \leq 1$ sowie

$$\sigma^2(V_1 V_2) = \mathrm{E}(V_1^2 V_2^2) - (\mathrm{E}(V_1 V_2))^2\,, \tag{6.10}$$

um den Beweis zu beenden. □

Beispiel 6.4. Beim Ising-Modell ist die erste der Fragen zum Maßwechsel zu bejahen, da die Gleichverteilung auf $Z = \{-1,1\}^E$ mit Hilfe von $|E|$ unabhängigen Bernoulli-Experimenten simuliert werden kann.

Bei der zweiten Frage stößt man bereits auf Schwierigkeiten, da die Partitionsfunktion C_β in

$$\varphi_\beta(z) = \frac{|Z|}{C_\beta} \cdot \exp(-\beta \cdot H(z))$$

im allgemeinen nicht bekannt ist. Man könnte an folgenden Ausweg denken. Es gilt $\mathrm{E}_{\mu^\beta}(C_\beta \cdot f) = \mathrm{E}_{\mu^0}(C_\beta \cdot f \cdot \varphi_\beta)$. Mit unabhängigen und jeweils auf Z gleichverteilten Zufallsvariablen X_i^0 sind deshalb

$$M_n^{(1)}(f) = \frac{|Z|}{n} \sum_{i=1}^n f(X_i^0) \cdot \exp(-\beta \cdot H(X_i^0))$$

und

$$M_n^{(2)} = \frac{|Z|}{n} \sum_{i=1}^n \exp(-\beta \cdot H(X_i^0))$$

direkte Simulationen zur Berechnung von $\mathrm{E}_{\mu^\beta}(C_\beta \cdot f)$ bzw. C_β. Damit konvergiert die Folge der Monte Carlo-Methoden

$$M_n(f) = \frac{M_n^{(1)}(f)}{M_n^{(2)}} = \frac{\sum_{i=1}^n f(X_i^0) \cdot \exp(-\beta \cdot H(X_i^0))}{\sum_{i=1}^n \exp(-\beta \cdot H(X_i^0))}$$

fast sicher gegen die gesuchte Größe $\mathrm{E}_{\mu^\beta}(f)$. Der praktische Einsatz dieser Methode setzt voraus, daß die Energiefunktion H mit akzeptablen Kosten berechnet werden kann.

Zur Vereinfachung der weiteren Analyse nehmen wir sogar an, daß sich die Wahrscheinlichkeiten μ_z^β auf einfache Weise berechnen lassen. Dann bietet sich statt der Methode M_n die direkte Simulation

$$\widetilde{M}_n(f) = \frac{1}{n} \sum_{i=1}^{n} f(X_i^0) \cdot \varphi_\beta(X_i^0)$$

an.

Wir untersuchen die Varianz des Basisexperiments $Y^0 = f(X^0) \cdot \varphi_\beta(X^0)$ mit der absoluten Magnetisierung f in einem Ising-Modell ohne äußeres Magnetfeld, siehe (6.8) und (6.9). Der zugrundeliegende Graph ist das zweidimensionale periodische Gitter mit m^2 Punkten. Zur Abschätzung von $\sigma^2(Y^0)$ definieren wir $V_1 = \varphi_\beta(X^0)$ und $V_2 = f(X^0)$. Offenbar gilt $\mathrm{E}(V_1) = 1$ und $V_2 \leq 1$. Die Zufallsvariablen $X^0(e)$ mit $e \in E$ sind unabhängig und jeweils gleichverteilt auf $\{-1, 1\}$, und es gilt

$$V_2 = \left| \frac{1}{|E|} \sum_{e \in E} X^0(e) \right| .$$

Die Hoeffding-Ungleichung für Zufallsvariablen mit Werten in $[-1, 1]$ liefert deshalb

$$P(\{V_2 \geq 1/4\}) \leq 2\exp(-|E|/32) .$$

Die Minimalstellen der Energiefunktion H gemäß (6.8) sind die beiden Konfigurationen mit gleichen Spins aller Dipole, und in beiden Fällen nimmt f den Wert eins an. Zusammen mit (6.6) folgt

$$\lim_{\beta \to \infty} \mathrm{E}_{\mu^\beta}(f) = 1 .$$

Für hinreichend niedrige Temperatur können wir Lemma 6.3 anwenden und erhalten

$$\sigma^2(Y^0) \geq \frac{1}{32} \cdot \exp(|E|/32) - 1$$

für die Varianz von Y^0. Damit ist die direkte Simulation mit dem Basisexperiment Y^0 für große Gitter bei niedrigen Temperaturen nicht praktikabel. □

Zur algorithmischen Behandlung der beiden vorgestellten Modelle aus der Physik und vieler verwandter Probleme auf großen endlichen Wahrscheinlichkeitsräumen ist also eine prinzipiell neue Idee nötig, die wir in den folgenden Abschnitten entwickeln werden. Wir nennen hier nur die Stichworte Markov-Ketten und Ergodensatz. Insbesondere werden wir in Abschnitt 6.4.4 Simulationen für das Ising-Modell mit $d = 2$ und $m = 4000$ vorstellen. Hier gilt $|E| = 1.6 \cdot 10^7$, und der Zustandsraum Z besitzt mehr als 2^{10^7} Elemente.

6.2 Endliche Markov-Ketten

Wir untersuchen zeit-diskrete, „gedächtnislose" Prozesse mit einem endlichen Zustandsraum. Abschnitt 6.2.1 behandelt Grundbegriffe und Beispiele, während Abschnitt 6.2.2 mit zwei Grenzwertsätzen die Brücke zur algorithmischen Anwendung schlägt.

6.2.1 Grundbegriffe

Die direkte Simulation beruht auf unabhängigen Folgen von identisch verteilten Zufallsvariablen. Wir schwächen diese Eigenschaften ab, indem wir nur die „Gedächtnislosigkeit" im Sinne der folgenden Definition fordern.

Definition 6.5. Ein zeit-diskreter stochastischer Prozeß $(X_n)_{n\in\mathbb{N}_0}$ mit endlichem Zustandsraum Z heißt *endliche Markov-Kette*, falls er die *Markov-Eigenschaft* erfüllt, d. h. es gilt

$$P(\{X_{n+1} = z_{n+1}\} \,|\, \{(X_0,\ldots,X_n) = (z_0,\ldots,z_n)\}) = P(\{X_{n+1} = z_{n+1}\} \,|\, \{X_n = z_n\})$$

für alle $n \in \mathbb{N}$ und $z_0,\ldots,z_{n+1} \in Z$ mit $P(\{(X_0,\ldots,X_n) = (z_0,\ldots,z_n)\}) > 0$. Die endliche Markov-Kette heißt *homogen*, falls

$$P(\{X_{n+1} = z'\} \,|\, \{X_n = z\}) = P(\{X_{m+1} = z'\} \,|\, \{X_m = z\})$$

für alle $m,n \in \mathbb{N}_0$ und $z,z' \in Z$ mit $P(\{X_n = z\}) \cdot P(\{X_m = z'\}) > 0$ gilt.

Die Begriffe Markov-Eigenschaft und Markov-Kette haben wir für diskrete Zustandsräume bereits in Abschnitt 4.5.1 kennengelernt. Häggström [75] und Georgii [66] geben Einführungen in das Gebiet der Markov-Ketten, und wir verweisen auch auf die weiterführenden Texte von Behrends [14], Brémaud [27] und Levin, Peres, Wilmer [115]. In diesem und im folgenden Abschnitt werden wir Markov-Ketten soweit besprechen, wie es zum Verständnis der Markov Chain Monte Carlo-Methode notwendig ist.

Die bedingte Wahrscheinlichkeit $P(\{X_{n+1} = z'\} \,|\, \{X_n = z\})$ nennt man *Übergangswahrscheinlichkeit* vom Zustand z zur Zeit n in den Zustand z' zur Zeit $n+1$. Bei einer Markov-Kette ändern sich die Übergangswahrscheinlichkeiten nicht, wenn man statt des Zustandes zur Zeit n den gesamten Prozeßverlauf bis zur Zeit n berücksichtigt. Die Homogenität besagt, daß die Übergangswahrscheinlichkeiten nicht vom Zeitpunkt n abhängen. In diesem Kapitel arbeiten wir nur mit endlichen homogenen Markov-Ketten, die wir von nun an einfach als Markov-Ketten bezeichnen.

Eigenschaften solcher Markov-Ketten lassen sich auch im Kontext der Linearen Algebra untersuchen. Die Elemente aus $\mathbb{R}^Z$ und $\mathbb{R}^{Z\times Z}$ verstehen wir fortan als Zeilenvektoren bzw. als quadratische Matrizen, wobei eine beliebige Anordnung der Indexmenge Z zugrunde gelegt sei.

Definition 6.6. Eine Matrix

$$Q = (q_{z,z'})_{z,z' \in Z} \in \mathbb{R}^{Z \times Z}$$

heißt *stochastische Matrix*, falls ihre Zeilen Wahrscheinlichkeitsvektoren sind, d. h. falls

$$q_{z,z'} \geq 0$$

für alle $z, z' \in Z$ und

$$\sum_{z' \in Z} q_{z,z'} = 1$$

für alle $z \in Z$ gilt.

Die Matrix Q der Übergangswahrscheinlichkeiten oder kurz die *Übergangsmatrix* einer Markov-Kette $(X_n)_{n \in \mathbb{N}_0}$ wird zeilenweise wie folgt definiert. Gibt es einen Zeitpunkt $n \in \mathbb{N}_0$ mit $P(\{X_n = z\}) > 0$, so ist

$$q_{z,z'} = P(\{X_{n+1} = z'\} \mid \{X_n = z\}).$$

Existiert kein solcher Zeitpunkt n, so setzen wir $q_{z,z} = 1$ und $q_{z,z'} = 0$ für $z' \neq z$, so daß Q stets eine stochastische Matrix ist. Ferner definieren wir für $n \in \mathbb{N}_0$ den Wahrscheinlichkeitsvektor

$$\mu^{(n)} \in \mathbb{R}^Z$$

durch

$$\mu_z^{(n)} = P(\{X_n = z\}).$$

Gemäß der Identifizierung von Wahrscheinlichkeitsvektoren und Wahrscheinlichkeitsmaßen gilt also $\mu^{(n)} = P_{X_n}$. Man bezeichnet $\mu^{(0)}$ als *Start-* oder *Anfangsverteilung* der Markov-Kette und allgemein $\mu^{(n)}$ als Verteilung der Markov-Kette zur Zeit n.

Lemma 6.7. *Eine Markov-Kette $(X_n)_{n \in \mathbb{N}_0}$ besitzt die folgenden Eigenschaften.*

(i) *Für $n, \ell \in \mathbb{N}_0$ gilt*

$$\mu^{(n+\ell)} = \mu^{(n)} \cdot Q^\ell.$$

(ii) *Für $n \in \mathbb{N}$ und $z_0, \ldots, z_n \in Z$ gilt*

$$P(\{(X_0, \ldots, X_n) = (z_0, \ldots, z_n)\}) = \mu_{z_0}^{(0)} \cdot q_{z_0,z_1} \cdots q_{z_{n-1},z_n}.$$

(iii) *Für $\ell, n \in \mathbb{N}$, $C \subset Z^\ell$, $D \subset Z^n$ und $z_n \in Z$ gilt*

$$\begin{aligned} &P(\{(X_{n+1}, \ldots, X_{n+\ell}) \in C\} \mid \{(X_0, \ldots, X_n) \in D \times \{z_n\}\}) \\ &\quad = P(\{(X_{n+1}, \ldots, X_{n+\ell}) \in C\} \mid \{X_n = z_n\}), \end{aligned}$$

falls

$$P(\{(X_0, \ldots, X_n) \in D \times \{z_n\}\}) > 0.$$

Beweis. Teil (i) ergibt sich induktiv aus

$$P(\{X_{n+1}=z'\}) = \sum_{z\in Z} P(\{X_n=z\}\cap\{X_{n+1}=z'\}) = \sum_{z\in Z} \mu_z^{(n)}\cdot q_{z,z'}\,.$$

Teil (ii) folgt sofort per Induktion aus der Markov-Eigenschaft. Es genügt, die Aussage in Teil (iii) für einelementige Mengen C zu beweisen, und wir setzen deshalb

$$A = \{(X_{n+1},\ldots,X_{n+\ell}) = (z_{n+1},\ldots,z_{n+\ell})\}\,.$$

Ferner sei $\widetilde{D}\subset Z^n$ mit $P(\{(X_0,\ldots,X_n)\in\widetilde{D}\times\{z_n\}\})>0$. Für $\mathbf{z}=(z_0,\ldots,z_{n-1})\in\widetilde{D}$ sind die Mengen

$$B_{\mathbf{z}} = \{(X_0,\ldots,X_n) = (\mathbf{z},z_n)\}$$

paarweise disjunkt, und ihre Vereinigung ist

$$B = \{(X_0,\ldots,X_n)\in\widetilde{D}\times\{z_n\}\}\,.$$

Im Fall $P(B_{\mathbf{z}})>0$ sichert Teil (ii) des Lemmas $P(A\,|\,B_{\mathbf{z}})=q$, wobei

$$q = q_{z_n,z_{n+1}}\cdots q_{z_{n+\ell-1},z_{n+\ell}}$$

nicht von $\mathbf{z}$ oder $\widetilde{D}$ abhängt. Es ergibt sich

$$P(A\,|\,B) = \sum_{\mathbf{z}\in\widetilde{D}} P(A\cap B_{\mathbf{z}})/P(B) = \sum_{\mathbf{z}\in\widetilde{D}} q\cdot P(B_{\mathbf{z}})/P(B) = q\,,$$

falls $P(B)>0$, und wir erhalten

$$P(A\,|\,\{(X_0,\ldots,X_n)\in D\times\{z_n\}\}) = q = P(A\,|\,\{X_n=z_n\})$$

bei Wahl von $\widetilde{D}=D$ bzw. $\widetilde{D}=Z^n$. □

Die zum Zustand z gehörige Zeile der Matrix Q^ℓ ist aufgrund von Teil (i) des Lemmas die Verteilung der Markov-Kette zur Zeit ℓ, falls die Kette deterministisch in z gestartet wurde, und man erhält die Verteilung zur Zeit ℓ allgemein als Konvexkombination der Zeilen von Q^ℓ. Weiter liefert (i), daß der Prozeß ab der Zeit n, also der Prozeß $(X_{n+\ell})_{\ell\in\mathbb{N}_0}$, eine Markov-Kette mit der Anfangsverteilung $\mu^{(n)}$ und derselben Übergangsmatrix Q ist. Teil (ii) erklärt, wie die Anfangsverteilung und die Übergangsmatrix die endlich-dimensionalen Randverteilungen $P_{(X_0,\ldots,X_n)}$ der Markov-Kette festlegen. Die dritte Aussage ist scheinbar eine Verschärfung der „Gedächtnislosigkeit" von Markov-Ketten und gilt auch ohne die Annahme der Homogenität.

Zur Konstruktion von Markov-Ketten mit Zustandsraum Z kann man sich eine stochastische Matrix $Q\in\mathbb{R}^{Z\times Z}$ und einen Wahrscheinlichkeitsvektor $\mu^{(0)}\in\mathbb{R}^Z$ vorgeben. Es existiert dann stets ein geeigneter Wahrscheinlichkeitsraum und darauf eine Markov-Kette, die $\mu^{(0)}$ als Anfangsverteilung und Q als Übergangsmatrix besitzt, siehe Behrends [14, S. 9]. In konkreten Anwendungen verwendet man oft eine *update-Regel* zur Konstruktion. Darunter versteht man eine Familie von Abbildungen

$$\varphi_u : Z \to Z, \qquad u \in [0,1],$$

die

$$P(\{\varphi_U(z) = z'\}) = q_{z,z'} \tag{6.11}$$

für alle $z, z' \in Z$ erfüllt, wobei U eine auf $[0,1]$ gleichverteilte Zufallsvariable bezeichnet. Ist $X_0, U_1, U_2, \ldots$ eine unabhängige Folge von Zufallsvariablen, so daß X_0 die Verteilung $\mu^{(0)}$ besitzt und jedes U_n gleichverteilt auf $[0,1]$ ist, so wird durch

$$X_n = \varphi_{U_n} \circ \cdots \circ \varphi_{U_1}(X_0), \qquad n \in \mathbb{N},$$

eine Markov-Kette $(X_n)_{n\in\mathbb{N}_0}$ mit Anfangsverteilung $\mu^{(0)}$ und Übergangsmatrix Q definiert, siehe Aufgabe 6.4. Zu ihrer Simulation wird neben dem Zufallszahlengenerator nur ein Verfahren zur Auswertung der Abbildungen φ_u und ein Verfahren zur Simulation der Anfangsverteilung $\mu^{(0)}$ benötigt. Für zeit-diskrete Markov-Prozesse haben wir dieses Konstruktionsprinzip bereits in Abschnitt 4.5.1 kennengelernt.

Wir erinnern an eine Grundstruktur aus der Graphentheorie. Ein *gerichteter Graph* (E,K) besteht aus einer endlichen Menge E von *Ecken* und einer Menge $K \subset E \times E$, deren Elemente $k = (e_1, e_2)$ als *Kanten* von e_1 nach e_2 bezeichnet werden. Im Unterschied zur Begriffsbildung bei Aigner [1] lassen wir somit auch Schlingen (e,e) als Kanten zu.

Häufig verwendet man den sogenannten *Übergangsgraphen* zur Beschreibung einer Markov-Kette. Die Zustände $z \in Z$ bilden die Ecken des gerichteten Graphen, und eine Kante von z nach z' ist genau dann vorhanden, wenn $q_{z,z'} > 0$ gilt; diese Übergangswahrscheinlichkeit ist dann das sogenannte Gewicht der Kante.

Beispiel 6.8. Als einfaches Beispiel betrachten wir eine sogenannte *zyklische Irrfahrt* auf der Menge

$$Z = \{1, \ldots, k\}$$

mit $k \geq 3$. Wir fixieren $0 < p < 1$ und setzen

$$q_{z,z+1} = p$$

für $z < k$,

$$q_{z,z-1} = 1 - p$$

für $z > 1$, sowie

$$q_{k,1} = p, \qquad q_{1,k} = 1 - p.$$

In allen anderen Fällen gilt zwingend $q_{z,z'} = 0$. Schließlich wählen wir einen Punkt $z_* \in Z$ und setzen $\mu^{(0)}_{z_*} = 1$ sowie $\mu^{(0)}_z = 0$ für $z \neq z_*$.

Die so definierte Markov-Kette beschreibt folgende stochastische Dynamik auf der zyklisch angeordneten Menge Z: Vor jedem Schritt wird eine Münze geworfen, die „+“ und „–“ mit den Wahrscheinlichkeiten p bzw. $1-p$ liefert. Man bewegt sich dann aus der aktuellen Position zu einer der beiden Nachbarpositionen, und zwar genau dann im Uhrzeigersinn, wenn „+“ gefallen ist. Die Bewegung startet in der Position z_*, und die Münzwürfe geschehen unabhängig. □

Beispiel 6.9. Als zweites Beispiel nennen wir die in Häggström [75, Chap. 2] beschriebene Irrfahrt im Internet. Man startet auf einer Internet-Seite und wählt dann jeweils gedächtnislos unter allen Links auf der aktuellen Seite nach der Gleichverteilung eine Folgeseite aus. Gibt es keinen Link auf der aktuellen Seite, so bleibt man dort ad ultimo. Würde man stattdessen zur vorherigen Seite zurückkehren, handelte es sich nicht mehr um eine Markov-Kette. □

Beispiel 6.10. Schließlich betrachten wir noch das in Lawler, Coyle [110, Chap. 5,6] behandelte wiederholte Mischen eines Stapels von K Spielkarten mit immer derselben Technik, wie etwa dem in Abschnitt 3.2.4 beschriebenen Riffelmischen. Einen einzelnen Mischungsvorgang modellieren wir wie dort durch eine zufällige Permutation, also durch eine Zufallsvariable V mit Werten in der Menge Z der Permutationen von $\{1,\dots,K\}$. Gilt $z = V(\omega)$, so wird die k-te Karte des Stapels durch den Mischungsvorgang in die Position $z(k)$ bewegt. Die Wiederholung dieses Vorgangs beschreiben wir durch eine unabhängige Folge von Zufallsvariablen $V_1, V_2, \dots$, die alle wie V verteilt sind, und wir setzen

$$X_0 = \mathrm{Id}_Z$$

sowie

$$X_n = V_n \circ \dots \circ V_1$$

für $n \in \mathbb{N}$. Die Zufallsvariable X_n gibt also die Positionen der K Spielkarten nach Hintereinanderausführung der ersten n Mischungsvorgänge $V_1, \dots, V_n$ an, und wir erhalten eine Markov-Kette $(X_n)_{n\in\mathbb{N}_0}$ mit den Übergangswahrscheinlichkeiten

$$q_{z,z'} = P(\{V = z' \circ z^{-1}\})$$

für $z, z' \in Z$.

Wir bemerken, daß dieser Prozeß nach demselben Prinzip wie die im Abschnitt 4.5.1 behandelten $\mathbb{R}^k$-wertigen zeitdiskreten Markov-Prozesse konstruiert ist. Es gilt

$$X_{n+1} = g(X_n, V_{n+1})$$

mit der durch

$$g(z_1, z_2) = z_2 \circ z_1$$

definierten Abbildung $g \colon Z \times Z \to Z$, und die Markov-Kette $(X_n)_{n\in\mathbb{N}_0}$ wird deshalb auch als *Irrfahrt auf der Permutationsgruppe* Z bezeichnet. □

Weitere Beispiele für Markov-Ketten bilden Ruinprobleme, siehe etwa Abschnitt 3.2.6, oder eine räumlich diskrete Modellierung des Neutronendurchgangs durch Materie, vgl. Abschnitt 4.2.

Im folgenden bezeichnet $(X_n)_{n\in\mathbb{N}_0}$ eine Markov-Kette mit Zustandsraum Z und Übergangsmatrix Q.

Definition 6.11. Eine Abbildung $T\colon \Omega \to \mathbb{N}_0 \cup \{\infty\}$ heißt *Stoppzeit* bezüglich der Kette $(X_n)_{n\in\mathbb{N}_0}$, falls für jedes $n \in \mathbb{N}_0$ eine Menge $D \subset Z^{n+1}$ mit

$$\{T = n\} = \{(X_0,\dots,X_n) \in D\}$$

existiert. Gilt zusätzlich $P(\{T < \infty\}) = 1$, so heißt T *fast sicher endlich*.

Stoppzeiten modellieren die Situation, daß die Entscheidung, die Kette zur Zeit n zu stoppen, auf Basis des Verlaufs der Kette bis zu dieser Zeit getroffen werden kann, siehe auch Abschnitt 3.6.

Wir kommen nun zu einer Verschärfung von Lemma 6.7, die besagt, daß für fast sicher endliche Stoppzeiten T der Prozeß ab der Zeit T wieder eine Markov-Kette mit Zustandsraum Z und derselben Übergangsmatrix Q ist. Ferner sind Vergangenheit und Zukunft der Markov-Kette, gegeben ihr Zustand zur Zeit T, unabhängig. Zur Formalisierung dieser Aussage betrachten wir Ereignisse, die durch das Verhalten der Markov-Kette bis zur Zeit T bestimmt werden, also von der Form

$$A = \bigcup_{n=0}^{\infty} \{T = n\} \cap \{(X_0,\dots,X_n) \in D_n\} \tag{6.12}$$

mit $D_n \subset Z^{n+1}$ sind. Für eine endliche Stoppzeit T wurde das entsprechende Mengensystem in Abschnitt 3.6 als σ-Algebra der T-Vergangenheit eingeführt.

Die im folgenden Satz formulierten Eigenschaften von Markov-Ketten werden gemeinsam als *starke Markov-Eigenschaft* bezeichnet.

Satz 6.12. *Sei T eine fast sicher endliche Stoppzeit bezüglich $(X_n)_{n\in\mathbb{N}_0}$.*

(i) *Für $\ell \in \mathbb{N}$, $C \subset Z^\ell$, $z^* \in Z$ und A von der Form* (6.12) *gilt*

$$\begin{aligned} &P(\{(X_{T+1},\dots,X_{T+\ell}) \in C\} \cap A \,|\, \{X_T = z^*\}) \\ &\quad = P(\{(X_{T+1},\dots,X_{T+\ell}) \in C\} \,|\, \{X_T = z^*\}) \cdot P(A \,|\, \{X_T = z^*\}), \end{aligned}$$

falls $P(\{X_T = z^*\}) > 0$.

(ii) *Der Prozeß $(X_{T+n})_{n\in\mathbb{N}_0}$ ist eine Markov-Kette mit Übergangsmatrix Q.*

Beweis. Ohne Einschränkung können wir $C = \{\mathbf{z}\}$ mit $\mathbf{z} = (z_1,\dots,z_\ell) \in Z^\ell$ annehmen, und wir setzen deshalb

$$B_m = \{(X_{m+1},\dots,X_{m+\ell}) = \mathbf{z}\}$$

für $m \in \mathbb{N}_0$. Ferner sei $M = \{m \in \mathbb{N}_0 \mid P(\{X_m = z^*\}) > 0\}$ und

$$\widetilde{A} = \bigcup_{n=0}^{\infty} \{T = n\} \cap \widetilde{A}_n$$

mit $\widetilde{A}_n = \{(X_0,\dots,X_n) \in \widetilde{D}_n\}$. Nach Voraussetzung gilt $M \neq \emptyset$, und unter Verwendung von Lemma 6.7 erhält man

$$
\begin{aligned}
P(\{(X_{T+1},\ldots,X_{T+\ell}) = \mathbf{z}\} \cap \widetilde{A} \cap \{X_T = z^*\})
&= \sum_{m\in M} P(B_m \cap \{T = m\} \cap \widetilde{A}_m \cap \{X_m = z^*\}) \\
&= \sum_{m\in M} P(B_m \,|\, \{X_m = z^*\}) \cdot P(\{T = m\} \cap \widetilde{A}_m \cap \{X_m = z^*\}) \\
&= q_{z^*,z_1} \cdot q_{z_1,z_2} \cdots q_{z_{\ell-1},z_\ell} \cdot \sum_{m\in M} P(\{T = m\} \cap \widetilde{A}_m \cap \{X_m = z^*\}) \\
&= q_{z^*,z_1} \cdot q_{z_1,z_2} \cdots q_{z_{\ell-1},z_\ell} \cdot P(\widetilde{A} \cap \{X_T = z^*\}) . \qquad (6.13)
\end{aligned}
$$

Die Wahl $\widetilde{A} = \{T < \infty\}$ zeigt

$$
\begin{aligned}
P(\{(X_{T+1},\ldots,X_{T+\ell}) = \mathbf{z}\} \cap \{X_T = z^*\}) \\
= q_{z^*,z_1} \cdot q_{z_1,z_2} \cdots q_{z_{\ell-1},z_\ell} \cdot P(\{X_T = z^*\}) , \qquad (6.14)
\end{aligned}
$$

und die Aussage (i) folgt nun mit der Wahl $\widetilde{A} = A$ aus (6.13) zusammen mit (6.14).

Zum Nachweis der zweiten Aussage des Satzes betrachten wir $\mathbf{z} \in Z^n$ und $z_n, z_{n+1} \in Z$ mit $P(\{(X_T,\ldots,X_{T+n}) = (\mathbf{z}, z_n)\}) > 0$ sowie die Stoppzeit $T' = T + n$. Die Menge

$$
\{(X_T,\ldots,X_{T+n-1}) = \mathbf{z}\} = \{(X_{T'-n},\ldots,X_{T'-1}) = \mathbf{z}\}
$$

ist von der Form (6.12) bezüglich T', so daß wir mit (i) und (6.14)

$$
\begin{aligned}
P(\{X_{T+n+1} = z_{n+1}\} \,|\, \{(X_T,\ldots,X_{T+n}) = (z_0,\ldots,z_n)\})
&= P(\{X_{T'+1} = z_{n+1}\} \,|\, \{(X_{T'-n},\ldots,X_{T'-1}) = \mathbf{z}\} \cap \{X_{T'} = z_n\}) \\
&= P(\{X_{T'+1} = z_{n+1}\} \,|\, \{X_{T'} = z_n\}) \\
&= q_{z_n,z_{n+1}}
\end{aligned}
$$

erhalten. □

Mit $\mathrm{ggT}(L)$ bezeichnen wir den größten gemeinsamen Teiler einer Menge $L \subset \mathbb{N}$, wobei wir $\mathrm{ggT}(\emptyset) = \infty$ setzen.

Definition 6.13. Eine stochastische Matrix $Q \in \mathbb{R}^{Z\times Z}$ heißt *irreduzibel*, falls

$$
\forall z, z' \in Z \quad \exists n > 0 : \quad (Q^n)_{z,z'} > 0 ,
$$

und *aperiodisch*, falls

$$
\forall z \in Z : \quad \mathrm{ggT}(\{n > 0 \,|\, (Q^n)_{z,z} > 0\}) = 1 .
$$

Wir sprechen auch kurz von irreduziblen und von aperiodischen Markov-Ketten, wenn die zugehörigen Übergangsmatrizen diese Eigenschaften besitzen. Irreduzibilität liegt genau dann vor, wenn für jedes $z \in Z$ die dort gestartete Markov-Kette jeden Zustand $z' \in Z$ mit positiver Wahrscheinlichkeit nach einer positiven und möglicherweise von z und z' abhängigen Anzahl von Schritten erreicht. Äquivalent zur Irreduzibilität ist ferner, daß der Übergangsgraph der Kette zusammenhängend ist.

Bei einer aperiodischen Markov-Kette wird erstens gefordert, daß für jedes z die dort gestartete Markov-Kette mit einer positiven Wahrscheinlichkeit nach einer positiven Anzahl von Schritten nach z zurückkehrt. Außerdem wird verlangt, daß die Wahrscheinlichkeit dafür, daß die Rückkehrzeitpunkte in einer Menge der Form $\{d, 2d, \ldots\}$ mit $d > 1$ liegen, null beträgt.

Beispiel 6.14. Die in Beispiel 6.8 betrachtete zyklische Irrfahrt auf $Z = \{1, \ldots, k\}$ besitzt eine irreduzible Übergangsmatrix, und man kann dabei unter anderem nach zwei und nach k Schritten mit positiver Wahrscheinlichkeit zum Startpunkt $z \in Z$ zurückkehren. Also ist diese Markov-Kette aperiodisch, falls k ungerade ist. Andernfalls gilt $(Q^n)_{z,z} > 0$ genau dann, wenn n gerade ist, da bei geradem k von zwei benachbarten Positionen stets eine gerade und eine ungerade ist, und die Markov-Kette ist nicht aperiodisch.

Einheitsmatrizen sind im nicht-trivialen Fall $|Z| > 1$ nicht irreduzibel, aber aperiodisch, und die Matrix

$$Q = \begin{pmatrix} 0 & 1 & 0 \\ 1 & 0 & 0 \\ 0 & 0 & 1 \end{pmatrix}$$

ist weder irreduzibel noch aperiodisch. □

Lemma 6.15. *Sei Q eine irreduzible stochastische Matrix mit einem positiven Diagonalelement. Dann ist Q aperiodisch.*

Beweis. Sei $z \in Z$ mit $q_{z,z} > 0$. Für jeden Zustand $z' \in Z$ gibt es im Übergangsgraphen einen Weg von z' über z nach z'. Es folgt, daß $(Q^n)_{z',z'} > 0$ für alle hinreichend großen $n \in \mathbb{N}$ gilt. □

Zur weiteren algebraischen Untersuchung von Irreduzibilität und Aperiodizität benötigen wir den folgenden Sachverhalt, der in Brémaud [27, Appendix, Lemma 1.2] bewiesen wird.

Lemma 6.16. *Seien $m_1, \ldots, m_k \in \mathbb{N}$ mit $\mathrm{ggT}(\{m_1, \ldots, m_k\}) = 1$. Dann existieren ganze Zahlen $\alpha_1, \ldots, \alpha_k$ mit*

$$\sum_{i=1}^{k} \alpha_i \cdot m_i = 1 .$$

Wir nennen einen Vektor oder eine Matrix *positiv*, falls alle Einträge positiv sind.

Satz 6.17. *Für jede stochastische Matrix Q sind folgende Aussagen äquivalent:*

(i) Q *ist irreduzibel und aperiodisch,*
(ii) $\exists n > 0 : \quad Q^n$ *ist positiv,*
(iii) $\exists n_0 > 0 \quad \forall n \geq n_0 : \quad Q^n$ *ist positiv.*

Beweis. Wir nehmen zunächst an, daß Q^n positiv ist. Dann ist Q offenbar irreduzibel. Für jeden Zustand z existiert stets ein Zustand z' mit $q_{z,z'} > 0$. Also ist die Rückkehr zu z nach n sowie nach $n+1$ Schritten mit positiver Wahrscheinlichkeit möglich. Dies zeigt, daß Q aperiodisch ist.

Nun nehmen wir an, daß Q aperiodisch ist. Wir zeigen zunächst, daß jede der Mengen

$$R_z = \{n > 0 \mid (Q^n)_{z,z} > 0\}$$

mit $z \in Z$ alle hinreichend großen ganzen Zahlen enthält. Nach Voraussetzung gilt $\mathrm{ggT}(R_z) = 1$ und somit gibt es $m_1, \ldots, m_k \in R_z$ mit $\mathrm{ggT}(\{m_1, \ldots, m_k\}) = 1$. Nach Lemma 6.16 existieren ganze Zahlen $\alpha_1, \ldots, \alpha_k$ mit $\sum_{i=1}^k \alpha_i \cdot m_i = 1$, wobei wir ohne Einschränkung $|\alpha_1| \geq |\alpha_i|$ für $i = 2, \ldots, k$ voraussetzen können. Wir setzen

$$n = |\alpha_1| \cdot m_1 \cdot (m_1 + \cdots + m_k)$$

und erhalten

$$j \cdot m_1 + r + n = (j + r \cdot \alpha_1 + |\alpha_1| \cdot m_1) \cdot m_1 + \sum_{i=2}^{k} (r \cdot \alpha_i + |\alpha_1| \cdot m_1) \cdot m_i$$

für $j, r \in \mathbb{N}_0$ mit $r < m_1$. Da die Koeffizienten in dieser Linearkombination von $m_1, \ldots, m_k$ ganzzahlig und positiv sind, und da die Menge R_z abgeschlossen bezüglich der Addition ist, folgt $\{n, n+1, \ldots\} \subset R_z$. Da Z endlich ist, ergibt sich

$$\exists n_1 > 0 \quad \forall n \geq n_1 \quad \forall z \in Z: \quad (Q^n)_{z,z} > 0.$$

Jede irreduzible Matrix Q erfüllt offenbar

$$\exists n_2 > 0 \quad \forall z, z' \in Z \quad \exists n \leq n_2: \quad (Q^n)_{z,z'} > 0.$$

Indem man im Übergangsgraphen zu Q einen solchen kurzen Weg von z nach z' durch einen hinreichend langen Weg von z' nach z' verlängert, sieht man, daß (iii) mit $n_0 = n_1 + n_2$ erfüllt ist. □

Für $z \in Z$ wird durch

$$T_z = \inf\{n \in \mathbb{N} \mid X_n = z\} \tag{6.15}$$

eine Stoppzeit T_z definiert, die als Eintrittszeit der Kette in den Zustand z bezeichnet wird. Siehe auch Abschnitt 3.6. Man beachte, daß ein möglicher Start der Kette in z bei der Bildung des Infimums nicht berücksichtigt wird.

Satz 6.18. *Ist die Übergangsmatrix Q von $(X_n)_{n \in \mathbb{N}_0}$ irreduzibel und aperiodisch, so ist T_z fast sicher endlich, und es gilt*

$$\mathrm{E}(T_z) < \infty$$

für alle $z \in Z$.

Beweis. Wir wenden Satz 6.17 an und fixieren $n > 0$, so daß Q^n positiv ist. Also gilt $\delta \in \left]0,1\right]$ für

$$\delta = \min_{z,z' \in Z} (Q^n)_{z,z'} .$$

Ferner sei $Y_\ell = X_{n\cdot\ell}$ und $Z_* = Z \setminus \{z\}$ mit einem fest gewählten Zustand $z \in Z$. Mit Hilfe von Lemma 6.7 verifiziert man, daß $(Y_\ell)_{\ell\in\mathbb{N}_0}$ eine Markov-Kette mit Übergangsmatrix Q^n ist. Wir zeigen zunächst

$$P(\{(Y_1,\dots,Y_\ell) \in Z_*^\ell\}) \le (1-\delta)^\ell . \tag{6.16}$$

Für $\ell = 1$ gilt

$$P(\{Y_1 \ne z\}) = 1 - \sum_{z' \in Z} \mu_{z'}^{(0)} \cdot (Q^n)_{z',z} \le 1 - \delta ,$$

und induktiv ergibt sich für $\ell \ge 1$ aufgrund von Lemma 6.7

$$\begin{aligned}
&P(\{(Y_1,\dots,Y_{\ell+1}) \in Z_*^{\ell+1}\}) \\
&\quad = \sum_{z' \in Z_*} P(\{(Y_1,\dots,Y_{\ell-1}) \in Z_*^{\ell-1}\} \cap \{Y_\ell = z'\} \cap \{Y_{\ell+1} \ne z\}) \\
&\quad = \sum_{z' \in Z_*'} P(\{(Y_1,\dots,Y_{\ell-1}) \in Z_*^{\ell-1}\} \cap \{Y_\ell = z'\}) \cdot P(\{Y_{\ell+1} \ne z\} \,|\, \{Y_\ell = z'\}) \\
&\quad \le \sum_{z' \in Z_*} P(\{(Y_1,\dots,Y_{\ell-1}) \in Z_*^{\ell-1}\} \cap \{Y_\ell = z'\}) \cdot (1-\delta) \le (1-\delta)^{\ell+1} ,
\end{aligned}$$

wobei Z_*' genau die Zustände $z' \in Z_*$ mit $P(\{Y_\ell = z'\}) > 0$ enthält. Offenbar gilt

$$\{T_z = \infty\} \subset \{T_z > n \cdot \ell\} \subset \{(Y_1,\dots,Y_\ell) \in Z_*^\ell\}$$

für alle $\ell \in \mathbb{N}$, so daß sich $P(\{T_z = \infty\}) = 0$ aus (6.16) ergibt. Ferner erhält man

$$\begin{aligned}
\mathrm{E}(T_z) &= \sum_{n=0}^{\infty} P(\{T_z > n\}) = \sum_{\ell=0}^{\infty} \sum_{i=n\cdot\ell}^{n\cdot(\ell+1)-1} P(\{T_z > i\}) \\
&\le \sum_{\ell=0}^{\infty} n \cdot P(\{T_z > n \cdot \ell\}) \le n \cdot \sum_{\ell=0}^{\infty} (1-\delta)^\ell < \infty .
\end{aligned}$$ □

Die Aussage von Satz 6.18 gilt unabhängig von der Anfangsverteilung der Markov-Kette. Startet diese deterministisch im Zustand z, so ist T_z der Zeitpunkt der ersten Rückkehr in den Anfangszustand und z heißt *positiv rekurrent*, falls $\mathrm{E}(T_z) < \infty$, siehe Georgii [66, S. 179]. Satz 6.18 besagt demnach, daß bei einer irreduziblen und aperiodischen Markov-Kette mit endlichem Zustandsraum jeder Zustand positiv rekurrent ist.

Definition 6.19. Sei $Q \in \mathbb{R}^{Z\times Z}$ eine stochastische Matrix. Ein Wahrscheinlichkeitsvektor $\mu \in \mathbb{R}^Z$ mit

$$\mu = \mu \cdot Q$$

heißt *stationäre Verteilung* oder *invariantes Maß* der Matrix Q.

Hiermit ist das zentrale Objekt für die Markov Chain Monte Carlo-Methode eingeführt. Wir diskutieren zunächst elementare Eigenschaften stationärer Verteilungen und untersuchen anschließend die Existenz und Eindeutigkeit.

Die Verteilungen P_{X_n} einer Markov-Kette zu den Zeiten $n \in \mathbb{N}_0$ stimmen genau dann überein, wenn die Anfangsverteilung der Kette eine stationäre Verteilung der Übergangsmatrix der Kette ist. Die Gleichverteilung auf Z ist offenbar genau dann eine stationäre Verteilung von Q, wenn auch die Spaltensummen von Q gleich eins sind. Solche Übergangsmatrizen werden auch als *doppelt-stochastisch* bezeichnet.

Beispiel 6.20. Für die im Beispiel 6.8 behandelte zyklische Irrfahrt und für die Irrfahrt auf der Permutationsgruppe aus Beispiel 6.10 sind die Übergangsmatrizen jeweils doppelt-stochastisch. Im zweiten Fall ergibt sich

$$\sum_{z\in Z} q_{z,z'} = \sum_{z\in Z} P(\{V = z' \circ z^{-1}\}) = 1$$

für alle $z' \in Z$ aus der Bijektivität der Abbildungen $z \mapsto z' \circ z^{-1}$ von Z nach Z. □

Lemma 6.21. *Sei $Q \in \mathbb{R}^{Z\times Z}$ eine stochastische Matrix und*

$$\widetilde{Q} = \frac{1}{2}(Q+I)$$

mit der $|Z|$-dimensionalen Einheitsmatrix I. Dann ist $\widetilde{Q}$ eine aperiodische stochastische Matrix, die dieselben stationären Verteilungen wie Q besitzt. Ist Q irreduzibel, so auch $\widetilde{Q}$.

Beweis. Es ist klar, daß $\widetilde{Q}$ eine stochastische Matrix ist, und wegen $\tilde{q}_{z,z} \geq 1/2$ für alle $z \in Z$ ist $\widetilde{Q}$ aperiodisch. Für jeden Wahrscheinlichkeitsvektor $\mu \in \mathbb{R}^Z$ gilt offenbar $\mu \cdot \widetilde{Q} - \mu = 1/2 \cdot (\mu \cdot Q - \mu)$, so daß μ genau dann stationär für $\widetilde{Q}$ ist, wenn μ stationär für Q ist. Schließlich gilt $\tilde{q}^{(n)}_{z,z'} \geq 1/2 \cdot q^{(n)}_{z,z'}$ für alle $n \in \mathbb{N}$ und $z, z' \in Z$, und hieraus ergibt sich die Aussage zur Irreduzibilität. □

Man bezeichnet $\widetilde{Q}$ in Lemma 6.21 auch als *lazy version* von Q, da der ursprüngliche Übergangsmechanismus mit Wahrscheinlichkeit $1/2$ außer Kraft gesetzt und der jeweils aktuelle Zustand beibehalten wird.

Beispiel 6.22. Wir betrachten einen Graphen $G = (E, K)$ mit $K \neq \emptyset$ und bezeichnen mit m_e die Anzahl der Nachbarn von $e \in E$. Wir schreiben $e \sim e'$, falls zwei Ecken e und e' benachbart sind, d. h. $\{e, e'\} \in K$. Die *einfache Irrfahrt* auf $Z = E$ wird beschrieben durch

$$q_{e,e'} = \begin{cases} 1/m_e, & \text{falls } e \sim e', \\ 1, & \text{falls } e = e' \text{ und } m_e = 0, \\ 0, & \text{sonst}. \end{cases} \tag{6.17}$$

Man prüft leicht nach, daß die Verteilung

$$\mu_e = \frac{m_e}{\sum_{e' \in E} m_{e'}}, \qquad e \in E, \tag{6.18}$$

stationär ist. Insbesondere ist die Gleichverteilung genau dann stationär, wenn alle Ecken dieselbe Anzahl von Nachbarn haben. Der Spezialfall $E = \{1, \dots, k\}$ zusammen mit der Kantenmenge $K = \{\{1,2\}, \dots, \{k-1,k\}, \{k,1\}\}$ liefert die zyklische Irrfahrt mit $p = 1/2$ aus Beispiel 6.8.

Ob die einfache Irrfahrt irreduzibel bzw. aperiodisch ist, hängt vom Graphen G ab. Sie ist genau dann irreduzibel, wenn G zusammenhängend ist. Ferner erhält man

$$\tilde{q}_{e,e'} = \begin{cases} 1/(2m_e), & \text{falls } e \sim e', \\ 1/2, & \text{falls } e = e' \text{ und } m_e > 0, \\ 1, & \text{falls } e = e' \text{ und } m_e = 0, \\ 0, & \text{sonst}, \end{cases}$$

als lazy version $\widetilde{Q}$ von Q. □

Zur Bestimmung einer stationären Verteilung kann oft die folgende Eigenschaft einer Übergangsmatrix eingesetzt werden.

Definition 6.23. Eine stochastische Matrix $Q = (q_{z,z'})_{z,z' \in Z} \in \mathbb{R}^{Z \times Z}$ heißt *reversibel*, falls ein Wahrscheinlichkeitsvektor $\mu \in \mathbb{R}^Z$ existiert, der

$$\forall z, z' \in Z: \quad \mu_z \cdot q_{z,z'} = \mu_{z'} \cdot q_{z',z} \tag{6.19}$$

erfüllt. Gilt (6.19), so heißt Q reversibel bezüglich μ.

Die Beziehung (6.19) heißt *detailed-balance-Gleichung*. Wir erhalten den folgenden Zusammenhang zur Stationarität.

Lemma 6.24. *Sei Q reversibel bezüglich μ. Dann ist μ eine invariante Verteilung von Q.*

Beweis. Nach Voraussetzung gilt

$$\mu_z = \mu_z \cdot \sum_{z' \in Z} q_{z,z'} = \sum_{z' \in Z} \mu_{z'} \cdot q_{z',z} = (\mu \cdot Q)_z. \qquad \square$$

Reversibilität bedeutet Invarianz gegenüber einer Zeitumkehr in folgendem Sinne. Sei $(X_n)_{n \in \mathbb{N}_0}$ eine Markov-Kette mit Übergangsmatrix Q und stationärer Verteilung μ, die zugleich die Anfangsverteilung der Kette ist. Dann ist Q genau dann reversibel bezüglich μ, wenn

$$P_{(X_0, \dots, X_n)} = P_{(X_n, \dots, X_0)}$$

für alle $n \in \mathbb{N}$ gilt, siehe Aufgabe 6.8.

Symmetrische Matrizen Q sind stets reversibel, und für solche Matrizen liegt Reversibilität bezüglich μ genau dann vor, wenn μ konstant auf allen Zusammenhangskomponenten des Übergangsgraphen ist. Für symmetrische und irreduzible Matrizen gilt dies genau für die Gleichverteilung auf dem Zustandsraum.

Beispiel 6.25. Wir betrachten wieder die zyklische Irrfahrt auf $Z = \{1,\dots,k\}$ aus Beispiel 6.8. Im Fall $p = 1/2$ ist Q reversibel bezüglich der Gleichverteilung auf Z. Andernfalls ist Q nicht reversibel, denn aus (6.19) folgt

$$\mu_z = \mu_z \cdot \left(\frac{1-p}{p}\right)^k$$

und damit $\mu_z = 0$ für alle $z \in Z$.

Die einfache Irrfahrt auf einem Graphen (E,K) gemäß Beispiel 6.22 und ihre lazy version sind stets reversibel bezüglich der in (6.18) angegebenen Verteilung μ auf E. □

Beispiel 6.26. Die irreduzible und aperiodische Matrix

$$Q = \begin{pmatrix} 1/2 & 1/2 \\ 3/4 & 1/4 \end{pmatrix}$$

ist nicht symmetrisch, aber reversibel, denn (6.19) gilt für $\mu = (3/5, 2/5)$. □

Irreduzibilität und Aperiodizität sind hinreichend für die Existenz und Eindeutigkeit stationärer Verteilungen. Wir zeigen zunächst die Existenz mit Hilfe von Rückkehrzeiten. Die Eindeutigkeit ist eine Konsequenz von Satz 6.28.

Satz 6.27. *Zu jeder irreduziblen und aperiodischen Matrix Q existiert eine positive stationäre Verteilung.*

Beweis. Wir fixieren einen Zustand $z_* \in Z$ und betrachten eine Markov-Kette $(X_n)_{n\in\mathbb{N}}$, die deterministisch in z_* startet und die Übergangsmatrix Q besitzt. Ferner sei $T = T_{z_*}$ der Zeitpunkt der ersten Rückkehr der Markov-Kette in den Anfangszustand, siehe (6.15). Wir definieren nun für jedes $z \in Z$ durch

$$V_z(\omega) = \sum_{n=0}^{T(\omega)-1} 1_{\{z\}}(X_n(\omega))$$

eine Zufallsvariable, die im Fall $z \neq z_*$ die Anzahl der Besuche des Zustandes z vor der ersten Rückkehr nach z_* liefert und für $z = z_*$ gleich eins ist. Es gilt $V_z \leq T$, und $\mathrm{E}(V_z) < \infty$ folgt aus Satz 6.18. Schließlich setzen wir

$$\mu_z = \frac{\mathrm{E}(V_z)}{\mathrm{E}(T)}.$$

Man verifiziert sofort, daß μ ein Wahrscheinlichkeitsvektor ist, und die Stationarität von μ ist äquivalent zu

$$\mathrm{E}(V_z) = \sum_{z' \in Z} \mathrm{E}(V_{z'}) \cdot q_{z',z}. \tag{6.20}$$

Zum Beweis von (6.20) halten wir zunächst fest, daß

$$V_z(\omega) = \sum_{n=0}^{\infty} 1_{\{z\}}(X_n(\omega)) \cdot 1_{\{n+1,\dots\}}(T(\omega))$$

und somit

$$\mathrm{E}(V_z) = \sum_{n=0}^{\infty} P(\{X_n = z\} \cap \{T > n\}) \tag{6.21}$$

gilt.

Im Fall $z \neq z_*$ setzen wir $Z_* = Z \setminus \{z_*\}$. Für $n \geq 1$ folgt mit Lemma 6.7

$$\begin{aligned} P(\{X_n = z\} \cap \{T > n\}) \\ &= \sum_{z' \in Z_*} P(\{X_n = z\} \cap \{(X_0, \dots, X_{n-1}) \in \{z_*\} \times Z_*^{n-2} \times \{z'\}\}) \\ &= \sum_{z' \in Z_*} P(\{(X_0, \dots, X_{n-1}) \in \{z_*\} \times Z_*^{n-2} \times \{z'\}\}) \cdot q_{z',z} \\ &= \sum_{z' \in Z_*} P(\{X_{n-1} = z'\} \cap \{T > n-1\}) \cdot q_{z',z} \\ &= \sum_{z' \in Z} P(\{X_{n-1} = z'\} \cap \{T > n-1\}) \cdot q_{z',z} \,. \end{aligned} \tag{6.22}$$

Da $P(\{X_0 = z\}) = 0$, folgt (6.20) aus (6.21) und (6.22).

Für $z = z_*$ sichert Satz 6.18

$$\mathrm{E}(V_{z_*}) = 1 = \sum_{n=1}^{\infty} P(\{T = n\}),$$

und wie oben zeigt man

$$P(\{T = n\}) = \sum_{z' \in Z} P(\{X_{n-1} = z'\} \cap \{T > n-1\}) \cdot q_{z',z}$$

für $n \geq 1$. Verwende (6.21) um (6.20) zu erhalten.

Nach Definition gilt $\mu_{z_*} = 1/\mathrm{E}(T) > 0$. Zum Nachweis von $\mu_z > 0$ für $z \neq z_*$ verwenden wir die starke Markov-Eigenschaft, siehe Satz 6.12. Nach jeder Rückkehr zu z_* startet die Markov-Kette gedächtnislos von neuem, so daß aus der Annahme $\mu_z = 0$ folgt, daß die Kette mit Wahrscheinlichkeit eins nie den Zustand z erreicht. Dies steht im Widerspruch zur Irreduzibilität. Zur Präzisierung dieses Arguments betrachten wir die durch $T^{(0)} = 0$ und

$$T^{(n)}(\omega) = \inf\{k \in \mathbb{N} \mid k > T^{(n-1)}(\omega),\, X_k(\omega) = z_*\} \tag{6.23}$$

gegebene Folge der sukzessiven Rückkehrzeiten der Markov-Kette zum Zustand z_* und definieren eine Folge von Zufallsvariablen $(V_z^{(n)})_{n \in \mathbb{N}}$ durch

$$V_z^{(n)}(\omega) = \sum_{k=T^{(n-1)}(\omega)}^{T^{(n)}(\omega)-1} 1_{\{z\}}(X_k(\omega)) \,. \tag{6.24}$$

Im Fall $T^{(n)}(\omega) < \infty$ gilt also $V_{z_*}^{(n)}(\omega) = 1$ und für $z \neq z_*$ ist $V_z^{(n)}(\omega)$ die Anzahl der Besuche des Zustandes z zwischen der $(n-1)$-ten und der n-ten Rückkehr zum Zustand z_*. Per Induktion ergibt sich mit Satz 6.12, daß alle Rückkehrzeiten $T^{(n)}$ fast sicher endlich sind, und daß $(V_z^{(n)})_{n\in\mathbb{N}}$ eine unabhängige Folge von identisch wie V_z verteilten Zufallsvariablen ist. Die Annahme $\mu_z = 0$ impliziert $P(\{V_z = 0\}) = 1$ und somit $P(\{V_z^{(n)} = 0\}) = 1$ für alle $n \in \mathbb{N}$. Hieraus folgt

$$P\Big(\bigcap_{n=1}^{\infty}\{X_n \neq z\}\Big) = P\Big(\bigcap_{n=1}^{\infty}\{V_z^{(n)} = 0\}\Big) = 1,$$

und wir erhalten

$$\big(Q^{(n)}\big)_{z_*,z} = P(\{X_n = z\}) = 0$$

für alle $n \in \mathbb{N}$. □

Die Existenz stationärer Verteilungen folgt bereits ohne weitere Annahmen aus dem Brouwerschen Fixpunktsatz, siehe Appell, Väth [4, Kap. 11]: die Menge der Wahrscheinlichkeitsvektoren ist konvex und kompakt in $\mathbb{R}^Z$, und $\mu \mapsto \mu \cdot Q$ definiert eine stetige Abbildung dieser Menge in sich, sie hat also einen Fixpunkt. Die Eindeutigkeit der stationären Verteilung ist bereits eine Konsequenz der Irreduzibilität, siehe Levin, Peres, Wilmer [115, Cor. 1.17], und diese Voraussetzung liefert auch die Positivität der stationären Verteilung.

6.2.2 Grenzwertsätze

Wir studieren das Langzeitverhalten von Markov-Ketten $(X_n)_{n\in\mathbb{N}_0}$. Zunächst untersuchen wir die *Konvergenz in Verteilung*, d. h. die Konvergenz der Folge der Wahrscheinlichkeitsvektoren $\mu^{(n)} = P_{X_n}$.

Satz 6.28. *Sei $Q \in \mathbb{R}^{Z\times Z}$ eine irreduzible und aperiodische stochastische Matrix, und sei $\mu \in \mathbb{R}^Z$ eine stationäre Verteilung von Q. Dann existieren Konstanten $c > 0$ und $\alpha \in \,]0,1[$, so daß*

$$\sup_{z\in Z} |(\mu^{(0)} \cdot Q^n)_z - \mu_z| \leq c \cdot \alpha^n$$

für jeden Wahrscheinlichkeitsvektor $\mu^{(0)} \in \mathbb{R}^Z$ und alle $n \in \mathbb{N}$ gilt.

Beweis. Wir betrachten zwei unabhängige Markov-Ketten $(X_n)_{n\in\mathbb{N}_0}$ und $(Y_n)_{n\in\mathbb{N}_0}$ mit Zustandsraum Z, Übergangsmatrix Q und Anfangsverteilung $\mu^{(0)}$ bzw. μ. Es gilt also

$$\begin{aligned} &P(\{(X_0,\dots,X_n) \in A\} \cap \{(Y_0,\dots,Y_n) \in B\}) \\ &\qquad = P(\{(X_0,\dots,X_n) \in A\}) \cdot P(\{(Y_0,\dots,Y_n) \in B\}) \end{aligned}$$

für alle $n \in \mathbb{N}_0$ und $A, B \subset Z^{n+1}$. Dann ist die Folge $(X_n, Y_n)_{n \in \mathbb{N}_0}$ von Zufallsvariablen mit Werten in $Z \times Z$ ebenfalls eine Markov-Kette, und für ihre Übergangsmatrix $\widetilde{Q}$ gilt

$$\left(\widetilde{Q}^n\right)_{(z,t),(z',t')} = (Q^n)_{z,z'} \cdot (Q^n)_{t,t'}$$

für $n > 0$ und $z, t, z', t' \in Z$. Mit Satz 6.17 folgt, daß auch $\widetilde{Q}$ irreduzibel und aperiodisch ist.

Wir betrachten den ersten Zeitpunkt

$$T = \inf\{n \in \mathbb{N}_0 \mid X_n = Y_n\},$$

zu dem die beiden Markov-Ketten $(X_n)_{n \in \mathbb{N}_0}$ und $(Y_n)_{n \in \mathbb{N}_0}$ übereinstimmen und definieren einen zeit-diskreten stochastischen Prozeß $(Z_n)_{n \in \mathbb{N}_0}$ mit Zustandsraum Z durch

$$Z_n(\omega) = \begin{cases} X_n(\omega), & \text{falls } n \leq T(\omega), \\ Y_n(\omega), & \text{falls } n > T(\omega). \end{cases}$$

Wir zeigen, daß $(Z_n)_{n \in \mathbb{N}_0}$ eine Markov-Kette mit Anfangsverteilung $\mu^{(0)}$ und Übergangsmatrix Q ist, und hierfür genügt es,

$$P(\{(Z_0, \ldots, Z_n) = (z_0, \ldots, z_n)\}) = \mu^{(0)}_{z_0} \cdot q_{z_0,z_1} \cdots q_{z_{n-1},z_n} \tag{6.25}$$

für alle $n \in \mathbb{N}$ und $z_0, \ldots, z_n \in Z$ mit $P(\{(Z_0, \ldots, Z_{n-1}) = (z_0, \ldots, z_{n-1})\}) > 0$ nachzuweisen.

Für $m \leq n$ gilt mit Lemma 6.7

$$\begin{aligned}
&P(\{(Z_0, \ldots, Z_n) = (z_0, \ldots, z_n)\} \cap \{T = m\}) \\
&\quad = P\Big(\bigcap_{\ell=0}^{m} \{X_\ell = z_\ell\} \cap \bigcap_{\ell=0}^{m-1} \{Y_\ell \neq z_\ell\} \cap \bigcap_{\ell=m}^{n} \{Y_\ell = z_\ell\}\Big) \\
&\quad = P\Big(\bigcap_{\ell=0}^{m} \{X_\ell = z_\ell\}\Big) \cdot P\Big(\bigcap_{\ell=0}^{m-1} \{Y_\ell \neq z_\ell\} \cap \bigcap_{\ell=m}^{n} \{Y_\ell = z_\ell\}\Big) \\
&\quad = \mu^{(0)}_{z_0} \cdot q_{z_0,z_1} \cdots q_{z_{m-1},z_m} \cdot P\Big(\bigcap_{\ell=0}^{m-1} \{Y_\ell \neq z_\ell\} \cap \{Y_m = z_m\}\Big) \cdot q_{z_m,z_{m+1}} \cdots q_{z_{n-1},z_n},
\end{aligned}$$

und analog ergibt sich

$$\begin{aligned}
&P(\{(Z_0, \ldots, Z_n) = (z_0, \ldots, z_n)\} \cap \{T > n\}) \\
&\quad = \mu^{(0)}_{z_0} \cdot q_{z_0,z_1} \cdots q_{z_{n-1},z_n} \cdot P\Big(\bigcap_{\ell=0}^{n} \{Y_\ell \neq z_\ell\}\Big),
\end{aligned}$$

so daß wir (6.25) als Konsequenz von

$$\sum_{m=0}^{n} P\Big(\bigcap_{\ell=0}^{m-1}\{Y_\ell \neq z_\ell\} \cap \{Y_m = z_m\}\Big) + P\Big(\bigcap_{\ell=0}^{n}\{Y_\ell \neq z_\ell\}\Big) = 1$$

erhalten.

Wir setzen $\mu^{(n)} = \mu^{(0)} \cdot Q^n$ für $n \in \mathbb{N}_0$. Für alle $z \in Z$ gilt dann

$$\mu_z^{(n)} = P(\{Z_n = z\}),$$

siehe Lemma 6.7, und offenbar

$$\mu_z = P(\{Y_n = z\})$$

wegen $\mu = \mu Q$. Somit ergibt sich

$$\begin{aligned} |\mu_z^{(n)} - \mu_z| &= \big|P(\{Z_n = z\} \cap \{T < n\}) + P(\{Z_n = z\} \cap \{T \geq n\}) \\ &\quad - P(\{Y_n = z\} \cap \{T < n\}) - P(\{Y_n = z\} \cap \{T \geq n\})\big| \\ &\leq P(\{T \geq n\}) \end{aligned}$$

für jeden Zustand $z \in Z$.

Zur Abschätzung von $P(\{T \geq n\})$ fixieren wir $z \in Z$ und betrachten die Eintrittszeit

$$T_{(z,z)} = \inf\{n \in \mathbb{N} \mid (X_n, Y_n) = (z,z)\}$$

der Markov-Kette $(X_n, Y_n)_{n \in \mathbb{N}_0}$ in den Zustand (z,z). Aus $T \leq T_{(z,z)}$ folgt

$$P(\{T \geq n\}) \leq P(\{T_{(z,z)} \geq n\}),$$

und der Beweis von Satz 6.18 sichert die Existenz von Konstanten $c > 0$ und $\alpha \in]0,1[$, so daß

$$P(\{T_{(z,z)} \geq n\}) \leq c \cdot \alpha^n$$

gilt. □

Die Konvergenz $\lim_{n\to\infty} \mu^{(0)} \cdot Q^n = \mu$ für jeden Wahrscheinlichkeitsvektor $\mu^{(0)}$ ist äquivalent zur Konvergenz aller Zeilen der Matrizen Q^n gegen μ. Beim Beweis von Satz 6.28 haben wir mit der sogenannten *Kopplungsmethode* ein wichtiges Hilfsmittel zur Analyse der Konvergenz von Markov-Ketten kennengelernt.

Die Kombination der Sätze 6.27 und 6.28 liefert folgendes Ergebnis.

Korollar 6.29. *Jede irreduzible und aperiodische Matrix Q besitzt eine eindeutig bestimmte stationäre Verteilung μ. Diese ist positiv, und die Folge der Verteilungen $\mu^{(n)}$ jeder Markov-Kette mit der Übergangsmatrix Q konvergiert für jede Anfangsverteilung $\mu^{(0)}$ exponentiell schnell gegen μ.*

Der folgende Sachverhalt wird als *Ergodensatz* für Markov-Ketten bezeichnet und klärt in Analogie zum starken Gesetz der großen Zahlen das asymptotische Verhalten der arithmetischen Mittel $1/n \cdot \sum_{k=1}^{n} f(X_k)$ für Abbildungen $f \colon Z \to \mathbb{R}$.

Satz 6.30. *Sei $(X_n)_{n\in\mathbb{N}_0}$ eine irreduzible und aperiodische Markov-Kette mit stationärer Verteilung $\mu \in \mathbb{R}^Z$. Für jede Abbildung $f\colon Z \to \mathbb{R}$ gilt fast sicher*

$$\lim_{n\to\infty} \frac{1}{n} \sum_{k=1}^{n} f(X_k) = \sum_{z\in Z} f(z)\cdot \mu_z\,.$$

Beweis. Zum Beweis nehmen wir zunächst an, daß die Markov-Kette deterministisch in $z_* \in Z$ startet, und wir betrachten die durch $T^{(0)} = 0$ und (6.23) definierte Folge $(T^{(n)})_{n\in\mathbb{N}}$ der sukzessiven, fast sicher endlichen Rückkehrzeiten in den Zustand z_*. Wir definieren

$$Z^{(n)} = \sum_{k=T^{(n-1)}}^{T^{(n)}-1} f(X_k)$$

für $n \in \mathbb{N}$. Die starke Markov-Eigenschaft sichert, daß $(Z^{(n)})_{n\in\mathbb{N}}$ eine unabhängige Folge von identisch verteilten Zufallsvariablen ist, und somit gilt

$$\lim_{m\to\infty} \frac{1}{m} \sum_{n=1}^{m} Z^{(n)} = \mathrm{E}(Z^{(1)}) \tag{6.26}$$

mit Wahrscheinlichkeit eins nach dem starken Gesetz der großen Zahlen.

Wir setzen $T = T^{(1)}$. Korollar 6.29 zeigt zusammen mit dem Beweis von Satz 6.27, daß

$$\mathrm{E}\left(\sum_{k=0}^{T-1} 1_{\{z\}}(X_k)\right) = \mathrm{E}(V_z) = \mathrm{E}(T)\cdot \mu_z$$

für alle $z \in Z$ gilt, und wir erhalten

$$\begin{aligned}
\mathrm{E}(Z^{(1)}) &= \mathrm{E}\left(\sum_{k=0}^{T-1}\sum_{z\in Z} f(z)\cdot 1_{\{z\}}(X_k)\right)\\
&= \sum_{z\in Z} f(z)\cdot \mathrm{E}\left(\sum_{k=0}^{T-1} 1_{\{z\}}(X_k)\right)\\
&= \mathrm{E}(T)\int_Z f\,d\mu\,.
\end{aligned} \tag{6.27}$$

Wir betrachten nun für $m \in \mathbb{N}$ die Anzahl

$$r(m) = \sum_{k=1}^{m} 1_{\{z_*\}}(X_k)$$

der Eintritte der Markov-Kette in den Zustand z_* bis zur Zeit m. Offenbar ist

$$T^{(r(m))} \le m < T^{(r(m)+1)} \tag{6.28}$$

für alle $m \in \mathbb{N}$ erfüllt, und da alle Rückkehrzeiten fast sicher endlich sind, gilt fast sicher

$$\lim_{m\to\infty} r(m) = \infty. \tag{6.29}$$

Ohne Einschränkung können wir $f \geq 0$ voraussetzen. Mit (6.28) folgt dann

$$\begin{aligned}
\frac{1}{r(m)} \sum_{n=1}^{r(m)} Z^{(n)} &\leq \frac{1}{r(m)} \sum_{k=0}^{T^{(r(m))}} f(X_k) \\
&\leq \frac{1}{r(m)} \sum_{k=0}^{m} f(X_k) \\
&\leq \frac{1}{r(m)} \sum_{k=0}^{T^{(r(m)+1)}-1} f(X_k) \\
&= \frac{r(m)+1}{r(m)} \cdot \frac{1}{r(m)+1} \sum_{n=1}^{r(m)+1} Z^{(n)},
\end{aligned}$$

und wegen (6.26), (6.27) und (6.29) erhalten wir

$$\lim_{m\to\infty} \frac{1}{r(m)} \sum_{k=1}^{m} f(X_k) = \mathrm{E}(T) \cdot \int_Z f \, d\mu$$

mit Wahrscheinlichkeit eins als Konsequenz. Der Spezialfall $f = 1$ zeigt schließlich die fast sichere Konvergenz

$$\lim_{m\to\infty} \frac{r(m)}{m} = \frac{1}{\mathrm{E}(T)}.$$

Ist $\mu^{(0)}$ keine Einpunktverteilung, so setzen wir

$$Z_> = \{z \in Z \mid P(\{X_0 = z\}) > 0\}$$

und bezeichnen mit C die Menge aller Folgen $(z_n)_{n\in\mathbb{N}}$ in Z, für die

$$\lim_{n\to\infty} \frac{1}{n} \sum_{k=1}^{n} f(z_k) = \int_Z f \, d\mu$$

erfüllt ist. Ferner sei $(Y_n^{(z)})_{n\in\mathbb{N}_0}$ für $z \in Z_>$ eine Markov-Kette, die dieselbe Übergangsmatrix wie $(X_n)_{n\in\mathbb{N}_0}$ besitzt und deterministisch in z startet. Es gilt also

$$P(\{(X_n)_{n\in\mathbb{N}} \in C\} \mid \{X_0 = z\}) = P(\{(Y_n^{(z)})_{n\in\mathbb{N}} \in C\}) = 1$$

für alle $z \in Z_>$, und damit folgt

$$P(\{(X_n)_{n\in\mathbb{N}} \in C\}) = \sum_{z\in Z_>} P(\{(X_n)_{n\in\mathbb{N}} \in C\} \mid \{X_0 = z\}) \cdot P(\{X_0 = z\}) = 1$$

wie behauptet. □

Nach dem Ergodensatz konvergieren die Mittelwerte von f über den zeitlichen Ablauf einer Realisierung der Kette fast sicher gegen den Erwartungswert von f bezüglich der stationären Verteilung der Kette. Man sagt dazu auch knapp, daß Mittelwerte über den Zustandsraum, auch Phasenmittel genannt, durch Zeitmittel ersetzt werden können. Wir ergänzen, daß im Ergodensatz auf die Annahme der Aperiodizität verzichtet werden kann, siehe Levin, Peres, Wilmer [115, Thm. 4.16].

6.3 Markov Chain Monte Carlo-Algorithmen

Mit Hilfe von Markov-Ketten entwickeln wir jetzt Algorithmen für die beiden Grundprobleme dieses Kapitels. Wir konstruieren zur numerischen Simulation verwendbare, approximative Zufallsgeneratoren für Verteilungen μ auf Z, indem wir geeignete irreduzible und aperiodische Markov-Ketten mit stationärer Verteilung μ bestimmen. Wir ändern damit den Blick auf Korollar 6.29: Gegeben sind jetzt Z und μ, gesucht ist eine entsprechende Markov-Kette $(X_n)_{n\in\mathbb{N}_0}$. An die Stelle des starken Gesetzes der großen Zahlen und der direkten Simulation treten der Ergodensatz 6.30 und die *Markov Chain Monte Carlo-Methode*

$$M_n(f) = \frac{1}{n}\sum_{k=1}^{n} f(X_k) \tag{6.30}$$

zur Berechnung von Erwartungswerten $\mathrm{E}_\mu(f)$. Ausgenutzt wird also die Tatsache, daß es oft viel einfacher ist, Markov-Ketten mit Grenzverteilung μ zu simulieren, als die Verteilung μ selbst.

Für eine solche Kette zeigt Satz 6.28 zwar eine exponentielle Konvergenz von $\mu^{(n)}$ gegen μ, aber häufig ist die Basis α sehr nahe bei eins, und die Konstante c ist sehr groß. Tatsächlich benötigt die Kette oft eine beträchtliche Anzahl von Schritten, bis $\mu^{(n)}$ nahe bei μ liegt. Daher empfiehlt es sich bei vielen Anwendungen, den Algorithmus (6.30) durch

$$M_{n_0,n}(f) = \frac{1}{n}\sum_{k=1}^{n} f(X_{n_0+k}) \tag{6.31}$$

zu ersetzen. Hier werden die ersten n_0 Schritte der Kette ignoriert, und die Zahl n_0 heißt *Aufwärmzeit* oder *burn in*.

Wir behandeln Grundprinzipien zur Konstruktion von irreduziblen und aperiodischen Ketten mit vorgegebener stationärer Verteilung μ und betrachten das hard core model und das Ising-Modell als Anwendungsbeispiele. Anschließend stellen wir in Abschnitt 6.4 Fehlerabschätzungen für die Verfahren (6.30) bzw. (6.31) vor und diskutieren die Wahl der Aufwärmzeit n_0. Die Ergebnisse aus Abschnitt 3.5 zur Konstruktion von (asymptotischen) Konfidenzintervallen sind für Markov Chain Monte Carlo-Methoden nicht anwendbar, da Markov-Ketten im allgemeinen nicht unabhängig sind. Zur statistischen Analyse der Markov Chain Monte Carlo-Methode verweisen wir auf Berg [16], Fishman [56, Chap. 7] und Madras [121, Chap. 5].

Wir beginnen mit dem Fall, daß die Zielverteilung μ die Gleichverteilung auf Z ist. Gesucht ist dann eine irreduzible und aperiodische Übergangsmatrix $Q \in \mathbb{R}^{Z\times Z}$, die symmetrisch oder allgemeiner doppelt-stochastisch ist. Zunächst präsentieren wir eine einfache Lösung für das hard core model.

Beispiel 6.31. Wir betrachten das hard core model im nicht-trivialen Fall eines Graphen (E,K) mit $K \neq \emptyset$, siehe Beispiel 6.1. Wir bezeichnen zwei Zustände oder zulässige Konfigurationen $z,z' \in Z$ als benachbart, falls sie sich an genau einer Ecke unterscheiden, d. h. $z(e) \neq z'(e)$ für genau ein $e \in E$. Offensichtlich hat jeder Zustand höchstens $|E|$ Nachbarn. Wir definieren Q durch die Bedingungen

$$q_{z,z'} = \frac{1}{|E|},$$

falls z und z' benachbart sind, und

$$q_{z,z'} = 0,$$

falls $z \neq z'$ und diese Zustände nicht benachbart sind. Damit ergibt sich

$$q_{z,z} = 1 - \sum_{z' \in Z\setminus\{z\}} q_{z,z'} \geq 0. \tag{6.32}$$

Diese Festlegung von Q beschreibt folgenden Übergangsmechanismus ausgehend von einer zulässigen Konfiguration $z \in Z$ zur Zeit n. Wir wählen gleichverteilt $e \in E$ und ändern z an der Stelle e genau dann, wenn dies zulässig ist. Alle weiteren Werte $z(e')$ mit $e' \in E \setminus \{e\}$ bleiben unverändert. Die Anzahl der Nachbarn von z bzw. die Wahrscheinlichkeit $q_{z,z}$ muß dazu nicht bekannt sein.

Jede zulässige Konfiguration $z \in Z$ läßt sich ausgehend von der leeren Konfiguration $z' = 0$ in $\sum_{e\in E} z(e)$ Schritten erreichen, und mit dieser Schrittzahl kann man umgekehrt auch z in z' überführen. Ferner gibt es eine zulässige Konfiguration z mit $q_{z,z} > 0$, da $K \neq \emptyset$. Folglich ist Q irreduzibel und aperiodisch, siehe Lemma 6.15. Die Symmetrie von Q ist offensichtlich. In jeder Zeile von Q sind höchstens $|E|$ der $|Z|$ Einträge und damit typischerweise ein sehr geringer Anteil der Einträge verschieden von null.

Für das zweidimensionale Gitter (E,K) mit $E = \{1,\dots,m\}^2$ bestimmen wir nun den mittleren Anteil der besetzten Positionen, d. h. den Erwartungswert $\mathrm{E}_\mu(f)$ der Funktion

$$f(z) = \frac{1}{|E|}\sum_{e\in E} z(e)$$

bezüglich der Gleichverteilung μ auf der Menge Z der zulässigen Konfigurationen. Ein Algorithmus zur Simulation von Markov-Ketten mit der oben konstruierten Übergangsmatrix Q läßt sich sehr einfach implementieren, und Abbildung 6.1 zeigt für die deterministischen Anfangszustände $z = 0$ und z gemäß einem Schachbrettmuster für $m = 8, 32, 128$ jeweils einen Ausschnitt einer Realisierung von $M_{10^2}(f), \ldots, M_{10^7}(f)$. Der für kleine Schrittzahlen deutlich sichtbare Einfluß des Anfangszustandes auf $M_n(f)(\omega)$ verliert sich etwa nach $n = 50m^2$ Schritten, was darauf hindeutet, daß nach dieser Schrittzahl die Verteilung $\mu^{(n)}$ nahe bei μ liegt und in diesem Sinn fortan typische Zustände gemäß μ erzeugt werden. Wir greifen dies in Beispiel 6.40 wieder auf.

Die plausible Vermutung, daß der Erwartungswert $\mathrm{E}_\mu(f)$ mit wachsender Gittergröße gegen $1/4$ strebt, bestätigt sich anhand der dargestellten Ergebnisse nicht.

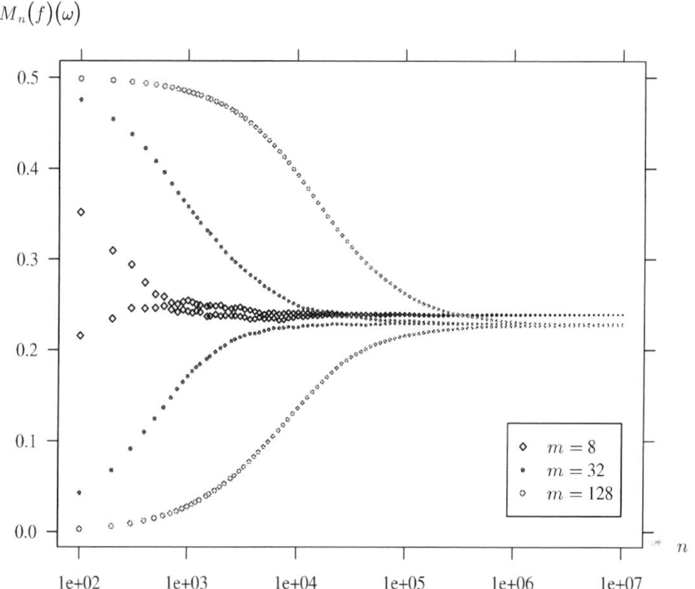

Abb. 6.1 $M_n(f)(\omega)$ für den mittleren Anteil f besetzter Positionen und n zwischen 10^2 und 10^7

Abbildung 6.2 zeigt einen typischen Zustand des hard core model für $m = 250$. Erzeugt wurde das Bild mit der obigen Markov-Kette, wobei nach Start in der Nullfunktion 10^8 Schritte ausgeführt wurden. Schon nach $3 \cdot 10^6$ Schritten erhält man Zustände, die qualitativ sehr ähnlich sind. □

Die Konstruktion beim hard core model in Beispiel 6.31 läßt sich in folgender Weise allgemein zur approximativen Simulation der Gleichverteilung auf endlichen Zustandsräumen Z einsetzen. Wir fassen Z als Eckenmenge eines Graphen G auf, dessen Kantenmenge zunächst nur so festgelegt sein muß, daß G zusammenhängend ist. Ferner wählen wir eine natürliche Zahl L, so daß jeder Zustand $z \in Z$ höchstens L Nachbarn besitzt. Wir definieren eine symmetrische Übergangsmatrix Q durch $q_{z,z'} = 1/L$, falls z und z' benachbart sind, und $q_{z,z'} = 0$, falls $z \neq z'$ und diese

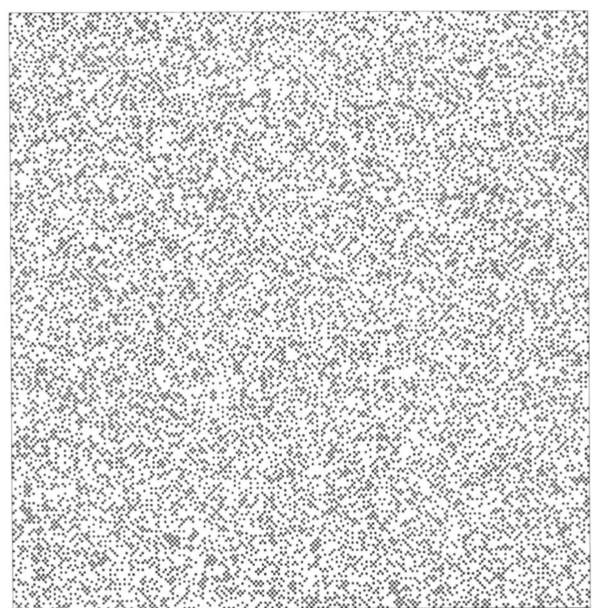

Abb. 6.2 $X_n(\omega)$ für die Markov-Kette zum hard core model mit $m = 250$ und $n = 10^8$

Zustände nicht benachbart sind. Schließlich ist $q_{z,z}$ durch (6.32) festgelegt. Die Begründung dafür, daß Q irreduzibel ist, kann aus Beispiel 6.31 übernommen werden. Ferner ist Q aperiodisch, falls es einen Zustand z gibt, der weniger als L Nachbarn besitzt und somit $q_{z,z} > 0$ erfüllt. Wie im Beispiel 6.22 haben wir damit eine Irrfahrt $(X_n)_{n \in \mathbb{N}_0}$ auf einem Graphen mit Z als Eckenmenge beschrieben; nunmehr ist jedoch als Zielverteilung auf der Eckenmenge die Gleichverteilung vorgegeben und die Kantenmenge und die Übergangswahrscheinlichkeiten werden in geeigneter Weise konstruiert.

Die Kriterien zur Wahl der Kantenmenge lassen sich vage wie folgt fassen. Einerseits soll der Übergangsmechanismus leicht zu implementieren und mit akzeptablen Kosten durchführbar sein, was in der Regel erfordert, daß L wesentlich kleiner als $|Z|$ ist. Andererseits soll sich eine schnelle Konvergenz der Verteilungen P_{X_n} gegen die Gleichverteilung ergeben. Diese beiden Forderungen sind gegeneinander abzuwägen. Weitere interessante Beispiele für die Simulation einer Gleichverteilung findet man bei Aldous [2], Diaconis, Stroock [44], Jerrum [95] und Madras, Sokal [122].

Das folgende Beispiel zeigt, daß man in manchen Fällen nur mit einer angemessenen Aufwärmzeit sinnvolle Ergebnisse erhält.

Beispiel 6.32. Wir betrachten den d-dimensionalen diskreten Würfel $Z = \{0,1\}^d$ und bezeichnen zwei Ecken $z, \tilde{z} \in Z$ als benachbart, wenn sie sich in genau einer Koordinate unterscheiden. Die lazy version der einfachen Irrfahrt auf dem entsprechenden Graphen ist dann irreduzibel, aperiodisch und reversibel bezüglich der Gleichverteilung μ auf Z, siehe Beispiel 6.22 und Beispiel 6.25. Für den Integranden

$$f(z) = \exp\Big(-\sum_{i=1}^{d} z_i\Big) \tag{6.33}$$

gilt

$$\mathrm{E}_\mu(f) = \Big(\frac{1}{2} + \frac{1}{2\exp(1)}\Big)^d,$$

und wir vergleichen Approximationen von $\mathrm{E}_\mu(f)$ mit und ohne Aufwärmzeit. Abbildung 6.3 zeigt in doppelt-logarithmischer Darstellung Ergebnisse für die Dimension $d = 100$, die jeweils auf einer Realisierung der in $z = 0$ gestarteten Markov-Kette bis zur Zeit $n = 10^6$ basieren. Dargestellt sind die resultierenden Näherungswerte $M_{n_0,1}(f)(\omega), \ldots, M_{n_0,n-n_0}(f)(\omega)$ für $n_0 = 0, 200, 3500$ sowie der gesuchte Wert $\mathrm{E}_\mu(f) \approx 3.175 \cdot 10^{-17}$.

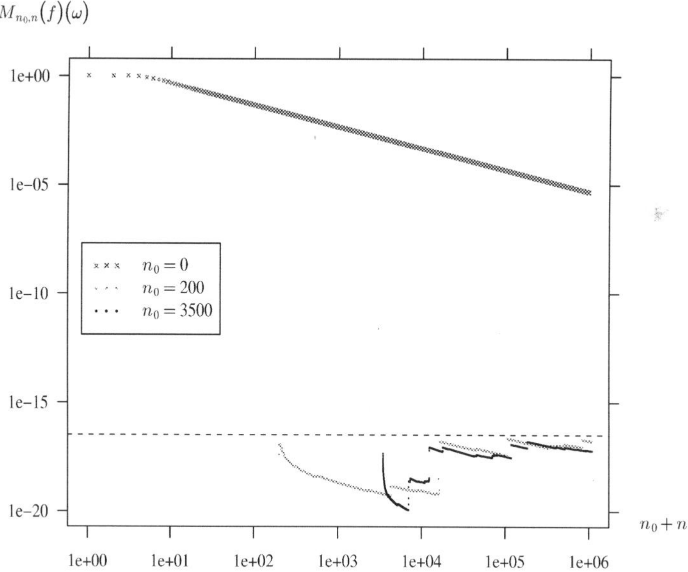

Abb. 6.3 $M_{n_0,n}(f)(\omega)$ für verschiedene Aufwärmzeiten n_0 und $n = 1, \ldots, 10^6 - n_0$

Da die Kette im Zustand $z = 0$ startet, gilt $M_{0,1}(f) = 1$ und

$$M_{0,n}(f) \geq n^{-1}$$

für alle $n \in \mathbb{N}$. Hingegen genügt bereits die relativ kleine Aufwärmzeit von $n_0 = 200$, um die Kette in eine für den Algorithmus bessere Ausgangsposition zu bringen und damit bei gleichen Kosten eine wesentlich genauere Approximation zu erhalten. Zur weiteren Diskussion verweisen wir auf Beispiel 6.39. □

Allgemeiner betrachten wir nun einen beliebigen positiven Wahrscheinlichkeitsvektor $\mu \in \mathbb{R}^Z$ und konstruieren eine irreduzible und aperiodische Übergangsmatrix $Q \in \mathbb{R}^{Z \times Z}$, so daß Q reversibel bezüglich μ ist, siehe Lemma 6.24. Wir wählen dazu zunächst eine beliebige irreduzible und symmetrische Matrix $\widetilde{Q} \in \mathbb{R}^{Z \times Z}$, die wir als *Vorschlagsmatrix* bezeichnen. Oft konstruiert man wie oben eine Irrfahrt auf einem Graphen mit der Eckenmenge Z, um diese Eigenschaften zu erreichen. Für $z, z' \in Z$ mit $z \neq z'$ wählen wir sogenannte *Akzeptanzwahrscheinlichkeiten*

$$\alpha_{z,z'} \in \,]0,1]\,,$$

und wir definieren eine Matrix $Q \in \mathbb{R}^{Z \times Z}$ durch

$$q_{z,z'} = \widetilde{q}_{z,z'} \cdot \alpha_{z,z'} \tag{6.34}$$

für $z \neq z'$ und

$$q_{z,z} = 1 - \sum_{z' \in Z \setminus \{z\}} q_{z,z'} \,. \tag{6.35}$$

Es gilt

$$1 \geq q_{z,z} \geq 1 - \sum_{z' \in Z \setminus \{z\}} \widetilde{q}_{z,z'} = \widetilde{q}_{z,z} \geq 0$$

für alle $z \in Z$, so daß auch Q eine stochastische Matrix ist.

Lemma 6.33. *Sei $\widetilde{Q}$ irreduzibel und symmetrisch, und gelte*

$$\mu_z \cdot \alpha_{z,z'} = \mu_{z'} \cdot \alpha_{z',z}$$

für $z, z' \in Z$. Dann ist Q irreduzibel und reversibel bezüglich μ. Ist $\widetilde{Q}$ zusätzlich aperiodisch, so gilt dies auch für Q.

Beweis. Im folgenden seien $z, z' \in Z$ mit $z \neq z'$. Es gilt

$$\widetilde{q}_{z,z'} > 0 \qquad \Leftrightarrow \qquad q_{z,z'} > 0$$

und

$$\widetilde{q}_{z,z} > 0 \qquad \Rightarrow \qquad q_{z,z} > 0\,,$$

so daß mit $\widetilde{Q}$ auch Q irreduzibel bzw. aperiodisch ist. Die Reversibilität von Q bezüglich μ ergibt sich aus

$$\mu_z \cdot q_{z,z'} = \mu_z \cdot \widetilde{q}_{z,z'} \cdot \alpha_{z,z'} = \mu_{z'} \cdot \widetilde{q}_{z',z} \cdot \alpha_{z',z} = \mu_{z'} \cdot q_{z',z}\,.$$ □

Jede solche Wahl einer Vorschlagsmatrix und einer Familie von Akzeptanzwahrscheinlichkeiten definiert zusammen mit der Wahl einer Anfangsverteilung und einer Aufwärmzeit n_0 gemäß (6.31) eine Folge von Markov Chain Monte Carlo-Algorithmen $M_{n_0,n}$, so daß für jede Abbildung $f\colon Z \to \mathbb{R}$ die Folge $M_{n_0,n}(f)$ fast sicher gegen den gesuchten Erwartungswert $\mathrm{E}_\mu(f)$ konvergiert. Zur Aperiodizität von $\widetilde{Q}$ und Q verweisen wir auf Lemma 6.15.

Wir präsentieren zwei Familien von Akzeptanzwahrscheinlichkeiten, die jeweils die Voraussetzungen von Lemma 6.33 erfüllen und zu den zwei bekanntesten Markov Chain Monte Carlo-Algorithmen führen. Durch die Akzeptanzwahrscheinlichkeiten

$$\alpha_{z,z'} = \min(1, \mu_{z'}/\mu_z)$$

erhalten wir den *Metropolis-Algorithmus*, und die Akzeptanzwahrscheinlichkeiten

$$\alpha_{z,z'} = \frac{\mu_{z'}}{\mu_z + \mu_{z'}}$$

definieren den *Gibbs-Sampler* oder *Wärmebad-Algorithmus*. Wir betonen, daß in beiden Fällen zur Berechnung der Akzeptanzwahrscheinlichkeiten nur die Quotienten der Wahrscheinlichkeiten μ_z und $\mu_{z'}$ benötigt werden, d. h. es genügt, die Zielverteilung μ bis auf eine Konstante zu kennen, was in vielen Anwendungen sehr wichtig ist.

Der Metropolis-Algorithmus steht auf der Liste der „Top Ten Algorithms of the 20th Century" von Dongarra, Sullivan [47], siehe auch Beichl, Sullivan [15]. Die erste einschlägige Arbeit zu diesem Algorithmus ist Metropolis, Rosenbluth, Rosenbluth, Teller, Teller [133], und zu Ehren dieser Arbeit gab es im Jahr 2003 in Los Alamos eine Konferenz zum Thema „The Monte Carlo method in physical sciences: celebrating the 50th anniversary of the Metropolis algorithm."

Beispiel 6.34. Als elementares Beispiel zur Illustration betrachten wir einen zweielementigen Zustandsraum Z und die Zielverteilung $\mu = (2/3, 1/3)$. Die Vorschlagsmatrix

$$\widetilde{Q} = \begin{pmatrix} 1/2 & 1/2 \\ 1/2 & 1/2 \end{pmatrix}$$

liefert dann

$$Q = \begin{pmatrix} 3/4 & 1/4 \\ 1/2 & 1/2 \end{pmatrix}$$

für den Metropolis-Algorithmus und

$$Q = \begin{pmatrix} 5/6 & 1/6 \\ 1/3 & 2/3 \end{pmatrix}$$

für den Gibbs-Sampler. □

Es stellt sich die Frage, wie man eine Markov-Kette $(X_n)_{n\in\mathbb{N}_0}$ mit der Übergangsmatrix Q gemäß (6.34) und (6.35) auf einfache Weise unter Verwendung eines idealen Zufallszahlengenerators simulieren kann. Wir starten dazu beispielsweise deterministisch und verwenden folgenden Übergangsmechanismus. Ist z der Zustand zur Zeit n, so wählen wir zunächst einen Zustand $z' \in Z$ gemäß der Wahrscheinlichkeitsverteilung $(\widetilde{q}_{z,z'})_{z' \in Z}$ und daran anschließend unabhängig $\delta \in \{0,1\}$ gemäß der Bernoulli-Verteilung mit Erfolgswahrscheinlichkeit $\alpha_{z,z'}$. Gilt $\delta = 1$, so wechseln wir zum Zustand z', anderenfalls bleiben wir im Zustand z. Wir bemerken insbesondere, daß zur Implementierung dieses Verfahrens die Summen in (6.35) nicht bekannt sein müssen. Das ist vorteilhaft, da ihre Berechnung in Abhängigkeit von $\widetilde{Q}$ aufwendig sein kann.

Zur formalen Definition einer entsprechenden Markov-Kette sei $(U_n, V_n)_{n \in \mathbb{N}}$ eine unabhängige Folge von zweidimensionalen Zufallsvektoren, die jeweils gleichverteilt auf $[0,1]^2$ sind, und $(\varphi_u)_{u \in [0,1]}$ eine update-Regel zur Übergangsmatrix $\widetilde{Q}$, siehe (6.11). Wir definieren $X_0(\omega) = z_*$ mit festem $z_* \in Z$ und

$$Y_{n+1}(\omega) = \varphi_{U_{n+1}(\omega)}(X_n(\omega))$$

sowie die Akzeptanzwahrscheinlichkeiten

$$\alpha_{n+1}(\omega) = \alpha_{X_n(\omega), Y_{n+1}(\omega)} .$$

Schließlich sei

$$X_{n+1}(\omega) = \begin{cases} Y_{n+1}(\omega), & \text{falls } V_{n+1}(\omega) \le \alpha_{n+1}(\omega), \\ X_n(\omega), & \text{sonst}, \end{cases}$$

für $n \in \mathbb{N}_0$ und $\omega \in \Omega$.

Beispiel 6.35. Wir betrachten das Ising-Modell für die Magnetisierung einer ferromagnetischen Substanz, siehe Beispiele 6.2 und 6.4. Der Zustandsraum ist also $Z = \{-1,1\}^E$, und Ziel ist die Simulation einer Boltzmann-Verteilung μ^β auf Z, siehe (6.5). Wir fassen Z wieder als Eckenmenge eines Graphen auf und bezeichnen in Analogie zur Behandlung des hard core model in Beispiel 6.31 zwei Spin-Konfigurationen $z, z' \in Z$ als benachbart, wenn sie sich an genau einer Ecke $e \in E$ unterscheiden. Jede Konfiguration hat also genau $|E|$ Nachbarn, und wir definieren die Vorschlagsmatrix $\widetilde{Q} \in \mathbb{R}^{Z \times Z}$ durch

$$\widetilde{q}_{z,z'} = \begin{cases} 1/|E|, & \text{falls } z, z' \text{ benachbart}, \\ 0, & \text{sonst}. \end{cases}$$

Zur Berechnung der Akzeptanzwahrscheinlichkeiten für den Gibbs-Sampler und für den Metropolis-Algorithmus werden nur die Verhältnisse der Wahrscheinlichkeiten

$$\frac{\mu^\beta_{z'}}{\mu^\beta_z} = \exp(-\beta \cdot (H(z') - H(z)))$$

für benachbarte Zustände benötigt.

Wir bemerken ergänzend, daß die Vorschlagsmatrix $\widetilde{Q}$ hier nicht aperiodisch ist. Für den Gibbs-Sampler und, bis auf den Extremfall einer konstanten Energiefunktion H, auch für den Metropolis-Algorithmus ergibt sich die Aperiodizität von Q aus Lemma 6.15.

Wir betrachten nun ein zweidimensionales periodisches Gitter (E,K) mit $E = \{1,\ldots,250\}^2$ und die Magnetisierung

$$f(z) = \frac{1}{|E|} \sum_{e \in E} z(e),$$

ohne daß ein äußeres Magnetfeld vorhanden ist, und wir verwenden den Gibbs-Sampler mit den zwei Anfangswerten $z = -1$ und $z = 1$ zur Berechnung des Erwartungswerts von f bezüglich μ^β. Aufgrund der Symmetrie von f gilt $\mathrm{E}_{\mu^\beta}(f) = 0$ für jedes $\beta > 0$.

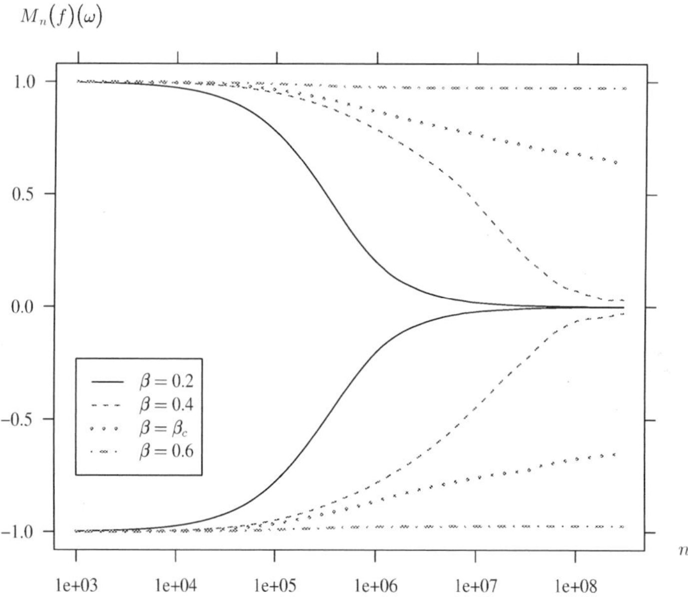

Abb. 6.4 $M_n(f)(\omega)$ für die Magnetisierung f und n zwischen 10^3 und $3 \cdot 10^8$

Abbildung 6.4 zeigt für $\beta = 0.2, 0.4, 0.6$ und $\beta = \beta_c \approx 0.44$ jeweils einen Ausschnitt einer Realisierung von $M_{10^3}(f), \ldots, M_{10^8}(f)$. Man erkennt, daß die „Konvergenzgeschwindigkeit" dieser Realisierungen extrem von β abhängt. Während man für $\beta = 0.2$ und $\beta = 0.4$ nach 10^7 bzw. 10^8 Schritten Näherungswerte nahe bei null erhält, sind für $\beta = 0.6$ selbst $3 \cdot 10^8$ Iterationen nicht ausreichend, um sich merklich von den Ausgangswerten bei -1 bzw. 1 zu entfernen. Mit wachsendem β, also mit fallender Temperatur T, scheint der Einsatz des Gibbs-Samplers unpraktikabel zu werden. Wir kommen in den Abschnitten 6.4.3 und 6.4.4 darauf zurück und bemerken schon jetzt, daß $\beta_c \approx 0.44$ ein sogenannter kritischer Wert ist, in dessen Nähe sich das Konvergenzverhalten der betrachteten Markov-Kette abrupt verändert. □

6.4 Ausblick

Wir sprechen nun im Kontext der Markov Chain Monte Carlo-Verfahren die Themen schnelle Mischung, Fehlerschranken und Aufwärmzeit, sowie perfekte Simulation an, die Gegenstand der aktuellen Forschung sind. Dabei beschränken wir uns wie in den vorangehenden Abschnitten auf Markov-Ketten mit endlichen Zustandsräumen, wobei das Ising-Modell wieder eine wichtige Rolle spielt. Nur Abschnitt 6.4.5 behandelt mit konvexen Körpern in $\mathbb{R}^d$ allgemeinere Zustandsräume. Als weiterführende Literatur empfehlen wir Levin, Peres, Wilmer [115] sowie Diaconis [43].

6.4.1 Schnelle Mischung

Für zwei Wahrscheinlichkeitsmaße ν und $\widetilde{\nu}$ auf dem Zustandsraum Z ist der *Totalvariationsabstand* von ν und $\widetilde{\nu}$ durch

$$d(\nu, \widetilde{\nu}) = \max_{A \subset Z} |\nu(A) - \widetilde{\nu}(A)|$$

definiert. Damit ist eine Metrik auf der Menge der Wahrscheinlichkeitsverteilungen auf Z erklärt, die $\max_{z \in Z} |\nu_z - \widetilde{\nu}_z| \leq d(\nu, \widetilde{\nu}) \leq |Z| \cdot \max_{z \in Z} |\nu_z - \widetilde{\nu}_z|$ erfüllt, siehe auch Aufgabe 6.10.

Wir betrachten eine irreduzible und aperiodische stochastische Matrix $Q \in \mathbb{R}^{Z \times Z}$ mit stationärer Verteilung μ und setzen

$$d(n) = \max_{\mu^{(0)}} d(\mu^{(0)} \cdot Q^n, \mu), \qquad n \in \mathbb{N},$$

wobei das Maximum über alle Wahrscheinlichkeitsvektoren $\mu^{(0)} \in \mathbb{R}^Z$ gebildet wird. Die Größe $d(n)$ bezeichnet also den maximal möglichen Totalvariationsabstand der Verteilung $\mu^{(n)}$ einer Markov-Kette mit Übergangsmatrix Q nach n Schritten zur Verteilung μ. Gemäß Satz 6.28 gilt $\lim_{n \to \infty} d(n) = 0$.

Zur Beurteilung der praktischen Eignung einer solchen Markov-Kette für die approximative Simulation von μ verwenden wir die durch

$$T_{\mathrm{mix}}(\varepsilon) = \min\{n \in \mathbb{N}_0 \mid d(n) \leq \varepsilon\}$$

definierte Abbildung $T_{\text{mix}}: \,]0,1] \to \mathbb{N}_0$, die als *Mischungszeit* der Markov-Kette bezeichnet wird. Sie gibt für $\varepsilon \in \,]0,1]$ an, welche Mindestanzahl n von Schritten die Markov-Kette benötigt, um bei beliebiger Anfangsverteilung einen Totalvariationsabstand $d(\mu^{(n)},\mu)$ von höchstens ε zu erreichen.

Im folgenden nehmen wir zusätzlich an, daß die Übergangsmatrix Q reversibel bezüglich μ ist. Dann besitzt Q nur reelle Eigenwerte β_i, die alle im Intervall $]-1,1]$ liegen, der größte Eigenwert ist eins und besitzt die Vielfachheit eins, und es existiert eine Basis des $\mathbb{R}^Z$, die aus Eigenvektoren von Q besteht, siehe Levin, Peres, Wilmer [115, Chap. 12.1]. Entsprechend numeriert gilt also

$$1 = \beta_1 > \beta_2 \geq \beta_3 \geq \cdots \geq \beta_{|Z|} > -1\,.$$

Mit

$$|\beta|_2 = \max(\beta_2, |\beta_{|Z|}|)$$

bezeichnen wir den zweitgrößten absoluten Eigenwert.

Satz 6.36. *Die Übergangsmatrix Q der Markov-Kette $(X_n)_{n\in\mathbb{N}_0}$ sei irreduzibel, aperiodisch und reversibel bezüglich μ. Dann gilt*

$$\frac{|\beta|_2}{1-|\beta|_2} \cdot \ln\left(\frac{1}{2\varepsilon}\right) \leq T_{\text{mix}}(\varepsilon) \leq \frac{1}{1-|\beta|_2} \cdot \ln\left(\frac{1}{\varepsilon \cdot \min_{z\in Z} \mu_z}\right)$$

für alle $\varepsilon \in \,]0,1]$.

Für einen Beweis dieses Satzes verweisen wir auf Levin, Peres, Wilmer [115, Chap. 12.2]. Die Zahl $1-|\beta|_2 > 0$ wird als *absolute Spektrallücke* der Markov-Kette $(X_n)_{n\in\mathbb{N}_0}$ bezeichnet und ist ein Indikator für ihre Eignung zur approximativen Simulation der Verteilung μ. Die Zahl $1-\beta_2$ heißt *Spektrallücke* der Markov-Kette, und es gilt

$$1-\beta_2 \geq 1-|\beta|_2\,.$$

Sind alle Eigenwerte β_i nicht-negativ, so stimmen beide Spektrallücken überein. Nicht-negative Eigenwerte lassen sich etwa durch den Übergang zur lazy version der Markov-Kette mit Übergangsmatrix $1/2 \cdot (Q+I)$ erreichen, siehe Lemma 6.21, deren Spektrallücke gleich $1/2 \cdot (1-\beta_2)$ ist. Dieser Übergang bietet also einen Vorteil, wenn die absolute Spektrallücke wesentlich kleiner als die Spektrallücke ist, siehe Aufgabe 6.12.

Beispiel 6.37. Wir betrachten die zyklische Irrfahrt aus Beispiel 6.8 mit $p = 1/2$ und ungerader Mächtigkeit $|Z|$, deren stationäre Verteilung die Gleichverteilung μ auf Z ist. Startet man die Kette deterministisch in $z_0 \in Z$, so gibt es eine Teilmenge $A \subset Z$ mit $|A| \geq |Z|/2$, die man auch nach ungefähr $|Z|/4$ Schritten nicht erreichen kann, weshalb diese Kette oder ihre lazy version zur Simulation von μ völlig ungeeignet erscheinen.

Tatsächlich ist die Spektrallücke der zyklischen Irrfahrt bei großer Mächtigkeit $|Z|$ sehr klein. Es gilt

$$1-\beta_2 = 1-\cos(2\pi/|Z|) \leq \frac{2\pi^2}{|Z|^2}$$

für $|Z| \geq 3$, siehe Bassetti, Diaconis [11]. Mit Satz 6.36 folgt

$$T_{\text{mix}}(\varepsilon) \geq \frac{|Z|^2}{4\pi^2} \cdot \ln\left(\frac{1}{2\varepsilon}\right). \qquad \square$$

Das Beispiel der zyklischen Irrfahrt zeigt, daß nicht jede irreduzible und aperiodische Kette zur approximativen Simulation der stationären Verteilung geeignet ist. Gesucht sind Ketten, deren Mischungszeiten nur moderat von der Mächtigkeit des Zustandsraums abhängen und solche Ketten werden als schnell mischend bezeichnet. Zur formalen Einführung dieses Begriffs betrachten wir eine Folge von aperiodischen, irreduziblen und reversiblen Markov-Ketten $X^{(k)} = (X_n^{(k)})_{n\in\mathbb{N}_0}$ mit zugehörigen Zustandsräumen $Z^{(k)}$, für die

$$\lim_{k\to\infty} |Z^{(k)}| = \infty$$

gilt.

Definition 6.38. Die Folge von Markov-Ketten $(X^{(k)})_{k\in\mathbb{N}}$ heißt *schnell mischend*, falls es Konstanten $c,\gamma > 0$ gibt, so daß die jeweiligen Mischungszeiten $T_{\text{mix}}^{(k)}$

$$T_{\text{mix}}^{(k)}(\varepsilon) \leq c \cdot (\ln|Z^{(k)}|)^{\gamma} \cdot \ln\varepsilon^{-1}$$

für alle $k \in \mathbb{N}$ und alle $\varepsilon \in \,]0,1]$ erfüllen.

Beispiel 6.39. Die Übergangsmatrix der lazy version der einfachen Irrfahrt auf dem diskreten Würfel $Z^{(d)} = \{0,1\}^d$ gemäß Beispiel 6.32 besitzt genau $d+1$ verschiedene Eigenwerte, die durch

$$\beta_i^{(d)} = 1 - \frac{i-1}{d}, \qquad i = 1,\dots,d+1,$$

gegeben sind, siehe Aufgabe 6.13, so daß sich für die absolute Spektrallücke

$$1 - |\beta|_2^{(d)} = \frac{1}{d} = \frac{1}{\log_2|Z^{(d)}|}$$

ergibt. Satz 6.36 liefert die Abschätzung $T_{\text{mix}}^{(d)}(\varepsilon) \leq (\log_2|Z^{(d)}|)^2 \cdot (1+\log_2\varepsilon^{-1})$, und somit liegt schnelle Mischung vor. Tatsächlich gilt sogar

$$T_{\text{mix}}^{(d)}(\varepsilon) \leq \log_2|Z^{(d)}| \cdot (\log_2\log_2|Z^{(d)}| + \log_2\varepsilon^{-1}),$$

siehe Levin, Peres, Wilmer [115, Chap. 5.3.2]. Damit werden die Simulationsergebnisse in Beispiel 6.32 verständlich, die zeigen, daß $M_{n_0,n}$ bereits für relativ kleine Aufwärmzeiten n_0 wesentlich bessere Ergebnisse als M_n liefert. $\square$

Beispiel 6.40. In Beispiel 6.31 haben wir eine Markov-Kette für das hard core model und numerische Resultate vorgestellt, die darauf hindeuten, daß diese Markov-Kette auf zweidimensionalen Gittern $E = \{1,\dots,m\}^2$ schnell mischend ist. Diese Vermutung ist richtig. Aus Ergebnissen in Dyer, Greenhill [48] zu verwandten Markov-Ketten folgt

$$\frac{1}{1-\beta_2^{(m)}} \leq c_1 \cdot m^6 \cdot \ln m$$

für alle $m \in \mathbb{N}$ mit einer Konstanten $c_1 > 0$. Resultate in Diaconis, Strook [44] zu unteren Schranken für die Eigenwerte einer Übergangsmatrix liefern

$$\beta_{|Z|}^{(m)} \geq \frac{1}{2m^2} - 1,$$

so daß sich $1/(1-|\beta|_2^{(m)}) \leq c_2 \cdot m^6 \cdot \ln m$ für alle $m \in \mathbb{N}$ mit einer Konstanten $c_2 > 0$ ergibt. Ferner gilt

$$m^2/2 \leq \log_2 |Z^{(m)}| \leq m^2,$$

siehe Beispiel 6.1. Damit folgt

$$\begin{aligned} T_{\text{mix}}^{(m)}(\varepsilon) &\leq c_2 \cdot m^6 \cdot \log_2 m \cdot (m^2 + \log_2 \varepsilon^{-1}) \\ &\leq c_3 \cdot (\log_2 |Z^{(m)}|)^4 \cdot (\log_2 \log_2 |Z^{(m)}| + \log_2 \varepsilon^{-1}) \end{aligned}$$

mit einer Konstante $c_3 > 0$ für alle $m \in \mathbb{N}$ nach Satz 6.36. Es wird vermutet, daß die Mischungszeit einer besseren Abschätzung genügt, in der $\log_2 |Z^{(m)}|$ nur linear und nicht in der vierten Potenz eingeht.

Für Gitter in Dimensionen $d \geq 3$ gibt es derzeit noch kein vollständiges Bild zum Mischungsverhalten dieser Markov-Kette. Bekannt ist, daß es eine Dimension d_0 gibt, ab der keine schnelle Mischung mehr vorliegt. Für $d \geq d_0$ und gerades $m \geq 4$ gilt nämlich

$$T_{\text{mix}}^{(m)}(\exp(-1)) \geq \exp\left(\frac{m^{d-1}}{d^4 \cdot (\ln m)^2}\right)$$

für die entsprechende Mischungszeit zu $\varepsilon = \exp(-1)$, siehe Galvin [62].

6.4.2 Fehlerschranken und Aufwärmzeit

Um die Güte einer Markov-Kette zur Berechnung von Erwartungswerten $\mathrm{E}_\mu(f)$ zu beurteilen, betrachten wir zunächst den maximalen Fehler des entsprechenden Markov Chain Monte Carlo-Verfahrens $M_{n_0,n}$ auf der L^2-Einheitskugel bezüglich der Verteilung μ. Dazu setzen wir

$$\|f\|_{2,\mu} = \left(\mathrm{E}_\mu(f^2)\right)^{1/2}$$

und definieren

$$F_{2,\mu} = \{f \colon Z \to \mathbb{R} \mid \|f\|_{2,\mu} \le 1\}.$$

Der *maximale Fehler* von $M_{n_0,n}$ auf der Klasse $F_{2,\mu}$ ist dann gegeben durch

$$\Delta(M_{n_0,n}, F_{2,\mu}) = \sup_{f \in F_{2,\mu}} \Delta(M_{n_0,n}, f).$$

Wir ergänzen, daß der maximale Fehler auf $F_{2,\mu}$ mit dem maximalen Fehler für Funktionen f mit $\sigma_\mu^2(f) \le 1$ übereinstimmt, da der Algorithmus $M_{n_0,n}$ für konstante Funktionen exakt ist.

Das asymptotische Verhalten von $\Delta(M_{n_0,n}, F_{2,\mu})$ wird durch die Spektrallücke $1 - \beta_2 > 0$ bestimmt. Wir erinnern an die Notation $a_n \approx b_n$ für die starke asymptotische Äquivalenz von Folgen positiver reeller Zahlen, die für $\lim_{n\to\infty} a_n/b_n = 1$ steht.

Satz 6.41. *Die Übergangsmatrix Q der Markov-Kette $(X_n)_{n \in \mathbb{N}_0}$ sei irreduzibel, aperiodisch und reversibel bezüglich μ. Dann gilt*

$$\Delta(M_{n_0,n}, F_{2,\mu}) \approx \left(\frac{1+\beta_2}{1-\beta_2}\right)^{1/2} \cdot n^{-1/2}$$

für jede Anfangsverteilung $\mu^{(0)}$ und jede Aufwärmzeit n_0.

Für einen Beweis dieses Satzes verweisen wir auf Mathé [128] oder Rudolf [173]. Die Spektrallücke der Markov-Kette $(X_n)_{n \in \mathbb{N}_0}$ ist also ein direkter Indikator für ihre Eignung zur Konstruktion eines Markov Chain Monte Carlo-Verfahrens gemäß (6.30) oder (6.31). Für den Spezialfall der direkten Simulation $M_{n_0,n}(f) = D_n(f)$ mit dem Basisexperiment $Y = f(X)$ und $P_X = \mu$ gilt

$$\beta_2 = \cdots = \beta_{|Z|} = 0,$$

und es ergibt sich

$$\Delta(D_n, F_{2,\mu}) = n^{-1/2}$$

als Folgerung aus Satz 3.2. Die Spektrallücke quantifiziert also auch den asymptotischen Qualitätsunterschied zwischen Markov Chain Monte Carlo-Verfahren und direkter Simulation bezogen auf die Wiederholungsanzahl n. Zu betonen ist hierbei, daß in diesen vereinfachenden Vergleich nur die Anzahl der Funktionsauswertungen und nicht die algorithmischen Kosten eingehen, die für D_n oft prohibitiv groß sind.

Zur konkreten Bestimmung einer angemessenen Aufwärmzeit n_0 benötigt man explizite obere Schranken für den Fehler $\Delta(M_{n_0,n}, f)$. Wir präsentieren eine solche Schranke für den Fall, daß alle Eigenwerte der Übergangsmatrix der zugrundeliegenden Markov-Kette nicht-negativ sind, was sich durch den Übergang zur lazy version der Kette erreichen läßt. Wir setzen

$$\|f\|_\infty = \max_{z \in Z} |f(z)|$$

und quantifizieren den Unterschied zwischen der Anfangsverteilung und der stationären Verteilung durch

$$\|\mu^{(0)}/\mu - 1\|_\infty = \max_{z\in Z} |\mu_z^{(0)}/\mu_z - 1| .$$

Satz 6.42. *Die Übergangsmatrix Q der Markov-Kette $(X_n)_{n\in\mathbb{N}_0}$ sei irreduzibel, aperiodisch und reversibel bezüglich μ und besitze nur nicht-negative Eigenwerte. Dann gilt*

$$\Delta^2(M_{n_0,n}, f) \le \frac{2}{n(1-\beta_2)} \|f\|_\infty^2 + \frac{4\|\mu^{(0)}/\mu - 1\|_\infty^{1/2} \cdot \beta_2^{n_0}}{n^2(1-\beta_2)^2} \|f\|_\infty^2 .$$

Die Wahl

$$n_0 = \left\lceil \frac{\ln(2\|\mu^{(0)}/\mu - 1\|_\infty^{1/2})}{1-\beta_2} \right\rceil^+ \tag{6.36}$$

liefert

$$\sup_{\|f\|_\infty \le 1} \Delta^2(M_{n_0,n}, f) \le \frac{2}{n(1-\beta_2)} + \frac{2}{n^2(1-\beta_2)^2} .$$

Für einen Beweis dieses Satzes und eine ausführliche Diskussion der Einstellung der Aufwärmzeit gemäß (6.36) verweisen wir auf Rudolf [173, 174]. Wir illustrieren das Resultat anhand des diskreten Würfels.

Beispiel 6.43. Wir betrachten noch einmal die lazy version der einfachen Irrfahrt auf dem d-dimensionalen diskreten Würfel $Z^{(d)}$ aus den Beispielen 6.32 und 6.39. Bei deterministischem Start in $z = 0$ gilt

$$\|\mu^{(0)}/\mu - 1\|_\infty = 2^d - 1 ,$$

und wir erhalten

$$n_0 = \lceil d \cdot (\ln 2 + (\ln(2^d - 1))/2) \rceil \approx \frac{d^2 \cdot \ln 2}{2}$$

als Aufwärmzeit gemäß (6.36). Satz 6.42 liefert die Fehlerschranke

$$\sup_{\|f\|_\infty \le 1} \Delta^2(M_{n_0,n}, f) \le \frac{2d}{n} \cdot \left(1 + \frac{d}{n}\right) .$$

Im Fall $d = 100$ ergibt sich $n_0 = 3536$ sowie $\sup_{\|f\|_\infty \le 1} \Delta(M_{n_0,n}, f) \le 20/\sqrt{n}$ für $n \ge 100$. Numerische Resultate für eine Aufwärmzeit in dieser Größenordnung und den Integranden (6.33) haben wir in der Abbildung 6.3 vorgestellt. □

In konkreten Anwendungen ist es oft schwierig bis unmöglich, die Aufwärmzeit n_0 gemäß (6.36) zu bestimmen, da man weder die Spektrallücke noch eine gute untere Schranke hierfür kennt. Eine sinnvolle Faustregel lautet dann: ist die Gesamtzahl $n + n_0$ der Schritte der Kette gegeben, so wähle man n_0 so groß wie n.

6.4.3 Schnelle Mischung beim Ising-Modell

Wir haben im Beispiel 6.35 zwei klassische Markov-Ketten und entsprechende Standardalgorithmen für das Ising-Modell vorgestellt, und man wird sich fragen, ob diese Markov-Ketten schnell mischend sind. Das folgende tiefliegende Ergebnis wurde erst im Jahr 2010 vollständig bewiesen, siehe Lubetzky, Sly [119]. Wir verweisen auch auf Martinelli [124].

Satz 6.44. *Für das zweidimensionale Ising-Modell ohne äußeres Magnetfeld auf einem periodischen Gitter sind der Metropolis-Algorithmus und der Gibbs-Sampler genau für*

$$\beta \leq \beta_c$$

mit dem kritischen Wert

$$\beta_c = \frac{1}{2}\ln(1+\sqrt{2}) \approx 0.44069 \tag{6.37}$$

schnell mischend.

Wir wollen uns für den Gibbs-Sampler eine viel schwächere Aussage zumindest plausibel machen. Ist $\beta > 0$ klein, die Temperatur $T = 1/\beta$ also hoch, so unterscheidet sich die Boltzmann-Verteilung μ^β nur wenig von der Gleichverteilung auf dem Raum der 2^{m^2} Spinkonfigurationen, und der Gibbs-Sampler unterscheidet sich nur wenig von der lazy version der einfachen Irrfahrt auf dem diskreten Würfel $\{0,1\}^{m^2}$, von der wir schon wissen, daß sie schnell mischend ist, siehe Beispiele 6.32 und 6.39.

Ist β sehr groß, also die Temperatur T sehr niedrig, so unterscheidet sich μ^β nur wenig von der Gleichverteilung auf der zweielementigen Menge der konstanten Spinkonfigurationen $z = 1$ und $z = -1$. Da die Akzeptanzwahrscheinlichkeiten beim Gibbs-Sampler für einen Übergang von z nach z' mit $H(z) < H(z')$ stets

$$\alpha_{z,z'} = \frac{1}{\exp(\beta \cdot (H(z') - H(z))) + 1} \leq \frac{1}{\exp(\beta) + 1}$$

erfüllen, läßt sich aber bei großem β und ausgehend von einem Zustand kleiner Energie mit einer Schrittzahl, die polynomial in m ist, mit großer Wahrscheinlichkeit nur eine sehr geringe Anzahl von Änderungen der Spinausrichtungen erreichen. Für den Wechsel zwischen zwei Teilmengen A und B von Zuständen, bei denen einmal die meisten Spins gleich $+1$ und im anderen Fall die meisten Spins gleich -1 sind, wird dann mit großer Wahrscheinlichkeit eine Schrittzahl benötigt, die mindestens exponentiell in m ist, was zu extrem langen Mischungszeiten führt. Man spricht auch, im stochastischen Sinne, von einer Flaschenhalssituation: Für den Wechsel von A nach B müssen viele Schritte in einer Menge von Zuständen mit etwa gleichen Anteilen von negativen wie positiven Spins zurückgelegt werden, und jede solche Menge besitzt unter der Boltzmann-Verteilung mit großem β eine kleine Wahrscheinlichkeit. Die Abbildung 6.4 illustriert den mit wachsendem β enger werdenden Flaschenhals anhand der Berechnung der mittleren Magnetisierung für ein Gitter der Größe $m = 250$. Startet die Kette etwa im Zustand $z = 1$ so sind bei der inversen Temperatur $\beta = 0.6$ selbst nach 10^8 Schritten im wesentlichen nur solche Zustände erreicht worden, die hauptsächlich den Spin $+1$ besitzen.

Die angegebenen Ketten sind also im allgemeinen nicht zur Berechnung von Erwartungswerten geeignet. Allerdings gibt es Ausnahmen: Ist der Integrand f symmetrisch im Sinne von $f(z) = f(-z)$, so spielt die Flaschenhalssituation oft eine geringere Rolle. Beispielsweise liegt dann bei hohen inversen Temperaturen β der Erwartungswert $\mathrm{E}_{\mu^\beta}(f)$ nahe bei $f(1)$, so daß man bei Start der Kette in $z = 1$ schon nach relativ wenigen Schritten gute Näherungswerte erhalten kann.

Der Metropolis-Algorithmus und der Gibbs-Sampler werden auch als *single spin-Algorithmen* bezeichnet, da in jedem Schritt höchstens ein Spin geändert wird. Für das Ising-Modell werden häufig andere Algorithmen eingesetzt, nämlich sogenannte cluster-Algorithmen, bei denen sich in einem Schritt viele Spins ändern können. Aufgrund von Experimenten wird seit längerem vermutet, daß manche dieser Algorithmen bei allen Temperaturen schnell mischend sind; ein Beweis dieser Eigenschaft ist aber erst vor kurzem für einzelne dieser Verfahren gelungen. Für zwei der bekanntesten cluster-Verfahren, den single bond-Algorithmus und den Swendsen-Wang-Algorithmus, die wir im folgenden vorstellen werden, steht dieser Nachweis beispielsweise noch aus. Wir verweisen auf die grundlegende Arbeit von Lubetzky, Sly [119] sowie auf Ullrich [195, 196].

Wir erläutern zunächst das *random cluster model*, das von Fortuin, Kasteleyn [58] eingeführt wurde, und verweisen zu diesem Thema auf den umfassenden Text von Grimmet [72] sowie auf Grimmet [73, Chap. 8]. Wie beim Ising-Modell gehen wir von einem Graphen (E,K) aus, und wir setzen $Z = \{-1,1\}^E$ sowie

$$S = \{(z,\widetilde{K}) \in Z \times \mathbb{P}(K) \mid z(e) = z(e') \text{ für } \{e,e'\} \in \widetilde{K}\}.$$

Durch Teilmengen von K werden Teilgraphen von (E,K) beschrieben, und S enthält genau die Paare $(z,\widetilde{K}) \in Z \times \mathbb{P}(K)$, für die z konstant auf allen Zusammenhangskomponenten von $(E,\widetilde{K})$ ist. Für $p \in \,]0,1[$ betrachten wir zwei Zufallsvariablen X und Y mit Werten in Z bzw. $\mathbb{P}(K)$, deren gemeinsame Verteilung durch

$$P(\{(X,Y) \in S\}) = 1$$

und

$$P(\{(X,Y) = (z,\widetilde{K})\}) = \frac{1}{c_p} \cdot p^{|\widetilde{K}|} \cdot (1-p)^{|K|-|\widetilde{K}|}$$

für $(z,\widetilde{K}) \in S$ mit einer Normierungskonstante c_p gegeben ist. Zum Graphen (E,K) betrachten wir auch das Ising-Modell ohne äußeres Magnetfeld mit der Boltzmann-Verteilung μ^β.

Zur Bestimmung der Verteilungen der Zufallsvariablen X und Y setzen wir

$$K(z) = \{\{e,e'\} \in K \mid z(e) = z(e')\}$$

und bezeichnen mit $c(\widetilde{K})$ die Anzahl der Zusammenhangskomponenten des Graphen $(E,\widetilde{K})$.

Lemma 6.45. *Es gilt*

$$P(\{X = z\}) = \frac{1}{c_p}(1-p)^{|K|-|K(z)|}, \qquad z \in Z,$$

und

$$P(\{Y = \widetilde{K}\}) = \frac{1}{c_p} \cdot p^{|\widetilde{K}|} \cdot (1-p)^{|K|-|\widetilde{K}|} \cdot 2^{c(\widetilde{K})}, \qquad \widetilde{K} \subset K.$$

Für

$$p = 1 - \exp(-2\beta)$$

folgt X der Boltzmann-Verteilung μ^β.

Beweis. Für $z \in Z$ gilt einerseits

$$P(\{X = z\}) = \frac{1}{c_p} \sum_{\widetilde{K} \subset K(z)} p^{|\widetilde{K}|} \cdot (1-p)^{|K|-|\widetilde{K}|} = \frac{1}{c_p}(1-p)^{|K|-|K(z)|}$$

und andererseits

$$\mu^\beta_z = \frac{1}{C_\beta} \cdot \exp(-\beta \cdot (|K| - 2|K(z)|)) = \frac{\exp(\beta \cdot |K|)}{C_\beta} \cdot \exp(-2\beta \cdot (|K| - |K(z)|)).$$

Für $\widetilde{K} \subset K$ gibt es $2^{c(\widetilde{K})}$ Spinkonfigurationen $z \in Z$ mit $(z,\widetilde{K}) \in S$. □

Die Verteilung ν^p von Y wird als *random cluster-Maß* auf $\mathbb{P}(K)$ bezeichnet. Bei gleicher Kantenanzahl $|\widetilde{K}|$ bevorzugt ν^p Teilgraphen mit vielen Zusammenhangskomponenten. Ohne den dafür verantwortlichen Term $2^{c(\widetilde{K})}$ würde man zufällige Teilgraphen beschreiben, deren Kanten unabhängig jeweils mit der Wahrscheinlichkeit p präsent sind.

Für $(z,\widetilde{K}) \in S$, also $\widetilde{K} \subset K(z)$, ergeben sich unmittelbar aus Lemma 6.45 die bedingten Wahrscheinlichkeiten

$$P(\{Y = \widetilde{K}\} \mid \{X = z\}) = p^{|\widetilde{K}|} \cdot (1-p)^{|K(z)|-|\widetilde{K}|} \tag{6.38}$$

sowie

$$P(\{X = z\} \mid \{Y = \widetilde{K}\}) = 2^{-c(\widetilde{K})}. \tag{6.39}$$

Gemäß Lemma 6.45 und (6.39) kann die Simulation von μ^β deshalb prinzipiell durch Simulation des random cluster-Maßes ν^p mit $p = 1 - \exp(-2\beta)$ und anschließender konstanter Belegung der entstandenen Zusammenhangskomponenten geschehen, wobei die Wahl des Spins auf den Komponenten unabhängig und jeweils gemäß der Gleichverteilung auf $\{-1,1\}$ geschieht.

Der *single bond-Algorithmus* ist der Gibbs-Sampler für das random cluster-Maß, der auf der Vorschlagsmatrix $\widetilde{Q} \in \mathbb{R}^{K \times K}$ mit den Übergangswahrscheinlichkeiten

$$\widetilde{q}_{\widetilde{K}_1,\widetilde{K}_2} = \begin{cases} 1/|K|, & \text{falls } |\widetilde{K}_1 \setminus \widetilde{K}_2| + |\widetilde{K}_2 \setminus \widetilde{K}_1| = 1, \\ 0, & \text{sonst}, \end{cases}$$

beruht. Gemäß $\widetilde{Q}$ wird also gleichverteilt eine Kante k aus K ausgewählt, die im Fall $k \in \widetilde{K}_1$ mit der Wahrscheinlichkeit

$$\alpha_{\widetilde{K}_1,\widetilde{K}_1\setminus\{k\}} = \frac{1}{1 + p \cdot (1-p)^{-1} \cdot 2^{c(\widetilde{K}_1) - c(\widetilde{K}_1 \setminus \{k\})}}$$

aus $\widetilde{K}_1$ entfernt und im Fall $k \notin \widetilde{K}_1$ mit der Wahrscheinlichkeit

$$\alpha_{\widetilde{K}_1,\widetilde{K}_1\cup\{k\}} = \frac{1}{1 + p^{-1} \cdot (1-p) \cdot 2^{c(\widetilde{K}_1) - c(\widetilde{K}_1 \cup \{k\})}}$$

zu $\widetilde{K}_1$ hinzugefügt wird. Bei jedem Schritt im Zustandsraum $\mathbb{P}(K)$ wird demnach höchstens eine Kante hinzugefügt oder entfernt. Aufgrund der zufälligen Wahl der Spins bei Übersetzung der Zustände des random cluster model in Zustände für das Ising-Modell gemäß (6.39) können sich aber die resultierenden Spinkonfigurationen beim Ising-Modell in jedem Schritt sehr stark unterscheiden. Insbesondere sind Übergänge von Konfigurationen, bei denen fast alle Spins gleich $+1$ sind, zu solchen, bei denen fast alle Spins gleich -1 sind, leicht möglich.

Beim *Swendsen-Wang-Algorithmus* werden abwechselnd Kantenmengen $\widetilde{K}$ und Konfigurationen z gemäß der bedingten Verteilungen (6.38) bzw. (6.39) erzeugt. Zur Simulation der bedingten Verteilung von Y gegeben die Konfiguration z werden unabhängig und jeweils mit Wahrscheinlichkeit p die einzelnen Kanten aus $K(z)$ ausgewählt; die Simulation der bedingten Verteilung von X gegeben die Kantenmenge $\widetilde{K}$ haben wir oben bereits behandelt. Man erhält damit eine Markov-Kette $((X_n,Y_n))_{n\in\mathbb{N}_0}$ mit Zustandsraum S und Übergangswahrscheinlichkeiten

$$q_{(z_1,\widetilde{K}_1),(z_2,\widetilde{K}_2)} = \begin{cases} 2^{-c(\widetilde{K}_2)} \cdot p^{|\widetilde{K}_2|} \cdot (1-p)^{|K(z_1)| - |\widetilde{K}_2|}, & \text{falls } \widetilde{K}_2 \subset K(z_1), \\ 0, & \text{sonst}, \end{cases}$$

die irreduzibel, aperiodisch und reversibel bezüglich der gemeinsamen Verteilung von X und Y ist, und hieraus ergibt sich die Irreduzibilität und Aperiodizität der Ketten $(X_n)_{n\in\mathbb{N}_0}$ und $(Y_n)_{n\in\mathbb{N}_0}$ sowie ihre Reversibilität bezüglich der Randverteilungen P_X bzw. P_Y, siehe Aufgabe 6.16.

6.4.4 Perfekte Simulation

Wir haben bisher Verfahren zur approximativen Simulation der Boltzmann-Verteilung μ^β vorgestellt. Tatsächlich kennt man auch Algorithmen, mit denen sich μ^β exakt simulieren läßt. Wir stellen hier ein Verfahren von Propp, Wilson [159] vor, mit dem es, allgemeiner, unter gewissen Annahmen möglich ist, die stationäre Verteilung einer Markov-Kette zu akzeptablen Kosten exakt zu simulieren, und verweisen für eine Einführung in das Thema *perfekte Simulation* mit Markov-Ketten auf Häggström [75], siehe auch Levin, Peres, Wilmer [115, Chap. 22].

Wir betrachten eine Verteilung μ auf einer beliebigen endlichen Menge Z sowie eine irreduzible und aperiodische Übergangsmatrix $Q \in \mathbb{R}^{Z\times Z}$, die μ als stationäre Verteilung besitzt. Gegeben sei eine Zufallsvariable ξ, die Werte in der Menge Z^Z aller Abbildungen von Z nach Z annimmt. Die Menge der konstanten Abbildungen in Z^Z identifizieren wir mit Z, und mit $\xi_1, \xi_2, \ldots$ bezeichnen wir eine unabhängige Folge von Kopien von ξ. Wir nehmen an, daß die zufällige Funktion ξ die beiden Bedingungen

$$q_{z,z'} = P(\{\xi(z) = z'\}), \qquad z,z' \in Z, \tag{6.40}$$

und

$$\exists n \in \mathbb{N}: \quad P(\{\xi_n \circ \cdots \circ \xi_1 \in Z\}) > 0 \tag{6.41}$$

erfüllt.

Zufällige Funktionen, die (6.40) erfüllen, lassen sich beispielsweise durch

$$\xi = \varphi_U \tag{6.42}$$

mit einer update-Regel $(\varphi_u)_{u\in[0,1]}$ für Q und einer auf $[0,1]$ gleichverteilten Zufallsvariablen U konstruieren, siehe (6.11). Für jedes $z \in Z$ erhält man durch Start in z und anschließender Vorwärtsiteration

$$V_n = \xi_n \circ \cdots \circ \xi_1$$

eine Markov-Kette $(V_n(z))_{n\in\mathbb{N}_0}$ mit $V_0(z) = z$ und Übergangsmatrix Q. Die Bedingung (6.41) sichert, daß es mit Wahrscheinlichkeit eins einen Zeitpunkt gibt, ab dem alle diese Ketten gekoppelt sind, d. h. es gilt

$$P\big(\big\{\exists N \in \mathbb{N} \quad \forall n \geq N \quad \forall z,z' \in Z: \quad V_n(z) = V_n(z')\big\}\big) = 1,$$

siehe Aufgabe 6.17.

Eine entsprechende Aussage gilt auch für die Rückwärtsiteration

$$R_n = \xi_1 \circ \cdots \circ \xi_n,$$

da die Folgen der Zufallsvariablen R_n und V_n dieselbe Verteilung besitzen. Im Unterschied zu den Ketten $(V_n(z))_{n\in\mathbb{N}_0}$, die sich nach Kopplung als Markov-Kette mit Übergangsmatrix Q weiterbewegen, verbleiben die Folgen $(R_n(z))_{n\in\mathbb{N}_0}$ ab ihrem

Kopplungszeitpunkt im selben gemeinsamen Zustand, und es stellt sich heraus, daß dieser Zustand der Verteilung μ folgt. Zur Präzisierung definieren wir die Kopplungszeit T durch

$$T = \inf\{n \in \mathbb{N} \mid R_n \in Z\}.$$

Der Beweis des folgenden Resultats ist ebenfalls Gegenstand von Aufgabe 6.17.

Satz 6.46. *Unter den Annahmen* (6.40) *und* (6.41) *gilt* $P(\{T < \infty\}) = 1$ *sowie*

$$P(\{R_T = z\}) = \mu_z, \qquad z \in Z. \tag{6.43}$$

Die Simulation von R_T gelingt prinzipiell, sofern ein Algorithmus rand_ξ zur Simulation von ξ zur Verfügung steht, und man erhält dann eine elementare Variante des *Propp-Wilson-Algorithmus*, der auch als *coupling from the past* bezeichnet wird. Ein entsprechender MATLAB-Pseudocode ist in Listing 6.1 vorgestellt.

Listing 6.1 Propp-Wilson-Algorithmus (PW)

```
R = rand_ξ;
while R nicht konstant
      R = R ∘ rand_ξ;
end;
z = R;
```

Ist der Zustandsraum groß, so ist diese Form des Propp-Wilson-Algorithmus nicht praktikabel, da Abbildungen auf Z zu komponieren und auf Konstanz zu prüfen sind. Diese Schwierigkeit läßt sich umgehen, wenn die zufällige Funktion ξ zusätzliche Monotonieeigenschaften besitzt. Dazu gehen wir von einer Halbordnung $\preccurlyeq$ auf Z aus und nehmen an, daß Z ein kleinstes Element z_1 und ein größtes Element z_2 bezüglich $\preccurlyeq$ besitzt und daß die zufällige Funktion ξ monoton bezüglich $\preccurlyeq$ ist. Für jedes $n \in \mathbb{N}$ gilt dann

$$\forall z \in Z: \quad R_n(z_1) \preccurlyeq R_n(z) \preccurlyeq R_n(z_2). \tag{6.44}$$

Die Bedingung (6.41) ist nun äquivalent zu

$$\exists n \in \mathbb{N}: \quad P(\{R_n(z_1) = R_n(z_2)\}) > 0, \tag{6.45}$$

und die Kopplungszeit T erfüllt

$$T = \inf\{n \in \mathbb{N} \mid R_n(z_1) = R_n(z_2)\}.$$

Man erhält die folgende Vereinfachung des Propp-Wilson-Algorithmus, die wegen (6.44) auch als *Propp-Wilson-Algorithmus mit Sandwiching* (PWS) oder als *monotone coupling from the past* bezeichnet wird. In der MATLAB-Implementation nehmen wir an, daß ξ durch eine update-Regel gegeben ist, siehe (6.42). Der Befehl **rand** bewirkt den Aufruf eines Generators für Zufallszahlen aus $[0,1]$, und $\varphi(u,z)$ steht für den Aufruf eines Unterprogramms zur Berechnung von $\varphi_u(z)$.

Listing 6.2 Propp-Wilson-Algorithmus mit Sandwiching (PWS)

```
n = 1;
u(n) = rand;
z_o = phi(u(n), z_2);
z_u = phi(u(n), z_1);
while z_o  != z_u
      z_u = z_1;
      z_o = z_2;
      for k = 0:n-1
            u(2*n-k) = rand;
            z_o = phi(u(2*n-k), z_o);
            z_u = phi(u(2*n-k), z_u);
      end;
      for k = 0:n-1
            z_o = phi(u(n-k), z_o);
            z_u = phi(u(n-k), z_u);
      end;
      n = 2*n;
end;
z = z_o;
```

Bei der Untersuchung der Kosten dieses Algorithmus nehmen wir an, daß die Kosten $\mathrm{cost}(\varphi)$ zur Berechnung von $\varphi_u(z)$ deterministisch sind und nicht von $u \in [0,1]$ oder $z \in Z$ abhängen. Dann existieren Konstanten $c_1, c_2 > 0$, die nicht von Z, Q oder $(\varphi_u)_{u\in[0,1]}$ abhängen, so daß

$$c_1 \,\mathrm{cost}(\varphi)\cdot \mathrm{E}(T) \le \mathrm{cost}(\mathrm{PWS}) \le c_2 \,\mathrm{cost}(\varphi)\cdot \mathrm{E}(T)\,.$$

Weiter gilt

$$\exp(-1)\cdot (T_{\mathrm{mix}}(\exp(-1)) - 1) \le \mathrm{E}(T) \le 2T_{\mathrm{mix}}(\exp(-1))\cdot (1+\ln \ell)\,,$$

wobei T_{mix} die Mischungszeit zu Q bezeichnet und $\ell \le |Z|$ die Länge der längsten Kette in Z bezüglich $\preccurlyeq$ ist, siehe Propp, Wilson [159]. Die Kosten des Algorithmus PWS hängen somit wesentlich von der Mischungszeit der zugrundeliegenden Übergangsmatrix Q ab.

Wir illustrieren den Einsatz des Propp-Wilson-Algorithmus mit Sandwiching anhand der Simulation des random cluster-Maßes ν^p auf der Potenzmenge $Z = \mathbb{P}(K)$ der Kantenmenge eines Graphen (E,K), siehe Abschnitt 6.4.3. Wir wählen Q als die Übergangsmatrix des single bond-Algorithmus, betrachten zwei Zufallsvariablen U und V, die unabhängig und jeweils gleichverteilt auf $[0,1]$ bzw. K sind, und setzen

$$\xi(\omega)(\widetilde{K}) = \begin{cases} \widetilde{K}\cup\{V(\omega)\}, & \text{falls } U(\omega) \le p/(2-p) \text{ oder falls} \\ & U(\omega) \le p \text{ und } c(\widetilde{K}\cup\{V(\omega)\}) = c(\widetilde{K}\setminus\{V(\omega)\})\,, \\ \widetilde{K}\setminus\{V(\omega)\}, & \text{sonst}\,, \end{cases}$$

für $\widetilde{K} \subset K$. Die hierdurch definierte zufällige Abbildung ξ von $\mathbb{P}(K)$ nach $\mathbb{P}(K)$ erfüllt die Bedingung (6.40) und ist monoton bezüglich der durch die Mengeninklusion $\subseteq$ gegebenen Halbordnung auf $\mathbb{P}(K)$, siehe Aufgabe 6.18. Das kleinste Element bezüglich dieser Halbordnung ist die leere Menge, das größte Element ist die Menge aller Kanten. Mit $K = \{k_1, \ldots, k_n\}$ gilt

$$R_n(\omega)(\emptyset) = R_n(\omega)(K) = K$$

für $\omega \in \bigcap_{i=1}^n \{U_i \leq p/(2-p)\} \cap \{V_i = k_i\}$, so daß ξ auch die Bedingung (6.45) erfüllt.

Die Abbildungen 6.5–6.7 zeigen einen mit dem Algorithmus PWS simulierten random cluster-Zustand bei der kritischen Temperatur $1/\beta_c$ mit β_c gemäß (6.37), d. h.

$$p_c = 1 - \exp(-2\beta_c) = \frac{\sqrt{2}}{1+\sqrt{2}},$$

sowie zwei aus diesem Zustand gemäß (6.39) erzeugte Spinkonfigurationen im Ising-Modell. Zugrundegelegt ist das periodische Gitter (E,K) mit $E = \{1, \ldots, m\}^2$ für $m = 20$. Zur weiteren Veranschaulichung zeigen wir in den Abbildungen 6.8–6.11 noch typische Spinkonfigurationen, die in derselben Weise für $m = 4000$ bei den inversen Temperaturen $\beta = 0.9 \cdot \beta_c$, $\beta = 0.9985 \cdot \beta_c$, $\beta = \beta_c$ und $\beta = 1.05 \cdot \beta_c$ erzeugt wurden.

Abb. 6.5 random cluster-Zustand für $m = 20$ und $p = p_c$

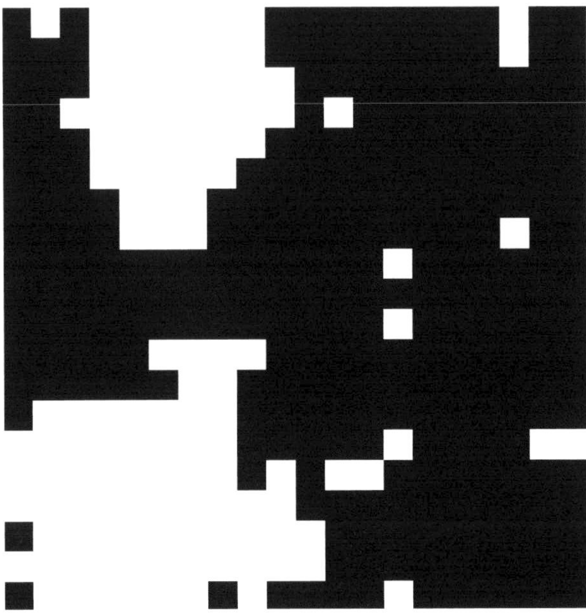

Abb. 6.6 Spinkonfiguration für $m = 20$, $\beta = \beta_c$; erzeugt aus random cluster-Zustand in Abb. 6.5

Abb. 6.7 Spinkonfiguration für $m = 20$, $\beta = \beta_c$; erzeugt aus random cluster-Zustand in Abb. 6.5

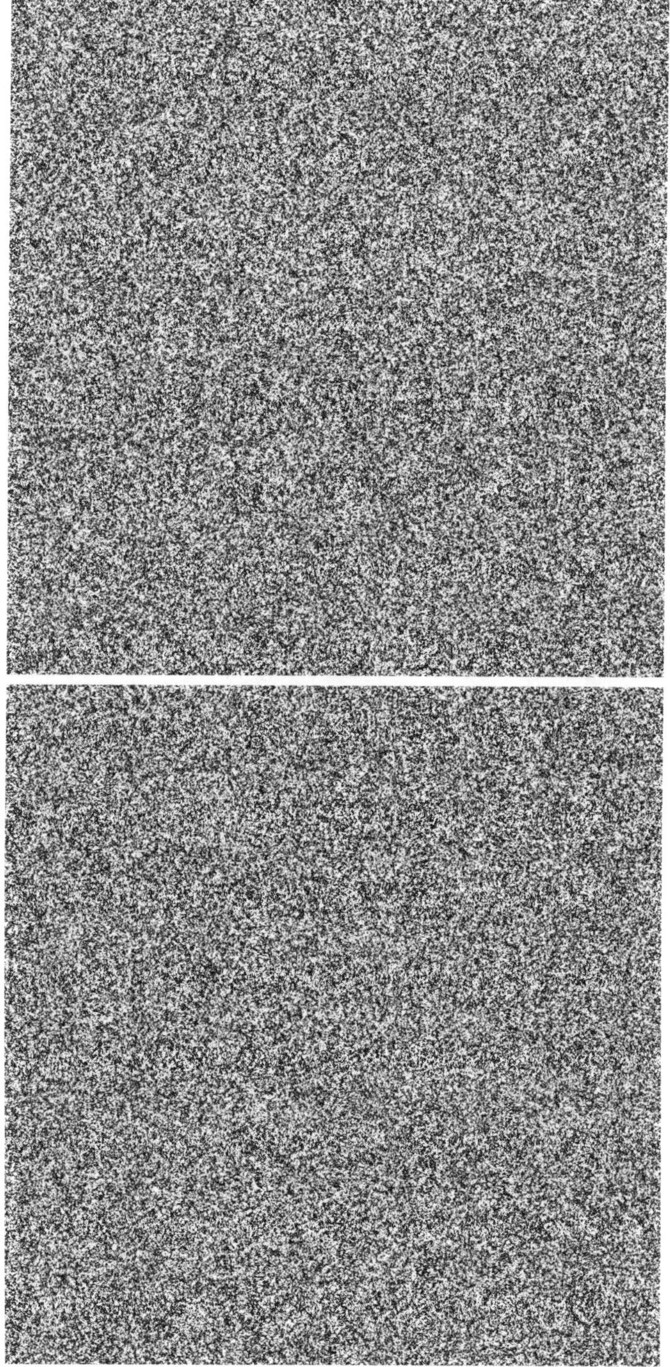

Abb. 6.8 Zwei Spinkonfigurationen bei einem 4000×4000 Gitter mit $\beta = 0.9 \cdot \beta_c$

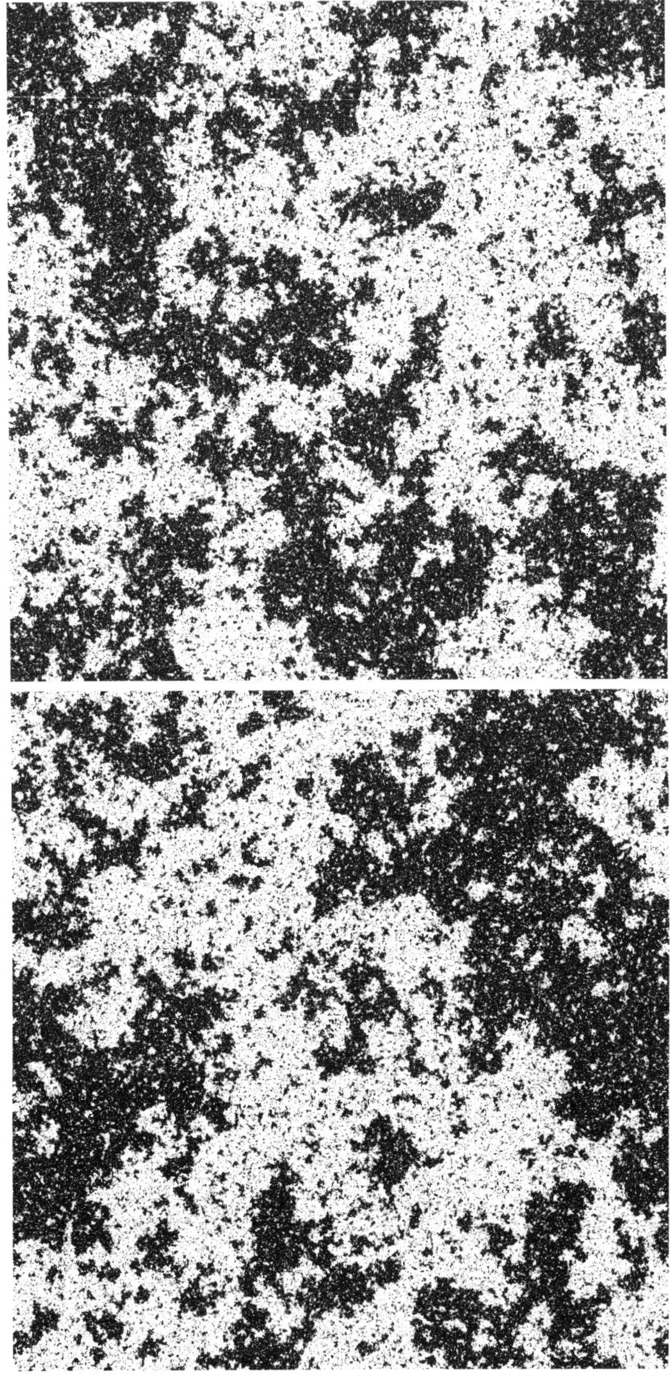

Abb. 6.9 Zwei Spinkonfigurationen bei einem 4000×4000 Gitter mit $\beta = 0.9985 \cdot \beta_c$

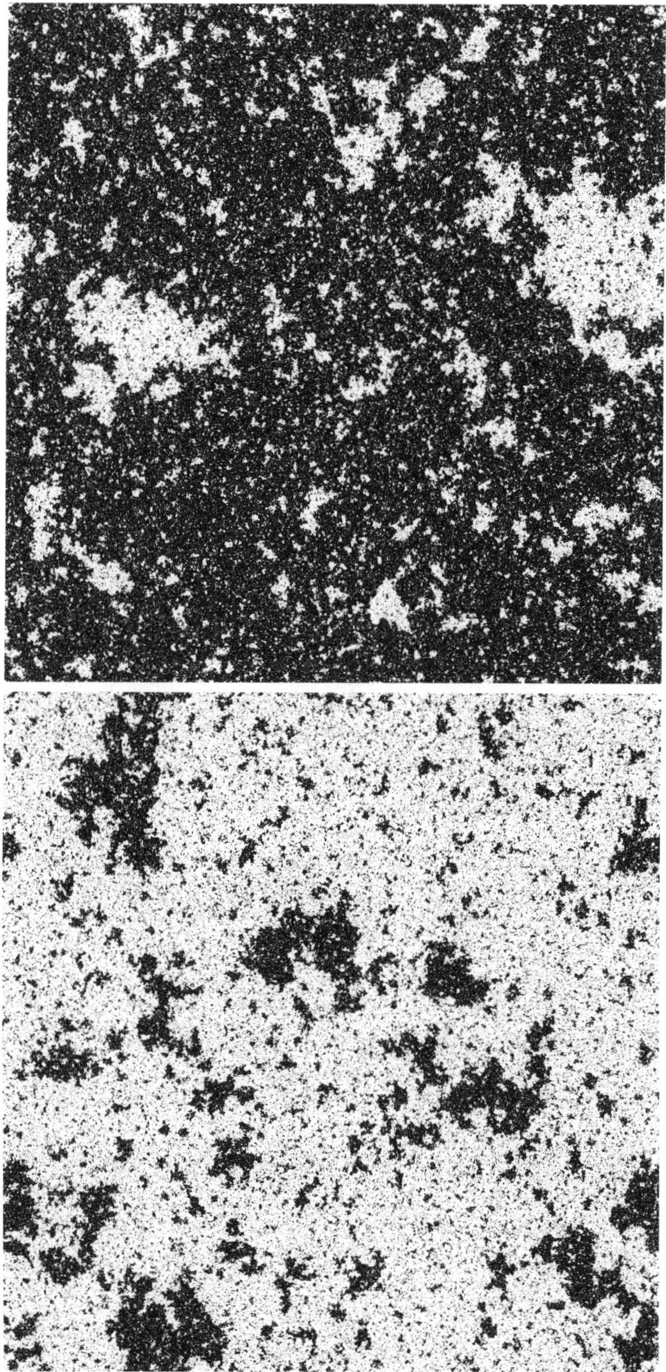

Abb. 6.10 Zwei Spinkonfigurationen bei einem 4000×4000 Gitter mit $\beta = \beta_c$

Abb. 6.11 Zwei Spinkonfigurationen bei einem 4000×4000 Gitter mit $\beta = 1.05 \cdot \beta_c$

Mittels des Algorithmus PWS lassen sich Approximationen von Erwartungswerten bezüglich der Boltzmann-Verteilung im Ising-Modell prinzipiell auch durch direkte Simulation gewinnen. Zur Illustration betrachten wir die Beziehung zwischen der Temperatur $T = 1/\beta$ und dem Erwartungswert $\mathrm{E}_{\mu^\beta}(f)$ der absoluten Magnetisierung f, siehe (6.9), die in Abbildung 6.12 für zweidimensionale periodische Gitter verschiedener Größe dargestellt ist. Zur Ermittlung der Näherungswerte für die mittleren absoluten Magnetisierungen wurde also jeweils eine direkte Simulation durchgeführt, wobei sich die Wiederholungszahl jeweils aus der empirischen Varianz des mit PWS simulierten Basisexperiments durch die Vorgabe einer (relativen) Konfidenzintervallänge ergab.

Im Vergleich dazu ist auch der Grenzwert von $\mathrm{E}_{\mu^\beta}(f)$ für den sogenannten thermodynamischen Limes, d. h. für $m \to \infty$, angegeben, den Onsager im Jahr 1944 bestimmt hat. Dieser Grenzwert lautet $(1 - \sinh^{-4}(2\beta))^{1/8}$ für $\beta > \beta_c$ und 0 für $\beta \leq \beta_c$, wobei β_c der kritische Wert gemäß (6.37) ist. Mit diesem Resultat lag eine vollständige mathematische Beschreibung des *Phasenübergangs* im zweidimensionalen Ising-Modell, das heute zu den Standardmodellen der Statistischen Mechanik zählt, vor. Phasenübergang heißt hier folgendes: Bei niedrigen Temperaturen, also $T < T_c$, richten sich die Spins spontan, d. h. ohne äußeres Magnetfeld aus, so daß der Ferromagnet als Magnet wirkt. Diese spontane Magnetisierung verschwindet bei $T > T_c$, und der Übergang zwischen beiden Phasen ist sehr abrupt.

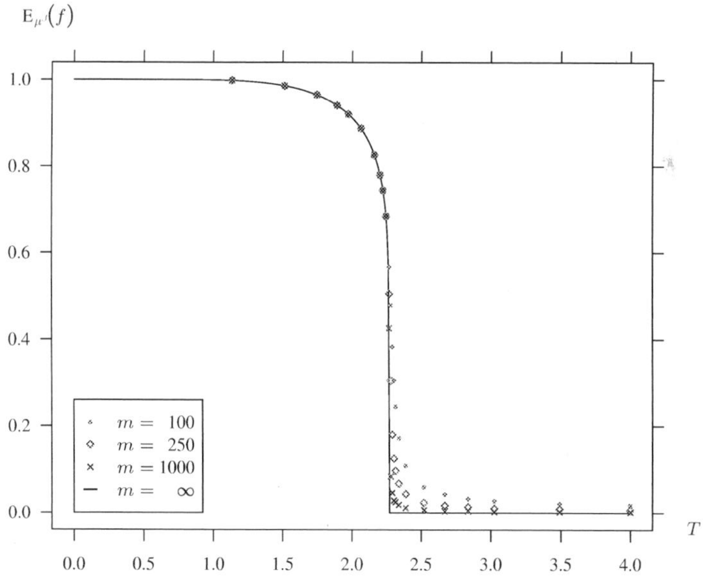

Abb. 6.12 Erwartungswert der absoluten Magnetisierung für verschiedene Gittergrößen

6.4.5 Markov-Ketten auf konvexen Körpern

Um den Aufwand an technischen Hilfsmitteln aus der Funktionalanalysis und der Stochastik gering zu halten, haben wir in diesem Kapitel bisher nur endliche Zustandsräume betrachtet. So lassen sich Erwartungswerte dann als endliche Summen schreiben, und Fragestellungen aus der Spektraltheorie kann man mit Methoden der Linearen Algebra behandeln.

Für grundlegende Begriffsbildungen der Theorie der Markov-Ketten mit allgemeinen Zustandsräumen verweisen wir auf Roberts, Rosenthal [168]. Wir diskutieren beispielhaft drei wichtige Probleme, für die Markov-Ketten, deren Zustandsraum ein konvexer Körper $K \subset \mathbb{R}^d$ ist, benutzt werden:

1. Berechnung des Volumens $\lambda^d(K)$ von K.
2. Simulation der Gleichverteilung auf K.
3. Berechnung von Integralen der Form

$$S(f) = \frac{1}{\lambda^d(K)} \int_K f(x)\,\mathrm{d}x.$$

Besonders berühmt ist das Problem der *Volumenberechnung*, zu dessen näherungsweiser Lösung sich deterministische Algorithmen im hochdimensionalen Fall als völlig ungeeignet erweisen. Zur Präzisierung dieser Aussage betrachten wir eine euklidische Kugel $B \subset \mathbb{R}^d$ mit Volumen $\lambda^d(B) = 1$ sowie die Menge

$$\mathfrak{K}_d = \{K \subset B \mid K \text{ konvex}\}.$$

Zu berechnen sind die Integrale $S(1_K) = \int_B 1_K(x)\,\mathrm{d}x$ für $K \in \mathfrak{K}_d$, und zur Verfügung steht ein Orakel zur Auswertung der Integranden 1_K. Algorithmen können damit für eine Menge $K \in \mathfrak{K}_d$ an endlich vielen Punkten $x \in B$ erfragen, ob $x \in K$ gilt.

Der maximale Fehler eines Monte Carlo-Algorithmus M zur Berechnung von S auf $\mathfrak{K}_d$ ist

$$\sup_{K \in \mathfrak{K}_d} \Delta(M,K) = \sup_{K \in \mathfrak{K}_d} (\mathrm{E}(M(K) - \lambda^d(K))^2)^{1/2}.$$

Nach einem Resultat von Elekes [51] gilt

$$\lambda^d(C(x_1,\ldots,x_n)) \le n \cdot 2^{-d}$$

für das Volumen der konvexen Hülle $C(x_1,\ldots,x_n)$ von n Punkten $x_1,\ldots,x_n \in B$. Ist also M ein deterministischer Algorithmus, der höchstens n Orakelaufrufe verwendet, so gibt es $x_1,\ldots,x_n \in B$ mit $M(C(x_1,\ldots,x_n)) = M(B)$, und somit folgt

$$\sup_{K \in \mathfrak{K}_d} \Delta(M,K) \ge (1 - n \cdot 2^{-d})/2$$

für den maximalen Fehler von M. Diese Argumentation beruht auf dem Prinzip der unvollständigen Information, das wir in den Abschnitten 2.1 und 2.3 kennengelernt haben und im folgenden Kapitel bei der numerischen Integration systematisch zum Beweis unterer Fehlerschranken einsetzen werden. Im vorliegenden Fall sind $x_1,\dots,x_n$ die Punkte, mit denen der Algorithmus bei Anwendung auf die Menge B das Orakel aufruft. Um bei der Volumenberechnung nur die bescheidene Fehlerschranke $1/4$ für alle $K \in \mathfrak{K}_d$ einzuhalten, werden bereits mindestens 2^{d-1} Orakelaufrufe benötigt, und man spricht aufgrund dieser exponentiellen Abhängigkeit von d vom *Fluch der Dimension.*

Dieser Fluch besteht nicht für randomisierte Algorithmen. Für die direkte Simulation $M_n(K)$, die auf n Wiederholungen des Basisexperiments $1_K(X)$ mit einer auf der Kugel B gleichverteilten Zufallsvariablen X beruht, gilt $\sigma^2(M_n(K)) = \lambda^d(K)\cdot(1-\lambda^d(K))/n$, so daß das Verfahren M_n den maximalen Fehler

$$\sup_{K\in\mathfrak{K}_d} \Delta(M_n,K) = \frac{1}{2\sqrt{n}}$$

besitzt, der nicht von der Dimension d abhängt. Zur Simulation der Gleichverteilung auf B und den dafür nötigen Kosten verweisen wir auf Aufgabe 4.11.

Es liegt nahe zu fragen, ob es randomisierte Algorithmen gibt, die mit einer nur schwach mit der Dimension d wachsenden Anzahl von Orakelaufrufen das Volumen von konvexen Körpern $K \subset B$ sogar mit kleinem relativen Fehler berechnen können. Unter der Zusatzannahme, daß die konvexen Körper alle eine gemeinsame kleine Kugel enthalten, ist die Antwort positiv. Wir betrachten dazu für $r \in \,]0,1]$ die Menge

$$\mathfrak{K}_{d,r} = \{K \in \mathfrak{K}_d \mid r\cdot B \subset K\}.$$

Dann gibt es eine Konstante $c > 0$ und für alle $d \in \mathbb{N}$, $r \in \,]0,1]$, $\varepsilon > 0$ und $\delta \in [0,1[$ einen randomisierten Algorithmus M, der

$$\sup_{K\in\mathfrak{K}_{d,r}} P(\{|M(K)-\lambda^d(K)| \geq \varepsilon\cdot\lambda^d(K)\}) \leq 1-\delta$$

und

$$n \leq c\cdot\left(d^4/\varepsilon^2\cdot(\ln(d/(\varepsilon\delta)))^9 + d^4\cdot(\ln(d/\delta))^8\cdot\ln(1/r)\right)$$

für die Anzahl n der Orakelaufrufe für die Funktionen 1_K erfüllt, siehe Lovász und Vempala [118]. Der Algorithmus M, den wir hier nicht im Detail beschreiben, verwendet zur Berechnung des Volumens von K eine endliche Folge von Markov-Ketten mit konvexen Zustandsräumen $K_1,\dots,K_m$, die $r\cdot B \subset K_1 \subset \dots \subset K_m = K$ erfüllen. Mit diesen Ketten werden Näherungswerte für die sukzessiven Volumenverhältnisse $\lambda^d(K_1)/\lambda^d(r\cdot B),\dots,\lambda^d(K_m)/\lambda^d(K_{m-1})$ berechnet, und durch Multiplikation erhält man eine Approximation von $\lambda^d(K)/r^d$. Als Einführung in das Problem der Volumenberechnung empfehlen wir Simonovits [181]; eine aktuelle Übersicht zur algorithmischen Konvexgeometrie bietet Vempala [197].

Für das als zweites genannte Problem der Simulation der Gleichverteilung auf einem konvexen Körper $K \subset \mathbb{R}^d$ haben wir in Kapitel 4 mit der Verwerfungsmethode bereits einen Algorithmus kennengelernt, der aber nur dann praktikabel ist, wenn man mit akzeptablen Kosten die Gleichverteilung auf einer meßbaren Menge $\widetilde{K} \supset K$ simulieren kann und das Volumenverhältnis $\lambda^d(K)/\lambda^d(\widetilde{K})$ nicht zu klein ist.

Wir beschreiben nun zwei als *ball walk* bzw. *hit and run* bezeichnete Markov-Ketten $(X_n)_{n\in\mathbb{N}_0}$, die beide die Gleichverteilung μ_K auf K als stationäre Verteilung besitzen und

$$d(P_{X_n},\mu_K) = \sup_{A\subset K \text{ meßbar}} |P_{X_n}(A) - \mu_K(A)| \leq c\cdot\alpha^n$$

mit Konstanten $\alpha \in]0,1[$ und $c > 0$ erfüllen, siehe Mathé, Novak [129] und Smith [184]. Die Folge der Verteilungen P_{X_n} konvergiert also jeweils exponentiell schnell gegen μ_K in Totalvariation, so daß beide Ketten prinzipiell zur approximativen Simulation von μ_K geeignet sind.

Beim ball walk wählt man einen Parameter $\delta > 0$ und simuliert folgenden Übergangsmechanismus. Ist $x \in K$ der aktuelle Zustand der Kette, so wählt man $y \in \mathbb{R}^d$ gemäß der Gleichverteilung auf der Kugel um x mit Radius δ, und prüft, ob y in K liegt. Im positiven Fall wechselt man zum Zustand y, ansonsten verbleibt die Kette im Zustand x. Wie bei der Verwerfungsmethode wird zur Durchführung des ball walk also ein Orakel zur Auswertung von 1_K benötigt.

Zur Simulation von hit and run wird ein anderes Orakel benötigt, das zu einer Geraden ℓ im $\mathbb{R}^d$ mit $K\cap\ell\neq\emptyset$ die Menge der Schnittpunkte von ℓ mit dem Rand von K liefert und damit die Simulation der Gleichverteilung auf der Menge $K\cap\ell$ ermöglicht. Ist $x\in K$ der aktuelle Zustand der Kette, so wählt man $y\in\mathbb{R}^d$ gemäß der Gleichverteilung auf der Einheitskugel und erhält die Gerade $\ell = \{x+a\cdot y \mid a\in\mathbb{R}\}$. Der nächste Zustand der Kette wird zufällig gemäß der Gleichverteilung auf $K\cap\ell$ gewählt.

Für den praktischen Einsatz dieser beiden Markov-Ketten sind gute Mischungseigenschaften erforderlich, d. h. die Anzahl der Schritte $T^{(d)}_{\text{mix}}(\varepsilon)$, um für eine gegebene Folge konvexer Körper $K^{(d)}\subset\mathbb{R}^d$ einen Totalvariationsabstand zu $\mu_{K^{(d)}}$ von höchstens $\varepsilon > 0$ zu erreichen, sollte höchstens polynomial mit der Dimension d wachsen. Hier spielt die Wahl der Startverteilung eine wichtige Rolle. Ist etwa $K^{(d)}$ ein Quader und startet man den ball walk in einem Eckpunkt, so beträgt für jede Wahl von δ die Wahrscheinlichkeit dafür, daß die Markov-Kette nach 2^d Schritten den Eckpunkt noch nicht verlassen hat, mindestens $\exp(-1)/2$, so daß sich $T^{(d)}_{\text{mix}}(1/6)\geq 2^d$ ergibt. Für hit and run erhält man analog $T^{(d)}_{\text{mix}}(1/6)\geq 2^{d-1}$. Wesentlich kürzere Mischungszeiten $T^{(d)}_{\text{mix}}(\varepsilon)$ erreicht man etwa mit der lazy version des ball walk für Körper $K^{(d)}$, die eine hinreichend große Kugel enthalten, wenn man gleichverteilt in dieser Kugel startet und einen an d und ε angepassten Parameter δ verwendet, siehe Lovász, Simonovits [116]. Im Fall von hit and run gilt

$$T^{(d)}_{\text{mix}}(\varepsilon) \leq \left\lceil 10^{11}\cdot\frac{d^3}{r^2}\cdot\ln\frac{1}{r\varepsilon}\right\rceil$$

für $K^{(d)}\in\mathfrak{K}_{d,r}$, wenn man die Kette gleichverteilt in der Kugel $r\cdot B\subset K$ startet oder einen deterministischen Startwert $x_0\in K^{(d)}$ mit einem Randabstand von mindestens r verwendet, siehe Lovász, Vempala [117]. Die Konstante 10^{11} in dieser

Schranke für die Mischungszeit ist für praktische Anwendungen natürlich zu groß. Bemerkenswert ist aber, daß die Dimension d nur kubisch eingeht.

Für das zuletzt genannte Problem der Berechnung von Integralen $S(f)$ von Funktionen $f\colon K \to \mathbb{R}$, die bezüglich der Gleichverteilung μ_K auf K integrierbar sind, werden Markov-Ketten $(X_n)_{n\in\mathbb{N}_0}$ mit Zustandsraum K eingesetzt, um Markov Chain Monte Carlo-Verfahren $M_{n_0,n}$ gemäß (6.30) zu konstruieren. Die Grundlage für dieses Vorgehen bildet eine Verallgemeinerung des Ergodensatzes 6.30, die für irreduzible und aperiodische Markov-Ketten, die μ_K als stationäre Verteilung besitzen, die fast sichere Konvergenz der Folge $(M_{n_0,n}(f))_{n\in\mathbb{N}}$ gegen $S(f)$ garantiert. Ebenso kann man die Sätze 6.41 und 6.42 verallgemeinern, so daß man unter Zusatzannahmen an die Markov-Kette und den Integranden f entsprechende Fehlerabschätzungen für $M_{n_0,n}(f)$ erhält, die auch zur Einstellung der Aufwärmzeit genutzt werden können. Wir verweisen hierzu auf Mathé [128] und Rudolf [174]. Die letztgenannte Arbeit enthält insbesondere dimensionsabhängige Fehlerabschätzungen für Markov Chain Monte Carlo-Verfahren, die auf ball walk oder hit and run basieren.

Aufgaben

Aufgabe 6.1. Betrachten Sie das hard core model aus Beispiel 6.1 für das zweidimensionale Gitter $E = \{1,\dots,m\}^2$.

a) Zeigen Sie, daß der Zustandsraum

$$|Z| \geq 2^{m^2/2}$$

und für gerades m

$$\frac{|Z|}{|\widetilde{Z}|} \leq \left(\frac{7}{16}\right)^{(m/2)^2}$$

erfüllt. Leiten Sie entsprechende Abschätzungen für das d-dimensionale Analogon dieses hard core model her.

b) Die Abschätzungen aus a) für die Kardinalität von Z lassen sich verbessern und für kleine Werte von m kann man den mittleren Anteil besetzter Positionen in zulässigen Konfigurationen noch exakt ausrechnen. Versuchen Sie sich am Fall $m = 6$ oder sogar $m = 8$.

Aufgabe 6.2. Betrachten Sie die Boltzmann-Verteilung μ^β zur Energiefunktion $H\colon Z \to \mathbb{R}$ auf einem endlichen Zustandsraum Z. Bestimmen Sie die Grenzwerte $\lim_{\beta\to 0} \mu^\beta$ und $\lim_{\beta\to\infty} \mu^\beta$.

Aufgabe 6.3. Betrachten Sie das Ising-Modell wie in Beispiel 6.2 mit der Energiefunktion gemäß (6.8).

a) Berechnen Sie $\max_{z,z'\in Z} \mu^\beta_{z'} / \mu^\beta_z$ für das periodische Gitter mit $E = \{1,\dots,2m\}^d$ und allgemeiner für bipartite Graphen in Abhängigkeit von β.

b) Betrachten Sie für $E = \{1,2\}^2$ das Gitter mit freiem Rand, d. h. jede Ecke hat zwei Nachbarn. Bestimmen Sie die Verteilung der Magnetisierung $M(z) = \sum_{e \in E} z(e)$ für $\beta = 0.01$ und $\beta = 1$.

Aufgabe 6.4. Gegeben seien eine endliche Menge Z, ein Wahrscheinlichkeitsvektor $\mu^{(0)} \in \mathbb{R}^Z$ und eine stochastische Matrix $Q \in \mathbb{R}^{Z \times Z}$. Betrachten Sie eine Familie von Abbildungen

$$\varphi_u \colon Z \to Z, \qquad u \in [0,1],$$

die

$$P(\{\varphi_U(z) = z'\}) = q_{z,z'} \tag{6.46}$$

für alle $z, z' \in Z$ erfüllt, wobei U eine auf $[0,1]$ gleichverteilte Zufallsvariable bezeichnet.

a) Sei $X_0, U_1, U_2, \ldots$ eine unabhängige Folge von Zufallsvariablen, so daß X_0 die Verteilung $\mu^{(0)}$ besitzt und jedes U_n gleichverteilt auf $[0,1]$ ist. Zeigen Sie, daß durch

$$X_n = \varphi_{U_n} \circ \cdots \circ \varphi_{U_1}(X_0), \qquad n \in \mathbb{N},$$

eine Markov-Kette $(X_n)_{n \in \mathbb{N}_0}$ mit Anfangsverteilung $\mu^{(0)}$ und Übergangsmatrix Q definiert ist.

b) Konstruieren Sie eine Familie von Abbildungen φ_u, die (6.46) erfüllt.

Aufgabe 6.5. Betrachten Sie einen Zustandsraum mit genau zwei Elementen.

a) Bestimmen Sie die Mengen aller irreduziblen, aller aperiodischen und aller reversiblen stochastischen Matrizen $Q \in \mathbb{R}^{2 \times 2}$, und untersuchen Sie die Beziehungen zwischen diesen Mengen.

b) Geben Sie die Menge aller stationären Verteilungen zu einer vorgegebenen stochastischen Matrix an.

Aufgabe 6.6. Betrachten Sie die Irrfahrt eines Königs auf einem Schachbrett, der sich in jedem Zug gemäß der Gleichverteilung auf eines der möglichen Nachbarfelder bewegt. Untersuchen Sie die entsprechende Markov-Kette auf Irreduzibilität und Aperiodizität, und bestimmen Sie die Menge der stationären Verteilungen.

Aufgabe 6.7. Betrachten Sie die Irrfahrt auf der Permutationsgruppe aus Beispiel 6.10 zur Modellierung des Mischens von K Spielkarten. Charakterisieren Sie Irreduzibilität, Aperiodizität und Reversibilität dieser Irrfahrt durch Eigenschaften der Verteilung des Mischungsvorgangs V.

Aufgabe 6.8. Sei $(X_n)_{n \in \mathbb{N}_0}$ eine Markov-Kette mit stationärer Anfangsverteilung $\mu^{(0)}$. Zeigen Sie: Die Kette ist genau dann reversibel bezüglich $\mu^{(0)}$, wenn

$$P(\{X_0 = z_0, \ldots, X_n = z_n\}) = P(\{X_0 = z_n, \ldots, X_n = z_0\})$$

für alle $n \in \mathbb{N}$ und $z_0, \ldots, z_n \in Z$ gilt.

Aufgabe 6.9. Betrachten Sie eine Markov-Kette $(X_n)_{n\in\mathbb{N}_0}$ mit dem Zustandsraum $Z = \{0,\ldots,N\}$ und Übergangswahrscheinlichkeiten

$$q_{z,z'} = \begin{cases} z/N\,, & \text{falls } z' = z-1\,,\\ (N-z)/N\,, & \text{falls } z' = z+1\,,\\ 0\,, & \text{sonst}\,. \end{cases}$$

Untersuchen Sie die Kette auf Irreduzibilität, Aperiodizität und Reversibilität, und bestimmen Sie die stationäre Verteilung.

Diese Kette wird nach den Physikern Paul und Tatjana Ehrenfest als *Ehrenfest-Urnenmodell* bezeichnet und dient in der Statistischen Mechanik als Modell des Wärmeaustausches zwischen zwei Systemen A und B verschiedener Temperaturen, die über eine Membran miteinander verbunden sind. Dabei ist N die Gesamtanzahl der in A und B befindlichen Moleküle, und X_n gibt die Anzahl der Moleküle an, die sich zur Zeit n im System A befinden.

Aufgabe 6.10. Sei M eine nichtleere Menge, $\mathfrak{A}$ eine σ-Algebra auf M, und bezeichne $\mathscr{W}$ die Menge aller Wahrscheinlichkeitsmaße auf $\mathfrak{A}$. Der Totalvariationsabstand von $\mu_1 \in \mathscr{W}$ und $\mu_2 \in \mathscr{W}$ ist definiert durch

$$d(\mu_1,\mu_2) = \sup_{A\in\mathfrak{A}} |\mu_1(A) - \mu_2(A)|\,,$$

vgl. Abschnitt 6.4.1.

a) Zeigen Sie, daß d eine Metrik auf $\mathscr{W}$ definiert.

Wir betrachten nun den Spezialfall $M = Z$ und $\mathfrak{A} = \mathbb{P}(Z)$ für eine endliche Menge Z. Seien $\mu, \widetilde{\mu} \in \mathbb{R}^Z$ Wahrscheinlichkeitsvektoren.

b) Zeigen Sie

$$d(\mu,\widetilde{\mu}) = \frac{1}{2}\sum_{z\in Z} |\mu_z - \widetilde{\mu}_z|\,.$$

c) Sei $\mathscr{R}(\mu,\widetilde{\mu})$ die Menge aller Paare $(X,\widetilde{X})$ von Zufallsvariablen, die jeweils Werte in Z annehmen und die Verteilungen $P_X = \mu$ und $P_{\widetilde{X}} = \widetilde{\mu}$ besitzen. Zeigen Sie, daß

$$d(\mu,\widetilde{\mu}) = \inf\{P(\{X \neq \widetilde{X}\}) \mid (X,\widetilde{X}) \in \mathscr{R}(\mu,\widetilde{\mu})\}\,.$$

Aufgabe 6.11. Es sei Z die Menge aller Matrizen $A \in \mathbb{N}_0^{20\times 20}$ mit

$$\sum_{j=1}^{20} a_{i,j} = \sum_{j=1}^{20} a_{j,i} = 80$$

für alle i. Weiter sei μ die Gleichverteilung auf Z.

a) Konstruieren Sie eine Markov-Kette auf Z, die sich zur Berechnung von Erwartungswerten bezüglich μ eignet.

b) Berechnen Sie näherungsweise $\mathrm{E}_{\mu}(f)$ für $f(A) = \max_{i,j} a_{i,j}$. Verwenden Sie hierzu den Algorithmus $M_{n_0,n}$ mit Aufwärmzeit n_0. Welche Aufwärmzeit wird durch Ihre numerischen Ergebnisse nahegelegt? Hinweis: Starten Sie deterministisch mit zwei Extremfällen A_1 und A_2, für die $f(A_1) = 4$ bzw. $f(A_2) = 80$ gilt.

Aufgabe 6.12. Betrachten Sie eine Markov-Kette $(X_n)_{n\in\mathbb{N}_0}$ mit dem Zustandsraum $Z = \{0,\dots,N\}$ und Übergangswahrscheinlichkeiten

$$q_{z,\tilde{z}} = \begin{cases} \vartheta\,, & \text{falls } z = \tilde{z} = 0\,, \\ (1-\vartheta)/N\,, & \text{falls } z = 0, \tilde{z} \neq 0\,, \\ 1\,, & \text{falls } z \neq 0, \tilde{z} = 0\,, \\ 0\,, & \text{sonst}\,, \end{cases}$$

mit $\vartheta \in \,]0,1[$. Diese Markov-Kette wird als Irrfahrt auf dem Stern bezeichnet, da sich jeder Zustand z von jedem Zustand $\tilde{z}$ aus nur über den Zustand null erreichen läßt.

a) Zeigen Sie, daß die Kette irreduzibel, aperiodisch und reversibel ist, und bestimmen Sie die stationäre Verteilung μ.

b) Zeigen Sie, daß die Übergangsmatrix dieser Kette genau die drei verschiedenen Eigenwerte $1, 0$ und $\vartheta - 1$ besitzt.

c) Diskutieren Sie das Mischungsverhalten von $(X_n)_{n\in\mathbb{N}_0}$ und der lazy version $(\widetilde{X}_n)_{n\in\mathbb{N}_0}$. Vergleichen Sie beide Ketten hinsichtlich ihrer Eignung für Markov Chain Monte Carlo-Verfahren zur Berechnung von Erwartungswerten $\mathrm{E}_{\mu}(f)$. Führen Sie hierzu auch Experimente durch.

Aufgabe 6.13. Betrachten Sie die lazy version der einfachen Irrfahrt auf dem d-dimensionalen diskreten Würfel $Z = \{0,1\}^d$, wobei zwei Ecken $z, \tilde{z} \in Z$ genau dann benachbart sind, wenn $\sum_{i=1}^{d} |z_i - \tilde{z}_i| = 1$ gilt, siehe Beispiel 6.32. Zeigen Sie, daß die Übergangsmatrix dieser Markov-Kette die $d+1$ verschiedenen Eigenwerte

$$\beta_i = 1 - \frac{i-1}{d}\,, \qquad i = 1,\dots,d+1\,,$$

besitzt.

Aufgabe 6.14. Betrachten Sie das Ising-Modell wie in Beispiel 6.2 für das periodische Gitter mit $E = \{1,\dots,20\}^2$ und die Energiefunktion H gemäß (6.8). Den Erwartungswert von $H/|E|$ bezeichnet man als mittlere Energie pro Spin.

a) Berechnen Sie den Grenzwert dieses Erwartungswertes für $\beta \to \infty$.

b) Berechnen Sie die mittlere Energie pro Spin für verschiedene $\beta \in [0, 0.6]$ mit dem Metropolis-Algorithmus.

Aufgabe 6.15. Wir beschreiben nun den allgemeinen Metropolis-Algorithmus oder *Metropolis-Hastings-Algorithmus* sowie eine Verallgemeinerung des Gibbs-Sampler oder Wärmebad-Algorithmus zur Simulation einer Verteilung $\mu \in \mathbb{R}^Z$.

Wir beginnen mit einer fast beliebigen irreduziblen und aperiodischen Markov-Kette mit Übergangsmatrix $\widetilde{Q}$. Wir fordern lediglich, daß

$$\widetilde{q}_{z,z'} = 0 \qquad \Leftrightarrow \qquad \widetilde{q}_{z',z} = 0\,.$$

a) Beim Metropolis-Hastings-Algorithmus definieren wir die Einträge $q_{z,z'}$ von Q für $z \neq z'$ durch

$$q_{z,z'} = \widetilde{q}_{z,z'} \cdot \min\left(1, \frac{\mu_{z'}\,\widetilde{q}_{z',z}}{\mu_z\,\widetilde{q}_{z,z'}}\right),$$

falls $\widetilde{q}_{z,z'} \neq 0$, und $q_{z,z'} = 0$, falls $\widetilde{q}_{z,z'} = 0$. Die Diagonalelemente $q_{z,z}$ werden so definiert, daß sich eine stochastische Matrix ergibt. Wie kann man Markov-Ketten mit Übergangsmatrix Q simulieren? Warum bezeichnet man die Zahlen

$$\alpha_{z,z'} = \min\left(1, \frac{\mu_{z'}\,\widetilde{q}_{z',z}}{\mu_z\,\widetilde{q}_{z,z'}}\right)$$

als Akzeptanzwahrscheinlichkeiten?

b) Zeigen Sie, daß die Matrix Q reversibel bezüglich μ ist.

c) Beim Gibbs-Sampler sind die Akzeptanzwahrscheinlichkeiten durch

$$\alpha_{z,z'} = \frac{\mu_{z'}\widetilde{q}_{z',z}}{\mu_z\widetilde{q}_{z,z'} + \mu_{z'}\widetilde{q}_{z'z}}$$

definiert. Zeigen Sie, daß man wieder eine Matrix mit stationärer Verteilung μ erhält.

Aufgabe 6.16. Gegeben seien endliche Mengen Z_1 und Z_2 sowie $S \subset Z_1 \times Z_2$ mit $S \neq \emptyset$. Betrachten Sie einen Zufallsvektor (X,Y) mit Werten in S, der

$$P(\{X = x\}) > 0, \quad P(\{Y = y\}) > 0, \quad P(\{(X,Y) = s\}) > 0$$

für alle $x \in Z_1$, $y \in Z_2$ und $s \in S$ erfüllt.

a) Zeigen Sie, daß durch

$$q_{(x,y),(\tilde{x},\tilde{y})} = P(\{Y = \tilde{y}\} \,|\, \{X = x\}) \cdot P(\{X = \tilde{x}\} \,|\, \{Y = \tilde{y}\})$$

für $(x,y),(\tilde{x},\tilde{y}) \in S$ eine Übergangsmatrix Q auf S definiert ist.

b) Betrachten Sie eine Markov-Kette $(X_n,Y_n)_{n\in\mathbb{N}_0}$ mit Zustandsraum S und Übergangsmatrix Q. Zeigen Sie, daß die stochastischen Prozesse $(X_n)_{n\in\mathbb{N}_0}$ und $(Y_n)_{n\in\mathbb{N}_0}$ Markov-Ketten mit den Zustandsräumen Z_1 bzw. Z_2 sind, und bestimmen Sie die zugehörigen Übergangsmatrizen Q_1 bzw. Q_2.

c) Zeigen Sie, daß die Übergangsmatrizen Q, Q_1 und Q_2 aperiodisch sind und daß

$$Q \text{ irreduzibel} \qquad \Rightarrow \qquad Q_1, Q_2 \text{ irreduzibel}$$

gilt.

d) Weisen Sie nach, daß Q_1 und Q_2 reversibel bezüglich P_X bzw. P_Y sind, falls Q reversibel bezüglich $P_{(X,Y)}$ ist.

Aufgabe 6.17. Wir betrachten eine endliche Menge Z sowie eine Zufallsvariable ξ, die Werte in der Menge Z^Z aller Abbildungen von Z nach Z annimmt. Die Menge der konstanten Abbildungen in Z^Z identifizieren wir mit Z. Mit $\xi_1, \xi_2, \ldots$ bezeichnen wir eine unabhängige Folge von Kopien von ξ, und wir setzen

$$V_n = \xi_n \circ \cdots \circ \xi_1, \quad R_n = \xi_1 \circ \cdots \circ \xi_n$$

für $n \in \mathbb{N}$. Wir nehmen an, daß die zufällige Funktion ξ die Bedingung

$$\exists n \in \mathbb{N}: \quad P(\{V_n \in Z\}) > 0 \tag{6.47}$$

erfüllt.

a) Zeigen Sie

$$P\big(\{\exists N \in \mathbb{N} \quad \forall n \geq N: \quad V_n \in Z\}\big) = 1$$

und

$$P\big(\{\exists N \in \mathbb{N} \quad \forall n \geq N: \quad R_n \in Z\}\big) = 1\,.$$

Wir setzen

$$T = \inf\{n \in \mathbb{N} \mid R_n \in Z\}$$

und erhalten $P(\{T < \infty\}) = 1$.

b) Zeigen Sie

$$\forall z \in Z: \quad P(\{R_T = z\}) = \lim_{n \to \infty} P(\{V_n = z\}),$$

und leiten Sie hieraus Satz 6.46 ab. Hinweis: Zeigen Sie $\{R_n = z\} \subset \{R_{n+1} = z\}$, um die Existenz der Grenzwerte $\lim_{n\to\infty} P(\{V_n = z\})$ sicherzustellen.

Aufgabe 6.18. Sei (E,K) ein Graph und seien U, V unabhängige Zufallsvariablen, die auf $[0,1]$ bzw. auf K gleichverteilt sind. Sei $p \in [0,1]$. Betrachten Sie die in Abschnitt 6.4.4 durch

$$\xi(\omega)(\widetilde{K}) = \begin{cases} \widetilde{K} \cup \{V(\omega)\}, & \text{falls } U(\omega) \leq p/(2-p) \text{ oder falls} \\ & U(\omega) \leq p \text{ und } c(\widetilde{K} \cup \{V(\omega)\}) = c(\widetilde{K} \setminus \{V(\omega)\}), \\ \widetilde{K} \setminus \{V(\omega)\}, & \text{sonst}, \end{cases}$$

für $\widetilde{K} \subset K$ definierte zufällige Abbildung ξ von $\mathbb{P}(K)$ nach $\mathbb{P}(K)$.

a) Zeigen Sie, daß durch

$$q_{K_1,K_2} = P(\{\xi(K_1) = K_2\}), \qquad K_1, K_2 \in \mathbb{P}(K),$$

die Übergangsmatrix des single bond-Algorithmus für das random cluster-Maß ν^p gegeben ist, siehe Abschnitt 6.4.3.

b) Zeigen Sie, daß ξ monoton bezüglich der durch die Mengeninklusion $\subseteq$ gegebenen Halbordnung auf $\mathbb{P}(K)$ ist.

Kapitel 7
Numerische Integration

Zur numerischen Integration von Funktionen $f\colon G \to \mathbb{R}$ auf beschränkten Integrationsbereichen $G \subset \mathbb{R}^d$ haben wir die direkte Simulation D_n mit verschiedenen Basisexperimenten Y eingesetzt. Im klassischen Fall gilt $Y = \lambda^d(G) \cdot f(X)$ mit einer auf G gleichverteilten Zufallsvariablen X, und der Fehler konvergiert für jede quadratisch integrierbare Funktion f, die $\sigma^2(f(X)) > 0$ erfüllt, mit wachsender Wiederholungsanzahl n wie $n^{-1/2}$ gegen null. Die Kosten der direkten Simulation werden durch n, die Kosten $\mathbf{c}$ zur Auswertung von f und den Aufwand zur Simulation von X bestimmt, und letzteres kann in vielen Fällen, etwa für Rechtecksbereiche, Simplizes oder Kugeln, mit Kosten, die nur schwach mit d wachsen, geschehen. Siehe Abschnitt 3.2.2 sowie die Aufgaben 4.9 und 4.11. Dieser Sachverhalt wird manchmal vereinfachend und verallgemeinernd in folgender Weise beschrieben: Die Stärke der Monte Carlo-Methode zur numerischen Integration liegt in ihrer Einfachheit und im geringen Einfluß der Dimension d, ihre Schwäche ist die langsame Konvergenzordnung.

Im Vergleich mit Konvergenzordnungen, die sich in der Dimension $d = 1$ zum Beispiel mit der Trapezregel oder mit Gauß-Formeln erreichen lassen, ist die Ordnung $1/2$ in der Tat wenig beeindruckend. Bei dieser Sichtweise werden jedoch die Voraussetzungen an den Integranden außer acht gelassen. So erreicht die Trapezregel die Konvergenzordnung eins für Lipschitz-stetige Integranden und zwei für zweimal stetig differenzierbare Integranden, während bei der klassischen Monte Carlo-Methode zur Integration die quadratische Integrierbarkeit des Integranden ausreicht, um die Ordnung $1/2$ zu erhalten.

Um verschiedene Algorithmen zur numerischen Integration sinnvoll miteinander vergleichen zu können, muß die Menge der möglichen Inputs eines Algorithmus, d. h. eine Klasse F von Integranden f, festgelegt werden. Damit kann man eine Komplexitätstheorie für die numerische Integration entwickeln und in Abhängigkeit von der Klasse F folgende Fragen untersuchen: Welche Konvergenzordnung läßt sich mit Monte Carlo-Methoden erreichen? Sind Monte Carlo-Methoden deterministischen Algorithmen überlegen? Beim Studium dieser Fragen werden wir insbesondere Monte Carlo-Verfahren konstruieren, die Glattheit ausnutzen und dadurch eine bessere Konvergenzordnung als $1/2$ erzielen. Ein erstes Beispiel hierfür

T. Müller-Gronbach, E. Novak, K. Ritter, *Monte Carlo-Algorithmen*,
DOI 10.1007/978-3-540-89141-3_7,

haben wir bereits in Abschnitt 5.5 bei der Integration Hölder-stetiger Funktionen auf $G = [0,1]$ kennengelernt. Die Literatur zur numerischen Integration ist sehr umfangreich; zu den Themen Komplexität und Konstruktion optimaler Algorithmen verweisen wir insbesondere auf Novak [145], Novak, Woźniakowski [152] und Traub, Wasilkowski, Woźniakowski [191].

In Abschnitt 7.1 betrachten wir deterministische und in Abschnitt 7.2 randomisierte Algorithmen für die numerische Integration. Um die Überlegenheit randomisierter gegenüber den deterministischen Algorithmen zu untersuchen, müssen wir uns naturgemäß mit der Klasse aller deterministischen Algorithmen beschäftigen und untere Fehlerschranken beweisen. Dieselbe Aufgabe stellt sich für randomisierte Algorithmen, wenn man die prinzipielle Leistungfähigkeit dieser Klasse von Algorithmen verstehen will. Die Begriffsbildung entwickelt sich in beiden Fällen weitgehend parallel, und entsprechendes gilt für die Konstruktion von Algorithmen und für Beweisideen.

Zunächst führen wir in den Abschnitten 7.1.1 und 7.2.1 die zentrale Größe des n-ten minimalen Fehlers für deterministische bzw. randomisierte Algorithmen ein. Dieser gibt an, welcher Fehler sich auf der betrachteten Funktionenklasse F bestenfalls mit entsprechenden Algorithmen, deren maximale Kosten höchstens n betragen, erreichen läßt. Zum Beweis unterer Schranken für den n-ten minimalen Fehler deterministischer Algorithmen benutzen wir in Abschnitt 7.1.2 wie schon beim Zählproblem in Abschnitt 2.3 das Prinzip der unvollständigen Information. Auch für randomisierte Algorithmen beruht die in Abschnitt 7.2.2 präsentierte Methode zum Beweis unterer Schranken für den n-ten minimalen Fehler auf diesem Prinzip; hinzu kommt der Übergang vom maximalen Fehler randomisierter Algorithmen zu durchschnittlichen Fehlern deterministischer Algorithmen. Diese Ideen lassen sich, geeignet modifiziert, auch in vielen anderen Bereichen der Numerischen Mathematik verwenden, um optimale deterministische und randomisierte Algorithmen zu bestimmen.

Im Abschnitt 7.1.3 studieren wir die multivariate polynomiale Interpolation von Funktionen auf dem Würfel $G = [0,1]^d$ und stellen damit die Grundlagen bereit, um in den Abschnitten 7.1.4 und 7.2.3 asymptotisch optimale deterministische bzw. randomisierte Algorithmen für Räume r-fach stetig differenzierbarer Funktionen auf $[0,1]^d$ zu konstruieren und jeweils die Konvergenzordnung der minimalen Fehler zu bestimmen. Die auf diesen Räumen stets vorhandende Überlegenheit von randomisierten Algorithmen ist für hohe Dimensionen d und geringe Glattheit r besonders beeindruckend.

Mit der Integration von Lipschitz-stetigen Funktionalen auf $C([0,T])$ bezüglich des Wiener-Maßes, d. h. der Verteilung der Brownschen Bewegung auf $C([0,T])$, betrachten wir in Abschnitt 7.3 ein unendlich-dimensionales Integrationsproblem. Hier erreichen stochastische Multilevel-Algorithmen für jedes $\delta > 0$ die Konvergenzordnung $1/2 - \delta$, während sich die Verwendung deterministischer Algorithmen als aussichtslos herausstellt.

Im Ausblick in Abschnitt 7.4 diskutieren wir unter anderem das Integrationsproblem für Funktionen mit beschränkten gemischten Ableitungen sowie den Fluch der Dimension. Außerdem zeigen wir, wie sich die Resultate zur Integration bezüglich des Wiener-Maßes aus Abschnitt 7.3 auf Integrationsprobleme im Kontext stochastischer Differentialgleichungen übertragen lassen.

7.1 Deterministische Algorithmen

Um später die Überlegenheit von Monte Carlo-Methoden beweisen zu können, beschäftigen wir uns in diesem Abschnitt ausführlich mit einem Thema der deterministischen Numerik: Welche Form haben optimale deterministische Algorithmen für die Berechnung von Integralen, und welche Fehlerschranken gelten in Abhängigkeit von der Glattheit der Integranden?

Wir diskutieren in Abschnitt 7.1.1 mit dem maximalen Fehler und den maximalen Kosten die Grundbegriffe der worst case-Analyse deterministischer Algorithmen, um anschließend als zentrale Größe den n-ten minimalen Fehler einzuführen. Dieser Begriff ermöglicht die Definition der (asymptotischen) Optimalität von (Folgen von) Algorithmen. In Abschnitt 7.1.2 zeigen wir, wie sich untere Schranken für den n-ten minimalen Fehler mit Hilfe des Prinzips der unvollständigen Information beweisen lassen. In Abschnitt 7.1.3 behandeln wir als Grundlage zur Konstruktion von Quadraturformeln die Interpolation von Funktionen mehrerer Variablen durch Polynome. Damit stehen alle Hilfsmittel bereit, um in Abschnitt 7.1.4 in Räumen r-fach stetig differenzierbarer Funktionen asymptotisch optimale deterministische Algorithmen zu konstruieren und die Konvergenzordnung der minimalen Fehler zu bestimmen. In Abschnitt 7.1.5 präsentieren wir schließlich eine allgemeine Aussage zur Struktur optimaler Algorithmen: unter einer Standardannahme der Numerischen Mathematik, daß nämlich die Integranden zu einer Einheitskugel bezüglich einer Halbnorm gehören, kann man sich bei der Suche nach optimalen Algorithmen auf Quadraturformeln beschränken. Der entsprechende Satz stammt von Smolyak und Bakhvalov und wurde im Jahr 1971 von Bakhvalov [10] veröffentlicht.

7.1.1 Grundbegriffe

Bei der Analyse von Integrationsproblemen legen wir im folgenden eine feste meßbare Menge $G \subset \mathbb{R}^d$ als Integrationsbereich und eine zunächst unspezifizierte Klasse F von Integranden $f\colon G \to \mathbb{R}$ zugrunde. Zur Konstruktion deterministischer Algorithmen steht dann, wie in Abschnitt 2.1 ausgeführt wurde, der Befehlsvorrat einer algebraischen RAM ohne den Aufruf von Zufallszahlengeneratoren zusammen mit einem Orakel zur Berechnung von Funktionswerten des Inputs $f \in F$ zur Verfügung. Der Einfachheit halber betrachten wir nur solche Algorithmen, die für jeden Input $f \in F$ terminieren.

Die Klasse der deterministischen Algorithmen ist eine echte Teilmenge der Klasse der randomisierten Algorithmen, so daß uns die Begriffsbildung aus Abschnitt 2.2 zu Fehler und Kosten auch für deterministische Algorithmen zur Verfügung steht.

Jeder solche Algorithmus definiert eine Abbildung

$$M\colon F \to \mathbb{R},$$

die jedem Input $f \in F$ den zugehörigen Output $M(f) \in \mathbb{R}$ zuordnet. Obwohl die Abbildung M den Algorithmus als endliche Befehlsfolge nicht eindeutig bestimmt, werden wir deterministische Algorithmen mit den jeweiligen Abbildungen M identifizieren, sofern dies das Verständnis nicht erschwert. Der Output $M(f)$ wird als Approximation des Integrals

$$S(f) = \int_G f(x)\,\mathrm{d}x$$

verstanden, so daß wir in Konsistenz zu Definition 2.3

$$\Delta(M,f) = |S(f) - M(f)|$$

als Fehler von M beim Input $f \in F$ definieren.

Vergleicht man zwei Algorithmen M_1 und M_2, so wird sich nur in Ausnahmefällen ergeben, daß $\Delta(M_1,f) \le \Delta(M_2,f)$ für alle $f \in F$ gilt. In einer *worst case-Analyse* betrachtet man deshalb für jeden Algorithmus den ungünstigsten Fall, also bei der numerischen Integration den jeweils „schwierigsten" Integranden, um nach diesem Kriterium Algorithmen zu bewerten.

Definition 7.1. Der *maximale Fehler* des Algorithmus M auf der Klasse F (für die Approximation von S) ist gegeben durch

$$\Delta(M,F) = \sup_{f\in F} \Delta(M,f)\,.$$

Ebenso verfahren wir beim Vergleich der Kosten von Algorithmen. Die algebraische RAM führt per Definition Auswertungen elementarer Funktionen sowie arithmetische und Vergleichsoperationen mit Kosten eins aus, während wir die Kosten pro Orakelaufruf als ganze Zahl $\mathbf{c} \ge d$ festgelegt haben. Die Kosten einer Berechnung sind dann die Summe der Kosten aller ausgeführten Operationen und hängen gegebenenfalls vom Input $f \in F$ ab.

Jeder deterministische Algorithmus definiert somit eine Abbildung

$$\mathrm{cost}(M,\cdot)\colon F \to \mathbb{N},$$

die jedem Input $f \in F$ die Kosten der Berechnung des Outputs $M(f)$ zuordnet. Bemerkt sei die Konsistenz zu Definition 2.4.

Definition 7.2. Die *maximalen Kosten* des Algorithmus M auf der Klasse F sind gegeben durch

$$\mathrm{cost}(M,F) = \sup_{f\in F} \mathrm{cost}(M,f)\,.$$

Eine Funktionenklasse F beschreibt die a-priori-Annahmen, die wir über die Integranden machen, und die Begriffe des maximalen Fehlers und der maximalen Kosten erlauben den sinnvollen Vergleich von Algorithmen unter identischen a-priori-Annahmen.

Die Standardverfahren zur numerischen Integration sind *Quadraturformeln*. Zu fest gewählten Knoten $x_1, \dots, x_n \in G$ und Gewichten $a_1, \dots, a_n \in \mathbb{R}$ approximiert man für jeden Integranden $f \in F$ sein Integral durch

$$Q_n(f) = \sum_{i=1}^{n} a_i \cdot f(x_i) .$$

Die Abbildung Q_n läßt sich offenbar durch einen deterministischen Algorithmus mit maximalen Kosten

$$\operatorname{cost}(Q_n, F) = n \cdot (\mathbf{c} + 2) - 1 \asymp n \cdot \mathbf{c} \tag{7.1}$$

auf jeder Klasse F berechnen.

In der Regel findet man in der Literatur obere Schranken für den Fehler $\Delta(Q_n, f)$ von Quadraturformeln, die unter geeigneten Annahmen an den Integranden f gelten. In den meisten Fällen wird f als Element eines Vektorraumes F_0, versehen mit einer Halbnorm $\|\cdot\|$, angenommen, und die oberen Schranken sind von der Form

$$\Delta(Q_n, f) \le \Gamma(Q_n) \cdot \|f\| , \qquad f \in F_0 , \tag{7.2}$$

wobei $\Gamma(Q_n) > 0$ außer von der Quadraturformel Q_n noch von der Menge F_0 und der Halbnorm $\|\cdot\|$ abhängt. Aufgrund der Linearität von S und Q_n ist (7.2) äquivalent zur oberen Schranke

$$\Delta(Q_n, F) \le \Gamma(Q_n)$$

für den maximalen Fehler von Q_n auf der Einheitskugel

$$F = \{ f \in F_0 \mid \|f\| \le 1 \} .$$

Die Konstruktion und Analyse von Quadraturformeln wird für Funktionen in einer Variablen in den meisten einführenden Lehrbüchern der Numerischen Mathematik behandelt, und wir verweisen den Leser auf die entsprechenden Kapitel in Hämmerlin, Hoffmann [76], Kincaid, Cheney [102] und Werner [198] und auf die umfassende Darstellung in Brass [26].

Wir stellen nun drei Fehlerabschätzungen für klassische Quadraturformeln zur Integration von Funktionen auf $G = [0, 1]$ vor.

Beispiel 7.3. Für $f \in C([0, 1])$ sei

$$\|f\|_\infty = \sup_{x \in [0,1]} |f(x)| .$$

Im Vektorraum $C^1([0, 1])$ der stetig differenzierbaren Funktionen $f \colon [0, 1] \to \mathbb{R}$ gibt die Halbnorm

$$\|f\| = \|f'\|_\infty$$

die kleinste Lipschitz-Konstante für f an. Wir betrachten die Einheitskugel

$$F^1 = \{f \in C^1([0,1]) \mid \|f\| \le 1\}.$$

In Aufgabe 3.5 haben wir zur numerischen Integration über $G = [0,1]$ für $n \ge 2$ die *Trapezregel* T_n mit den Knoten

$$x_i = \frac{i-1}{n-1}, \qquad i = 1, \dots, n,$$

und den Gewichten

$$a_2 = \cdots = a_{n-1} = \frac{1}{n-1}, \qquad a_1 = a_n = \frac{1}{2(n-1)}$$

analysiert und die obere Fehlerschranke

$$\Delta(T_n, F^1) \le \frac{1}{4(n-1)} \tag{7.3}$$

bewiesen, siehe auch Hämmerlin, Hoffmann [76, S. 296]. □

Beispiel 7.4. In der Numerischen Mathematik betrachtet man oft Integranden höherer Glattheit wie etwa r-fach stetig differenzierbare Funktionen. Die Glattheit einer Funktion $f \in C^r([0,1])$ läßt sich durch die Halbnorm

$$\|f\| = \|f^{(r)}\|_\infty$$

quantifizieren, und wir betrachten entsprechend die Funktionenklassen

$$F^r = \{f \in C^r([0,1]) \mid \|f\| \le 1\}$$

auch für $r \ge 2$. Es gilt $C^r([0,1]) \subset C^{r-1}([0,1])$, aber $F^r \not\subset F^{r-1}$, und die Polynome vom Grad kleiner als r belegen sogar, daß $\|f^{(k)}\|_\infty$ für alle $0 \le k < r$ auf der Menge F^r unbeschränkt ist. Man betrachtet deshalb auf den Räumen $C^r([0,1])$ auch Normen, die sichern, daß die zugehörigen Einheitskugeln eine absteigende Folge von Mengen bilden, siehe Aufgabe 7.1. Die Unterschiede sind jedoch für unsere Zwecke kaum von Bedeutung.

Wir studieren nun den maximalen Fehler der Trapezregel T_n auf der Menge F^2. Für $f \in F^2$ und

$$\tilde{f}(x) = x \cdot f(1) + (1-x) \cdot f(0)$$

besitzt die Funktion $g = f - \tilde{f}$ die Eigenschaften $g(0) = g(1) = 0$ und $\|g''\|_\infty \le 1$, woraus $\|g'\|_\infty \le 1/2$ folgt. Ferner gilt $T_n(\tilde{f}) = S(\tilde{f})$, und aufgrund der Fehlerabschätzung (7.3) erhalten wir

$$|S(f) - T_n(f)| = |S(g) - T_n(g)| \le \frac{1}{8(n-1)}.$$

Die entsprechende Abschätzung für den maximalen Fehler $\Delta(T_n, F^2)$ ist korrekt, aber nicht optimal. In der Tat gilt

$$\Delta(T_n, F^2) \leq \frac{1}{12\,(n-1)^2}, \tag{7.4}$$

siehe Aufgabe 3.5 oder Hämmerlin, Hoffmann [76, S. 297]. □

Beispiel 7.5. Mit $\mathbb{P}^r$ bezeichnen wir fortan den Raum der Polynome vom Grad kleiner r in einer Variablen. Die *Gauß-Formel* G_n mit n Knoten ist eindeutig durch die Forderung bestimmt, daß

$$G_n(p) = S(p)$$

für alle Polynome $p \in \mathbb{P}^{2n}$ gilt. Die Gewichte $a_1, \ldots, a_n$ sind positiv, und es gilt $\sum_{i=1}^n a_i = 1$ aufgrund der Exaktheit von G_n für konstante Funktionen. Siehe Werner [198, Abschn. 4.3].

Für $f \in C([0,1])$ und alle $p \in \mathbb{P}^{2n}$ gilt somit

$$\begin{aligned} |S(f) - G_n(f)| &= |S(f-p) - G_n(f-p)| \\ &\leq \int_0^1 |f(x) - p(x)|\,\mathrm{d}x + \sum_{i=1}^n a_i \cdot |f(x_i) - p(x_i)| \\ &\leq 2 \cdot \|f-p\|_\infty, \end{aligned}$$

woraus

$$|S(f) - G_n(f)| \leq 2 \cdot \inf_{p \in \mathbb{P}^{2n}} \|f-p\|_\infty$$

folgt. Die Fehlerschranke für G_n ist dadurch bestimmt, wie gut sich der Integrand f durch die Elemente p einer Teilmenge des Exaktheitsraumes von G_n approximieren läßt. Dieses Beweisprinzip ist uns bereits bei der Analyse von Verfahren zur Varianzreduktion in den Abschnitten 5.1 und 5.5 begegnet.

Beste Approximation durch Polynome aus $\mathbb{P}^n$ ist eine klassische Problemstellung der Approximationstheorie. Auf die uns interessierende Frage, wie schnell der Fehler der besten Approximation in Abhängigkeit von der Glattheit von f gegen null konvergiert, gibt der folgende Satz von Jackson eine Antwort. Für alle $f \in F^r$ und $n \geq r+1$ gilt

$$\inf_{p \in \mathbb{P}^n} \|f-p\|_\infty \leq \left(\frac{\pi}{4}\right)^r \cdot \frac{(n-r)!}{n!},$$

siehe Müller [139, S. 149]. Als Korollar erhalten wir die obere Schranke

$$\Delta(G_n, F^r) \leq 2 \cdot \left(\frac{\pi}{4}\right)^r \cdot \frac{(2n-r)!}{(2n)!}$$

für den maximalen Fehler der Gauß-Formel G_n, falls $2n \geq r+1$. Insbesondere gilt

$$\Delta(G_n, F^r) \leq c_r \cdot n^{-r} \tag{7.5}$$

mit einer Konstanten $c_r > 0$ für alle $n \in \mathbb{N}$ mit $n \geq r/2$, da G_n bereits für $n = r/2$ bei einem geraden Wert von r einen endlichen maximalen Fehler auf F^r besitzt. Wir bemerken, daß $\Delta(G_n, F^r) = \infty$ im Fall $n < r/2$ gilt, siehe Aufgabe 7.3. □

Kann man aus den Abschätzungen (7.4) und (7.5) schließen, daß bei gleicher Knotenanzahl Gauß-Formeln besser als Trapezregeln auf den Funktionenklassen $F^2 \cap F^r$ mit $r \geq 3$ sind? Die obere Schranke (7.4) kann für diesen Schluß nicht verwendet werden, da sie offen läßt, ob die maximalen Fehler $\Delta(T_n, F^2 \cap F^r)$ der Trapezregeln schneller als n^{-2} gegen null streben. Man benötigt eine untere Schranke für $\Delta(T_n, F^2 \cap F^r)$.

Polynome vom Grad null oder eins werden durch die Trapezregel exakt integriert, da $T_n(f)$ das Integral der stückweise linearen Interpolation von f an den Knoten x_i ist. Zur Berechnung des Fehlers $\Delta(T_n, f)$ für

$$f(x) = x^2/2$$

verwenden wir

$$\int_a^b \left(\frac{a^2}{2} \cdot \frac{b-x}{b-a} + \frac{b^2}{2} \cdot \frac{x-a}{b-a} - f(x) \right) \mathrm{d}x = \frac{1}{12} \cdot (b-a)^3$$

und erhalten

$$T_n(f) - S(f) = \frac{1}{12\,(n-1)^2}.$$

Da $f \in F^r$ für alle $r \geq 1$ gilt, folgt insbesondere

$$\Delta(T_n, F^2 \cap F^r) \geq \frac{1}{12\,(n-1)^2}. \tag{7.6}$$

Wir bemerken, daß mit (7.4) und (7.6) der maximale Fehler von T_n auf F^2 bestimmt ist: es gilt $\Delta(T_n, F^2) = 1/(12\,(n-1)^2)$.

Erst der Vergleich der oberen Schranke (7.5) mit der unteren Schranke (7.6) zeigt, daß auf jeder Funktionenklasse $F^2 \cap F^r$ mit $r \geq 3$ Gauß-Formeln besser als Trapezregeln sind. Die Diskussion der Fälle $r = 1$ und $r = 2$ nehmen wir mit Korollar 7.10 und Korollar 7.21 wieder auf. Es wird sich unter anderem zeigen, daß auch die oberen Schranken (7.3) und (7.5) im wesentlichen scharf und damit Gaußformeln und Trapezregeln von ähnlicher Qualität auf F^1 und auf F^2 sind.

Die algebraische RAM mit Orakel und die Definitionen 7.1 und 7.2 bilden den Rahmen zur Untersuchung der Optimalität von deterministischen Algorithmen. Man stellt dazu die Frage, welche maximalen Fehler sich bestenfalls mit deterministischen Algorithmen, deren maximale Kosten höchstens n betragen, erreichen lassen.

Wir bezeichnen im folgenden mit $\mathfrak{M}^{\mathrm{det}}(F)$ die Menge aller deterministischen Algorithmen, die Zugriff auf ein Orakel zur Auswertung von Funktionen aus F haben, und setzen

$$\mathfrak{M}_n^{\mathrm{det}}(F) = \{M \in \mathfrak{M}^{\mathrm{det}}(F) \mid \mathrm{cost}(M, F) \leq n\} \tag{7.7}$$

für $n \in \mathbb{N}$.

Definition 7.6. Der *n-te minimale Fehler* deterministischer Algorithmen (für die Approximation von S) auf der Klasse F ist gegeben durch

$$e_n^{\mathrm{det}}(F) = \inf\{\Delta(M,F) \mid M \in \mathfrak{M}_n^{\mathrm{det}}(F)\}.$$

Ein Algorithmus $M \in \mathfrak{M}_n^{\mathrm{det}}(F)$ heißt *optimal* in $\mathfrak{M}_n^{\mathrm{det}}(F)$ (für die Approximation von S) auf der Klasse F, falls

$$\Delta(M,F) = e_n^{\mathrm{det}}(F)$$

gilt.

Exakte Werte minimaler Fehler und optimale Algorithmen sind nur in Ausnahmefällen bekannt. Deshalb begnügt man sich im allgemeinen mit dem Studium der Asymptotik minimaler Fehler und betrachtet auch einen entsprechend abgeschwächten Optimalitätsbegriff. Es erweist sich dabei als zweckmäßig, den im Abschnitt 2.2 eingeführten Begriff der schwachen asymptotischen Äquivalenz zu erweitern. Wir schreiben $a_n \asymp b_n$ für Folgen von Zahlen a_n und b_n aus $[0,\infty[\,\cup\{\infty\}$, falls beide Folgen ab einem Index n_0 nur endliche Werte annehmen und

$$c_1 \cdot a_n \le b_n \le c_2 \cdot a_n$$

für $n \ge n_0$ mit Konstanten $0 < c_1 \le c_2$ gilt.

Definition 7.7. Eine Folge von Algorithmen $M_n \in \mathfrak{M}_n^{\mathrm{det}}(F)$ heißt *asymptotisch optimal* (für die Approximation von S) auf der Klasse F, falls

$$\Delta(M_n,F) \asymp e_n^{\mathrm{det}}(F).$$

gilt.

Asymptotische Optimalität liegt also genau dann vor, wenn eine Konstante $c \ge 1$ und ein Index $n_0 \in \mathbb{N}$ existieren, so daß für jedes $n \ge n_0$ der Algorithmus M_n die Kostenschranke

$$\mathrm{cost}(M_n,F) \le n$$

und die Fehlerschranke

$$\Delta(M_n,F) \le c \cdot e_n^{\mathrm{det}}(F) < \infty$$

erfüllt. Der Beweis einer Aussage der Form

$$e_n^{\mathrm{det}}(F) \asymp \gamma_n,$$

etwa mit $\gamma_n = n^{-\gamma}$ für $\gamma > 0$ oder mit $\gamma_n = \gamma^n$ für $0 < \gamma < 1$, beinhaltet zwei Teile. Einerseits konstruiert man Algorithmen M_n, die $\mathrm{cost}(M_n,F) \le n$ und

$$\Delta(M_n,F) \le c_1 \cdot \gamma_n$$

mit einer Konstanten $c_1 > 0$ für $n \geq n_0$ erfüllen. Andererseits zeigt man die Existenz einer Konstanten $c_2 > 0$, so daß für alle $n \in \mathbb{N}$ und jeden Algorithmus $M \in \mathfrak{M}_n^{\det}(F)$ die untere Schranke

$$\Delta(M,F) \geq c_2 \cdot \gamma_n$$

gilt.

7.1.2 Untere Schranken für minimale Fehler

Beim Beweis unterer Schranken für minimale Fehler $e_n^{\det}(F)$ kann man in der Regel viele Details der RAM außer acht lassen. Wir werden sehen, daß oft nur die Anzahl der Orakelaufrufe zur Auswertung von Integranden $f \in F$ entscheidend ist.

Der Einfachheit halber betrachten wir im folgenden nur solche deterministischen Algorithmen, die für alle $f \in F$ terminieren und mindestens eine Funktionsauswertung vornehmen.

Jeder solche deterministische Algorithmus berechnet sequentiell Funktionswerte $f(x_i)$. Die erste Auswertung geschieht unabhängig von f an einem durch den Algorithmus definierten, fest gewählten Knoten

$$x_1 \in G,$$

während die weiteren Knoten gegebenenfalls erst im Laufe der Berechnung bestimmt werden. Die sukzessive Knotenauswahl des Algorithmus läßt sich durch Abbildungen

$$\psi_k \colon \mathbb{R}^{k-1} \to G, \qquad k \geq 2,$$

beschreiben, wobei die k-te Auswertung am Knoten $\psi_k(y_1,\ldots,y_{k-1})$ erfolgt, wenn die ersten $k-1$ Auswertungen in dieser Reihenfolge die Funktionswerte $y_1,\ldots,y_{k-1}$ geliefert haben. Über den Integranden $f \in F$ sind somit nach k Auswertungen die Daten

$$N_k(f) = (y_1,\ldots,y_k)$$

mit

$$y_1 = f(x_1)$$

und

$$y_\ell = f(\psi_\ell(y_1,\ldots,y_{\ell-1})), \qquad \ell = 2,\ldots,k,$$

bekannt.

Auch die Gesamtanzahl $\nu(f)$ der Funktionsauswertungen, die der Algorithmus beim Input $f \in F$ durchführt, wird gegebenenfalls erst im Laufe der Berechnung bestimmt. Jeder Algorithmus definiert also eine Abbildung

$$\nu \colon F \to \mathbb{N},$$

die wir, um ihre Abhängigkeit vom Algorithmus M zu betonen, gelegentlich mit $\nu(M,\cdot)$ bezeichnen. Zu beachten ist, daß für alle $f,g \in F$ und $k \in \mathbb{N}$ mit

$$\nu(f) = k \qquad \text{und} \qquad N_k(f) = N_k(g) \tag{7.8}$$

auch

$$\nu(g) = k \tag{7.9}$$

gilt. Dies besagt, daß die Entscheidung, nach k Schritten die Auswertung eines Integranden zu stoppen, nur von den bis dahin bekannten Daten abhängen kann.

Entsprechendes gilt auch für den Output $M(f)$ des Algorithmus: aus (7.8) folgt

$$M(f) = M(g)\,.$$

Der Output läßt sich somit beschreiben durch eine Folge von Abbildungen

$$\varphi_k \colon \mathbb{R}^k \to \mathbb{R}\,, \qquad k \geq 1\,,$$

so daß

$$M(f) = \varphi_{\nu(f)}(N_{\nu(f)}(f)) \tag{7.10}$$

für alle $f \in F$ gilt. Dabei haben wir angenommen, daß die Abbildungen ψ_k und φ_k für $k \in \mathbb{N}$ jeweils total definiert sind, und setzen das auch im folgenden voraus.

Als elementares Beispiel erwähnen wir Quadraturformeln mit n Knoten, die man derart implementiert, daß die Abbildungen $\psi_2,\ldots,\psi_n$ sowie $\nu = n$ konstant sind und die Abbildung φ_n linear ist. Dagegen verwenden sogenannte *adaptive Algorithmen* eine sequentielle Strategie zur Auswertung der Integranden. Eine solche, auf Bisektion und eingebetteten Simpson-Regeln basierende Strategie wird in Werner [198, Abschn. 4.5.3] vorgestellt. Wir verweisen jedoch auf die Ergebnisse des Abschnitts 7.1.5.

Abbildungen $M\colon F \to \mathbb{R}$ von der Form (7.10) bezeichnen wir als *verallgemeinerte deterministische Algorithmen*, da wir völlig außer acht lassen, ob sich M mit Hilfe eines deterministischen Algorithmus berechnen läßt. Die Menge aller verallgemeinerten deterministischen Algorithmen bezeichnen wir mit $\widetilde{\mathfrak{M}}^{\mathrm{det}}(F)$. Es gilt also

$$\mathfrak{M}^{\mathrm{det}}(F) \subset \widetilde{\mathfrak{M}}^{\mathrm{det}}(F)\,.$$

Die funktionale Struktur (7.10), die alle durch deterministische Algorithmen definierten Abbildungen M besitzen, erlaubt bereits den Beweis von unteren Schranken für minimale Fehler. Dabei können in der Regel auch die Kosten für die Auswertung elementarer Funktionen und für arithmetische und Vergleichsoperationen ignoriert und nur die triviale Abschätzung

$$\mathrm{cost}(M,F) \geq \mathbf{c}\cdot \nu(M,F) \tag{7.11}$$

mit

$$\nu(M,F) = \sup_{f\in F} \nu(M,f)$$

verwendet werden, d. h. es werden nur die Kosten für die Funktionsauswertungen berücksichtigt. In Analogie zu (7.7) und zur Definition 7.6 setzen wir deshalb

$$\widetilde{\mathfrak{M}}_n^{\det}(F) = \{M \in \widetilde{\mathfrak{M}}^{\det}(F) \mid \nu(M,F) \leq n\}$$

für $n \in \mathbb{N}$ und definieren die Größe

$$\tilde{e}_n^{\det}(F) = \inf\{\Delta(M,F) \mid M \in \widetilde{\mathfrak{M}}_n^{\det}(F)\}, \tag{7.12}$$

die in der Literatur häufig ebenfalls als n-ter minimaler Fehler deterministischer Verfahren bezeichnet wird.

Für jeden Algorithmus $M \in \mathfrak{M}_n^{\det}(F)$ ergibt sich aus $\mathrm{cost}(M,F) \leq n$ und (7.11), daß M die Integranden $f \in F$ an höchstens $\lfloor n/\mathbf{c} \rfloor$ sequentiell gewählten Knoten auswertet. Für $n \geq \mathbf{c}$ gilt also

$$\mathfrak{M}_n^{\det}(F) \subset \widetilde{\mathfrak{M}}_{\lfloor n/\mathbf{c} \rfloor}^{\det}(F),$$

und dies impliziert

$$e_n^{\det}(F) \geq \tilde{e}_{\lfloor n/\mathbf{c} \rfloor}^{\det}(F), \tag{7.13}$$

so daß man untere Schranken für die minimalen Fehler $e_n^{\det}(F)$ aus unteren Schranken für die Größen $\tilde{e}_n^{\det}(F)$ erhält.

Für $M \in \widetilde{\mathfrak{M}}_n^{\det}(F)$ besteht die Information zur Berechnung von $M(f)$ einerseits aus der a-priori-Annahme $f \in F$ und andererseits aus den Daten $N_{\nu(f)}(f)$ mit $\nu(f) \leq n$. Diese Information erlaubt es in der Regel nicht, den Integranden f oder auch nur das zugehörige Integral $S(f)$ eindeutig zu bestimmen. In diesem Sinn gilt es, wie wir bereits in Abschnitt 2.1 formuliert haben, ein numerisches Problem auf der Basis unvollständiger Information zu lösen.

Die konkrete Aufgabe beim Beweis unterer Schranken für $\tilde{e}_n^{\det}(F)$ besteht nun darin, für jede Wahl von $x_1, \psi_2, \dots, \psi_n$ und ν zwei Funktionen $f_1, f_2 \in F$ zu bestimmen, die einerseits

$$N_{\nu(f_1)}(f_1) = N_{\nu(f_1)}(f_2)$$

erfüllen und andererseits einen möglichst großen Abstand $|S(f_1) - S(f_2)|$ besitzen. Die Abbildung M kann die Funktionen f_1 und f_2 „nicht unterscheiden" und approximiert ihre Integrale durch einen gemeinsamen Wert

$$M(f_1) = M(f_2).$$

Damit ergibt sich für den maximalen Fehler von M die untere Schranke

$$\begin{aligned}\Delta(M,F) &\geq \max(|S(f_1) - M(f_1)|, |S(f_2) - M(f_2)|) \\ &\geq \inf_{u \in \mathbb{R}} \max(|S(f_1) - u|, |S(f_2) - u|) \\ &= |S(f_1) - S(f_2)|/2.\end{aligned} \tag{7.14}$$

In Abschnitt 2.3 haben wir diese Vorgehensweise bereits für ein Zählproblem, das als diskrete Version eines Integrationsproblems angesehen werden kann, erfolgreich eingesetzt.

Wir werden nun exemplarisch für die in Beispiel 7.3 betrachtete Klasse F^1 stetig differenzierbarer Funktionen scharfe Schranken für minimale Fehler und fast optimale Algorithmen bestimmen.

Satz 7.8. *Für die Funktionenklasse F^1 gilt*

$$\tilde{e}_n^{\text{det}}(F^1) = \Delta(K_n, F^1) = \frac{1}{4n}$$

mit der Mittelpunktregel

$$K_n(f) = \frac{1}{n} \sum_{i=1}^{n} f\left(\frac{2i-1}{2n}\right).$$

Beweis. Aufgrund der Lipschitz-Stetigkeit von $f \in F^1$ erfüllt die Mittelpunktregel

$$\begin{aligned} |S(f) - K_n(f)| &= \left| \sum_{i=1}^{n} \int_{(i-1)/n}^{i/n} (f(x) - f((2i-1)/(2n)))\, \mathrm{d}x \right| \\ &\leq \sum_{i=1}^{n} \int_{(i-1)/n}^{i/n} |x - (2i-1)/(2n)|\, \mathrm{d}x = \frac{1}{4n}. \end{aligned}$$

Ferner gilt $K_n \in \widetilde{\mathfrak{M}}_n^{\text{det}}(F^1)$, so daß

$$\tilde{e}_n^{\text{det}}(F^1) \leq \Delta(K_n, F^1) \leq \frac{1}{4n}.$$

Wir betrachten nun einen verallgemeinerten Algorithmus $M \in \widetilde{\mathfrak{M}}_n^{\text{det}}(F^1)$ sowie den zugehörigen Knoten x_1, an dem die erste Funktionsauswertung stattfindet, und die zugehörigen Abbildungen ψ_k, die die Wahl der weiteren Knoten beschreiben. Wir können annehmen, daß für die Funktion $f_0 = 0$ genau n paarweise verschiedene Knoten gewählt werden, die wir, aufsteigend geordnet, mit

$$0 \leq z_1 < \cdots < z_n \leq 1$$

bezeichnen. Es gilt also

$$\{z_1, \ldots, z_n\} = \{x_1, \psi_2(0), \ldots, \psi_n(0, \ldots, 0)\}$$

mit $n = \nu(f_0)$.

Wir setzen

$$f_+(x) = \sup\{f(x) \mid f \in F^1,\ f(z_i) = 0 \text{ für } i = 1, \ldots, n\}$$

und

$$f_-(x) = \inf\{f(x) \mid f \in F^1,\ f(z_i) = 0 \text{ für } i = 1,\dots,n\}.$$

Zur expliziten Bestimmung von f_+ und f_- verwenden wir die Lipschitz-Stetigkeit der Integranden $f \in F^1$. Setzt man $\tilde{z}_i = (z_i + z_{i-1})/2$, so ergibt sich

$$f_+(\tilde{z}_i) = \frac{z_i - z_{i-1}}{2}$$

für $i = 2,\dots,n$ sowie

$$f_+(0) = \frac{z_1}{2}, \qquad f_+(1) = \frac{1 - z_n}{2},$$

und f_+ ist linear auf den durch

$$0 \le z_1 < \tilde{z}_2 < z_2 < \cdots < z_{n-1} < \tilde{z}_n < z_n \le 1$$

festgelegten Teilintervallen von $[0,1]$. Ferner gilt

$$f_- = -f_+\,.$$

Die Funktionen f_+ und f_- sind an den Punkten z_i und $\tilde{z}_i$ nicht differenzierbar und gehören somit nicht zur Klasse F^1. Indem man f_+ geeignet glättet und verschiebt, erhält man zu vorgegebenem $\delta > 0$ eine Funktion $f_1 \in F^1$, die ebenfalls an den Knoten z_i verschwindet und

$$\|f_+ - f_1\|_\infty \le \delta$$

erfüllt, siehe Aufgabe 7.4. Wir setzen $f_2 = -f_1 \in F^1$.

Die Definition von f_1 und f_2 sichert insbesondere

$$N_n(f_0) = N_n(f_1) = N_n(f_2)\,,$$

woraus

$$\nu(f_0) = \nu(f_1) = \nu(f_2)$$

folgt. Da

$$S(f_1) = -S(f_2)\,,$$

erhalten wir gemäß (7.14) für jedes $\delta > 0$ die untere Schranke

$$\Delta(M,F^1) \ge S(f_1) \ge S(f_+) - \delta\,.$$

Die Cauchy-Schwarz-Ungleichung zeigt

$$S(f_+) = \frac{z_1^2}{2} + \sum_{i=2}^{n} \frac{(z_i - z_{i-1})^2}{4} + \frac{(1-z_n)^2}{2} \ge \frac{1}{4n}\,,$$

so daß

$$\Delta(M,F^1) \ge \frac{1}{4n}\,. \qquad \square$$

Oft konstruiert man in natürlicher Weise Folgen von Algorithmen M_k, deren Kosten $\mathrm{cost}(M_k,F)$ nicht lückenlos die natürlichen Zahlen durchlaufen. Größere Lücken treten beispielsweise bei Quadraturformeln für Funktionen $f\colon [0,1]^d \to \mathbb{R}$ auf, falls die Knotenmengen Gitter mit k^d Punkten sind.

In Erweiterung der Definition 7.7 bezeichnen wir deshalb eine Folge von Algorithmen $M_k \in \mathfrak{M}^{\mathrm{det}}(F)$ als *asymptotisch optimal*, falls

$$\inf\{\Delta(M_k,F) \mid \mathrm{cost}(M_k,F) \le n\} \asymp e_n^{\mathrm{det}}(F)$$

gilt. Wenn die minimalen Fehler $e_n^{\mathrm{det}}(F)$ nicht zu schnell gegen null konvergieren und die Kosten $\mathrm{cost}(M_k,F)$ nicht zu schnell wachsen, ist oft folgender Sachverhalt beim Beweis der asymptotischen Optimalität nützlich.

Lemma 7.9. *Gegeben seien monoton fallende Folgen positiver reeller Zahlen α_n und β_n, die Teilfolgen mit der Eigenschaft*

$$\alpha_{n_k} \le c_1 \cdot \beta_{n_k}$$

mit $c_1 > 0$ besitzen, welche außerdem

$$\alpha_{n_{k+1}} \ge c_2 \cdot \alpha_{n_k}$$

oder

$$\beta_{n_{k+1}} \ge c_2 \cdot \beta_{n_k}$$

mit $0 < c_2 \le 1$ erfüllen. Dann folgt

$$\alpha_n \le c_1/c_2 \cdot \beta_n$$

für $n \ge n_1$.

Ein Beweis dieses Lemmas bleibt dem Leser überlassen.

Korollar 7.10. *Die Gauß-Formeln sowie die Trapez- und die Mittelpunktregeln definieren asymptotisch optimale Folgen von Algorithmen auf der Klasse F^1, und es gilt*

$$e_n^{\mathrm{det}}(F^1) \asymp \frac{\mathbf{c}}{n}.$$

Beweis. Zum Nachweis der asymptotischen Optimalität der Mittelpunktregeln K_k mit k Knoten setzen wir

$$\alpha_n = \inf\{\Delta(K_k,F^1) \mid \mathrm{cost}(K_k,F^1) \le n\}$$

und $\beta_n = \mathbf{c}/n$. Wegen

$$\mathrm{cost}(K_k,F^1) = n_k$$

mit $n_k = k \cdot (\mathbf{c}+1)$ zeigt Satz 7.8

$$\alpha_{n_k} = \Delta(K_k,F^1) = \frac{1}{4k} = \frac{\mathbf{c}+1}{4\mathbf{c}} \cdot \beta_{n_k} \le 1/2 \cdot \beta_{n_k},$$

so daß $\alpha_n \leq \beta_n$ für $n \geq \mathbf{c}+1$ mit Lemma 7.9 folgt. Ferner ist $e_n^{\mathrm{det}}(F^1) \geq \beta_n/4$ für $n \geq \mathbf{c}$ eine Konsequenz aus (7.13) und Satz 7.8. Zum Beweis der Aussage für die Gauß-Formeln und die Trapezregeln wende man die oberen Schranken (7.3) und (7.5) an. □

Bei mehrdimensionalen Integrationsbereichen ist oft folgende Variante des Argumentes aus dem Beweis von Satz 7.8 anwendbar.

Satz 7.11. *Sei $m > n$. Gibt es Funktionen $g_1, \ldots, g_m \colon G \to \mathbb{R}$ und eine Konstante $\varepsilon > 0$, so daß*

(i) die Mengen $\{x \in G \mid g_i(x) \neq 0\}$ paarweise disjunkt sind und
(ii) $\{\sum_{i=1}^m \delta_i \cdot g_i \mid \delta_1, \ldots, \delta_m \in \{\pm 1\}\} \subset F$ sowie
(iii) $S(g_i) \geq \varepsilon$ für alle $i = 1, \ldots, m$ erfüllt ist,

dann gilt

$$\tilde{e}_n^{\mathrm{det}}(F) \geq (m-n) \cdot \varepsilon .$$

Beweis. Wir betrachten einen verallgemeinerten Algorithmus $M \in \widetilde{\mathfrak{M}}_n^{\mathrm{det}}(F)$ und verwenden die Notationen x_1, ψ_k, N_k und ν in der üblichen Weise. Wir definieren

$$f_1 = \sum_{i=1}^m g_i \in F$$

und

$$K = \{x_1, \psi_2(N_1(f_1)), \ldots, \psi_{n_0}(N_{n_0-1}(f_1))\}$$

mit $n_0 = \nu(f_1)$ sowie

$$J = \{i \in \{1, \ldots, m\} \mid B_i \cap K = \emptyset\}$$

mit $B_i = \{x \in G \mid g_i(x) \neq 0\}$. Dann enthält J mindestens $m-n$ Elemente. Für

$$f_2 = f_1 - 2 \sum_{i \in J} g_i \in F$$

ergibt sich

$$M(f_1) = M(f_2),$$

woraus

$$\tilde{e}_n^{\mathrm{det}}(F) \geq \frac{S(f_1) - S(f_2)}{2} \geq (m-n) \cdot \varepsilon$$

folgt. □

7.1.3 Multivariate polynomiale Interpolation

Gauß-Formeln und Trapez- und Mittelpunktregeln liegt ein gemeinsames Konstruktionsprinzip zugrunde. Der Integrand $f \colon [0,1] \to \mathbb{R}$ wird an n geeignet gewählten

Knoten x_i interpoliert, und $S(f)$ wird durch das Integral

$$Q_n(f) = S(f_n)$$

der Interpolation f_n approximiert. Die Interpolation ist linear in dem Sinn, daß

$$f_n = \sum_{i=1}^{n} f(x_i) \cdot h_i$$

mit fest gewählten Funktionen $h_i\colon\ [0,1] \to \mathbb{R}$ gilt. Daraus ergibt sich

$$Q_n(f) = \sum_{i=1}^{n} S(h_i) \cdot f(x_i)\,,$$

d. h. Q_n ist eine Quadraturformel. Man erhält die Fehlerabschätzung

$$|S(f) - Q_n(f)| \le \|f - f_n\|_\infty\,.$$

Die Knoten der Gauß-Formeln sind die Nullstellen der Legendre-Polynome, siehe Werner [198, Abschn. 4.3.3], und die entsprechenden Funktionen h_i sind Polynome vom Grad $n-1$, die $h_i(x_i) = 1$ und $h_i(x_j) = 0$ für $i \neq j$ erfüllen. Somit ist f_n das eindeutig bestimmte Polynom vom Grad höchstens $n-1$, das f in den Knoten x_i interpoliert.

Im Unterschied dazu beruhen die Trapez- und die Mittelpunktregeln auf lokaler Interpolation durch Polynome vom Grad null bzw. vom Grad höchstens eins. Mit wachsender Knotenanzahl wird hier also nicht der Polynomgrad, sondern die Feinheit der Zerlegung des Integrationsbereichs erhöht.

In diesem Abschnitt studieren wir die polynomiale und die stückweise polynomiale Interpolation für Funktionen auf

$$G = [0,1]^d\,.$$

Die Anwendung solcher Interpolationen bei der numerischen Integration wird dann in den Abschnitten 7.1.4 und 7.2.3 behandelt. Für $d, r \in \mathbb{N}$ bezeichnen wir mit $\mathbb{P}^r_d$ den Raum der Polynome vom Grad kleiner r in d Variablen. Die Monome

$$p(z) = z^\alpha = z_1^{\alpha_1} \cdots z_d^{\alpha_d}$$

mit $\alpha \in \mathbb{N}_0^d$ und $|\alpha| = \sum_{i=1}^d \alpha_i < r$ bilden eine Basis von $\mathbb{P}^r_d$, woraus sich

$$\dim(\mathbb{P}^r_d) = \binom{r-1+d}{d}$$

ergibt.

Für eine Menge $\mathfrak{X} \subset \mathbb{R}^d$ der Mächtigkeit

$$|\mathfrak{X}| = \dim(\mathbb{P}^r_d)$$

betrachten wir das *Interpolationsproblem*, zu jeder Funktion $f\colon \mathbb{R}^d \to \mathbb{R}$ ein Polynom $f_{\mathfrak{X}} \in \mathbb{P}_d^r$ zu bestimmen, das

$$f_{\mathfrak{X}}(x) = f(x), \qquad x \in \mathfrak{X}, \tag{7.15}$$

erfüllt. Die Auswertung von $p \in \mathbb{P}_d^r$ an den Knoten aus $\mathfrak{X}$ definiert eine lineare Abbildung $\mathbb{P}_d^r \to \mathbb{R}^{|\mathfrak{X}|}$, und damit erhalten wir die Äquivalenz der folgenden Eigenschaften der Menge $\mathfrak{X}$:

1. für alle $f\colon \mathbb{R}^d \to \mathbb{R}$ existiert genau ein $f_{\mathfrak{X}} \in \mathbb{P}_d^r$ mit (7.15),
2. für alle $f\colon \mathbb{R}^d \to \mathbb{R}$ existiert mindestens ein $f_{\mathfrak{X}} \in \mathbb{P}_d^r$ mit (7.15),
3. für alle $f\colon \mathbb{R}^d \to \mathbb{R}$ existiert höchstens ein $f_{\mathfrak{X}} \in \mathbb{P}_d^r$ mit (7.15),
4. falls $p \in \mathbb{P}_d^r$ auf $\mathfrak{X}$ verschwindet, folgt $p = 0$.

Wir sagen kurz, daß das Interpolationsproblem auf $\mathfrak{X}$ mit $\mathbb{P}_d^r$ eindeutig lösbar ist, falls eine dieser vier Eigenschaften erfüllt ist.

Lemma 7.12. *Sei $T : \mathbb{R}^d \to \mathbb{R}^d$ eine affin-lineare Bijektion. Dann impliziert die eindeutige Lösbarkeit des Interpolationsproblems auf $\mathfrak{X}$ mit $\mathbb{P}_d^r$ dieselbe Eigenschaft für die Menge $T(\mathfrak{X})$.*

Beweis. Aus $p(x) = f(T(x))$ für $x \in \mathfrak{X}$ folgt $p(T^{-1}(x)) = f(x)$ für $x \in T(\mathfrak{X})$. Ferner gilt mit $p \in \mathbb{P}_d^r$ auch $p \circ T^{-1} \in \mathbb{P}_d^r$. □

Bekanntermaßen ist im Fall $d = 1$ das Interpolationsproblem auf jeder Menge $\mathfrak{X}$ mit r Punkten eindeutig lösbar. Entsprechendes gilt nicht mehr in Dimensionen $d \geq 2$. Ein einfaches Beispiel mit $d = r = 2$ liefert die Menge

$$\mathfrak{X} = \{(0,0), (1/2,1/2), (1,1)\}$$

und das Polynom $p(z_1, z_2) = z_1 - z_2$.

Eine Einführung in die multivariate polynomiale Interpolation findet der Leser bei Cheney, Light [34]. Für unsere Zwecke genügt es, die eindeutige Lösbarkeit des Interpolationsproblems für Mengen $\mathfrak{X}$ spezieller Gestalt zu zeigen. Dazu wählen wir Mengen

$$\mathfrak{X}_i = \{x_{i,0}, \dots, x_{i,r-1}\} \subset \mathbb{R}$$

mit $|\mathfrak{X}_i| = r$ für $i = 1, \dots, d$ und betrachten

$$\mathfrak{X} = \{(x_{1,j_1}, \dots, x_{d,j_d}) \mid j \in \mathbb{N}_0^d,\ |j| < r\}. \tag{7.16}$$

Im Fall $x_{i,j} = j/2$ für $r = 3$ und $d = 2$ ergibt sich beispielsweise

$$\mathfrak{X} = \{(0,0), (1/2,0), (1,0), (0,1/2), (1/2,1/2), (0,1)\}.$$

Lemma 7.13. *Das Interpolationsproblem ist auf jeder Menge der Form* (7.16) *mit $\mathbb{P}_d^r$ eindeutig lösbar.*

Beweis. Der Beweis geschieht durch Induktion nach d. Die Induktionsverankerung ist gerade das bekannte Resultat zur Interpolation für $d = 1$, und wir führen nun den Induktionsschluß für $d \geq 2$ durch. Für $r = 1$ ist die Aussage klar, da $\mathbb{P}_d^1$ genau die konstanten Polynome enthält. Für $r \geq 2$ schließen wir induktiv wie folgt.

Aufgrund von Lemma 7.12 können wir $x_{d,0} = 0$ annehmen. Wir betrachten ein Polynom $p \in \mathbb{P}_d^r$, das auf $\mathfrak{X}$ verschwindet. Es gilt

$$p(z_1, \ldots, z_d) = p_1(z_1, \ldots, z_{d-1}) + z_d \cdot p_2(z_1, \ldots, z_d)$$

mit Polynomen $p_1 \in \mathbb{P}_{d-1}^r$ und $p_2 \in \mathbb{P}_d^{r-1}$. Da p_1 auf

$$\{(x_{1,j_1}, \ldots, x_{d-1,j_{d-1}}) \mid j \in \mathbb{N}_0^{d-1},\ |j| < r\}$$

verschwindet und diese Menge von der Form (7.16) mit $d-1$ statt d ist, ergibt sich aus der Induktionsannahme hinsichtlich d, daß $p_1 = 0$ gilt. Hiermit folgt, daß p_2 auf

$$\{(x_{1,j_1}, \ldots, x_{d,j_d}) \mid j \in \mathbb{N}_0^d,\ |j| < r,\ j_d \geq 1\}$$

verschwindet. Auch diese Menge enthält eine Menge von der Form (7.16) mit $r-1$ statt r, so daß wir $p_2 = 0$ aus der Induktionsannahme hinsichtlich r erhalten. □

Beispiel 7.14. Die *Lagrange-Polynome* p_x zu den Punkten x einer Menge $\mathfrak{X} \subset \mathbb{R}^d$, auf der das Interpolationsproblem mit $\mathbb{P}_d^r$ eindeutig lösbar ist, sind durch die Forderungen

$$p_x \in \mathbb{P}_d^r$$

sowie

$$p_x(y) = \begin{cases} 1, & \text{falls } x = y, \\ 0, & \text{falls } x \neq y, \end{cases}$$

für $y \in \mathfrak{X}$ bestimmt. In dieser Basis von $\mathbb{P}_d^r$ besitzen die Interpolationspolynome $f_{\mathfrak{X}}$ die besonders einfache Darstellung

$$f_{\mathfrak{X}} = \sum_{x \in \mathfrak{X}} f(x) \cdot p_x .$$

Speziell für $d = r = 2$ und

$$\mathfrak{X} = \{(0,0), (1,0), (0,1)\}$$

erhalten wir

$$p_{(0,0)}(z_1, z_2) = 1 - z_1 - z_2, \qquad p_{(1,0)}(z_1, z_2) = z_1, \qquad p_{(0,1)}(z_1, z_2) = z_2$$

und damit

$$f_{\mathfrak{X}}(z_1, z_2) = f(0,0) \cdot (1 - z_1 - z_2) + f(1,0) \cdot z_1 + f(0,1) \cdot z_2 .$$ □

Wir studieren nun die Interpolation von Funktionen, die stetige partielle Ableitungen einer gewissen Ordnung besitzen. Glattheitseigenschaften dieser Art werden sehr häufig in der Numerischen Mathematik verwendet, und in Fehlerabschätzungen gehen dann typischerweise Normen partieller Ableitungen der Funktionen ein. Wir betrachten hier einen wichtigen Fall, der sich ohne großen technischen Aufwand analysieren läßt.

Die Vektorräume der stetigen bzw. r-fach stetig differenzierbaren Funktionen $f\colon G \to \mathbb{R}$ werden mit $C(G)$ bzw. $C^r(G)$ bezeichnet. Für die partiellen Ableitungen von $f \in C^r(G)$ verwenden wir die Multiindex-Schreibweise $f^{(\alpha)}$, wobei $\alpha \in \mathbb{N}_0^d$ mit $|\alpha| \leq r$. Ferner sei

$$\|f\|_\infty = \sup_{x \in G} |f(x)|$$

für $f \in C(G)$. Schließlich versehen wir $C^r(G)$ mit der Halbnorm

$$\|f\| = \max_{|\alpha|=r} \|f^{(\alpha)}\|_\infty ,$$

und wir betrachten darin die Einheitskugel

$$F_d^r = \{f \in C^r(G) \mid \|f\| \leq 1\} .$$

Für $d = 1$ haben wir die Klassen $F_d^r = F^r$ bereits in Abschnitt 7.1.1 eingeführt.

Das folgende Ergebnis zum Fehler der polynomialen Interpolation ist eine Variante des Bramble-Hilbert Lemmas, siehe Braess [25, Abschn. II.6].

Satz 7.15. *Zu $d, r \in \mathbb{N}$ sei $\mathfrak{X} \subset G$ eine Menge, auf der das Interpolationsproblem mit $\mathbb{P}_d^r$ eindeutig lösbar ist. Dann existiert eine Konstante $c > 0$, so daß*

$$\|f - f_{\mathfrak{X}}\|_\infty \leq c \cdot \|f\|$$

für alle Funktionen $f \in C^r(G)$ und Polynome $f_{\mathfrak{X}} \in \mathbb{P}_d^r$ gemäß (7.15) gilt.

Beweis. Da $f \mapsto f_{\mathfrak{X}}$ eine lineare Abbildung definiert, genügt es Funktionen $f \in F_d^r$ zu betrachten. Für $p \in \mathbb{P}_d^r$ gilt $\|p\| = 0$, so daß mit $f \in F_d^r$ auch $f - f_{\mathfrak{X}} \in F_d^r$ gilt. Zu zeigen ist also die Existenz einer Konstanten $c > 0$, die

$$\|f\|_\infty \leq c$$

für alle $f \in F_d^r$, die auf $\mathfrak{X}$ verschwinden, erfüllt.

Die polynomiale Interpolation (7.15) definiert eine lineare Abbildung zwischen den endlich-dimensionalen Räumen $\mathbb{R}^{|\mathfrak{X}|}$ und $\mathbb{P}_d^r$, und hieraus folgt

$$\|f_{\mathfrak{X}}\|_\infty \leq c_1 \cdot \|f\|_\infty$$

für alle $f \in C(G)$ mit einer Konstanten $c_1 > 0$. Wir verwenden die Taylor-Formel für $f \in C^r(G)$ und erhalten

$$f = q + h ,$$

wobei $q \in \mathbb{P}_d^r$ das Taylor-Polynom der Ordnung r mit Entwicklungspunkt 0 ist, h die Form

$$h(x) = \sum_{|\alpha|=r} \int_0^1 K(x,t,\alpha) \cdot f^{(\alpha)}(t \cdot x)\,\mathrm{d}t$$

besitzt und

$$\max_{|\alpha|=r} \sup_{t\in[0,1]} \|K(\cdot,t,\alpha)\|_\infty \leq c_2$$

mit einer Konstanten $c_2 > 0$ erfüllt ist.

Gilt $f \in F_d^r$ sowie $f(x) = 0$ für alle $x \in \mathfrak{X}$, so folgt

$$\|h\|_\infty \leq c_2 \cdot \binom{r-1+d}{d-1},$$

und q ist die Lösung des Interpolationsproblems für $-h$ auf $\mathfrak{X}$. Folglich gilt

$$\|f\|_\infty \leq \|q\|_\infty + \|h\|_\infty \leq (c_1+1) \cdot c_2 \cdot \binom{r-1+d}{d-1}. \qquad \square$$

Eine naheliegende Idee besteht nun darin, den Polynomgrad r und den Glattheitsparameter, den wir hier mit r_0 bezeichnen, zu entkoppeln. Es stellt sich dann die Frage, ob bei Verwendung einer Folge von Mengen $\mathfrak{X}^r \subset G$, auf denen das jeweilige Interpolationsproblem mit $\mathbb{P}_d^r$ eindeutig lösbar ist, die Folge der Interpolationspolynome $f_{\mathfrak{X}^r}$ gegen $f \in C^{r_0}(G)$ konvergiert.

Die Antwort auf diese Frage hängt von der Wahl der Mengen $\mathfrak{X}^r$ ab, und insbesondere führen in der Dimension $d = 1$ äquidistante Knoten $j/(r-1)$ nicht zum Ziel. Dies belegt das sogenannte Runge-Beispiel

$$f(x) = \frac{1}{1+25/4 \cdot (x-1/2)^2}, \qquad x \in [0,1],$$

einer unendlich oft differenzierbaren Funktion, für die sogar

$$\lim_{r\to\infty} \|f - f_{\mathfrak{X}^r}\|_\infty = \infty$$

gilt. Wir verweisen auf Hämmerlin, Hoffmann [76, Abschn. 5.4] und für weiterführende Betrachtungen auf Cheney, Light [34].

Indem man *stückweise polynomial interpoliert*, lassen sich die durch das Runge-Beispiel aufgezeigten Schwierigkeiten vermeiden. Dazu fixieren wir $d, r \in \mathbb{N}$ und wählen eine Menge $\mathfrak{X} \subset G$, auf der das Interpolationsproblem mit $\mathbb{P}_d^r$ eindeutig lösbar ist. Wir definieren

$$I = \{0,\ldots,k-1\}^d \tag{7.17}$$

mit $k \in \mathbb{N}$ sowie affin-lineare Abbildungen T^i für $i \in I$ durch

$$T^i(x) = 1/k \cdot (i+x), \qquad x \in \mathbb{R}^d. \tag{7.18}$$

Die Mengen $T^i(G)$ bilden eine Überdeckung von G aus achsenparallelen, nichtüberlappenden Würfeln der Kantenlänge $1/k$, und wir wählen meßbare, paarweise disjunkte Teilmengen

$$G^i \subset T^i(G),$$

deren Vereinigung gleich G ist. Schließlich bezeichnen wir mit

$$f_{T^i(\mathfrak{X})} \in \mathbb{P}_d^r$$

das Interpolationspolynom zu $f \in F_d^r$ an den Knoten aus $T^i(\mathfrak{X})$, siehe Lemma 7.12. Dann ist

$$f_{\mathfrak{X},k} = \sum_{i \in I} 1_{G^i} \cdot f_{T^i(\mathfrak{X})} \tag{7.19}$$

eine stückweise polynomiale Interpolation von f. Wir bemerken, daß $f_{\mathfrak{X},k} \in F_d^r$ nur in Ausnahmenfällen gilt und für $d > 1$ selbst $f_{\mathfrak{X},k} \in C(G)$ in der Regel nicht erfüllt ist.

Beispiel 7.16. Speziell für $d = r = 1$ und $\mathfrak{X} = \{1/2\}$ interpoliert man auf diese Weise f durch eine Treppenfunktion $f_{\mathfrak{X},k}$, die auf $](i-1)/k, i/k[$ gleich $f((2i-1)/(2k))$ ist. Für $d = 1$, $r = 2$ und $\mathfrak{X} = \{0, 1\}$ ist $f_{\mathfrak{X},k}$ die stückweise lineare Interpolation von f an den Knoten i/k.

Hierbei handelt es sich um die einfachsten Fälle sogenannter polynomialer Splines, bei denen jedoch typischerweise mit wachsendem Polynomgrad auch eine wachsende globale Differenzierbarkeit gefordert wird. So fordert man oft von einer Spline-Funktion, daß sie stückweise aus Polynomen aus $\mathbb{P}_1^r$ besteht und außerdem zu $C^{r-2}([0,1])$ gehört. Siehe Hämmerlin, Hoffmann [76, Kap. 6] und Werner [198, Abschn. 3.3]. □

Satz 7.17. *Zu $d, r \in \mathbb{N}$ sei $\mathfrak{X} \subset G$ eine Menge, auf der das Interpolationsproblem mit $\mathbb{P}_d^r$ eindeutig lösbar ist. Mit c gemäß Satz 7.15 gilt dann*

$$\sup_{f \in F_d^r} \|f - f_{\mathfrak{X},k}\|_\infty \leq c \cdot k^{-r}$$

für alle $k \in \mathbb{N}$.

Beweis. Sei $f \in F_d^r$. Dann gilt $f \circ T^i \in C^r(G)$ mit

$$(f \circ T^i)^{(\alpha)}(x) = k^{-|\alpha|} \cdot f^{(\alpha)}(T^i(x)),$$

und es folgt

$$\|f \circ T^i\| \leq k^{-r}.$$

Ferner gilt

$$f_{T^i(\mathfrak{X})} = (f \circ T^i)_{\mathfrak{X}} \circ (T^i)^{-1},$$

wie der Beweis von Lemma 7.12 zeigt. Unter Verwendung von Satz 7.15 erhalten wir also

$$\sup_{x \in T^i(G)} |f(x) - f_{T^i(\mathfrak{X})}(x)| = \sup_{x \in G} |f \circ T^i(x) - (f \circ T^i)_{\mathfrak{X}}(x)| \leq c \cdot k^{-r},$$

und dies zeigt die Behauptung. □

7.1.4 *Asymptotisch optimale Algorithmen für* F_d^r

Wir zeigen, daß geeignete, auf stückweise polynomialer Interpolation beruhende Quadraturformeln asymptotisch optimale Algorithmen auf der Klasse F_d^r sind. Die entsprechende obere Schranke ergibt sich aus Satz 7.17, und die untere Schranke beruht auf Satz 7.11 und einer Skalierungseigenschaft der Halbnorm auf F_d^r.

Wir fixieren $d, r \in \mathbb{N}$ und eine Menge $\mathfrak{X} \subset G = [0,1]^d$, auf der das Interpolationsproblem mit $\mathbb{P}_d^r$ eindeutig lösbar ist. Durch Integration der durch (7.19) gegebenen stückweisen polynomialen Interpolation $f_{\mathfrak{X},k}$ erhalten wir eine Quadraturformel $Q_{\mathfrak{X},k}$ mit

$$n_k \leq |\mathfrak{X}| \cdot k^d \tag{7.20}$$

Knoten. Genauer gilt

$$Q_{\mathfrak{X},k}(f) = S(f_{\mathfrak{X},k}) = \sum_{i \in I} \int_{T^i(G)} f_{T^i(\mathfrak{X})}(x)\,\mathrm{d}x = k^{-d} \cdot \sum_{i \in I} \int_G (f \circ T^i)_{\mathfrak{X}}(x)\,\mathrm{d}x,$$

und $Q_{\mathfrak{X},k}$ wird als *zusammengesetzte Quadraturformel* bezeichnet. Ist

$$a_x = \int_G p_x(z)\,\mathrm{d}z$$

das Integral des Lagrange-Polynoms $p_x \in \mathbb{P}_d^r$, siehe Beispiel 7.14, so folgt

$$Q_{\mathfrak{X},k}(f) = k^{-d} \cdot \sum_{i \in I} \sum_{x \in \mathfrak{X}} a_x \cdot f(T^i(x)).$$

Beispiel 7.18. Speziell für $d = r = 1$ und $\mathfrak{X} = \{1/2\}$ gilt $n_k = k$, und $Q_{\mathfrak{X},k}$ ist die Mittelpunktregel mit den Knoten $(2i-1)/(2k)$ für $i = 1, \dots, k$. Für $d = 1$, $r = 2$ und $\mathfrak{X} = \{0, 1\}$ gilt $n_k = k + 1$ und $Q_{\mathfrak{X},k}$ ist die Trapezregel mit den Knoten i/k für $i = 0, \dots, k$.

Für $d = 1$ und $\mathfrak{X} = \{0, 1/(r-1), \dots, 1\}$ bezeichnet man $Q_{\mathfrak{X},1}$ auch als Newton-Cotes-Formel und entsprechend $Q_{\mathfrak{X},k}$ mit $k \geq 2$ als zusammengesetzte Newton-Cotes-Formel, siehe Hämmerlin, Hoffmann [76, Abschn. 7.1.5] und Werner [198, Abschn. 4.2.2].

Für die Knotenmenge $\mathfrak{X} = \{(0,0), (1,0), (0,1)\}$ berechnen sich die Integrale der in Beispiel 7.14 bestimmten Lagrange-Polynome zu

$$a_{(0,0)} = \int_{[0,1]^2} p_{(0,0)}(z)\,\mathrm{d}z = 0$$

und

$$a_{(1,0)} = \int_{[0,1]^2} p_{(1,0)}(z)\,\mathrm{d}z = a_{(0,1)} = \int_{[0,1]^2} p_{(0,1)}(z)\,\mathrm{d}z = 1/2\,.$$

Die entsprechende zusammengesetzte Quadraturformel $Q_{\mathfrak{X},k}$ verwendet somit die Knotenmenge

$$K = \{0, 1/k, \ldots, 1\}^2 \setminus \{(0,0),(1,1)\}\,,$$

die $n_k = (k+1)^2 - 2$ Punkte enthält. Das Gewicht eines Knotens $x \in K$ ist gleich k^{-2}, falls keine der Koordinaten von x gleich null oder eins ist. Andernfalls ist das Gewicht gleich $k^{-2}/2$. □

Wir zeigen nun, daß die zusammengesetzten Quadraturformeln $Q_{\mathfrak{X},k}$ asymptotisch optimal für das Integrationsproblem auf den Funktionenklassen F_d^r sind. Der Parameter k steuert die Feinheit der Zerlegung des Integrationsbereichs G und strebt gegen unendlich.

Zum Beweis der unteren Schranke verwenden wir folgende Tatsache.

Lemma 7.19. *Zu $d, r \in \mathbb{N}$ existiert eine Konstante $c > 0$ mit folgender Eigenschaft. Für alle $k \in \mathbb{N}$ und $m = k^d$ existieren Funktionen $g_1, \ldots, g_m\colon G \to \mathbb{R}$, die (i)–(iii) aus Satz 7.11 mit $\varepsilon = c \cdot k^{-r-d}$ erfüllen.*

Beweis. Wir bezeichnen mit $\mathrm{cl}(A)$ den Abschluß einer Menge $A \subset \mathbb{R}^d$ und mit

$$\mathrm{supp}(f) = \mathrm{cl}(\{x \in G \mid f(x) \neq 0\})$$

den Träger einer Funktion $f\colon G \to \mathbb{R}$. Wir fixieren eine Funktion $g \in F_d^r$ mit den Eigenschaften

$$\mathrm{supp}(g) \subset \,]0,1[^d\,, \qquad S(g) > 0\,,$$

und setzen g durch null zu einer Funktion $g\colon \mathbb{R}^d \to \mathbb{R}$ fort.

Für I gemäß (7.17) und T^i gemäß (7.18) für $i \in I$ sind die Mengen

$$Q_i = T^i(]0,1[^d)$$

offene, paarweise disjunkte Würfel der Kantenlänge $1/k$. Durch Translation und Dilatation gewinnen wir für alle $i \in I$ Funktionen

$$g_i(x) = k^{-r} \cdot g(k \cdot x - i)\,, \qquad x \in G\,,$$

deren Träger $\mathrm{supp}(g_i) \subset Q_i$ paarweise disjunkt sind. Ferner gilt

$$S(g_i) \geq k^{-r-d} \cdot S(g)$$

sowie $\|g_i\| \leq 1$, woraus

$$\sum_{i \in I} \delta_i \cdot g_i \in F_d^r$$

für alle $\delta_i \in \{\pm 1\}$ folgt. □

Wir analysieren zunächst minimale Fehler in Abhängigkeit von der Anzahl von Funktionsauswertungen.

Satz 7.20. *Für die Funktionenklasse F_d^r gilt*

$$\tilde{e}_n^{\text{det}}(F_d^r) \asymp n^{-r/d}.$$

Ferner erfüllen die zusammengesetzten Quadraturformeln $Q_{\mathfrak{X},k}$

$$\Delta(Q_{\mathfrak{X},k}, F_d^r) \asymp k^{-r} \asymp n_k^{-r/d},$$

wobei n_k die Anzahl der Knoten von $Q_{\mathfrak{X},k}$ bezeichnet.

Beweis. Zum Beweis der oberen Schranke verwenden wir

$$|S(f) - Q_{\mathfrak{X},k}(f)| \le \|f - f_{\mathfrak{X},k}\|_\infty.$$

Satz 7.17 und (7.20) liefern

$$\Delta(Q_{\mathfrak{X},k}, F_d^r) \le c \cdot k^{-r} \le c \cdot |\mathfrak{X}|^{r/d} \cdot n_k^{-r/d} \tag{7.21}$$

mit einer Konstanten $c > 0$. Die Anwendung von Lemma 7.9 mit $\alpha_n = \tilde{e}_n^{\text{det}}(F_d^r)$, $\beta_n = n^{-r/d}$ und n_k gleich der Anzahl der Knoten von $Q_{\mathfrak{X},k}$ sichert die Existenz einer Konstanten $c > 0$ und eines Index $n_0 \in \mathbb{N}$ mit

$$\tilde{e}_n^{\text{det}}(F_d^r) \le c \cdot n^{-r/d}$$

für $n \ge n_0$.

Der Beweis der unteren Schranke für $\tilde{e}_n^{\text{det}}(F_d^r)$ beruht auf Satz 7.11. Zunächst nehmen wir an, daß $n = k^d/2$ mit $k \in \mathbb{N}$ gilt. Mit Satz 7.11 und Lemma 7.19 ergibt sich

$$\tilde{e}_n^{\text{det}}(F_d^r) \ge c \cdot (k^d - n) \cdot k^{-r-d} = c \cdot 2^{-(1+r/d)} \cdot n^{-r/d}.$$

Die Gültigkeit der unteren Schranke folgt durch Anwendung von Lemma 7.9 mit $\alpha_n = n^{-r/d}$, $\beta_n = \tilde{e}_n^{\text{det}}(F_d^r)$ und $n_k = (2k)^d/2$ für $k \in \mathbb{N}$. □

Im folgenden Resultat betrachten wir statt der Anzahl von Funktionsauswertungen die Kosten von Algorithmen. Wir nutzen die Tatsache, daß die obere Schranke für $\tilde{e}_n^{\text{det}}(F_d^r)$ aus Satz 7.20 durch eine Quadraturformel, also durch einen Algorithmus, dessen Kosten im wesentlichen durch die Anzahl der Funktionsauswertungen bestimmt sind, erreicht wird.

Korollar 7.21. *Die Folge der zusammengesetzten Quadraturformeln $Q_{\mathfrak{X},k}$ ist asymptotisch optimal auf der Klasse F_d^r, und es gilt*

$$e_n^{\text{det}}(F_d^r) \asymp \left(\frac{\mathbf{c}}{n}\right)^{r/d}.$$

Beweis. Die untere Schranke für $e_n^{\text{det}}(F_d^r)$ ergibt sich sofort aus (7.13) und Satz 7.20. Zum Beweis der oberen Schranke und der asymptotischen Optimalität der Quadraturformeln $Q_{\mathfrak{X},k}$ setzen wir $n_k = \text{cost}(Q_{\mathfrak{X},k}, F_d^r)$,

$$\alpha_n = \inf\{\Delta(Q_{\mathfrak{X},k}, F_d^r) \mid \text{cost}(Q_{\mathfrak{X},k}, F_d^r) \leq n\}$$

und

$$\beta_n = (\mathbf{c}/n)^{r/d},$$

und wir wenden Lemma 7.9 und Satz 7.20 an. □

Die optimale Konvergenzordnung deterministischer Verfahren auf der Klasse F_d^r beträgt somit r/d. Ist also die Glattheit r klein im Verhältnis zur Anzahl d der Variablen, so läßt sich nur eine sehr langsame Konvergenz gegen null erreichen.

7.1.5 Optimalität von Quadraturformeln

Wir werden in diesem Abschnitt zeigen, daß man sich unter allgemeinen geometrischen Voraussetzungen an die Klasse F der Integranden bei der Suche nach optimalen Algorithmen im wesentlichen auf Quadraturformeln beschränken kann. Ein erstes Ergebnis dieser Art haben wir für eine konkrete Klasse von Integranden bereits mit Satz 7.8 kennengelernt.

Gegeben seien ein Vektorraum F_0 von reellwertigen Funktionen auf einer Menge G, eine nichtleere Teilmenge

$$F \subset F_0$$

und ein lineares Funktional

$$S \colon F_0 \to \mathbb{R},$$

das für Funktionen $f \in F$ zu berechnen ist. Zur Approximation von S lassen wir Abbildungen $M \in \widetilde{\mathfrak{M}}^{\text{det}}(F)$ zu, siehe Abschnitt 7.1.2.

Wir werden voraussetzen, daß F konvex und symmetrisch ist, d. h.

$$f_1, f_2 \in F \wedge \lambda \in [0,1] \qquad \Rightarrow \qquad \lambda f_1 + (1-\lambda) f_2 \in F$$

und

$$f \in F \qquad \Rightarrow \qquad -f \in F.$$

Diese geometrischen Eigenschaften sind etwa für Einheitskugeln bezüglich Halbnormen auf F_0 erfüllt.

Für eine Menge $C \subset \mathbb{R}^k$ bezeichnen wir mit $\text{lin}(C)$ ihre lineare Hülle und mit ∂C ihren Rand. Wir verwenden folgenden Sachverhalt aus der konvexen Analysis, der sich sofort aus Rockafellar [169, Cor. 11.6.2] ergibt.

Satz 7.22. *Sei $C \subset \mathbb{R}^k$ konvex. Dann gibt es zu jedem Punkt $c^* \in \partial C$ einen Vektor $b \in \mathbb{R}^k \setminus \{0\}$, so daß für alle $c \in C$*

$$\sum_{i=1}^k b_i \cdot c_i \leq \sum_{i=1}^k b_i \cdot c_i^*$$

gilt.

Zur geometrischen Veranschaulichung dieser Aussage betrachten wir Hyperebenen in $\mathbb{R}^k$, also Mengen der Form

$$H = \left\{ y \in \mathbb{R}^k \mid \sum_{i=1}^{k} b_i \cdot y_i = \gamma \right\}$$

mit $b \in \mathbb{R}^k \setminus \{0\}$ und $\gamma \in \mathbb{R}$. Wie Satz 7.22 zeigt, gibt es zu jedem Randpunkt c^* einer konvexen Menge $C \subset \mathbb{R}^k$ eine Hyperebene H, so daß c^* in H und C „auf einer Seite“ von H liegt. Interessant ist diese Aussage nur, wenn C im Sinne, daß die affine Hülle von C gleich $\mathbb{R}^k$ ist, volle Dimension besitzt, denn dann gilt $C \not\subset H$. Die Menge H wird in diesem Fall als nicht-triviale Stützhyperebene an C im Punkt c^* bezeichnet.

Korollar 7.23. *Sei $C \subset \mathbb{R}^k$ konvex und symmetrisch mit $\operatorname{lin}(C) = \mathbb{R}^k$. Dann gibt es zu jedem Punkt $c^* \in \partial C$ einen Vektor $b \in \mathbb{R}^k \setminus \{0\}$, so daß*

$$\sum_{i=1}^{k} b_i \cdot c_i^* > 0$$

und für alle $c \in C$

$$\left| \sum_{i=1}^{k} b_i \cdot c_i \right| \leq \sum_{i=1}^{k} b_i \cdot c_i^*$$

gilt.

Beweis. Wir wählen b gemäß Satz 7.22. Wegen der Symmetrie von C gilt dann

$$-\sum_{i=1}^{k} b_i \cdot c_i^* \leq \sum_{i=1}^{k} b_i \cdot c_i \leq \sum_{i=1}^{k} b_i \cdot c_i^*$$

für alle $c \in C$. Aus $\operatorname{lin}(C) = \mathbb{R}^k$ folgt ferner die Existenz eines Punkt $c \in C$ mit

$$\left| \sum_{i=1}^{k} b_i \cdot c_i \right| \neq 0 .$$

□

Für die Approximation des linearen Funktionals S auf der Menge F erhalten wir folgendes Resultat.

Satz 7.24. *Sei S linear und sei F symmetrisch und konvex. Ferner sei $M \in \widetilde{\mathfrak{M}}_n^{\mathrm{det}}(F)$ ein verallgemeinerter Algorithmus mit zugehörigen Knoten x_1 und Funktionen $\psi_2, \ldots, \psi_n$. Dann existiert eine Quadraturformel Q_n mit Knoten x_1 und*

$$x_i = \psi_i(0), \qquad i = 2, \ldots, n,$$

so daß

$$\Delta(Q_n, F) \leq \Delta(M, F)$$

gilt.

Beweis. Sei

$$A = \{f \in F \mid f(x_1) = \cdots = f(x_n) = 0\}.$$

Offenbar ist M konstant auf A. Mit F ist auch A symmetrisch und konvex, woraus sich zusammen mit der Linearität von S ergibt, daß $S(A)$ ein symmetrisches Intervall ist. Mit $f_0 = 0$ und $t = \sup_{f \in A} S(f)$ folgt

$$\Delta(M,F) \geq \sup_{f \in A} |S(f) - M(f_0)| \geq \inf_{u \in \mathbb{R}} \sup_{w \in S(A)} |w-u| = t.$$

Gilt $F = A$ oder $t = \infty$, so können wir die triviale Quadraturformel $Q_n = 0$ wählen und erhalten $\Delta(M,F) \geq t = \Delta(Q_n,F)$.

Im folgenden sei deshalb $t < \infty$ und $A \subsetneq F$. Wir wählen $k \in \{1,\dots,n\}$ maximal, so daß Knoten z_i mit

$$\{z_1,\dots,z_k\} \subset \{x_1,\dots,x_n\}$$

und

$$\{(f(z_1),\dots,f(z_k)) \mid f \in \mathrm{lin}(F)\} = \mathbb{R}^k$$

existieren. Bezüglich der linearen Hülle von

$$C = \{(f(z_1),\dots,f(z_k),S(f)) \mid f \in F\}$$

unterscheiden wir zwei Fälle. Aus $\mathrm{lin}(C) \subsetneq \mathbb{R}^{k+1}$ folgt die Existenz einer Quadraturformel Q_k mit den Knoten z_i, die $\Delta(Q_k,F) = 0$ erfüllt. Im folgenden sei deshalb $\mathrm{lin}(C) = \mathbb{R}^{k+1}$.

Sei

$$c^* = (0,\dots,0,t).$$

Für $f \in A$ gilt $(0,\dots,0,S(f)) \in C$, so daß c^* im Abschluß von C liegt. Für $f \in F$ mit $f(z_1) = \cdots = f(z_k) = 0$ folgt $f \in A$ aus der Maximalität von k, und dies zeigt $(0,\dots,0,t+\varepsilon) \notin C$ für jedes $\varepsilon > 0$. Somit ist c^* ein Randpunkt von C. Korollar 7.23 zeigt die Existenz eines Vektors $b \in \mathbb{R}^{k+1}$ mit $b_{k+1} > 0$, der

$$\left| \sum_{i=1}^{k} b_i \cdot f(z_i) + b_{k+1} \cdot S(f) \right| \leq b_{k+1} \cdot t$$

für alle $f \in F$ erfüllt. Die gesuchte Quadraturformel besitzt die Knoten z_i mit zugehörigen Gewichten $-b_i/b_{k+1}$. □

Unter den Voraussetzungen von Satz 7.24 erhalten wir die Optimalitätsaussage

$$\tilde{e}_n^{\det}(F) = \inf\{\Delta(Q_n,F) \mid Q_n \text{ Quadraturformel mit } n \text{ Knoten}\}. \tag{7.22}$$

Der Beweis dieses Satzes liefert aber keinen Hinweis, auf welche Weise gute oder sogar optimale Knoten $x_i \in G$ und Gewichte $a_i \in \mathbb{R}$ zu finden sind, sondern zeigt lediglich

$$\tilde{e}_n^{\det}(F) = \inf_{x_1,\dots,x_n \in G} \sup\{S(f) \mid f \in F,\ f(x_1) = \cdots = f(x_n) = 0\}.$$

Algorithmen, die alle Funktionen $f \in F$ an denselben Knoten auswerten, bei denen also die Abbildungen ψ_k und die Abbildung ν konstant sind, heißen nichtadaptiv. Quadraturformeln mit n Knoten besitzen darüber hinaus die Eigenschaft, daß φ_n linear ist. Adaptive Algorithmen sind also nicht besser als optimale nichtadaptive Algorithmen mit gleicher Anzahl von Funktionsauswertungen, und man kann sich bei der Suche nach optimalen Algorithmen auf lineare nichtadaptive Verfahren beschränken. Dieses zunächst überraschende Ergebnis gilt bei der worst case-Analyse deterministischer Algorithmen unter den oben formulierten Voraussetzungen an F für jedes lineare Funktional S. Insbesondere läßt sich unter einer Standardannahme der Numerischen Mathematik, daß nämlich die Integranden zu einer Einheitskugel bezüglich einer Halbnorm gehören, keine Überlegenheit adaptiver Verfahren zeigen.

Die minimalen Fehler $e_n^{\det}(F)$ lassen sich gemäß (7.13) nach unten durch die Größen $\tilde{e}_{\lfloor n/\mathbf{c} \rfloor}^{\det}(F)$ abschätzen. Unter den Voraussetzungen von Satz 7.24 gilt auch eine entsprechende Abschätzung nach oben.

Korollar 7.25. *Sei S linear und sei F symmetrisch und konvex. Dann gilt*

$$\tilde{e}_{\lfloor n/\mathbf{c} \rfloor}^{\det}(F) \le e_n^{\det}(F) \le \tilde{e}_{\lfloor (n+1)/(\mathbf{c}+2) \rfloor}^{\det}(F),$$

falls $n \ge \mathbf{c} + 1$.

Beweis. Zum Beweis der Abschätzung nach oben setzen wir $k = \lfloor (n+1)/(\mathbf{c}+2) \rfloor$, und wir erhalten aufgrund von (7.1) und (7.22)

$$e_n^{\det}(F) \le \inf\{\Delta(Q_k, F) \mid Q_k \text{ Quadraturformel mit } k \text{ Knoten}\} = \tilde{e}_k^{\det}(F). \qquad \square$$

7.2 Randomisierte Algorithmen

In diesem Abschnitt wenden wir uns der Analyse randomisierter Algorithmen für die numerische Integration zu, wobei wir in großen Teilen wie bei der Untersuchung deterministischer Algorithmen vorgehen werden.

Zunächst gelangen wir in Abschnitt 7.2.1 über die Begriffe des maximalen Fehlers und der maximalen Kosten zur zentralen Größe des n-ten minimalen Fehlers für randomisierte Algorithmen. Dieser gibt an, welcher maximale Fehler sich bestenfalls mit randomisierten Algorithmen, deren maximale Kosten höchstens n betragen, erreichen läßt. Die in Abschnitt 7.2.2 präsentierte Methode zum Beweis unterer Schranken für den n-ten minimalen Fehler beruht wieder auf dem Prinzip der unvollständigen Information; hinzu kommt der Übergang vom maximalen Fehler randomisierter Algorithmen zum durchschnittlichen Fehler deterministischer Algorithmen. In Abschnitt 7.2.3 konstruieren wir asymptotisch optimale randomisierte Algorithmen für Räume r-fach stetig differenzierbarer Funktionen, wobei wir geeignete stückweise polynomiale Interpolationen als Hauptteil auffassen und auf den verbleibenden Teil die klassische direkte Simulation anwenden. Ferner bestimmen wir die Konvergenzordnung der minimalen Fehler.

7.2.1 Grundbegriffe

Wie im Abschnitt 7.1 legen wir im folgenden eine feste meßbare Menge $G \subset \mathbb{R}^d$ als Integrationsbereich und eine zunächst unspezifizierte Klasse F von Integranden $f \colon G \to \mathbb{R}$ zugrunde, für die das Integral $S(f) = \int_G f(x)\,\mathrm{d}x$ zu approximieren ist.

In Abschnitt 2.2 wurde dargelegt, daß ein Monte Carlo-Algorithmus eine Abbildung

$$M \colon F \times \Omega \to \mathbb{R}$$

definiert, die für jeden Input $f \in F$ die Beziehung zu den möglichen Outputs durch eine Zufallsvariable $M(f) = M(f,\cdot)$ beschreibt. Auf diese Weise erfassen wir, daß der Output eines randomisierten Algorithmus nicht nur vom Input, sondern auch von den erzeugten Zufallszahlen abhängen kann. Damit ist auch $|S(f) - M(f)|$ eine Zufallsvariable, und wir haben für $M(f) \in L^2$ bereits in Definition 2.3 die Größe

$$\Delta(M,f) = \left(\mathrm{E}(S(f) - M(f))^2\right)^{1/2}$$

als Fehler der Monte Carlo-Methode M beim Input $f \in F$ eingeführt. Falls $M(f)$ nicht quadratisch integrierbar ist, setzen wir $\Delta(M,f) = \infty$.

Bei randomisierten Algorithmen können auch die Kosten einer Berechnung von den verwendeten Zufallszahlen abhängen, so daß wir diese Kosten für jeden Input $f \in F$ durch eine Zufallsvariable

$$\mathrm{cost}(M,f,\cdot) \colon \Omega \to \mathbb{N}$$

beschreiben und für $\mathrm{cost}(M,f,\cdot) \in L^1$ ihren Erwartungswert

$$\mathrm{cost}(M,f) = \mathrm{E}(\mathrm{cost}(M,f,\cdot))$$

in Definition 2.4 als Kosten der Monte Carlo-Methode M beim Input f festgesetzt haben. Falls $\mathrm{cost}(M,f,\cdot)$ nicht integrierbar ist, setzen wir $\mathrm{cost}(M,f) = \infty$.

In einer worst case-Analyse geschieht der Vergleich von Algorithmen über ihren maximalen Fehler und ihre maximalen Kosten auf einer Klasse F von Integranden. Diese Grundbegriffe setzen wir in konsistenter Weise von der Menge der deterministischen Algorithmen auf die Obermenge der randomisierten Algorithmen fort.

Definition 7.26. Der *maximale Fehler* des Algorithmus M auf der Klasse F (für die Approximation von S) ist gegeben durch

$$\Delta(M,F) = \sup_{f \in F} \Delta(M,f)\,.$$

Definition 7.27. Die *maximalen Kosten* des Algorithmus M auf der Klasse F sind gegeben durch

$$\mathrm{cost}(M,F) = \sup_{f \in F} \mathrm{cost}(M,f)\,.$$

Wir reformulieren die Ergebnisse zur Monte Carlo-Integration aus den Abschnitten 3.2.2 und 5.5 mit Hilfe der neu eingeführten Begriffe des maximalen Fehlers und der maximalen Kosten. Die zugrunde liegenden Mengen F von Integranden sind dabei wieder Einheitskugeln bezüglich geeigneter Halbnormen, vgl. Abschnitt 7.1.1.

Beispiel 7.28. Gelte $0 < \lambda^d(G) < \infty$. Das klassische Monte Carlo-Verfahren zur numerischen Integration ist die direkte Simulation D_n mit Basisexperiment

$$Y = \lambda^d(G) \cdot f(X),$$

wobei X gleichverteilt auf G ist. Auf dem Vektorraum F_0 der quadratisch integrierbaren Funktionen $f\colon G \to \mathbb{R}$ definieren wir durch

$$\|f\|_2 = \left(\int_G f^2(x)\,\mathrm{d}x \right)^{1/2}$$

eine Halbnorm. Der maximale Fehler von D_n auf der Einheitskugel

$$F = \{f \in F_0 \mid \|f\|_2 \leq 1\}$$

ist dann durch $(\lambda^d(G)/n)^{1/2}$ beschränkt. Die Gleichung (3.6) zeigt darüber hinaus, daß $\Delta(D_n, f) = (\lambda^d(G)/n)^{1/2}$ für jede Funktion $f \in F_0$ mit $\|f\|_2 = 1$ und $S(f) = 0$ gilt. Somit folgt

$$\Delta(D_n, F) = \sqrt{\lambda^d(G)} \cdot n^{-1/2}.$$

Die Kosten der direkten Simulation werden durch n, die Kosten zur Auswertung von f und den Aufwand zur Simulation von X bestimmt, und letzteres kann in vielen Fällen, etwa für Rechtecksbereiche, Simplizes oder Kugeln, mit Kosten, die nur schwach mit d wachsen, geschehen, siehe die Aufgaben 4.9 und 4.11. Im Spezialfall $G = [0,1]^d$ erhalten wir

$$\mathrm{cost}(D_n, F) = n \cdot (\mathbf{c} + d + 1)$$

für die maximalen Kosten von D_n auf F. □

Beispiel 7.29. Stärkere Annahmen an die Integranden ermöglichen den Einsatz von Varianzreduktionstechniken zur Konstruktion besserer Monte Carlo-Verfahren. So haben wir in Abschnitt 5.5 insbesondere zur numerischen Integration von Lipschitz-stetigen Funktionen $f\colon [0,1] \to \mathbb{R}$ den Monte Carlo-Algorithmus

$$D_{n,m}(f) = S(f_m) + D_n(f - f_m)$$

betrachtet, der die stückweise konstante Interpolation f_m von f in den m Knoten $(2k-1)/(2m)$ verwendet und zur Berechnung von $S(f - f_m)$ die direkte Simulation D_n wie in Beispiel 7.28 einsetzt. Dieses Verfahren verwendet $m + n$ Funktionsauswertungen und erreicht auf der Klasse F^1 der stetig differenzierbaren Funktionen $f\colon [0,1] \to \mathbb{R}$, die $\|f'\|_\infty \leq 1$ erfüllen, die Fehlerschranke

$$\Delta(D_{n,m}, F^1) \leq \frac{1}{\sqrt{n}} \cdot \frac{1}{2\sqrt{3}m},$$

siehe (5.29). Bei einer vorgegebenen Anzahl von $3k$ Funktionsauswertungen wird diese Schranke durch die Wahl $m = 2k$ und $n = k$ minimiert, und für den Monte Carlo-Algorithmus $D_{n,2n}$ gilt

$$\Delta(D_{n,2n}, F^1) \leq \frac{1}{4\sqrt{3} \cdot n^{3/2}} \tag{7.23}$$

sowie

$$\operatorname{cost}(D_{n,2n}, F^1) \asymp n \cdot \mathbf{c}, \tag{7.24}$$

siehe (5.30).

Zum Vergleich des Algorithmus $D_{n,2n}$ mit der direkten Simulation D_{3n} aus Beispiel 7.28 auf der Klasse $F^1 \subset F$ betrachten wir die Funktion $f(x) = x - 1/2$ und erhalten

$$\Delta(D_{3n}, F^1) = \Delta(D_{3n}, f) = \frac{1}{6 \cdot n^{1/2}},$$

siehe Aufgabe 7.7. Damit ist $D_{n,2n}$ der direkten Simulation D_{3n} auf F^1 weit überlegen. □

Die weitere Begriffsbildung zur Untersuchung der Optimalität von randomisierten Algorithmen geschieht in Analogie zu den Definitionen 7.6 und 7.7. Wir bezeichnen im folgenden mit $\mathfrak{M}^{\text{ran}}(F)$ die Menge aller randomisierten Algorithmen, die Zugriff auf ein Orakel zur Auswertung von Funktionen aus F haben, und setzen

$$\mathfrak{M}_n^{\text{ran}}(F) = \{M \in \mathfrak{M}^{\text{ran}}(F) \mid \operatorname{cost}(M, F) \leq n\} \tag{7.25}$$

für $n \in \mathbb{N}$.

Definition 7.30. Der *n-te minimale Fehler* randomisierter Algorithmen (für die Approximation von S) auf der Klasse F ist gegeben durch

$$e_n^{\text{ran}}(F) = \inf\{\Delta(M, F) \mid M \in \mathfrak{M}_n^{\text{ran}}(F)\}.$$

Ein Algorithmus $M \in \mathfrak{M}_n^{\text{ran}}(F)$ heißt *optimal* in $\mathfrak{M}_n^{\text{ran}}(F)$ (für die Approximation von S) auf der Klasse F, falls

$$\Delta(M, F) = e_n^{\text{ran}}(F)$$

gilt.

Wie bei der Analyse deterministischer Algorithmen begnügt man sich im allgemeinen auch bei randomisierten Algorithmen mit dem Studium der Asymptotik minimaler Fehler und betrachtet einen entsprechend abgeschwächten Optimalitätsbegriff.

Definition 7.31. Eine Folge von Algorithmen $M_n \in \mathfrak{M}_n^{\text{ran}}(F)$ heißt *asymptotisch optimal* (für die Approximation von S) auf der Klasse F, falls

$$\Delta(M_n, F) \asymp e_n^{\text{ran}}(F)$$

gilt.

Aus der Inklusion

$$\mathfrak{M}_n^{\text{det}}(F) \subset \mathfrak{M}_n^{\text{ran}}(F)$$

folgt trivialerweise

$$e_n^{\text{det}}(F) \geq e_n^{\text{ran}}(F).$$

Die Frage, ob randomisierte Algorithmen für ein gegebenes Problem, hier also für die numerische Integration auf einer Funktionenklasse F, den deterministischen Algorithmen überlegen sind, läßt sich erst durch den Vergleich der minimalen Fehler $e_n^{\text{det}}(F)$ und $e_n^{\text{ran}}(F)$ beantworten. Hierdurch ist sichergestellt, daß der Vergleich unter identischen a-priori-Annahmen an die Integranden geschieht. Ferner werden nicht willkürlich gewählte Algorithmen aus $\mathfrak{M}_n^{\text{det}}(F)$ und $\mathfrak{M}_n^{\text{ran}}(F)$, sondern die jeweils besten Algorithmen aus diesen Klassen miteinander verglichen.

Eine Überlegenheit randomisierter gegenüber deterministischen Algorithmen liegt genau dann vor, wenn $e_n^{\text{ran}}(F)$ kleiner als $e_n^{\text{det}}(F)$ ist. Von besonderem Interesse ist der Fall, daß die minimalen Fehler $e_n^{\text{ran}}(F)$ wesentlich schneller als die minimalen Fehler $e_n^{\text{det}}(F)$ gegen null konvergieren.

Beispiel 7.32. Erste Ergebnisse zur Überlegenheit randomisierter Algorithmen ergeben sich aus der Verbindung von Beispiel 7.29 mit den Ergebnissen aus Abschnitt 7.1.4. Dort haben wir unter anderem die Klasse F_d^1 derjenigen reellwertigen Funktionen auf $G = [0,1]^d$, deren erste partielle Ableitungen im Betrag durch eins beschränkt sind, betrachtet. Für die minimalen Fehler deterministischer Algorithmen auf dieser Klasse gilt

$$e_n^{\text{det}}(F_d^1) \asymp \left(\frac{\mathbf{c}}{n}\right)^{1/d},$$

siehe Korollar 7.21. Im Fall $d = 1$ zeigt der Monte Carlo-Algorithmus $D_{n,2n}$ aus Beispiel 7.29, daß

$$e_n^{\text{ran}}(F_1^1) \leq c_1 \cdot \left(\frac{\mathbf{c}}{n}\right)^{3/2}$$

mit einer Konstanten $c_1 > 0$ gilt, so daß wir mit Monte Carlo-Verfahren mindestens die Konvergenzordnung $3/2$ erreichen, während optimale deterministische Verfahren nur zu einer Konvergenzordnung eins führen. Zur weiteren Diskussion des Falls $d > 1$ bemerken wir zunächst, daß

$$\sup_{f \in F_d^1} \int_G (f(x) - S(f))^2 \, \mathrm{d}x = \frac{d}{12}$$

gilt, siehe Aufgabe 7.7. Das klassische Monte Carlo-Verfahren D_n besitzt also den Fehler $(d/12)^{1/2} \cdot n^{-1/2}$, und dies zeigt

$$e_n^{\mathrm{ran}}(F_d^1) \leq \left(\frac{d}{12}\right)^{1/2} \cdot \left(\left\lfloor \frac{n}{\mathbf{c}+d+1} \right\rfloor\right)^{-1/2} \leq c_2 \cdot \left(\frac{\mathbf{c} \cdot d}{n}\right)^{1/2}$$

mit einer von d unabhängigen Konstanten $c_2 > 0$. In jeder Dimension d läßt sich also mit Monte Carlo-Verfahren auf der Klasse F_d^1 mindestens die Konvergenzordnung $1/2$ erreichen, so daß auch für $d \geq 3$ die randomisierten Verfahren den deterministischen Verfahren überlegen sind. Besonders beeindruckend und praktisch relevant ist diese Überlegenheit in großen Dimensionen d aufgrund der dann sehr langsamen Konvergenz der minimalen Fehler deterministischer Verfahren. □

7.2.2 *Untere Schranken für minimale Fehler*

Wir erinnern zunächst an die Vorgehensweise aus Abschnitt 7.1.2, die uns den Beweis unterer Schranken für minimale Fehler deterministischer Algorithmen erlaubte. Als erstes haben wir dort die funktionale Struktur aller durch deterministische Algorithmen definierten Abbildungen $M\colon F \to \mathbb{R}$ untersucht und festgestellt, daß diese von der Form (7.10) und damit Elemente der Menge $\widetilde{\mathfrak{M}}^{\mathrm{det}}(F)$ sind. Darüber hinaus haben wir ausgenutzt, daß jeder Algorithmus aus $\mathfrak{M}_n^{\mathrm{det}}(F)$ die Integranden $f \in F$ an höchstens $\lfloor n/\mathbf{c} \rfloor$ Knoten auswertet, d. h. $\mathfrak{M}_n^{\mathrm{det}}(F) \subset \widetilde{\mathfrak{M}}_{\lfloor n/\mathbf{c} \rfloor}^{\mathrm{det}}(F)$. Für jede Abbildung $M \in \widetilde{\mathfrak{M}}_{\lfloor n/\mathbf{c} \rfloor}^{\mathrm{det}}(F)$ galt es deshalb zwei Funktionen $f_1, f_2 \in F$ zu bestimmen, die an den gewählten Knoten übereinstimmen, woraus sich $M(f_1) = M(f_2)$ ergibt, und die zugleich einen möglichst großen Abstand $|S(f_1) - S(f_2)|$ besitzen.

Betrachtet man stattdessen einen randomisierten Algorithmus mit zugehöriger Abbildung $M\colon F \times \Omega \to \mathbb{R}$ und fixiert $\omega \in \Omega$, so gilt

$$M(\cdot, \omega) \in \widetilde{\mathfrak{M}}^{\mathrm{det}}(F). \tag{7.26}$$

Dies entspricht der Vorstellung, daß vor der eigentlichen Berechnung bereits eine unendliche Folge von Zufallszahlen erzeugt wird. Auf diese Zufallszahlen wird dann sukzessive mit den Aufrufen des Zufallszahlengenerators zugegriffen, und die sequentielle Auswertung des Inputs f definiert für jedes ω wie in Abschnitt 7.1.2 beschrieben wurde, einen Knoten $x_1(\omega) \in G$ sowie Abbildungen $\psi_k(\cdot, \omega)$, $\nu(\cdot, \omega)$ und $\varphi_k(\cdot, \omega)$.

Mit $\widetilde{\mathfrak{M}}^{\mathrm{ran}}(F)$ bezeichnen wir die Menge aller Abbildungen $M\colon F \times \Omega \to \mathbb{R}$, die folgende Eigenschaften besitzen:

(i) Für alle $\omega \in \Omega$ gilt (7.26).
(ii) Für alle $f \in F$ sind $M(f, \cdot)\colon \Omega \to \mathbb{R}$ und $\nu(f, \cdot)\colon \Omega \to \mathbb{N}$ Zufallsvariablen.

Um die Abhängigkeit vom Algorithmus M zu betonen, schreiben wir gelegentlich $\nu(M, f, \cdot)$ statt $\nu(f, \cdot)$. Wie bei der Definition von $\widetilde{\mathfrak{M}}^{\mathrm{det}}(F)$ lassen wir also außer acht, ob sich $M \in \widetilde{\mathfrak{M}}^{\mathrm{ran}}(F)$ mit Hilfe eines randomisierten Algorithmus berechnen läßt. Deshalb gilt

$$\mathfrak{M}^{\text{ran}}(F) \subset \widetilde{\mathfrak{M}}^{\text{ran}}(F).$$

Wir definieren

$$\nu(M,F) = \sup_{f \in F} \mathrm{E}(\nu(M,f,\cdot))$$

und weiter

$$\widetilde{\mathfrak{M}}_n^{\text{ran}}(F) = \{M \in \widetilde{\mathfrak{M}}^{\text{ran}}(F) \mid \nu(M,F) \leq n\}$$

sowie

$$\tilde{e}_n^{\text{ran}}(F) = \inf\{\Delta(M,F) \mid M \in \widetilde{\mathfrak{M}}_n^{\text{ran}}(F)\}$$

in Analogie zu (7.12), und wir bemerken, daß $\tilde{e}_n^{\text{ran}}(F)$ in der Literatur häufig ebenfalls als n-ter minimaler Fehler randomisierter Algorithmen bezeichnet wird. Indem man die Kosten für arithmetische und Vergleichsoperationen, die Auswertung elementarer Funktionen und den Aufruf des Zufallszahlengenerators ignoriert, erhält man

$$e_n^{\text{ran}}(F) \geq \tilde{e}_{\lceil n/\mathbf{c} \rceil}^{\text{ran}}(F) \tag{7.27}$$

in Analogie zu (7.13).

Wir zeigen nun, wie man aus unteren Schranken für durchschnittliche Fehler deterministischer Verfahren untere Schranken für den maximalen Fehler von randomisierten Verfahren erhält. Dazu betrachten wir ein durch Funktionen

$$f_1, \ldots, f_m \in F$$

und Gewichte

$$\alpha_1, \ldots, \alpha_m > 0$$

mit

$$\sum_{k=1}^{m} \alpha_k = 1$$

definiertes diskretes Wahrscheinlichkeitsmaß μ auf F. Es gilt also

$$\mu(A) = \sum_{k=1}^{m} \alpha_k \cdot 1_A(f_k), \qquad A \subset F. \tag{7.28}$$

Erwartungswerte bezüglich μ sind endliche Summen, d. h. für jede Abbildung $R\colon F \to \mathbb{R}$ gilt

$$\int_F R(f)\,\mathrm{d}\mu(f) = \sum_{k=1}^{m} \alpha_k \cdot R(f_k).$$

Für $M \in \widetilde{\mathfrak{M}}^{\det}(F)$ heißt

$$\Delta(M,\mu) = \left(\int_F (S(f) - M(f))^2\,\mathrm{d}\mu(f)\right)^{1/2} = \left(\sum_{k=1}^{m} \alpha_k \cdot (S(f_k) - M(f_k))^2\right)^{1/2}$$

durchschnittlicher Fehler von M bezüglich μ. Das Supremum aus der Definition des maximalen Fehlers $\Delta(M,F)$ wird also beim Übergang zum durchschnittlichen Fehler $\Delta(M,\mu)$ durch einen Mittelwert ersetzt.

In der Menge

$$\widetilde{\mathfrak{M}}_n^{\mathrm{det}}(\mu) = \{M \in \widetilde{\mathfrak{M}}^{\mathrm{det}}(F) \mid \nu(M,\mu) \le n\}$$

mit

$$\nu(M,\mu) = \int_F \nu(M,f)\,\mathrm{d}\mu(f)$$

fassen wir alle Abbildungen $M \in \widetilde{\mathfrak{M}}^{\mathrm{det}}(F)$, die im Durchschnitt höchstens n Funktionsauswertungen verwenden, zusammen, und wir definieren schließlich

$$\tilde{e}_n^{\mathrm{det}}(\mu) = \inf\{\Delta(M,\mu) \mid M \in \widetilde{\mathfrak{M}}_n^{\mathrm{det}}(\mu)\}$$

in Analogie zu $\tilde{e}_n^{\mathrm{det}}(F)$ und $\tilde{e}_n^{\mathrm{ran}}(F)$.

Offenbar gilt

$$\Delta(M,F) \ge \Delta(M,\mu)$$

und

$$\widetilde{\mathfrak{M}}_n^{\mathrm{det}}(F) \subset \widetilde{\mathfrak{M}}_n^{\mathrm{det}}(\mu),$$

so daß

$$\tilde{e}_n^{\mathrm{det}}(F) \ge \tilde{e}_n^{\mathrm{det}}(\mu).$$

Tatsächlich führt $\tilde{e}_{2n}^{\mathrm{det}}(\mu)$ sogar zu einer unteren Schranke für $\tilde{e}_n^{\mathrm{ran}}(F)$. Dieses Beweisprinzip von Bakhvalov [8] ist im Kontext diskreter Probleme auch als Minimax-Prinzip von Yao bekannt, siehe Motwani, Raghavan [138].

Satz 7.33. *Für jedes Wahrscheinlichkeitsmaß μ gemäß (7.28) gilt*

$$\tilde{e}_n^{\mathrm{ran}}(F) \ge \frac{1}{\sqrt{2}} \cdot \tilde{e}_{2n}^{\mathrm{det}}(\mu).$$

Beweis. Zu $M \in \widetilde{\mathfrak{M}}_n^{\mathrm{ran}}(F)$ betrachten wir die zugehörige Abbildung $\nu\colon F \times \Omega \to \mathbb{N}$, und wir setzen

$$A = \left\{\omega \in \Omega \mid \int_F \nu(f,\omega)\,\mathrm{d}\mu(f) \le 2n\right\}.$$

Aus

$$2n \cdot P(A^c) \le \int_\Omega \int_F \nu(f,\omega)\,\mathrm{d}\mu(f)\,\mathrm{d}P(\omega) \le \sup_{f\in F} \mathrm{E}(\nu(f,\cdot)) \le n$$

folgt $P(A) \ge 1/2$. Für $\omega \in A$ gilt $M(\cdot,\omega) \in \widetilde{\mathfrak{M}}_{2n}^{\mathrm{det}}(\mu)$, woraus

$$\int_F (S(f) - M(f,\omega))^2\,\mathrm{d}\mu(f) \ge \left(\tilde{e}_{2n}^{\mathrm{det}}(\mu)\right)^2$$

folgt. Somit erhalten wir

$$
\begin{aligned}
\Delta(M,F)^2 &= \sup_{f\in F} \mathrm{E}(S(f)-M(f))^2 \\
&\geq \int_\Omega \int_F (S(f)-M(f,\omega))^2 \, \mathrm{d}\mu(f)\, \mathrm{d}P(\omega) \\
&\geq \int_A \int_F (S(f)-M(f,\omega))^2 \, \mathrm{d}\mu(f)\, \mathrm{d}P(\omega) \\
&\geq \frac{1}{2}\cdot \left(\tilde{e}_{2n}^{\,\mathrm{det}}(\mu)\right)^2 .
\end{aligned}
$$
□

Aufgrund von Satz 7.33 sucht man Wahrscheinlichkeitsmaße μ, die zu großen durchschnittlichen Fehlern bei allen Verfahren aus $\widetilde{\mathfrak{M}}_n^{\mathrm{det}}(\mu)$ führen. In vielen Fällen kann man unter den Voraussetzungen von Satz 7.11 solche ungünstigen Maße mit dem Prinzip der unvollständigen Information auf folgende Weise gewinnen.

Satz 7.34. *Sei $m > 2n$. Gibt es Funktionen $g_1,\ldots,g_m\colon G \to \mathbb{R}$ und eine Konstante $\varepsilon > 0$, so daß*

(i) die Mengen $\{x\in G \mid g_i(x)\neq 0\}$ paarweise disjunkt sind und
(ii) $\widetilde{F} = \{\sum_{i=1}^m \delta_i\cdot g_i \mid \delta_1,\ldots,\delta_m \in \{\pm 1\}\} \subset F$ sowie
(iii) $S(g_i)\geq \varepsilon$ für alle $i=1,\ldots,m$ erfüllt ist,

so gilt

$$\tilde{e}_n^{\,\mathrm{det}}(\mu) \geq (m/2-n)^{1/2}\cdot\varepsilon$$

für die Gleichverteilung μ auf $\widetilde{F}$.

Beweis. Zu $M\in \widetilde{\mathfrak{M}}_n^{\mathrm{det}}(\mu)$ betrachten wir die beiden Abbildungen $N_{2n}\colon F\to\mathbb{R}^{2n}$ und $\nu\colon F\to\mathbb{N}$. Wir setzen

$$A = \{f\in\widetilde{F} \mid \nu(f)\leq 2n\}$$

sowie

$$\mathscr{Y} = \{N_{2n}(f) \mid f\in A\}$$

und betrachten die Partition

$$A_y = \{f\in A \mid N_{2n}(f)=y\} = \{f\in\widetilde{F} \mid N_{2n}(f)=y\}, \qquad y\in\mathscr{Y},$$

von A.

Man kann ohne Einschränkung annehmen, daß M für jede Funktion $f\in A$ genau $2n$ Knoten verwendet und daß diese Knoten in $2n$ verschiedenen der Mengen $B_i=\{x\in G \mid g_i(x)\neq 0\}$ liegen. Sei $y\in\mathscr{Y}$. Nachdem man eventuell die Mengen B_i umnummeriert, kann man annehmen, daß die Knoten, die für alle $f\in A_y$ verwendet werden, in den Mengen $B_{m-2n+1},\ldots,B_m$ liegen. Also gilt

$$A_y = \{f_1+f_2 \mid f_1\in A_y^1\}$$

mit

$$A_y^1 = \left\{\sum_{i=1}^{m-2n} \delta_i\cdot g_i \mid \delta_1,\ldots,\delta_{m-2n}\in\{\pm 1\}\right\}$$

und

$$f_2 = \sum_{i=m-2n+1}^{m} \delta_i \cdot g_i$$

für feste Vorzeichen $\delta_{m-2n+1}, \ldots, \delta_m \in \{\pm 1\}$. Insbesondere folgt $\mu(A_y) = 1/2^{2n}$, und aus $\int_F \nu(f)\,\mathrm{d}\mu(f) \leq n$ folgt $\mu(A) \geq 1/2$. Dies zeigt

$$|\mathscr{Y}| \geq 2^{2n-1}.$$

Das Verfahren M kann die Elemente aus A_y nicht unterscheiden. Wir betrachten deshalb die durch

$$H(u) = \sum_{f \in A_y} (S(f) - u)^2$$

definierte konvexe Abbildung auf $\mathbb{R}$. Es gilt

$$\begin{aligned} H(u) &= \sum_{f_1 \in A_y^1} (S(f_1) + S(f_2) - u)^2 = \sum_{f_1 \in A_y^1} (S(-f_1) + S(f_2) - u)^2 \\ &= \sum_{f_1 \in A_y^1} (S(f_1) - S(f_2) + u)^2 = H(2 \cdot S(f_2) - u). \end{aligned}$$

Also ist H symmetrisch bezüglich $S(f_2)$, und es folgt

$$\inf_{u \in \mathbb{R}} H(u) = H(S(f_2)).$$

Wir bezeichnen mit I die Einheitsmatrix in $\mathbb{R}^{(m-2n)\times(m-2n)}$ und setzen

$$s = (S(g_1), \ldots, S(g_{m-2n}))^\top.$$

Wegen

$$\sum_{\delta \in \{-1,1\}^{m-2n}} \delta\delta^\top = 2^{m-2n} \cdot I$$

folgt

$$\begin{aligned} H(S(f_2)) &= \sum_{f_1 \in A_y^1} (S(f_1))^2 = \sum_{\delta \in \{-1,1\}^{m-2n}} (s^\top \delta)^2 = 2^{m-2n} \cdot s^\top s \\ &\geq 2^{m-2n} \cdot (m-2n) \cdot \varepsilon^2, \end{aligned}$$

und wir erhalten

$$\int_{A_y} (S(f) - M(f))^2 \,\mathrm{d}\mu(f) \geq \frac{H(S(f_2))}{2^m} \geq \frac{1}{2^{2n}} \cdot (m-2n) \cdot \varepsilon^2.$$

Zusammenfassend ergibt sich

$$\int_F (S(f) - M(f))^2 \,\mathrm{d}\mu(f) \geq \sum_{y \in \mathscr{Y}} \int_{A_y} (S(f) - M(f))^2 \,\mathrm{d}\mu(f) \geq (m/2 - n) \cdot \varepsilon^2. \qquad \square$$

Die Sätze 7.33 und 7.34 liefern gemeinsam folgende untere Schranke.

Korollar 7.35. *Unter den Voraussetzungen von Satz 7.34 mit $m \geq 6n$ gilt*

$$\tilde{e}_n^{\text{ran}}(F) \geq \frac{1}{\sqrt{2}} \cdot n^{1/2} \cdot \varepsilon \,.$$

Wir untersuchen nun exemplarisch die minimalen Fehler randomisierter Verfahren auf der Klasse F^1, siehe Beispiel 7.29. Dazu betrachten wir die Methoden R_n der zufälligen Riemann-Summen, die durch

$$R_n(f) = \frac{1}{n} \sum_{i=1}^{n} f(X_i)$$

mit unabhängigen, jeweils auf $B_i = [(i-1)/n, i/n]$ gleichverteilten Zufallsvariablen X_i definiert sind. Hierbei handelt es sich um einen Spezialfall des stratified sampling, das wir in Abschnitt 5.3 studiert haben. Wir bemerken, daß eine obere Schranke für den maximalen Fehler von R_n auf der Klasse F^1 bereits in Aufgabe 5.14 nachgewiesen wurde. Das Gegenstück zu Satz 7.8 lautet wie folgt.

Satz 7.36. *Für die Klasse F^1 und die Methode R_n der zufälligen Riemann-Summen gilt*

$$\tilde{e}_n^{\text{ran}}(F^1) \leq \Delta(R_n, F^1) = \frac{1}{2\sqrt{3} \cdot n^{3/2}}$$

und

$$\tilde{e}_n^{\text{ran}}(F^1) \geq \frac{1}{144\sqrt{2} \cdot n^{3/2}} \,.$$

Beweis. Der Algorithmus R_n ist erwartungstreu, denn es gilt

$$\mathrm{E}(R_n(f)) = \sum_{i=1}^{n} \int_{B_i} f(x) \, \mathrm{d}x = S(f) \,.$$

Somit folgt

$$\mathrm{E}(S(f) - R_n(f))^2 = \frac{1}{n^2} \sum_{i=1}^{n} \sigma^2(f(X_i)) \,.$$

Zur Abschätzung der Varianzen der Zufallsvariablen $f(X_i)$ setzen wir

$$u_i = \frac{2i-1}{2n} \,.$$

Dann gilt

$$\begin{aligned} \sigma^2(f(X_i)) &\leq \mathrm{E}(f(X_i) - f(u_i))^2 = n \cdot \int_{B_i} (f(x) - f(u_i))^2 \, \mathrm{d}x \\ &\leq n \cdot \int_{B_i} (x - u_i)^2 \, \mathrm{d}x = \frac{1}{12 \cdot n^2} \,, \end{aligned}$$

und für die Wahl $f(x) = x$ liegt Gleichheit vor. Zusammenfassend ergibt sich der behauptete Wert für den maximalen Fehler von R_n.

Zum Beweis der unteren Schranke definieren wir für $m \in \mathbb{N}$ und $i = 1,\ldots,m$ durch

$$\tilde{g}_i(x) = \begin{cases} x-(i-1)/m, & \text{falls } x \in [(i-1)/m,(2i-1)/(2m)], \\ i/m-x, & \text{falls } x \in](2i-1)/(2m),i/m], \\ 0 & \text{sonst} \end{cases}$$

stückweise lineare Funktionen $\tilde{g}_i\colon [0,1] \to \mathbb{R}$. Diese Funktionen gehören nicht zur Klasse F^1. Durch geeignete Glättung und Verschiebung von $\tilde{g}_i$ erhält man zu vorgegebenem $\delta > 0$ Funktionen $g_i\colon [0,1] \to \mathbb{R}$, die die Voraussetzungen von Satz 7.34 mit

$$\varepsilon = \frac{1}{4m^2} - \delta$$

erfüllen, siehe auch Aufgabe 7.4. Mit Korollar 7.35 folgt

$$\tilde{e}_n^{\mathrm{ran}}(F^1) \geq \frac{1}{\sqrt{2}\,144} \cdot n^{-3/2}. \qquad \square$$

In Erweiterung der Definition 7.31 und in Analogie zur Sprechweise für deterministische Algorithmen bezeichnen wir eine Folge von Algorithmen $M_k \in \mathfrak{M}^{\mathrm{ran}}(F)$ als *asymptotisch optimal*, falls

$$\inf\{\Delta(M_k,F) \mid \mathrm{cost}(M_k,F) \leq n\} \asymp e_n^{\mathrm{ran}}(F)$$

gilt.

Korollar 7.37. *Die Methoden $D_{n,2n}$ aus Beispiel 7.29 und die Methoden R_n der zufälligen Riemann-Summen definieren asymptotisch optimale Folgen von Algorithmen auf der Klasse F^1, und es gilt*

$$e_n^{\mathrm{ran}}(F^1) \asymp \left(\frac{\mathbf{c}}{n}\right)^{3/2}.$$

Beweis. Verwende (7.23) und (7.24) bzw. Satz 7.36 sowie Lemma 7.9. $\square$

Die Methoden R_n weisen gegenüber den Verfahren $D_{n,2n}$ folgende Vorteile auf. Zum einen ist die Konstante $1/(2\cdot 3^2)$ für den maximalen Fehler $e(R_{3n},F^1)$ etwas kleiner als die entsprechende Konstante $1/(4\sqrt{3})$ in der Abschätzung des maximalen Fehlers für $D_{n,2n}$, siehe (7.23). Zum anderen gilt für jede Wahl von Knoten $x_i \in B_i$ die Fehlerabschätzung

$$\sup_{f\in F^1} \left| S(f) - \frac{1}{n}\sum_{i=1}^{n} f(x_i)\right| \leq \frac{1}{2n}.$$

Die Methode der zufälligen Riemann-Summen ist also auch im worst case bezüglich ω höchstens um den Faktor 2 schlechter als das beste deterministische Verfahren mit der gleichen Anzahl von Funktionsauswertungen.

7.2.3 Asymptotisch optimale Algorithmen für F_d^r

Wir sind nun in der Lage, die Asymptotik der minimalen Fehler $e_n^{\mathrm{ran}}(F_d^r)$ randomisierter Algorithmen auf den Klassen F_d^r r-fach stetig diffenzierbarer Funktionen auf $G = [0,1]^d$ zu bestimmen. Wir fixieren dazu $d, r \in \mathbb{N}$ und eine Menge $\mathfrak{X} \subset G = [0,1]^d$, auf der das in Abschnitt 7.1.3 eingeführte Interpolationsproblem mit $\mathbb{P}_d^r$ eindeutig lösbar ist. Mit $f_{\mathfrak{X},k}$ bezeichnen wir die stückweise polynomiale Interpolation von $f\colon G \to \mathbb{R}$ gemäß (7.19).

Die Interpolation $f_{\mathfrak{X},k}$ kann nicht nur wie in Abschnitt 7.1.4 zur Konstruktion zusammengesetzter Quadraturformeln $Q_{\mathfrak{X},k}(f) = S(f_{\mathfrak{X},k})$, sondern auch zur Varianzreduktion nach der Methode der control variates eingesetzt werden, siehe Abschnitte 5.2 und 5.5 sowie Beispiel 7.29. Wir fassen dazu $f_{\mathfrak{X},k}$ als Hauptteil von f auf und verbessern die Approximation $S(f_{\mathfrak{X},k})$ für $S(f)$ dadurch, daß wir die klassische Monte Carlo-Methode zur Integration mit k^d Wiederholungen auf $f - f_{\mathfrak{X},k}$ anwenden. Wir definieren also

$$M_{\mathfrak{X},k}(f) = S(f_{\mathfrak{X},k}) + \frac{1}{k^d} \cdot \sum_{i=1}^{k^d} (f - f_{\mathfrak{X},k})(X_i)$$

mit unabhängigen, auf G gleichverteilten Zufallsvariablen X_i und bemerken, daß diese Methode erwartungstreu ist.

Satz 7.38. *Für die Funktionenklasse F_d^r gilt*

$$\bar{e}_n^{\mathrm{ran}}(F_d^r) \asymp n^{-(r/d+1/2)}.$$

Ferner erfüllen die Monte Carlo-Verfahren $M_{\mathfrak{X},k}$

$$\Delta(M_{\mathfrak{X},k}, F_d^r) \asymp k^{-(r+d/2)} \asymp m_k^{-(r/d+1/2)},$$

wobei m_k die Anzahl der Funktionsauswertungen von $M_{\mathfrak{X},k}$ bezeichnet.

Beweis. Sei X gleichverteilt auf G. Gemäß Satz 7.17 gilt

$$\sup_{f \in F_d^r} \sigma^2((f - f_{\mathfrak{X},k})(X)) \leq \sup_{f \in F_d^r} \mathrm{E}((f - f_{\mathfrak{X},k})(X))^2 \leq c \cdot k^{-2r},$$

und es folgt

$$\Delta^2(M_{\mathfrak{X},k}, F_d^r) = \frac{1}{k^d} \cdot \sup_{f \in F_d^r} \sigma^2((f - f_{\mathfrak{X},k})(X)) \leq c \cdot k^{-(2r+d)}.$$

Die Anzahl der Knoten von $Q_{\mathfrak{X},k}$ ist beschränkt durch $|\mathfrak{X}| \cdot k^d$, siehe (7.20), so daß

$$k^{-(2r+d)} \le \left(\frac{|\mathfrak{X}|+1}{m_k} \right)^{2r/d+1} .$$

Die Anwendung von Lemma 7.9 mit $\alpha_n = \tilde{e}_n^{\text{ran}}(F_d^r)$, $\beta_n = n^{-(r/d+1/2)}$ und $n_k = m_k$ sichert die Existenz einer Konstanten $c > 0$ und eines Index $n_0 \in \mathbb{N}$ mit

$$\tilde{e}_n^{\text{ran}}(F_d^r) \le c \cdot n^{-(r/d+1/2)}$$

für $n \ge n_0$.

Zum Beweis der unteren Schranke für $\tilde{e}_n^{\text{ran}}(F_d^r)$ nehmen wir zunächst an, daß $n = k^d/6$ mit $k \in \mathbb{N}$ gilt. Die Konstruktion aus dem Beweis der unteren Schranken in Satz 7.20 zeigt, wie die Voraussetzungen von Korollar 7.35 mit $m = k^d$ und

$$\varepsilon = c \cdot k^{-(r+d)}$$

mit einer Konstanten $c > 0$ zu erfüllen sind. Folglich gilt

$$\tilde{e}_n^{\text{ran}}(F_d^r) \ge \frac{1}{\sqrt{2}} \cdot n^{1/2} \cdot \varepsilon = \frac{6^{-(r/d+1)} \cdot c}{\sqrt{2}} \cdot n^{-(r/d+1/2)} . \tag{7.29}$$

Die Gültigkeit der unteren Schranke für alle $n \in \mathbb{N}$ folgt nun durch Anwendung von Lemma 7.9 mit $\alpha_n = n^{-(r/d+1/2)}$, $\beta_n = \tilde{e}_n^{\text{ran}}(F_d^r)$ und $n_k = (6k)^d/6$.

Korollar 7.39. *Die Folge der Monte Carlo-Verfahren $M_{\mathfrak{X},k}$ ist asymptotisch optimal auf der Klasse F_d^r, und es gilt*

$$e_n^{\text{ran}}(F_d^r) \asymp \left(\frac{\mathbf{c}}{n} \right)^{r/d+1/2} .$$

Beweis. Die untere Schranke für $e_n^{\text{ran}}(F_d^r)$ ergibt sich sofort aus (7.27) und Satz 7.38. Zum Beweis der oberen Schranke und der asymptotischen Optimalität der Verfahren $M_{\mathfrak{X},k}$ setzen wir $n_k = \text{cost}(M_{\mathfrak{X},k}, F_d^r)$,

$$\alpha_n = \inf\{ e(M_{\mathfrak{X},k}, F_d^r) \mid \text{cost}(M_{\mathfrak{X},k}, F_d^r) \le n \}$$

und $\beta_n = (\mathbf{c}/n)^{r/d+1/2}$, und wir wenden Lemma 7.9 an. □

In den Sätzen 7.20 und 7.38 und den daraus folgenden Korollaren wird die Asymptotik der n-ten minimalen Fehler für die Klassen F_d^r bestimmt: Bei vorgegebenen r und d verhalten sich die Fehler asymptotisch in n wie $n^{-r/d}$ im Fall deterministischer Algorithmen und wie $n^{-r/d-1/2}$ im Fall randomisierter Algorithmen. Damit ist für alle Klassen F_d^r gezeigt, daß randomisierte Algorithmen den deterministischen Algorithmen überlegen sind, und diese Überlegenheit ist dann besonders groß, wenn die Glattheit r klein im Verhältnis zur Dimension d des Integrationsbereichs ist.

Die Konvergenzordnung ist der traditionelle Maßstab in der Numerik, und wir haben n-te minimale Fehler bisher auch in dieser Weise verglichen. Die Ausführungen in Abschnitt 7.4.2 zeigen allerdings, daß bei der Integration insbesondere für große Dimensionen d die Konvergenzordnung der minimalen Fehler noch zu wenig Information enthält.

Algorithmen der Form

$$M_n(f) = \sum_{i=1}^{n} A_i \cdot f(X_i)$$

mit Zufallsvariablen A_i und X_i, die Werte in $\mathbb{R}$ bzw. G annehmen, heißen *randomisierte Quadraturformeln*. In diese Klasse von Algorithmen fallen das klassische Monte Carlo-Verfahren zur numerischen Integration und viele andere Methoden wie die zufälligen Riemann-Summen, die Methoden $D_{n,m}$ aus Beispiel 7.29 und die in diesem Abschnitt betrachteten Methoden $M_{\mathfrak{X},k}$. Eine zu den Ergebnissen aus Abschnitt 7.1.5 vergleichbare Strukturaussage, daß man sich unter allgemeinen Voraussetzungen bei der Suche nach optimalen randomisierten Algorithmen für die Integration auf randomisierte Quadraturformeln beschränken kann, ist nicht bekannt.

Als Schlüsselgrößen für Integrationsprobleme haben wir die n-ten minimalen Fehler verwendet, die angeben, welcher kleinstmögliche Fehler mit deterministischen bzw. randomisierten Algorithmen bei einer vorgegebenen Kostenschranke n erreicht werden kann. Man kann umgekehrt untersuchen, welche Kosten mindestens eingesetzt werden müssen, um eine vorgegebene Fehlerschranke $\varepsilon > 0$ einzuhalten, und dies führt mit $\star \in \{\text{det}, \text{ran}\}$ bei einer gegebenen Funktionenklasse F auf die Definition

$$\text{comp}^\star(F,\varepsilon) = \inf\{\text{cost}(M,F) \mid M \in \mathfrak{M}^\star(F),\ \Delta(M,F) \leq \varepsilon\}$$

der *ε-Komplexität* für deterministische bzw. randomisierte Algorithmen. Offenbar übertragen sich obere und untere Schranken für minimale Fehler auf entsprechende Schranken für die ε-Komplexität. Die erzielten Ergebnisse zu der Funktionenklasse F_d^r liefern

$$\text{comp}^{\text{det}}(F_d^r,\varepsilon) \asymp \varepsilon^{-d/r}$$

und

$$\text{comp}^{\text{ran}}(F_d^r,\varepsilon) \asymp \varepsilon^{-2d/(r+d)}.$$

7.3 Unendlich-dimensionale Integration

In Abschnitt 4.5 haben wir die Brownsche Bewegung W als Modell für zeitkontinuierliche zufällige Phänomene mit Anwendungen in der Physik, Finanzmathematik und Analysis kennengelernt und beispielsweise gesehen, daß die Bewertung von Optionen im Black-Scholes-Modell als Berechnung von Erwartungswerten $\mathrm{E}(f(W))$ mit geeigneten reellwertigen Abbildungen f verstanden werden kann.

Zur Untersuchung von Algorithmen für die Berechnung von Erwartungswerten dieser Art versehen wir den Raum $C([0,T])$ mit der Supremumsnorm $\|\cdot\|_\infty$ und der zugehörigen Borelschen σ-Algebra, und wir betrachten eine eindimensionale Brownsche Bewegung $W = (W_t)_{t\in[0,T]}$ über dem Zeitintervall $[0,T]$, die als Zufallsvariable mit Werten in $C([0,T])$ aufgefaßt werden kann, siehe Abschnitt 4.5.2. Es gilt

$$\|W\|_\infty \leq \sup_{t\in[0,T]} W_t - \inf_{t\in[0,T]} W_t\,,$$

und die Verteilungen von $\sup_{t\in[0,T]} W_t$, $\sup_{t\in[0,T]}(-W_t)$ und $|W_T|$ stimmen überein, siehe Partzsch [156, Beh. 3.1, Beh. 4.2], so daß

$$\mathrm{E}(\|W\|_\infty^2) \leq 2\cdot\mathrm{E}(W_T^2) = 2T\,. \tag{7.30}$$

Die Berechnung von Erwartungswerten

$$S(f) = \mathrm{E}(f(W))$$

für geeignete Funktionale

$$f\colon C([0,T]) \to \mathbb{R}$$

ist ein *unendlich-dimensionales Integrationsproblem*, da aufgrund des Transformationssatzes

$$\mathrm{E}(f(W)) = \int_{C([0,T])} f(x)\,\mathrm{d}P_W(x)$$

gilt. Die Verteilung P_W von W heißt *Wiener-Maß*, weshalb man auch von der Berechnung von *Wiener-Integralen* spricht.

Wie bei endlich-dimensionalen Integrationsproblemen, beispielsweise der Integration bezüglich des Lebesgue-Maßes auf $[0,1]^d$, studiert man verschiedene Glattheitsklassen von Integranden f, wobei wir uns hier auf den Fall Lipschitz-stetiger Funktionale f beschränken, d. h.

$$|f(x)-f(y)| \leq L\cdot\|x-y\|_\infty\,, \qquad x,y\in C([0,T])\,,$$

mit einer Konstanten $L\geq 0$. Die Lipschitz-Stetigkeit von f sichert zunächst die Meßbarkeit von $f(W)$ und weiter

$$\tfrac{1}{2}\,\mathrm{E}(f^2(W)) \leq f^2(0) + \mathrm{E}((f(W)-f(0))^2) \leq f^2(0) + L^2\cdot\mathrm{E}(\|W\|_\infty^2) < \infty,$$

so daß Lipschitz-stetige Funktionale quadratisch integrierbar bezüglich P_W sind.

Bei unendlich-dimensionalen Integrationsproblemen nimmt man im Unterschied zum endlich-dimensionalen Fall sinnvollerweise nicht an, daß ein Orakel die Werte $f(x)$ für beliebige Elemente x des Definitionsbereiches von f, hier also für Funktionen $x\in C([0,T])$, mit festen Kosten $\mathbf{c}$ zur Verfügung stellt. Stattdessen setzen wir nur voraus, daß die Funktionale f an stückweise linearen Funktionen $x\in C([0,T])$ ausgewertet werden können. Solche Funktionen x lassen sich in natürlicher Weise durch endlich viele reelle Zahlen beschreiben, nämlich durch die Paare $(t,x(t))$ mit

$t \in D(x)$ für

$$D(x) = \{t \in]0,T[\mid x \text{ nicht differenzierbar in } t\} \cup \{0,T\},$$

und als Kosten für den Orakelaufruf für $f(x)$ definieren wir

$$\mathbf{c}(x) = |D(x)|.$$

Gezählt wird also die Anzahl der Knoten von x inklusive der Endpunkte des Intervalls $[0,T]$.

Wie bisher kann man dann im real number model, gegebenenfalls mit einem idealen Zufallszahlengenerator für die Gleichverteilung auf $[0,1]$, deterministische und randomisierte Algorithmen M über ihre maximalen Fehler $\Delta(M,F)$ und ihre maximalen Kosten $\mathrm{cost}(M,F)$ auf der Klasse F aller Lipschitz-stetigen Funktionale mit Lipschitz-Konstante $L = 1$ vergleichen.

Eine naheliegende Monte Carlo-Methode zur Berechnung von $S(f)$ beruht auf der stückweise linearen Interpolation $W^{(m)}$ von W an den äquidistanten Knoten $j/m \cdot T$ für $j = 0,\ldots,m$ und ist durch

$$M_k^{(m)}(f) = \frac{1}{k}\sum_{i=1}^{k} f(W_i^{(m)}) \tag{7.31}$$

mit unabhängigen Kopien $W_1^{(m)},\ldots,W_k^{(m)}$ von $W^{(m)}$ definiert. Da $\|W^{(m)}\|_\infty \leq \|W\|_\infty$, folgt

$$\mathrm{E}(\|W^{(m)}\|_\infty^2) \leq 2T, \tag{7.32}$$

siehe (7.30), und wie oben ergibt sich die quadratische Integrierbarkeit von $f(W^{(m)})$ für alle $f \in F$. Das Verfahren $M_k^{(m)}(f)$ ist also die direkte Simulation für $\mathrm{E}(f(W^{(m)}))$ mit k Wiederholungen des Basisexperiments $f(W^{(m)})$. In der Regel gilt

$$\mathrm{E}(f(W^{(m)})) \neq \mathrm{E}(f(W)),$$

so daß $M_k^{(m)}$ nicht erwartungstreu für die Approximation von S ist.

Zur praktischen Durchführung des Basisexperiments $f(W^{(m)})$ benötigt man eine Realisierung der Zuwächse

$$W_{1/m\cdot T}, W_{2/m\cdot T} - W_{1/m\cdot T}, \ldots, W_T - W_{(m-1)/m\cdot T},$$

die unabhängig und normalverteilt mit Erwartungswert null und Varianz T/m sind, und hierzu kann das Box-Muller-Verfahren verwendet werden. Die Kosten des für $f(W^{(m)})$ benötigten Orakelaufrufs betragen $m+1$, so daß sich insgesamt

$$\mathrm{cost}(M_k^{(m)}, F) \asymp k \cdot m$$

ergibt. Bei einer vorgegebenen Kostenschranke n ist also zur asymptotisch optimalen Wahl der Wiederholungsanzahl k und der Zeitschrittweite T/m der Fehler $\Delta(M_k^{(m)},F)$ unter der Nebenbedingung $k\cdot m \leq n$ zu minimieren.

Satz 7.40. *Es gilt*

$$\inf_{\substack{k,m\in\mathbb{N}\\ k\cdot m\leq n}} \Delta(M_k^{(m)},F) \asymp \Delta(M_{k_n}^{(m_n)},F) \asymp \frac{(\ln n)^{1/4}}{n^{1/4}}$$

mit

$$m_n = \lfloor n^{1/2}\cdot(\ln n)^{1/2}\rfloor, \qquad k_n = \left\lfloor \frac{n^{1/2}}{(\ln n)^{1/2}} \right\rfloor$$

für $n \geq 2$.

Beweis. Die Zerlegung des Fehlers von $M_k^{(m)}$ in Varianz und Bias liefert

$$\begin{aligned}\Delta^2(M_k^{(m)},f) &= \sigma^2(M_k^{(m)}(f)) + (\mathrm{E}(M_k^{(m)}(f)) - S(f))^2\\ &= \frac{1}{k}\,\sigma^2(f(W^{(m)})) + (\mathrm{E}(f(W) - f(W^{(m)})))^2\end{aligned}$$

für alle $f\in F$.

Zur weiteren Analyse des Bias benötigen wir ein Resultat über die Approximation von W durch die stückweise lineare Interpolation $W^{(m)}$. Für den durchschnittlichen Fehler dieser Approximation in der Supremumsnorm gilt

$$(\mathrm{E}(\|W - W^{(m)}\|_\infty^p))^{1/p} \approx \sqrt{T/2}\cdot\frac{(\ln m)^{1/2}}{m^{1/2}} \tag{7.33}$$

für alle $p\in[1,\infty[$, siehe Ritter [166].

Aus (7.33) mit $p=1$ erhalten wir

$$\sup_{f\in F}|\mathrm{E}(f(W) - f(W^{(m)}))| \leq \mathrm{E}\,\|W - W^{(m)}\|_\infty \leq c_1\cdot\frac{(\ln m)^{1/2}}{m^{1/2}} \tag{7.34}$$

mit einer Konstanten $c_1 > 0$ für alle $m\geq 2$. Weiter gilt

$$\sigma^2(f(W^{(m)})) \leq \mathrm{E}(f(W^{(m)}) - f(0))^2 \leq \mathrm{E}\,\|W^{(m)}\|_\infty^2$$

für alle $f\in F$, und mit (7.32) folgt

$$\sup_{f\in F}\sup_{m\in\mathbb{N}} \sigma^2(f(W^{(m)})) \leq 2T\,. \tag{7.35}$$

Damit ergibt sich

$$\Delta^2(M_k^{(m)},F) \leq c_2\cdot\left(\frac{1}{k} + \frac{\ln m}{m}\right)$$

mit einer Konstanten $c_2 > 0$ für alle $k\in\mathbb{N}$ und $m\geq 2$. Insbesondere folgt

$$\Delta^2(M_{k_n}^{(m_n)}, F) \le c_3 \cdot \frac{\ln n^{1/2}}{n^{1/2}}$$

mit einer Konstanten $c_3 > 0$ für alle $n \ge 4$.

Zum Nachweis der unteren Schranke für $\Delta(M_k^{(m)}, F)$ bei beliebiger Wahl von $k, m \in \mathbb{N}$ mit $k \cdot m \le n$ betrachten wir das Funktional

$$f(x) = \tfrac{1}{4}\, \|x - x^{(m)}\|_\infty + \tfrac{1}{2}\, x(T), \qquad x \in C([0,T]),$$

wobei $x^{(m)}$ die stückweise lineare Interpolation von x an den äquidistanten Knoten $j/m \cdot T$ für $j = 0, \ldots, m$ bezeichnet. Dann gilt $f \in F$, da

$$\begin{aligned} 4 \cdot |f(x) - f(y)| &\le |\|x - x^{(m)}\|_\infty - \|y - y^{(m)}\|_\infty| + 2 \cdot |(x-y)(T)| \\ &\le \|(x-y) - (x-y)^{(m)}\|_\infty + 2 \cdot \|x - y\|_\infty \le 4 \cdot \|x - y\|_\infty. \end{aligned}$$

Aus $f(W^{(m)}) = \frac{1}{2} W_T^{(m)} = \frac{1}{2} W_T$ folgt

$$S(f) - \mathrm{E}(f(W^{(m)})) = \tfrac{1}{4}\, \mathrm{E}(\|W - W^{(m)}\|_\infty)$$

sowie

$$\sigma^2(f(W^{(m)})) = \tfrac{1}{4}\, \sigma^2(W_T) = T/4 > 0.$$

Damit erhalten wir

$$\Delta(M_k^{(m)}, F) \ge \Delta(M_k^{(m)}, f) \ge c_4 \cdot \left(\frac{1}{k} + \frac{\ln m}{m} \right)^{1/2}$$

mit einer Konstanten $c_4 > 0$ für alle $k, m \in \mathbb{N}$, siehe (7.33) für $p = 1$. Zur Minimierung der unteren Schranke über alle k und m mit $k \cdot m \le n$ setzen wir

$$h(m) = \frac{m}{n} + \frac{\ln m}{m}.$$

Für $m \ge n^{1/2} \cdot (\ln n)^{1/2}$ gilt

$$h(m) \ge \frac{(\ln n)^{1/2}}{n^{1/2}},$$

und für $3 \le m \le n^{1/2} \cdot (\ln n)^{1/2}$ ergibt sich

$$h(m) \ge \frac{\ln(n^{1/2} \cdot (\ln n)^{1/2})}{n^{1/2} \cdot (\ln n)^{1/2}} \asymp \frac{(\ln n)^{1/2}}{n^{1/2}}.$$

Dies zeigt

$$\Delta(M_k^{(m)}, F) \ge c_5 \frac{(\ln n)^{1/4}}{n^{1/4}}$$

mit einer Konstanten $c_5 > 0$ für alle k, m und n wie oben. □

Das Monte Carlo-Verfahren $M_{k_n}^{(m_n)}$ erreicht also bis auf einen logarithmischen Term die Konvergenzordnung $1/4$. Wir zeigen nun, wie sich durch ein stochastisches Multilevel-Verfahren eine wesentlich bessere Konvergenzordnung erzielen läßt. Dazu bezeichnen wir mit $\varphi^{(\ell)}(x)$ die stückweise lineare Interpolation von $x \in C([0,T])$ an den Knoten $j/2^\ell \cdot T$ für $j = 0,\ldots,2^\ell$. Ausgangspunkt des Multilevel-Verfahrens sind die stückweise linearen Interpolationen

$$\varphi^{(\ell)}(W) = W^{(2^\ell)}, \qquad \ell = 0,\ldots,L,$$

der Brownschen Bewegung W zu den Zeitschrittweiten $T/2^\ell$ und die Zerlegung

$$\mathrm{E}(f(W^{(m)})) = \mathrm{E}(f(\varphi^{(0)}(W))) + \sum_{\ell=1}^{L} \mathrm{E}\big(f(\varphi^{(\ell)}(W)) - f(\varphi^{(\ell-1)}(W))\big) \tag{7.36}$$

mit $m = 2^L$.

Für die Berechnung des Erwartungswertes von $f(W^{(m)})$ verwenden wir nun anstelle von $M_k^{(m)}(f)$ unabhängige direkte Simulationen mit den Basisexperimenten

$$Z^{(0)}(f) = f(\varphi^{(0)}(W))$$

und

$$Z^{(\ell)}(f) = f(\varphi^{(\ell)}(W)) - f(\varphi^{(\ell-1)}(W)), \qquad \ell = 1,\ldots,L.$$

Während die Kosten dieser Basisexperimente mit wachsendem Level ℓ gegen unendlich streben, konvergieren ihre Varianzen für $f \in F$ gegen null, da $\varphi^{(\ell)}(W)$ und $\varphi^{(\ell-1)}(W)$ über W gekoppelt sind und beide im Sinn von (7.33) gegen W konvergieren. Durch eine geeignete Wahl von Wiederholungsanzahlen balanciert man beide Effekte, um im Vergleich mit $M_k^{(m)}(f)$ bei gleichen Kosten eine wesentlich kleinere Varianz zu erreichen.

Lemma 7.41. *Es gilt*

$$\mathrm{cost}(Z^{(\ell)},F) \asymp 2^\ell, \qquad \sup_{f\in F} \sigma^2(Z^{(\ell)}(f)) \leq c \cdot \frac{\ell}{2^\ell}$$

für alle $\ell \in \mathbb{N}$ mit einer Konstanten $c > 0$.

Beweis. Wegen

$$(\varphi^{(\ell-1)}(W))_t = (\varphi^{(\ell)}(W))_t$$

für $t = j/2^{\ell-1} \cdot T$ und $j = 0,\ldots,2^{\ell-1}$ benötigt man eine Realisierung der Zuwächse von W zur Zeitschrittweite $T/2^\ell$ und zwei Orakelaufrufe mit Kosten $2^\ell + 1$ bzw. $2^{\ell-1}+1$, um eine Realisierung des Basisexperiments $Z^{(\ell)}(f)$ zu erhalten. Insgesamt ergibt sich also $\mathrm{cost}(Z^{(\ell)},f) \asymp 2^\ell$, und diese Abschätzung gilt gleichmäßig für $f \in F$.

Zur Abschätzung der Varianzen verwenden wir

$$\begin{aligned}\sigma(Z^{(\ell)}(f)) &\leq \left(\mathrm{E}(f(\varphi^{(\ell)}(W)) - f(\varphi^{(\ell-1)}(W)))^2\right)^{1/2} \\ &\leq \left(\mathrm{E}(\|W - \varphi^{(\ell)}(W)\|_\infty^2)\right)^{1/2} + \left(\mathrm{E}(\|W - \varphi^{(\ell-1)}(W)\|_\infty^2)\right)^{1/2}.\end{aligned}$$

Zusammen mit (7.33) für $p = 2$ sichert dies die Existenz einer Konstanten $c > 0$ mit

$$\sigma(Z^{(\ell)}(f)) \leq c \cdot \ell^{1/2}/2^{\ell/2}$$

für alle $\ell \in \mathbb{N}$. □

Zur Definition des *Multilevel-Verfahrens* wählen wir $L \in \mathbb{N}$ und Wiederholungsanzahlen $k_0, \ldots, k_L \in \mathbb{N}$ für die Basisexperimente $Z^{(0)}(f), \ldots, Z^{(L)}(f)$, und wir betrachten unabhängige Kopien

$$W_{0,1}, \ldots, W_{0,k_0}, \ldots, W_{L,1}, \ldots, W_{L,k_L}$$

von W. Wir setzen $\kappa = (k_0, \ldots, k_L)$. Der Multilevel-Algorithmus $M_\kappa^{(L)}$ ist dann durch

$$M_\kappa^{(L)}(f) = \sum_{\ell=0}^{L} D_{k_\ell}^{(\ell)}(f) \tag{7.37}$$

mit

$$D_{k_0}^{(0)}(f) = \frac{1}{k_0} \sum_{i=1}^{k_0} f(\varphi^{(0)}(W_{0,i}))$$

und

$$D_{k_\ell}^{(\ell)}(f) = \frac{1}{k_\ell} \sum_{i=1}^{k_\ell} \left(f(\varphi^{(\ell)}(W_{\ell,i})) - f(\varphi^{(\ell-1)}(W_{\ell,i}))\right)$$

für $\ell = 1, \ldots, L$ definiert. Offenbar gilt

$$\mathrm{E}(M_\kappa^{(L)}(f)) = \mathrm{E}(f(W^{(m)}))$$

mit $m = 2^L$.

Satz 7.42. *Für $n \geq 2$ sei*

$$L_n = \lceil \ln n \rceil$$

und $\kappa_n = (k_{n,0}, \ldots, k_{n,L_n})$ mit

$$k_{n,\ell} = \lceil 2^{L_n - \ell}/L_n \rceil.$$

Dann gilt

$$\mathrm{cost}(M_{\kappa_n}^{(L_n)}, F) \leq c \cdot n$$

und

$$\Delta(M_{\kappa_n}^{(L_n)}, F) \leq c \cdot \frac{(\ln n)^{3/2}}{n^{1/2}}$$

mit einer Konstanten $c > 0$ für alle $n \geq 2$.

Beweis. Aufgrund der Unabhängigkeit von $D_{k_0}^{(0)}(f),\dots,D_{k_L}^{(L)}(f)$ gilt

$$\Delta^2(M_\kappa^{(L)},f)=\sum_{\ell=0}^{L}\sigma^2(D_{k_\ell}^{(\ell)}(f))+\left(\mathrm{E}(f(W)-f(W^{(m)}))\right)^2.$$

Wir verwenden (7.34), (7.35) und Lemma 7.41, um

$$\Delta^2(M_\kappa^{(L)},F)\le c_1\cdot\left(\sum_{\ell=0}^{L}\frac{\max(\ell,1)}{k_\ell\cdot 2^\ell}+\frac{L}{2^L}\right)$$

und

$$\mathrm{cost}(M_\kappa^{(L)},F)\le c_1\cdot\sum_{\ell=0}^{L}k_\ell\cdot 2^\ell$$

mit einer Konstanten $c_1>0$ für alle $L\in\mathbb{N}$ und $\kappa\in\mathbb{N}^{L+1}$ zu erhalten. Für die spezielle Wahl der Wiederholungsanzahlen $k_\ell=k_{n,\ell}$ ergibt sich

$$\sum_{\ell=0}^{L}k_\ell\cdot 2^\ell\le\sum_{\ell=0}^{L}(2^{L-\ell}/L+1)\cdot 2^\ell\le c_2\cdot 2^L$$

und

$$\sum_{\ell=0}^{L}\frac{\max(\ell,1)}{k_\ell\cdot 2^\ell}+\frac{L}{2^L}\le c_2\cdot\frac{L^3}{2^L}$$

mit einer Konstanten $c_2>0$ für alle $L\in\mathbb{N}$.

Somit gilt

$$\mathrm{cost}(M_\kappa^{(L)},F)\le c_3\cdot 2^L$$

und

$$\Delta(M_\kappa^{(L)},F)\le c_3\cdot\frac{L^{3/2}}{2^{L/2}}$$

mit einer Konstanten $c_3>0$ für alle $L\in\mathbb{N}$, und für die spezielle Wahl von L ergibt sich die Behauptung. □

Es genügt, den Bias des Multilevel-Verfahrens zu betrachten, um zu zeigen, daß die Wahl der Parameter aus Satz 7.42 bis auf einen logarithmischen Term optimal ist.

Satz 7.43. *Es existiert eine Konstante $c>0$, so daß*

$$\Delta(M_\kappa^{(L)},F)\ge c\cdot\frac{(\ln n)^{1/2}}{n^{1/2}}$$

mit

$$n=\mathrm{cost}(M_\kappa^{(L)},F)$$

für alle $L\in\mathbb{N}$ und $\kappa\in\mathbb{N}^{L+1}$ gilt.

Beweis. Für $L \in \mathbb{N}$ und $\kappa \in \mathbb{N}^{L+1}$ gilt

$$n = \mathrm{cost}(M_\kappa^{(L)}, F) \geq \mathrm{cost}(Z^{(L)}, F) + \mathrm{cost}(Z^{(L-1)}, F) \geq 2^{L+1}.$$

Wir setzen $m = 2^L$ und betrachten analog zum Beweis von Satz 7.40 das Funktional

$$f(x) = \tfrac{1}{2} \|x - x^{(m)}\|_\infty .$$

Dann gilt $f \in F$ sowie $f(W^{(m)}) = 0$, so daß

$$\Delta^2(M_\kappa^{(L)}, F) \geq (\mathrm{E}(f(W)))^2 \geq c \cdot \frac{\ln m}{m} \geq c \cdot \frac{\ln n}{n}$$

mit einer Konstanten $c > 0$ gilt, siehe (7.33) mit $p = 1$. □

Bis auf einen logarithmischen Term erreicht das Multilevel-Verfahren durch die Verwendung einer Skala von Zeitschrittweiten die Konvergenzordnung $1/2$. Gegenüber der Konvergenzordnung $1/4$, die bis auf einen logarithmischen Term bei Verwendung einer einzigen Zeitschrittweite erreicht wird, stellt dies eine erhebliche Verbesserung dar.

Die in Satz 7.43 angegebene untere Fehlerschranke gilt tatsächlich nicht nur für die betrachteten stochastischen Multilevel-Verfahren, sondern, wiederum bis auf einen logarithmischen Term, für alle randomisierten Verfahren M, die die Kostenschranke $\mathrm{cost}(M, F) \leq n$ einhalten. Die Folge von Multilevel-Verfahren aus Satz 7.42 ist somit, bis auf einen logarithmischen Term, asympotisch optimal. Die untere Schranke lautet wie folgt.

Satz 7.44. *Die Folge der minimalen Fehler randomisierter Algorithmen auf der Lipschitz-Klasse F erfüllt*

$$e_n^{\mathrm{ran}}(F) \geq c \cdot n^{-1/2}$$

mit einer Konstanten $c > 0$.

Beweis. Sei $n \geq 2$ und sei M ein randomisierter Algorithmus mit $\mathrm{cost}(M, F) \leq n$. Mit R_n bezeichnen wir die Menge der stückweise linearen Funktionen $y \in C([0, T])$, die höchstens $n - 2$ innere Knoten besitzen, d. h. $|D(y)| \leq n$, und wir betrachten den Abstand

$$f(x) = \inf\{\|x - y\|_\infty \mid y \in R_n\}, \qquad x \in C([0, T]),$$

von x zur Menge R_n. Es gilt $f \in F$, und wir verwenden das folgende Resultat über den durchschnittlichen Abstand der Brownschen Bewegung zur Menge R_n. Es existiert eine Konstante $c > 0$, so daß

$$(\mathrm{E}((f(W))^p)^{1/p} \approx c \cdot n^{-1/2} \tag{7.38}$$

für jedes $p \geq 1$, siehe Creutzig, Müller-Gronbach, Ritter [37, Thm. 2].

Wir setzen

$$A = \{\omega \in \Omega \mid \operatorname{cost}(M, f, \omega) \le 3n \wedge \operatorname{cost}(M, -f, \omega) \le 3n\}$$

und erhalten $P(A) \ge 1/3$ aus

$$2n \ge \int_\Omega \big(\operatorname{cost}(M, f, \omega) + \operatorname{cost}(M, -f, \omega)\big)\, \mathrm{d}P(\omega) \ge 3n \cdot P(A^c)\,.$$

Für $\omega \in A$ kann der deterministische Algorithmus $M(\cdot, \omega)$ die Funktionale f und $-f$ nur an Polygonen $y \in R_n$ auswerten. Für solche Polygone gilt $f(y) = 0$, so daß das Verfahren $M(\cdot, \omega)$ die Funktionale f und $-f$ nicht unterscheiden kann, d. h. $M(f, \omega) = M(-f, \omega)$. Es folgt

$$\begin{aligned} 2\Delta^2(M, F) &\ge \Delta^2(M, f) + \Delta^2(M, -f) \\ &\ge \int_A \big((M(f, \omega) - S(f))^2 + (M(f, \omega) + S(f))^2\big)\, \mathrm{d}P(\omega) \\ &\ge 2(S(f))^2 \cdot P(A) \ge 2/3 \cdot \mathrm{E}((f(W))^2)\,, \end{aligned}$$

und die Aussage des Satzes ergibt sich nun mit (7.38). □

Der Einsatz deterministischer Algorithmen zur Berechnung von Wiener-Integralen auf der Lipschitz-Klasse F muß selbst dann als aussichtslos bezeichnet werden, wenn man annimmt, daß die Funktionale $f \in F$ an beliebigen Funktionen $x \in C([0, T])$ mit den Kosten eins ausgewertet werden können. Für die minimalen Fehler $\tilde{e}_n^{\det}(F)$ deterministischer Verfahren, die höchstens n Funktionalauswertungen in $C([0, T])$ vornehmen, gilt nämlich

$$\tilde{e}_n^{\det}(F) \asymp (\ln n)^{-1/2}\,,$$

siehe Creutzig, Dereich, Müller-Gronbach, Ritter [38, Thm. 1, Prop. 3].

In Abschnitt 7.4.5 diskutieren wir stochastische Multilevel-Verfahren in einem allgemeineren Kontext, während wir hier nur noch auf das zu Beginn genannte Problem der Bewertung von Optionen im Black-Scholes-Modell eingehen. Der Einfachheit halber betrachten wir ein Modell mit einer Aktie, deren Preisverlauf durch eine eindimensionale geometrische Brownsche Bewegung

$$X_t = x_0 \cdot \exp((r - \sigma^2/2) \cdot t + \sigma \cdot W_t)\,, \qquad t \in [0, T]\,,$$

mit Anfangswert $x_0 > 0$, Volatilität $\sigma > 0$ und Zinsrate $r > 0$ beschrieben wird. Offenbar gilt $X = g(W)$ mit

$$(g(x))(t) = x_0 \cdot \exp((r - \sigma^2/2) \cdot t + \sigma \cdot x(t))\,, \qquad t \in [0, T]\,.$$

Die Auszahlung einer pfadabhängigen Option wird durch eine Abbildung

$$c \colon C([0, T]) \to \mathbb{R}$$

beschrieben, und ihr Preis $s(c)$ ist die erwartete diskontierte Auszahlung

$$s(c) = \exp(-r \cdot T) \cdot \mathrm{E}(c(X)) = \exp(-r \cdot T) \cdot \mathrm{E}(f(W))$$

mit $f = c \circ g$. Siehe Abschnitt 4.5.3.

Da g nur lokal Lipschitz-stetig ist, sind die Sätze dieses Abschnittes für praktisch relevante Auszahlungsfunktionen c nicht anwendbar. Der Einsatz von Multilevel-Verfahren ist jedoch ohne weiteres möglich und durch allgemeinere Resultate für die Approximation der Lösung von stochastischen Differentialgleichungen gerechtfertigt, siehe Abschnitt 7.4.5.

Die Wahl der Parameter L und κ für das Multilevel-Verfahren $M_\kappa^{(L)}$ gemäß Satz 7.42 beruht auf einer asymptotischen Analyse der maximalen Fehler und Kosten auf der Lipschitz-Klasse F. Monte Carlo-Methoden bieten jedoch die Möglichkeit der Varianzschätzung, und die Multilevel-Struktur ermöglicht es darüber hinaus den Bias zu schätzen. Dies erlaubt, im Verlaufe der Berechnung den Wert L und die Wiederholungsanzahlen k_ℓ auf den einzelnen Leveln mit dem Ziel zu bestimmen, eine gewünschte Genauigkeit einzuhalten. Wir verweisen auf Dereich, Heidenreich [41] und Giles, Waterhouse [69]. Eine durchgängige Analyse von Fehler und Kosten, die auch die Schätzung von Bias und Varianz berücksichtigt, ist bislang nicht verfügbar.

In Abschnitt 4.5.3 haben wir vorausgesetzt, daß die Auszahlung der betrachteten Option nur von den Werten der geometrischen Brownschen Bewegung zu diskreten Zeitpunkten abhängt, weshalb sich die Frage einer geeigneten Diskretisierung der zugrundeliegenden Brownschen Bewegung W in einem asymptotischen Sinn nicht stellt. Bei praktischen Berechnungen für Optionen, denen eine sehr feine Zeitdiskretisierung zugrunde liegt, kann der Einsatz von Multilevel-Verfahren aber sinnvoll sein.

7.4 Ausblick

Wir sprechen nun einige weiterführende Themen bei der numerischen Integration an, wobei die hochdimensionale Integration eine besondere Rolle spielt und wir neben den Mengen F_d^r weitere Funktionenklassen betrachten werden. Die Literatur über Fehlerschranken für deterministische und randomisierte Algorithmen zur endlich-dimensionalen Integration ist sehr umfangreich, und wir verweisen auf Heinrich [80], Novak [145, 148], Novak, Woźniakowski [152, 153], Ritter [167] und Traub, Wasilkowski, Woźniakowski [191]. Grundlegende Beweisideen stammen bereits aus der Arbeit von Bakhvalov [8] aus dem Jahr 1959. Untere Schranken für deterministische Algorithmen lassen sich oft mit Varianten von Satz 7.11 beweisen. Zum Beweis von unteren Schranken für randomisierte Algorithmen werden oft Satz 7.33 und Varianten von Satz 7.34 verwendet. Seit einigen Jahren werden unendlich-dimensionale Integrationsprobleme, insbesondere im Kontext stochastischer Differentialgleichungen, intensiv studiert. Wir skizzieren Methoden und präsentieren Ergebnisse zu dieser Fragestellung in einem Abschnitt über stochastische Multilevel-Algorithmen.

7.4.1 Funktionen mit beschränkten gemischten Ableitungen

Von besonderem Interesse sind für große Dimensionen d Klassen von Funktionen mit sogenannten beschränkten gemischten Ableitungen. Dabei wird nicht wie bei der Klasse F_d^r die Existenz, Stetigkeit und gleichmäßige Beschränktheit aller partiellen Ableitungen der Ordnung r, sondern entsprechendes für alle Ableitungen der Form $f^{(\alpha)}$ mit

$$\alpha \in \{0, \ldots, m\}^d$$

gefordert, man kann also simultan nach jeder Variablen m mal differenzieren. Diese Annahme ist offenbar stärker als $f \in C^m(G)$, aber schwächer als $f \in C^{m \cdot d}(G)$. Zur Motivation einer solchen Glattheitsannahme betrachten wir eine Funktion f in d Variablen, die eine Summe von r-fach stetig differenzierbaren Funktionen in höchstens k Variablen ist. Dann existiert mit $f^{(m,\ldots,m)}$ für $m = \lfloor r/k \rfloor$ eine partielle Ableitung der Ordnung $|\alpha| = m \cdot d$, aber es gilt nicht notwendig $f \in C^{m \cdot d}(G)$.

Die n-ten minimalen Fehler auf solchen Klassen von Funktionen mit beschränkten gemischten Ableitungen sind in vielen Fällen bis auf Potenzen von $\ln n$ asymptotisch äquivalent zu n^{-m}. In obiger Situation ergibt sich also im wesentlichen die Konvergenzordnung r/k, während Korollar 7.21 nur auf die Konvergenzordnung r/d führt. Der Unterschied ist dann besonders groß, wenn eine Funktion in vielen Variablen die Summe von Funktionen in wenigen Variablen ist. Als Beispiel erwähnen wir die Modellierung von Wechselwirkungspotentialen in der Physik für ℓ Teilchen im dreidimensionalen Raum; hier gilt $d = 3\ell$ und $k = 6$.

Wir betrachten exemplarisch die Klassen

$$F_d = \{f \in C([0,1]^d) \mid f^{(\alpha)} \in C([0,1]^d) \text{ und } \|f^{(\alpha)}\|_2 \leq 1 \text{ für } \alpha \in \{0,1\}^d\},$$

bei denen man die Konvergenzordnung der minimalen Fehler im deterministischen Fall kennt; es gilt

$$e_n^{\det}(F_d) \asymp n^{-1} \cdot (\ln n)^{(d-1)/2}, \tag{7.39}$$

und diese Konvergenzordnung wird von Quadraturformeln

$$Q_n(f) = \frac{1}{n} \sum_{i=1}^{n} f(x_i)$$

mit gleichen Gewichten $1/n$ erreicht. Dafür müssen die Knoten x_i „gleichmäßig" im Würfel $[0,1]^d$ verteilt sein, und tatsächlich ist (7.39) ein tiefliegender Satz der Theorie der geometrischen *Diskrepanz*. Wir verweisen auf Dick, Pillichshammer [45], Matoušek [126] und Niederreiter [144], und wir bemerken hier lediglich, daß achsenparallele Gitter völlig ungeeignet sind. Die untere Abschätzung in (7.39) wurde von Roth [171] im Jahr 1954 bewiesen, die obere erst 26 Jahre später von Roth [172] und unabhängig von Frolov [60].

Für die Klasse der randomisierten Algorithmen existiert für jede Dimension d eine Konstante $c_d > 0$, so daß

$$\tilde{e}_n^{\text{ran}}(F_d) \le c_d \cdot n^{-3/2} \cdot (\ln n)^{3(d-1)/2} \tag{7.40}$$

für alle $n \ge 2$ gilt. Wir skizzieren den Beweis: Zunächst verwendet man ein deterministisches Verfahren, nämlich den *Smolyak-Algorithmus* bzw. *dünne Gitter*, um die Funktionen $f \in F_d$ mit n Funktionsauswertungen durch Funktionen f_n zu approximieren. Man erhält

$$\sup_{f \in F_d} \|f - f_n\|_2 \le \tilde{c}_d \cdot n^{-1} \cdot (\ln n)^{3(d-1)/2}$$

mit einer Konstanten $\tilde{c}_d > 0$ für alle $n \in \mathbb{N}$, siehe Sickel, Ullrich [180] und Triebel [193]. Indem man f_n als Hauptteil von f auffaßt und exakt integriert, und das Integral von $f - f_n$ mit der klassischen direkten Simulation mit n Wiederholungen berechnet, erhält man einen randomisierten Algorithmus, der $2n$ Funktionsauswertungen verwendet und die obere Schranke (7.40) liefert. Dieses Vorgehen ist uns aus den Abschnitten 5.5 und 7.2.3 bekannt.

Man sieht leicht ein, daß in der Abschätzung (7.40) höchstens der logarithmische Term verbessert werden kann. Eine triviale untere Schranke für die minimalen Fehler randomisierter Algorithmen ergibt sich nämlich wie folgt. Für $f \in F_1$ und $g(x_1, \dots, x_d) = f(x_1)$ gilt $g \in F_d$, woraus

$$\tilde{e}_n^{\text{ran}}(F_d) \ge \tilde{e}_n^{\text{ran}}(F_1)$$

folgt. Der Beweis der unteren Schranke in Satz 7.36 zeigt

$$\tilde{e}_n^{\text{ran}}(F_1) \ge c \cdot n^{-3/2}$$

für alle $n \in \mathbb{N}$ mit einer Konstanten $c > 0$. Die oben konstruierten randomisierten Algorithmen sind also, zumindest bis auf logarithmische Terme, asymptotisch optimal. Ob die Abschätzung (7.40) tatsächlich scharf ist, ist bislang nicht bekannt.

Wir halten fest, daß sowohl für deterministische wie für randomisierte Algorithmen die Asymptotik der minimalen Fehler auf den Klassen F_d nur in geringem Maße von der Dimension d abhängt.

Abschätzungen der Form (7.39) und (7.40) sind für große Dimensionen d jedoch nur von theoretischem Interesse. Für $p, q > 0$ ist nämlich die Abbildung $y \mapsto y^{-p} \cdot (\ln y)^q$ monoton wachsend auf $[1, \exp(q/p)]$, während n-te minimale Fehler per definitionem monoton fallend in n sind. Aus diesem Grund sind die Schranken (7.39) und (7.40) für $n \le \exp((d-1)/2)$ bzw. $n \le \exp(d-1)$, und damit in großen Dimensionen d für alle praktisch relevanten Kostenschranken n, wertlos.

7.4.2 Tractability und der Fluch der Dimension

Wir haben in den Sätzen 7.20 und 7.38 die Konvergenzordnung der minimalen Fehler für die Klassen F_d^r bestimmt, die r/d im Fall von deterministischen Algorithmen bzw. $r/d + 1/2$ im Fall von randomisierten Algorithmen beträgt. Wir diskutieren diese Ergebnisse nun mit Blick auf die Dimensionsabhängigkeit genauer und stellen dazu die Frage, wie groß man die (mittlere) Anzahl n der Funktionsauswertungen in Abhängigkeit von d wählen muß, damit eine vorgegebene Fehlertoleranz $\varepsilon > 0$ eingehalten werden kann. Die genannten Sätze geben hierzu keine Auskunft, da sie nur asymptotische Aussagen für gegen unendlich strebende Kosten bzw. Anzahlen von Funktionsauswertungen bei fester Dimension d machen.

Wir behandeln zunächst deterministische Algorithmen und betrachten dabei den einfachsten Fall, nämlich $r = 1$. Naheliegend ist etwa die Verwendung der Mittelpunktregel Q_n mit $n = k^d$ Punkten, deren Fehler auf der Klasse F_d^1 sich leicht bestimmen läßt. Es gilt

$$\Delta(Q_n, F_d^1) = \frac{d}{4} \cdot n^{-1/d},$$

siehe Aufgabe 7.6. Will man also mit der Mittelpunktregel die vorgegebene Fehlerschranke ε einhalten, so muß $n \geq \lceil (d/(4\varepsilon))^d \rceil$ erfüllt sein und somit muß n stärker als exponentiell mit der Dimension d wachsen. Zur Behandlung der Frage, ob alle deterministischen Algorithmen diese Eigenschaft besitzen, untersuchen wir die eng mit der ε-Komplexität $\mathrm{comp}^{\mathrm{det}}(F_d^1, \varepsilon)$ verwandte Größe

$$n^{\mathrm{det}}(F_d^1, \varepsilon) = \inf\{n \in \mathbb{N} \mid \tilde{e}_n^{\mathrm{det}}(F_d^1) \leq \varepsilon\}. \tag{7.41}$$

Sei $\widetilde{F}_d^1$ die Klasse aller Lipschitz-stetigen Funktionen $f\colon [0,1]^d \to \mathbb{R}$ mit

$$|f(x) - f(y)| \leq \|x - y\|_\infty$$

für alle $x, y \in [0,1]^d$. Für $n = k^d$ mit $k \in \mathbb{N}$ gilt

$$\tilde{e}_n^{\mathrm{det}}(\widetilde{F}_d^1) = \Delta(Q_n, \widetilde{F}_d^1) = \frac{d}{2d+2} \cdot n^{-1/d},$$

siehe Sukharev [188], und hiermit kann man für F_d^1 die Abschätzung

$$\tilde{e}_n^{\mathrm{det}}(F_d^1) \geq \frac{d}{2d+2} \cdot n^{-1/d}$$

beweisen. Es folgt

$$n^{\mathrm{det}}(F_d^1, \varepsilon) \geq \left(\frac{d}{2d+2} \cdot \frac{1}{\varepsilon} - 1\right)^d,$$

so daß für jedes $\varepsilon < 1/2$ die Zahl $n^{\mathrm{det}}(F_d^1, \varepsilon)$ mindestens exponentiell mit der Dimension d wächst.

Dieses Verhalten nennt man den *Fluch der Dimension*, der anschaulich besagt, daß die Klassen F_d^1 für die Integration selbst mit optimalen deterministischen Algorithmen in hohen Dimensionen d zu groß sind, um mit realistischem Kostenaufwand gute Approximationen zu erhalten. Umgekehrt sagt man, daß ein Problem wie die numerische Integration *tractable* für eine Folge F_d von Klassen von Funktionen $f\colon [0,1]^d \to \mathbb{R}$ ist, falls positive Konstanten c, α und β mit

$$n^{\det}(F_d,\varepsilon) \le c \cdot d^{\alpha} \cdot \varepsilon^{-\beta}$$

für alle $\varepsilon < 1$ und $d \in \mathbb{N}$ existieren. Die Größen $n^{\det}(F_d,\varepsilon)$ sind dabei analog zu (7.41) definiert. Ein Beweis dieser Eigenschaft erfordert obere Fehlerschranken, die explizit die Dimensionsabhängigkeit erfassen. Eine untere Schranke der Form

$$\tilde{e}_n^{\det}(F_d) \ge c_d \cdot n^{-r/d}$$

mit Konstanten $c_d > 0$ wie in Satz 7.20 schließt tractability aus, aber selbst eine obere Schranke der Form

$$\tilde{e}_n^{\det}(F_d) \le c_d \cdot n^{-r} \tag{7.42}$$

impliziert nicht notwendig tractability. Im Fall der Funktionenklassen

$$F_d^{\infty} = \{ f \in C^{\infty}([0,1]^d) \mid \|f^{(\alpha)}\|_{\infty} \le 1 \text{ für alle } \alpha \in \mathbb{N}^d \},$$

zeigt Korollar 7.21, daß sogar für jedes $r > 0$ eine Konstante $c_d = c_{d,r}$ existiert, so daß (7.42) für alle $n \in \mathbb{N}$ gilt. Ob das Integrationsproblem für diese Klassen tractable ist, ist bislang unbekannt.

Für eine umfassende Behandlung des Themas tractability verweisen wir auf Novak, Woźniakowski [152, 153]. Prinzipiell gibt es zwei Möglichkeiten, dem Fluch der Dimension zu begegnen:

- Man kann versuchen, durch zusätzliches Wissen über die problemspezifischen Funktionen die Inputklassen F_d so zu verkleinern, daß tractability erreicht wird.
- Man kann untersuchen, ob das Problem durch den Übergang zur größeren Klasse der randomisierten Algorithmen tractable wird.

Zur Illustration der ersten Möglichkeit betrachten wir den Fall, daß f eine physikalische Größe beschreibt, etwa ein Potential, das von ℓ Massepunkten und ihren $d = 3\ell$ Koordinaten abhängt. Dann ist f oft, wie bereits in Abschnitt 7.4.1 erläutert wurde, von der Form

$$f(z_1, z_2, \ldots, z_\ell) = \sum_{i,j=1}^{\ell} f_{i,j}(z_i, z_j),$$

wobei die Variable z_i für die 3 Koordinaten des i-ten Teilchens in einer Konfiguration steht. Somit ist f zwar eine Funktion von 3ℓ reellen Variablen, läßt sich aber als Summe von Funktionen, die jeweils nur von 6 reellen Variablen abhängen, schreiben. Dies führt zu Funktionenklassen, die in der Literatur unter dem Stichwort „finite order weights" untersucht werden und in vielen Fällen hinreichend klein sind, um tractability zu erhalten, siehe Novak, Woźniakowski [152, 153].

Die zweite Möglichkeit läßt sich leicht anhand der Funktionenklassen F_d^1 veranschaulichen. Wir betrachten dazu die klassische Monte Carlo Methode D_n, die den maximalen Fehler

$$\Delta(D_n, F_1^d) = (d/12)^{1/2} \cdot n^{-1/2}$$

besitzt, siehe Beispiel 7.32. Es folgt $\Delta(D_n, F_1^d) \le \varepsilon$ für $n = \lceil d/(12\varepsilon^2) \rceil$, so daß dieses Problem tractable für randomisierte Algorithmen ist.

7.4.3 Zur Überlegenheit randomisierter Algorithmen

Eine zentrale Frage, nicht nur für die numerische Integration, sondern allgemein für algorithmische Problemstellungen der stetigen und der diskreten Mathematik, betrifft die Überlegenheit randomisierter Verfahren. Bei der Integration auf den Klassen F_d^r gewinnt man, wie die Sätze 7.20 und 7.38 und ihre Korollare zeigen, durch den Übergang von deterministischen Algorithmen zu randomisierten Algorithmen die Konvergenzordung 1/2, und ein entsprechendes Ergebnis gilt auch bei der Berechnung von Wiener-Integralen, siehe Abschnitt 7.3. Man kann sich fragen, ob dies für beliebige Integrationsprobleme gilt, oder ob zumindest stets eine Überlegenheit vorliegt.

Ein einfaches Gegenbeispiel ist

$$F = \left\{ f \in C^1([0,1]) \mid \int_0^1 |f'(x)| \, \mathrm{d}x \le 1 \right\}.$$

Für diese Funktionenklasse kann man mit den Techniken, die wir in diesem Kapitel kennengelernt haben, folgendes nachweisen: Mit deterministischen Algorithmen, die n Funktionswerte benutzen, erreicht man

$$\tilde{e}_n^{\mathrm{det}}(F) = \frac{1}{2n},$$

und die Mittelpunktregel ist optimal. Die Konvergenzordnung eins läßt sich mit Hilfe von randomisierten Algorithmen nicht verbessern, denn es gilt die untere Schranke

$$\tilde{e}_n^{\mathrm{ran}}(F) \ge \frac{\sqrt{2}}{8n},$$

siehe Aufgabe 7.9.

Wir erwähnen noch ein ähnliches Ergebnis für die Klassen F_d^r, das sich auf die *globale Optimierung* bezieht. Gesucht ist das Supremum

$$S(f) = \sup_{x \in [0,1]^d} f(x)$$

von $f \in F_d^r$. Die für die numerische Integration bereitgestellten Grundbegriffe stehen auch für die Analyse der globalen Optimierung zur Verfügung. Bei der Definition des (maximalen) Fehlers von deterministischen und randomisierten Algorithmen ist lediglich statt $S(f) = \int_{[0,1]^d} f(x) \, \mathrm{d}x$ die oben definierte Abbildung S einzusetzen. Es gilt

$$\tilde{e}_n^{\mathrm{det}}(F_d^r) \asymp \tilde{e}_n^{\mathrm{ran}}(F_d^r) \asymp n^{-r/d},$$

so daß die Konvergenzordnung sowohl für deterministische als auch für randomisierte Algorithmen r/d beträgt, siehe Nemirovsky, Yudin [142], Novak [145, Sec. 2.2.8] und Traub, Wasilkowski, Woźniakowski [191, Sec. 11.4.1.2]. Wieder zeigt sich, daß der Übergang zu randomisierten Algorithmen keineswegs immer die Konvergenzordnung verbessert.

7.4.4 Average Case-Analyse

In Abschnitt 7.2.2 haben wir durchschnittliche Fehler als wichtiges technisches Hilfsmittel zum Beweis unterer Schranken für randomisierte Algorithmen kennengelernt. Tatsächlich besteht ein eigenständiges Interesse an der Analyse durchschnittlicher Fehler und Kosten, da man Algorithmen nicht nur nach ihrer schlechtesten Performance, d.h. für die jeweils „schwierigsten" Inputs, beurteilen, sondern auch das Verhalten im Mittel für typische Inputs verstehen möchte. Man spricht dann auch von einer average case-Analyse. Wir verweisen auf Novak [145], Ritter [167], Traub, Wasilkowski, Woźniakowski [191], sowie für Probleme der Diskreten Mathematik auf Frieze, Reed [59].

Im Kontext der numerischen Integration benötigt man dazu Wahrscheinlichkeitsmaße μ auf typischerweise unendlich-dimensionalen Räumen F von Funktionen $f\colon G \to \mathbb{R}$. Besonders häufig werden sogenannte Gauß-Maße verwendet, die unter geeigneten Annahmen durch die Vorgabe einer Mittelwertfunktion $m\colon G \to \mathbb{R}$ und eines Kovarianzkerns $K\colon G \times G \to \mathbb{R}$ eindeutig bestimmt sind. Durch m legt man die durchschnittlichen Funktionswerte fest, da

$$m(x) = \int_F f(x)\,\mathrm{d}\mu(f), \qquad x \in G,$$

während K die Kovarianzen

$$K(x,y) = \int_F (f(x) - m(x)) \cdot (f(y) - m(y))\,\mathrm{d}\mu(f), \qquad x,y \in G,$$

spezifiziert. Bei der numerischen Integration mittels Quadraturformeln ist dann für jede Wahl der Knoten $x_1,\dots,x_n \in G$ die gemeinsame Verteilung der Zufallsvariablen $S(f), f(x_1),\dots,f(x_n)$ eine $n+1$-dimensionale Normalverteilung, deren Erwartungswert und Kovarianzmatrix von der Wahl der Knoten sowie von m und K abhängen, siehe Abschnitt 4.4.

Das klassische Beispiel eines Gauß-Maßes ist das Wiener-Maß μ auf dem Raum $F = C([0,1])$, siehe Abschnitt 7.3, für das $m = 0$ und $K(x,y) = \min(x,y)$ gilt. Dieses Maß ist konzentriert auf der Menge der Hölder-stetigen Funktionen mit Exponent $\beta < 1/2$, weshalb ein Vergleich der Ordnung minimaler Fehler deterministischer Algorithmen, einmal im worst case auf $F_{L,\beta}$, siehe Abschnitt 5.5, und andererseits im average case bezüglich μ, naheliegend und interessant ist. Die average case-Analyse stammt von Suldin [189] aus dem Jahr 1959, und sie bildet den Ausgangspunkt dieser Forschungsrichtung. Man erreicht die Ordnungen β im worst case bzw. eins im average case, siehe Satz 5.35 und Aufgabe 7.14. Der Unterschied erklärt sich intuitiv folgendermaßen anhand der Trapezregel mit äquidistanten Knoten, die in beiden Fällen die obere Schranke liefert. Im worst case betrachtet man, wenn man die Funktionswerte null an allen Knoten erhält, analog zur Vorgehensweise im Beweis von Satz 7.8, stückweise Potenzfunktionen mit Exponent β, die alle dasselbe Vorzeichen haben; im average case gibt es auf den Teilintervallen zufällige Abweichungen von null nach oben und nach unten, die sich im Mittel teilweise ausgleichen.

Besonders interessant ist die Analyse durchschnittlicher Fehler und Kosten bei nichtlinearen Problemen, wie etwa der globalen Optimierung oder der *Nullstellenbestimmung*. Hier erhält man teilweise qualitativ völlig andere Ergebnisse als in einer vergleichbaren worst case-Analyse. So zeigt sich bei der globalen Optimierung die große Überlegenheit adaptiver Algorithmen nur bei einer average case-Analyse, siehe Calvin [32, 33] und Ritter [166]. Ähnliches gilt für adaptive Stoppregeln bei schnell konvergenten Nullstellen-Algorithmen, siehe Novak, Ritter, Woźniakowski [151].

Auch in einer average case-Analyse kann man deterministische und randomisierte Algorithmen vergleichen. Der Satz von Fubini zeigt

$$\int_F \int_\Omega (S(f) - M(f,\omega))^2 \, \mathrm{d}P(\omega) \, \mathrm{d}\mu(f) = \int_\Omega \int_F (S(f) - M(f,\omega))^2 \, \mathrm{d}\mu(f) \, \mathrm{d}P(\omega)$$

für jeden randomisierten Algorithmus M, woraus typischerweise folgt, daß randomisierte Algorithmen deterministischen Algorithmen nicht überlegen sind.

7.4.5 Stochastische Multilevel-Verfahren

In Abschnitt 7.3 haben wir die Multilevel-Methode zur Integration von Funktionalen bezüglich des Wiener-Maßes eingeführt und unter einer Lipschitz-Annahme an die Integranden ihre asymptotische Optimalität, bis auf einen logarithmischen Term, nachgewiesen. Tatsächlich sind solche Verfahren in viel größerem Umfang anwendbar. So wurde die Multilevel-Methode ursprünglich von Heinrich [81, 82] und Heinrich, Sindambiwe [84] zur Varianzreduktion bei der numerischen Lösung von Integralgleichungen zweiter Art sowie für das damit verwandte Problem der parametrischen Integration entwickelt. Die Grundidee ist wie bei der Berechnung von Wiener-Integralen die Verwendung von Approximationen auf verschiedenen Diskretisierungsstufen zusammen mit einer geeigneten stochastischen Kopplung, wobei im Unterschied zur numerischen Integration die gesuchten Lösungen bei beiden oben genannten Problemen nicht reelle Zahlen, sondern reellwertige Funktionen, etwa auf dem Definitionsbereich $[0,1]^d$, sind.

Unabhängig davon wurden stochastische Multilevel-Verfahren von Giles [67] im Kontext *stochastischer Differentialgleichungen* eingeführt. Solche Gleichungen haben im skalaren autonomen Fall die Form

$$\begin{aligned} \mathrm{d}X_t &= a(X_t)\,\mathrm{d}t + b(X_t)\,\mathrm{d}W_t\,, \qquad & t \in [0,T]\,,\\ X_0 &= x_0\,, \end{aligned}$$

wobei $W = (W_t)_{t\in[0,T]}$ eine Brownsche Bewegung ist, $x_0 \in \mathbb{R}$ den Anfangswert bezeichnet, und $a, b\colon \mathbb{R} \to \mathbb{R}$ hinreichend glatte Funktionen sind, die Drift- bzw. Diffusionskoeffizient genannt werden. Die Lösung $X = (X_t)_{t\in[0,T]}$ ist wie die Brownsche Bewegung ein stochastischer Prozeß mit stetigen Pfaden, und sie erfüllt die Anfangsbedingung $X_0 = x_0$. Im Spezialfall $x_0 = 0$, $a = 0$ und $b = 1$ erhält man $X = W$.

Zur Lösungstheorie von stochastischen Differentialgleichungen verweisen wir auf Karatzas, Shreve [100, Chap. 5]. Wir stellen hier nur ein elementares, aber wichtiges Beispiel vor. Sind a und b lineare Funktionen

$$a(x) = \mu \cdot x, \qquad b(x) = \sigma \cdot x,$$

so ist die Lösung eine geometrische Brownsche Bewegung

$$X_t = x_0 \cdot \exp((\mu - \sigma^2/2) \cdot t + \sigma \cdot W_t)\,, \qquad t \in [0,T]\,.$$

Bis auf einige weitere Ausnahmefälle lassen sich, wie für gewöhnliche Differentialgleichungen, Lösungen stochastischer Differentialgleichungen nicht explizit angeben, so daß numerische Verfahren zur Approximation der Pfade $t \mapsto X_t(\omega)$ des Lösungsprozesses X zum Einsatz kommen. Wir verweisen hierzu auf Kloeden, Platen [106].

Das bekannteste numerische Verfahren ist das von Maruyama [125] eingeführte *Euler-Maruyama-Verfahren*, das formal dem Euler-Verfahren für gewöhnliche Differentialgleichungen entspricht, da in beiden Fällen die Koeffizienten der Gleichung lokal konstant gehalten und mit Zuwächsen des Zeitparameters bzw. der Brownschen Bewegung multipliziert werden. Für eine äquidistante Diskretisierung des Zeitintervalls $[0,T]$ mit den Knoten

$$t_j = j/m \cdot T\,, \qquad j = 0,\ldots,m,$$

ist dieses Verfahren durch $X_0^{(m)} = x_0$ und

$$X_{t_{j+1}}^{(m)} = a(X_{t_j}^{(m)}) \cdot T/m + b(X_{t_j}^{(m)}) \cdot (W_{t_{j+1}} - W_{t_j})$$

für $j = 0,\ldots,m-1$ definiert. Durch stückweise lineare Interpolation erhält man einen stochastischen Prozeß $X^{(m)} = (X^{(m)})_{t\in[0,T]}$ mit stetigen Pfaden. Für den Spezialfall $x_0 = 0$, $a = 0$ und $b = 1$ ist $X^{(m)}$ die in Abschnitt 7.3 untersuchte stückweise lineare Interpolation $W^{(m)}$ von W.

Für skalare stochastische Differentialgleichungen besteht das Integrationsproblem in der Berechnung von Erwartungswerten

$$S(f) = \mathrm{E}(f(X))$$

geeigneter Funktionale

$$f\colon C([0,T]) \to \mathbb{R}.$$

Der Integration auf $C([0,T])$ liegt also nun statt des Wiener-Maßes P_W allgemeiner die Verteilung P_X der Lösung der stochastischen Differentialgleichung zugrunde.

Bei der Konstruktion von Multilevel-Verfahren zur Berechnung von $\mathrm{E}(f(X))$ verfährt man analog zu Abschnitt 7.3. Die Grundlage bilden Folgen von Approximationen $\varphi^{(\ell)}(W)$ der Lösung X mit Abbildungen

$$\varphi^{(\ell)}\colon C([0,T]) \to C([0,T])$$

sowie die Zerlegung

$$\mathrm{E}(f(\varphi^{(L)}(W))) = \mathrm{E}(f(\varphi^{(0)}(W))) + \sum_{\ell=1}^{L} \mathrm{E}\big(f(\varphi^{(\ell)}(W)) - f(\varphi^{(\ell-1)}(W))\big),$$

und mit entsprechenden unabhängigen Kopien definiert man analog zu (7.37) die Multilevel-Algorithmen $M_K^{(L)}$.

Wählt man die Euler-Maruyama-Verfahren

$$\varphi^{(\ell)}(W) = X^{(2^\ell)},$$

so ergeben sich im Spezialfall $x_0 = 0$, $a = 0$ und $b = 1$ genau die in Abschnitt 7.3 untersuchten Multilevel-Algorithmen, deren Analyse auf den Abschätzungen (7.33) und (7.38) beruht. Analoge Abschätzungen erhält man für stochastische Differentialgleichungen mit stetig differenzierbaren Koeffizienten a und b, die jeweils beschränkte Ableitungen besitzen und $b(x_0) \neq 0$ erfüllen. In diesem Fall gilt

$$(\mathrm{E}(\|X - X^{(m)}\|_\infty^p))^{1/p} \approx \sqrt{T/2} \cdot \Big(\mathrm{E}\Big(\sup_{t\in[0,T]} |b(X_t)|^p\Big)\Big)^{1/p} \cdot \frac{(\ln m)^{1/2}}{m^{1/2}},$$

siehe Müller-Gronbach [140, Thm. 2], und

$$(\mathrm{E}(\inf\{\|X - y\|_\infty^p \mid y \in R_n\}))^{1/p} \asymp n^{-1/2},$$

siehe Creutzig, Müller-Gronbach, Ritter [37, Thm. 3], wobei R_n den Raum der stückweise linearen stetigen Funktionen mit höchstens $n-2$ inneren Knoten bezeichnet. In völlig unveränderter Weise lassen sich deshalb die Ergebnisse der Sätze 7.42 und 7.44 vom Spezialfall der Brownschen Bewegung auf die Lösung von stochastischen Differentialgleichungen übertragen. Insbesondere erreicht die Folge der auf dem Euler-Maruyama-Verfahren basierenden Multilevel-Methoden mit der Parameterwahl gemäß Satz 7.42 auf der Klasse F der Lipschitz-stetigen Funktionale f mit Lipschitz-Konstante $L = 1$ bis auf einen logarithmischen Term die Konvergenzordnung $1/2$ und ist modulo dieser Restriktion asymptotisch optimal in der Klasse aller randomisierten Algorithmen für F. Analog zu Satz 7.40 läßt sich ferner nachweisen, daß Standardverfahren, die auf unabhängigen Wiederholungen des

Euler-Maruyama-Verfahrens mit einer einzigen Schrittweite beruhen, bis auf einen logarithmischen Term nur die Konvergenzordnung $1/4$ erreichen können.

Die Einsatzmöglichkeiten von Multilevel-Algorithmen für stochastische Differentialgleichungen und ihre Überlegenheit gegenüber Standardverfahren, die mit einer einzigen Zeitschrittweite arbeiten, sind nicht auf den Fall Lipschitz-stetiger Funktionale $f\colon C([0,T]) \to \mathbb{R}$ beschänkt. So betrachtet man auch Funktionale, die nur vom Wert der Lösung X zum Endzeitpunkt abhängen oder andere, insbesondere schwächere Glattheitseigenschaften besitzen. Zur Motivation nennen wir die Bewertung von pfadunabhängigen Optionen oder von Barriere-Optionen in finanzmathematischen Anwendungen, und wir verweisen auf Avikainen [6], Giles [67] und Giles, Higham, Mao [68].

Aufgaben

Aufgabe 7.1. Für paarweise verschiedene Punkte $x_1,\dots,x_r \in [0,1]$ und $f \in C^r([0,1])$ sei

$$\|f\| = \max\big(|f(x_1)|,\dots,|f(x_r)|,\|f^{(r)}\|_\infty\big).$$

a) Zeigen Sie, daß $\|\cdot\|$ eine Norm auf $C^r([0,1])$ definiert.

b) Zeigen Sie, daß eine Konstante $c > 0$ existiert, so daß

$$\|f^{(k)}\|_\infty \le c \cdot \|f\|$$

für alle $f \in C^r([0,1])$ und $0 \le k < r$ gilt.

Dies zeigt insbesondere, daß die Einheitskugeln

$$\widetilde{F}^r = \{f \in C^r([0,1]) \mid \|f\| \le 1\}$$

die Eigenschaft $\widetilde{F}^r \subset c \cdot \widetilde{F}^{r-1}$ besitzen.

c) Formulieren und beweisen Sie eine analoge Aussage für r-fach stetig differenzierbare Funktionen auf $[0,1]^d$.

Aufgabe 7.2. Betrachten Sie die Folge der Trapezregeln $Q_n = T_n$ oder der Gauß-Formeln $Q_n = G_n$ zur Integration von Funktionen $f\colon [0,1] \to \mathbb{R}$. Zeigen Sie, daß

$$\lim_{n\to\infty} Q_n(f) = S(f)$$

für alle $f \in C([0,1])$ gilt.

Aufgabe 7.3. Betrachten Sie das Integrationsproblem für die Klassen F^r, siehe Beispiel 7.4.

a) Zeigen Sie $\Delta(T_n, F^r) = \infty$ für den maximalen Fehler jeder Trapezregel T_n auf allen Klassen F^r mit $r \ge 3$.

b) Zeigen Sie $\tilde{e}_n^{\det}(F^r) = \infty$ für $r > 2n$.

Aufgabe 7.4.

a) Sei $\delta > 0$. Konstruieren Sie stetig differenzierbare Approximationen g der Betragsfunktion auf $\mathbb{R}$, die $\sup_{x\in\mathbb{R}} ||x| - g(x)| \leq \delta$, $\sup_{x\in\mathbb{R}} |g'(x)| = 1$ und $g(0) = 0$ bzw. $g(x) = |x|$ für $|x| \geq \delta$ erfüllen.

b) Benutzen Sie Teil a), um die in den Beweisen der Sätze 7.8 und 7.36 verwendeten Funktionen f_1 bzw. g_i zu konstruieren.

Aufgabe 7.5. Gegeben sei eine Quadraturformel Q_k mit k Knoten $x_1, \dots, x_k \in [0,1]$ und Gewichten $a_1, \dots, a_k \in \mathbb{R}$ zur Integration von Funktionen $f\colon [0,1] \to \mathbb{R}$. Durch

$$Q_k^d(f) = \sum_{i_1=1}^{k} \cdots \sum_{i_d=1}^{k} a_{i_1} \cdots a_{i_d} \cdot f(x_{i_1}, \dots, x_{i_d})$$

wird dann eine Quadraturformel zur Integration von Funktionen $f\colon [0,1]^d \to \mathbb{R}$ definiert, die als d-faches *Tensorprodukt* von Q_k bezeichnet wird.

Betrachten Sie die Funktionenklasse F_d^r, und zeigen Sie

$$\Delta(Q_k^d, F_d^r) \leq \left(\sum_{j=0}^{d-1} A^j\right) \cdot \Delta(Q_k, F_1^r)$$

mit $A = \sum_{i=1}^{k} |a_i|$. Zeigen Sie ferner, daß $\Delta(Q_k^d, F_d^r) \leq d \cdot \Delta(Q_k, F_1^r)$, falls alle Gewichte a_i der Quadraturformel Q_k positiv sind.

Erreicht also die Folge Q_k die optimale Konvergenzordnung r für F_1^r, so erreicht die Folge Q_k^d die optimale Konvergenzordnung r/d für F_d^r.

Aufgabe 7.6. Betrachten Sie die Mittelpunktregel Q_n mit $n = k^d$ Punkten, und zeigen Sie

$$\Delta(Q_n, F_d^1) = \frac{d}{4} \cdot n^{-1/d}.$$

Aufgabe 7.7. Betrachten Sie die klassische direkte Simulation D_n auf F_d^1.

a) Zeigen Sie $\Delta(D_n, f) = \sqrt{d/(12n)}$ für $f(x) = \sum_{i=1}^{d}(x_i - 1/2)$.

b) Sei X gleichverteilt auf $[0,1]^d$. Zeigen Sie $\sigma^2(f(X)) \leq d/12$ für $f \in F_d^1$, und folgern Sie, daß

$$\Delta(D_n, F_d^1) = \sqrt{d/(12n)}.$$

Aufgabe 7.8. Betrachten Sie die Klasse $F_{L,\beta}$ von Hölder-stetigen Funktionen auf $[0,1]$, siehe (5.26). Zeigen Sie, daß

$$\bar{e}_n^{\mathrm{ran}}(F_{L,\beta}) \geq c_{L,\beta} \cdot n^{-(\beta+1/2)}$$

für alle $n \in \mathbb{N}$ mit einer Konstanten $c_{L,\beta} > 0$ gilt.

Aufgabe 7.9. Betrachten Sie das Integrationsproblem für die Klasse

$$F = \left\{ f \in C^1([0,1]) \mid \int_0^1 |f'(x)|\,\mathrm{d}x \leq 1 \right\},$$

und zeigen Sie folgende Aussagen.

a) Es gilt $\tilde{e}_n^{\text{det}}(F) = 1/(2n)$, und dieser Fehler wird von der Mittelpunktregel mit n Knoten erreicht.

b) Die Konvergenzordnung eins läßt sich mit Hilfe von randomisierten Algorithmen nicht verbessern, denn es gilt die untere Schranke

$$\tilde{e}_n^{\text{ran}}(F) \geq \frac{\sqrt{2}}{8} \cdot n^{-1}.$$

Nach Lemma 17.10 in Novak, Woźniakowski [153] genügt zum Beweis die Angabe von $2n$ Funktionen $f_i \in F$ mit disjunkten Trägern, die $\int_0^1 f_i(x)\,\mathrm{d}x = 1/(4n)$ erfüllen.

Aufgabe 7.10. Betrachten Sie das Integrationsproblem für die Menge F der monotonen Funktionen $f\colon [0,1] \to [0,1]$ mit $f(0) = 0$ und $f(1) = 1$, und beweisen Sie folgende Aussagen.

a) Die Quadraturformel

$$Q_n(f) = \frac{1}{2n+2} + \frac{1}{n+1} \sum_{i=1}^{n} f\left(\frac{i}{n+1}\right)$$

besitzt den Fehler $\Delta(Q_n, F) = 1/(2n+2)$.

b) Mit beliebigen deterministischen Algorithmen läßt sich kein kleinerer Fehler erreichen, denn es gilt $\tilde{e}_n^{\text{det}}(F) = 1/(2n+2)$.

c) Mit randomisierten Quadraturformeln kann man die Konvergenzordnung eins auf der Klasse F nicht verbessern.

d) Mit adaptiven Monte Carlo-Methoden erreicht man die Konvergenzordnung 3/2. Konstruieren Sie entsprechende Verfahren durch stratified sampling mit den Teilintervallen $A_j = [(j-1)/m, j/m]$ und Knotenzahlen n_j, die vom Zuwachs $f(j/m) - f((j-1)/m)$ des Integranden f auf A_j abhängen, siehe Abschnitt 5.3.

Tatsächlich läßt sich die Konvergenzordnung $3/2$ nicht verbessern, denn es gilt $\tilde{e}_n^{\text{ran}}(F) \asymp n^{-3/2}$, siehe Novak [146].

Aufgabe 7.11. Betrachten Sie die Menge $\widetilde{F}_d^r$ aller Funktionen $f \in F_d^r$, die sich in der Form

$$f(x_1, \ldots, x_d) = \sum_{i=1}^{d} f_i(x_i)$$

mit Funktionen $f_i\colon [0,1] \to \mathbb{R}$ schreiben lassen. Zeigen Sie, daß

$$\tilde{e}_n^{\text{det}}(\widetilde{F}_d^r) \leq c_r \cdot d \cdot n^{-r}$$

für alle $n \geq r$ und $d \in \mathbb{N}$ mit einer Konstanten $c_r > 0$ gilt.

Aufgabe 7.12. Zeigen Sie

$$\mathrm{E}(f(W)) = \sqrt{2/\pi}$$

für den Erwartungswert des Supremums $f(W) = \sup_{t\in[0,1]} W_t$ der Brownschen Bewegung W auf dem Intervall $[0,1]$.

Aufgabe 7.13. Implementieren und testen Sie den Algorithmus $M_k^{(m)}$ mit der Parameterwahl gemäß Satz 7.40 und den Multilevel-Algorithmus $M_K^{(L)}$ mit Parameterwahl gemäß Satz 7.42. Bestimmen Sie dabei experimentell auf die in Beispiel 5.36 vorgestellte Weise die jeweiligen Konvergenzordnungen.

Verwenden Sie unter anderem das Funktional f aus Aufgabe 7.12 und die diskontierte Auszahlung einer asiatischen Option im Black-Scholes-Modell, die durch

$$f(x) = \exp(-r) \cdot \max\left(\int_0^1 x_0 \cdot \exp((r - \sigma^2/2) \cdot t + \sigma \cdot x(t))\,\mathrm{d}t - K, 0\right)$$

gegeben ist. Wählen Sie insbesondere $x_0 = K = 100$, $\sigma = 0.2$ und $r = 0.05$.

Aufgabe 7.14. Betrachten Sie das Wiener-Maß μ auf dem Raum $F = C([0,1])$.

a) Zeigen Sie

$$\Delta^2(Q_n, \mu) = 1/3 - 2\sum_{i=1}^n a_i \cdot (x_i - x_i^2/2) + \sum_{i,j=1}^n a_i a_j \cdot \min(x_i, x_j)$$

für beliebige Quadraturformeln Q_n mit Knoten $x_1, \ldots, x_n \in [0,1]$ und Gewichten $a_1, \ldots, a_n \in \mathbb{R}$.

b) Zeigen Sie

$$\Delta(Q_n^*, \mu) = \frac{1}{\sqrt{3} \cdot (2n+1)}$$

für die Quadraturformel

$$Q_n^*(f) = \frac{2}{2n+2} \sum_{i=1}^n f\left(\frac{2i}{2n+1}\right).$$

Zeigen Sie ferner, daß Q_n^* unter allen Quadraturformeln mit n Knoten den kleinsten durchschnittlichen Fehler bezüglich μ besitzt.

Literaturverzeichnis

1. M. Aigner (2006): *Diskrete Mathematik*, 6. Auflage, Vieweg, Braunschweig. [72, 181, 191]
2. D. Aldous (1987): On the Markov chain simulation method for uniform combinatorial distributions and simulated annealing, Probability Eng. and Inf. Sci. **1**, 33–46. [210]
3. A. H. Alikoski (1939): Über das Sylvestersche Vierpunktproblem, Ann. Acad. Sci. Fenn. Math. **51**, 1–10. [36]
4. J. Appell, M. Väth (2005): *Elemente der Funktionalanalysis*, Vieweg, Wiesbaden. [202]
5. S. Asmussen, P. W. Glynn (2007): *Stochastic Simulation*, Springer-Verlag, New York. [133, 166]
6. R. Avikainen (2009): On irregular functionals of SDEs and the Euler scheme, Finance Stoch. **13**, 381–401. [307]
7. B. von Bahr, C.-G. Esseen (1965): Inequalities for the rth absolute moment of a sum of random variables, $1 \leq r \leq 2$, Ann. Math. Statist. **36**, 299–303. [30]
8. N. S. Bakhvalov (1959): On approximate computation of integrals. Vestnik MGU, Ser. Math. Mech. Astron. Phys. Chem. **4**, 3–18. [in Russisch] [280, 297]
9. N. S. Bakhvalov (1964): Optimal convergence bounds for quadrature processes and integration methods of Monte Carlo type for classes of functions, Zh. Vychisl. Mat. Mat. Fiz., **4**, suppl. 5–63. [in Russisch] [11]
10. N. S. Bakhvalov (1971): On the optimality of linear methods for operator approximation in convex classes of functions, USSR Comput. Math. Math. Phys. **11**, 244–249. [247]
11. F. Bassetti, P. Diaconis (2006): Examples comparing importance sampling and the Metropolis algorithm, Illinois J. Math. **50**, 67–91. [218]
12. R. J. Baxter (2007): *Exactly Solved Models in Statistical Mechanics*, Dover, Mineola, New York. [183]
13. D. Bayer, P. Diaconis (1992): Trailing the dovetail shuffle to its liar, Ann. Appl. Prob. **2**, 294–313. [37]
14. E. Behrends (2000): *Introduction to Markov Chains*, Vieweg, Braunschweig. [179, 188, 190]
15. I. Beichl, F. Sullivan (2000): The Metropolis algorithm, Comput. Sci. Eng. **2**, 65–69. [213]
16. B. A. Berg (2004): *Markov Chain Monte Carlo Simulations and Their Statistical Analysis*, World Scientific, Singapur. [208]
17. L. Berggren, J. Borwein, P. Borwein (1997): *Pi: A Source Book*, Springer-Verlag, New York. [32]
18. P. Billingsley (1995): *Probability and Measure*, 3nd Edition, Wiley, New York. [161]
19. W. Blaschke (1917): Über affine Geometrie XI: Lösung des „Vierpunktproblems“ von Sylvester aus der Theorie der geometrischen Wahrscheinlichkeiten, Leipziger Berichte **69**, 436–453. [36]
20. W. Blaschke (1923): *Vorlesungen über Differentialgeometrie, Vol. II, Affine Differentialgeometrie*, Springer-Verlag, Berlin. [36]

T. Müller-Gronbach, E. Novak, K. Ritter, *Monte Carlo-Algorithmen*,
DOI 10.1007/978-3-540-89141-3, © Springer-Verlag Berlin Heidelberg 2012

21. C. Bluhm, L. Overbeck, C. Wagner (2003): *An Introduction to Credit Risk Modelling*, Chapman & Hall, Boca Raton. [42]
22. L. Blum, F. Cucker, M. Shub, S. Smale (1998): *Complexity and Real Computation*, Springer-Verlag, New York. [16]
23. L. Blum, M. Shub, S. Smale (1989): On a theory of computation and complexity over the real numbers: NP-completeness, recursive functions and universal machines, Bull. Amer. Math. Soc. **21**, 1–46. [16]
24. G. E. P. Box, M. E. Muller (1958): A note on the generation of random normal deviates, Ann. Math. Statist. **29**, 610–611. [92]
25. D. Braess (2007): *Finite Elemente*, 4. Auflage, Springer-Verlag, Berlin. [264]
26. H. Brass (1977): *Quadraturverfahren*, Vandenhoeck und Ruprecht, Göttingen. [249]
27. P. Brémaud (1999): *Markov Chains: Gibbs Fields, Monte Carlo Simulation, and Queues*, Springer-Verlag, New York. [4, 99, 179, 188, 195]
28. C. Buchta (1985): Zufällige Polyeder – Eine Übersicht, in: Zahlentheoretische Analysis (E. Hlawka, ed.), Lect. Notes in Math. **1114**, Springer-Verlag, Berlin, pp. 1–13. [36]
29. C. Buchta, M. Reitzner (2001): The convex hull of random points in a tetrahedron: Solution of Blaschke's problem and more general results, J. Reine Angew. Math. **536**, 1–29. [36]
30. G. L. L. Comte de Buffon (1777): Essai d'arithmétique morale, in: Supplément à l'Histoire Naturelle, 4. Imprimerie Royale, Paris. [32]
31. R. E. Caflisch, W. Morokoff, A. Owen (1997): Valuation of mortgage backed securities using Brownian bridges to reduce effective dimension, J. Comput. Finance **1**, 27–46. [136, 137]
32. J. M. Calvin: Average performance of a class of adaptive algorithms for global optimization, Ann. Appl. Prob. **7**, 711–730. [304]
33. J. M. Calvin: A lower bound on the complexity of optimization under the r-fold integrated Wiener measure, J. Complexity **27**, 404–416. [304]
34. W. Cheney, W. Light (2000): *A Course in Approximation Theory*, Brooks/Cole, Pacific Grove. [262, 265]
35. K. L. Chung (1974): *A Course in Probability Theory*, Academic Press, New York. [60, 70, 175]
36. R. Courant (1971): *Vorlesungen über Differential- und Integralrechnung 1*, 4. Auflage, Springer-Verlag, Berlin. [32]
37. J. Creutzig, T. Müller-Gronbach, K. Ritter (2007): Free-knot spline approximation of stochastic processes, J. Complexity **23**, 867–889. [295, 306]
38. J. Creutzig, S. Dereich, T. Müller-Gronbach, K. Ritter (2009): Infinite-dimensional quadrature and approximation of distributions, Found. Comput. Math. **9**, 391–429. [296]
39. H. T. Croft, K. J. Falconer, R. K. Guy (1991): *Unsolved Problems in Geometry*, Springer-Verlag, Berlin. [36]
40. N. J. Cutland (1980): *Computability*, Cambridge Univ. Press, Cambridge. [14]
41. S. Dereich, F. Heidenreich (2009): A multilevel Monte Carlo algorithm for Lévy driven stochastic differential equations, Stochastic Processes Appl. **121**, 1565–1587. [297]
42. L. Devroye (1986): *Non-Uniform Random Variate Generation*, Springer-Verlag, New York. [75, 78, 95]
43. P. Diaconis (2009): The Markov chain Monte Carlo revolution, Bull. Amer. Math. Soc. **46**, 179–205. [216]
44. P. Diaconis, D. Stroock (1991): Geometric bounds for eigenvalues of Markov chains, Ann. Appl. Prob. **1**, 36–61. [210, 219]
45. J. Dick, F. Pillichshammer (2010): *Digital Nets and Sequences, Discrepancy Theory and Quasi-Monte Carlo Integration*, Cambridge Univ. Press, Cambridge. [298]
46. K.-A. Do, H. Solomon (1986): A simulation study of Sylvester's problem in three dimensions, J. Appl. Probab. **23**, 509–513. [36]
47. J. Dongarra, F. Sullivan (2000): Guest Editors' Introduction: The top 10 algorithms, Comput. Sci. Eng. **2**, 22–23. [213]
48. M. Dyer, C. Greenhill (2000): On Markov chains for independent sets, J. Algorithms **35**, 17–49. [219]

49. L. E. Dubins, L. J. Savage (1965): *How to Gamble if You Must*, McGraw-Hill, New York. [12]
50. R. Eckhardt (1987): Stan Ulam, John von Neumann, and the Monte Carlo method, Los Alamos Science **15**, Special Issue, Stanislaw Ulam 1909–1984, 131–137. [37]
51. G. Elekes (1986): A geometric inequality and the complexity of computing volume, Discrete Comput. Geom. **1**, 289–292. [236]
52. P. Embrechts, M. Maejima (2002): *Selfsimilar Processes*, Princeton Univ. Press, Princeton. [101, 130]
53. S. M. Ermakov (1975): *Die Monte-Carlo-Methode und verwandte Fragen*, Oldenbourg Verlag, München. [87]
54. M. J. Evans, T. Swartz (2000): *Approximating Integrals via Monte Carlo and Deterministic Methods*, Oxford Univ. Press, Oxford. [33]
55. G. S. Fishman (1996): *Monte Carlo: Concepts, Algorithms, and Applications*, Springer-Verlag, New York. [53, 56, 75, 78, 87, 133, 159]
56. G. S. Fishman (2006): *A First Course in Monte Carlo*, Brooks/Cole, Belmont. [208]
57. O. Forster (2009): *Analysis 3*, 5. Auflage, Vieweg+Teubner, Wiesbaden. [80, 81, 117, 119]
58. C. M. Fortuin, P. W. Kasteleyn (1972): On the random cluster model I, introduction and relation to other models, Physica **57**, 536–564. [223]
59. A. M. Frieze, B. Reed (1998): Probabilistic analysis of algorithms, in: Probabilistic Methods for Algorithmic Discrete Mathematics (M. Habib et al., eds.), Springer-Verlag, Berlin, pp. 36–92. [303]
60. K. K. Frolov (1980): An upper estimate of the discrepancy in the L_p-metric, $2 \leq p < \infty$, Soviet Math. Dokl. **21**, 840–842. [298]
61. P. Gänssler, W. Stute (1977): *Wahrscheinlichkeitstheorie*, Springer-Verlag, Berlin. [4, 43, 46, 47, 51, 94, 104, 109]
62. D. Galvin (2008): Sampling independent sets in the discrete torus, Random Structures Algorithms **33**, 356–376. [219]
63. J. E. Gentle (2003): *Random Number Generation and Monte Carlo Methods*, 2nd Edition, Springer-Verlag, New York. [2, 10, 75]
64. A. C. Genz (1984): Testing multidimensional integration routines, in: Tools, Methods, and Languages for Scientific and Engineering Computation (B. Ford, J. C. Rault, F. Thomasset, eds.), North Holland, Amsterdam, pp. 81–94. [34]
65. A. C. Genz (1987): A package for testing multiple integration subroutines, in: Numerical Integration (P. Keast, G. Fairweather, eds.), Kluwer, Dordrecht, pp. 337–340. [34]
66. H.-O. Georgii (2009): *Stochastik*, 4. Auflage, de Gruyter, Berlin. [4, 43, 179, 188, 197]
67. M. B. Giles (2008): Multi-level Monte Carlo path simulation, Oper. Res. **56**, 607–617. [304, 307]
68. M. B. Giles, D. J. Higham, X. Mao (2009): Analysing multilevel Monte Carlo for options with non-globally Lipschitz payoff, Finance Stoch. **13**, 403–413. [307]
69. M. B. Giles, B. J. Waterhouse (2009): Multilevel quasi-Monte Carlo path simulation, in: Advanced Financial Modelling (H. Albrecher, W. J. Runggaldier, W. Schachermayer, eds.). Radon Series on Computational and Applied Mathematics **8**, Walter de Gruyter, Berlin, pp. 165–181. [297]
70. P. Glasserman (2004): *Monte Carlo Methods in Financial Engineering*, Springer-Verlag, New York. [38, 75, 95, 131, 133, 166]
71. O. Goldreich (2010): *A Primer on Pseudorandom Generators*, University Lecture Series, AMS, Providence. [2]
72. G. Grimmett (2006): *The Random-Cluster Model*, Springer-Verlag, Berlin. [223]
73. G. Grimmett (2010): *Probability on Graphs*, Cambridge Univ. Press, Cambridge. [223]
74. M. Günther, A. Jüngel (2003): *Finanzderivate mit MATLAB*, Vieweg, Wiesbaden. [38]
75. O. Häggström (2002): *Finite Markov Chains and Algorithmic Applications*, Cambridge Univ. Press, Cambridge. [179, 181, 188, 192, 226]
76. G. Hämmerlin, K.-H. Hoffmann (1991): *Numerische Mathematik*, 2. Auflage, Springer-Verlag, Berlin. [249, 250, 251, 265, 266, 267]

77. J. M. Hammersley, K. W. Morton (1956): A new Monte Carlo technique: antithetic variates. Proc. Camb. Philos. Soc. **52**, 449–475 [134]
78. J. M. Hammersley, D. C. Handscomb (1964): *Monte Carlo Methods*, Wiley, New York. [87]
79. G. H. Hardy, E. M. Wright (1958): *Einführung in die Zahlentheorie*, Oldenbourg Verlag, München. [26]
80. S. Heinrich (1994): Random approximation in numerical analysis, in: Proc. of the Functional Analysis Conf., Essen 1991 (K. D. Bierstedt, A. Pietsch, W. Ruess, D. Vogt, eds.), Lecture Notes in Pure and Applied Math. vol 150, Marcel Dekker, New York, pp. 123–171. [297]
81. S. Heinrich (1998): Monte Carlo complexity of global solution of integral equations, J. Complexity **14**, 151–175. [304]
82. S. Heinrich (2001): Multilevel Monte Carlo methods, in: Large-Scale Scientific Computing (s. Margenov, J. Wasniewski, P. Yalamov, eds.), Lecture Notes in Computer Science **2179**, Springer-Verlag, Berlin, 58–67. [304]
83. S. Heinrich, E. Novak, H. Pfeiffer (2003): How many random bits do we need for Monte Carlo integration?, in: Monte Carlo and Quasi-Monte Carlo Methods 2002 (H. Niederreiter, ed.), Springer-Verlag, Berlin, pp. 27–49. [16]
84. S. Heinrich, E. Sindambiwe (1999): Monte Carlo complexity of parametric integration, J. Complexity **15**, 317–341. [304]
85. P. Hellekalek, S. Wegenkittl (2003): Empirical evidence concerning AES, ACM Trans. Modelling Comp. Sim. **13**, 322–333. [3]
86. J. S. Hendricks (1994): A Monte Carlo code for particle transport, *Los Alamos Science* **22**, 30–43. [87]
87. D. J. Higham (2004): *An Introduction to Financial Option Valuation*, Cambridge Univ. Press, Cambridge. [38, 135]
88. W. Hoeffding (1963): Probability inequalities for sums of bounded random variables, J. Amer. Statist. Assoc. **58**, 13–30. [53]
89. W. Hörmann, J. Leydold, G. Derflinger (2004): *Automatic Nonuniform Random Variate Generation*, Springer-Verlag, Berlin. [75, 78, 95]
90. B. Hostinský (1925): Sur les probabilités géométriques, Publ. Fac. Sci. Univ. Masaryk, Brno. [36]
91. A. Irle (2005): *Wahrscheinlichkeitstheorie und Statistik*, 2. Auflage, Teubner, Stuttgart. [4, 11, 31, 43, 48, 49, 60, 61, 63, 64, 67, 68, 77, 89, 93, 101, 108, 155]
92. A. Irle (2003): *Finanzmathematik*, 2. Auflage, Teubner, Stuttgart. [38, 108, 110, 111, 112]
93. P. Jäckel (2002): *Monte Carlo Methods in Finance*, Wiley, Chichester. [38]
94. K. Jacobs (1992): *Discrete Stochastics*, Birkhäuser, Basel. [12]
95. M. Jerrum (1998): Mathematical foundations of the Markov chain Monte Carlo method, in: Probabilistic Methods for Algorithmic Discrete Mathematics (M. Habib et al., eds.), Springer-Verlag, Berlin, pp. 116–165. [210]
96. A. Joffe (1974): On a set of almost deterministic k-independent random variables, Ann. Probab. **2**, 161–162 [11]
97. J. Jost (1998): *Partielle Differentialgleichungen*, Springer-Verlag, Berlin. [124]
98. S. Kakutani (1944): On Brownian motion in n-space, Proc. Acad. Japan **20**, 648–652. [117]
99. S. Kakutani (1944): Two-dimensional Brownian motion and harmonic functions, Proc. Acad. Japan **20**, 706–714. [117]
100. I. Karatzas, S. E. Shreve (2005): *Brownian Motion and Stochastic Calculus*, 8th Printing, Springer-Verlag, New York. [117, 119, 120, 305]
101. A. G. Z. Kemna, A. C. F. Vorst (1990): A pricing method for options based on average asset values, J. Banking & Finance **14**, 113–129. [146]
102. D. Kincaid, W. Cheney (2002): *Numerical Analysis: Mathematics of Scientific Computing*, Third Edition, Brooks/Cole, Pacific Grove. [249]
103. J. F. C. Kingman (1969): Random secants of a convex body, J. Appl. Probab. **6**, 660–672. [36]
104. V. Klee (1969): What is the expected volume of a simplex whose vertices are chosen at random from a given convex body?, Amer. Math. Monthly **76**, 286–288. [36]

105. A. Klenke (2008): *Wahrscheinlichkeitstheorie*, 2. Auflage, Springer-Verlag, Berlin. [4, 43, 47, 56, 67, 101, 102, 117, 166]
106. P. E. Kloeden, E. Platen (1999): *Numerical Solution of Stochastic Differential Equations*, 3rd Printing, Springer-Verlag, Berlin. [305]
107. D. E. Knuth (1998): *The Art of Computer Programming, Volume 2, Seminumerical Algorithms*, 3rd Edition, Addison-Wesley, Bonn. [2, 75]
108. U. Krengel (2005): *Einführung in die Wahrscheinlichkeitstheorie und Statistik*, 8. Auflage, Vieweg, Braunschweig. [4, 11, 43, 49, 60, 63, 77, 98, 99, 109, 174]
109. P.-S. Laplace (1812): *Théorie Analytique des Probabilités*, Veuve Courcier, Paris. [32]
110. G. F. Lawler, L. N. Coyle (1999): *Lectures on Contemporary Probability*, AMS, Providence. [38, 192]
111. P. L'Ecuyer (2010): Pseudorandom number generators, in: Encyclopaedia of Quantitative Finance (R. Cont, ed.), Wiley, New York, pp. 1431–1437. [3]
112. P. L'Ecuyer, R. Simard, E. J. Chen, W. D. Kelton (2002): An object-oriented random-number package with many long streams and substreams, Oper. Res. **50**, 1073–1075. [3]
113. E. L. Lehmann, G. Casella (1998): *The Theory of Point Estimation*, 2nd Edition, Springer-Verlag, New York. [25]
114. J. Lehn, H. Wegmann (2006): *Einführung in die Statistik*, 5. Auflage, Teubner, Stuttgart. [60]
115. D. A. Levin, Y. Peres, E. L. Wilmer (2009): *Markov Chains and Mixing Times*, AMS, Providence. [179, 188, 202, 207, 216, 217, 218, 226]
116. L. Lovász, M. Simonovits (1993): Random walks in a convex body and an improved volume algorithms, Random Structures Algorithms **4**, 359–412. [238]
117. L. Lovász, S. Vempala (2006): Hit and run from a corner, SIAM J. Comput. **35**, 985–1005. [238]
118. L. Lovász, S. Vempala (2006): Simulated annealing in convex bodies and an $\mathcal{O}^*(n^4)$ volume algorithm, J. Comput. System Sci. **72**, 392–417. [237]
119. E. Lubetzky, A. Sly (2010): Critical Ising on the square mixes in polynomial time, Arxiv e-prints. [222, 223]
120. I. Lux, L. Koblinger (1991): *Monte Carlo Particle Transport Methods: Neutron and Photon Calculations*, CRC Press, Boca Raton. [79, 87]
121. N. Madras (2002): *Lectures on Monte Carlo Methods*, AMS, Providence. [208]
122. N. Madras, A. D. Sokal (1988): The pivot algorithm: a highly efficient Monte Carlo method for the self-avoiding walk, J. Stat. Phys. **50**, 109–186. [210]
123. D. Mannion (1994): The volume of a tetrahedron whose vertices are chosen at random in the interior of a parent tetrahedron, Adv. Appl. Prob. **26**, 577–596. [36]
124. F. Martinelli (1999): Lectures on Glauber dynamics for discrete spin models, in: Lectures on Probability Theory and Statistics (J. Bertoin, F. Martinelli, Y. Perez, eds.), Lect. Notes in Math. **1717**, Springer-Verlag, Berlin, pp. 93–191. [222]
125. G. Maruyama (1955): Continuous Markov processes and stochastic equations, Rend. Circ. Mat. Palermo **4**, 48–90. [305]
126. J. Matoušek (1999): *Geometric Discrepancy*, Springer-Verlag, Berlin. [298]
127. P. Mathé (1995): The optimal error of Monte Carlo integration, J. Complexity **11**, 394–415, 1995. [26]
128. P. Mathé (1999): Numerical integration using Markov chains, Monte Carlo Meth. Appl. **5**, 325–343. [220, 239]
129. P. Mathé, E. Novak (2007): Simple Monte Carlo and the Metropolis algorithm. J. Complexity **23**, 673–696. [238]
130. M. Matsumoto, Y. Kurita (1994): Twisted GFSR generators II, ACM Trans. Modelling Comp. Sim. **4**, 254–266. [3]
131. M. Matsumoto, T. Nishimura (1998): Mersenne twister: a 623-dimensionally equidistributed uniform pseudorandom number generator, ACM Trans. Modelling Comp. Sim. **8**, 3–30. [3]
132. P. Mattila (1995): *Geometry of Sets and Measures in Euclidean Spaces*, Cambridge Univ. Press, Cambridge. [80, 123]
133. N. Metropolis, A. W. Rosenbluth, M. N. Rosenbluth, A. H. Teller, E. Teller (1953): Equation of state calculations by fast computing machines, J. Chem. Phys. **21**, 1087–1092. [213]

134. N. Metropolis, S. Ulam (1949): The Monte Carlo method, J. Amer. Statist. Assoc. **44**, 335–341. [37]
135. G. N. Milstein, M. V. Tretyakov (2004): *Stochastic Numerics for Mathematical Physics*, Springer-Verlag, Berlin. [117]
136. T. Mikosch (2004): *Non-Life Insurance Mathematics*, Springer-Verlag, Berlin. [109, 115]
137. M. Motoo (1959), Some evaluations for continuous Monte Carlo method by using Brownian hitting process, Ann. Inst. Stat. Math. **11**, 49–54. [125]
138. R. Motwani, P. Raghavan (1995): *Randomized Algorithms*, Cambridge Univ. Press, Cambridge. [14, 23, 53, 280]
139. M. W. Müller (1978): *Approximationstheorie*, Akademische Verlagsgesellschaft, Wiesbaden. [251]
140. T. Müller-Gronbach (2002): The optimal uniform approximation of systems of stochastic differential equations, Ann. Appl. Prob. **12**, 664–690. [306]
141. M. E. Muller (1956): Some continuous Monte Carlo methods for the Dirichlet problem, Ann. Math. Statist. **27**, 569–589. [121]
142. A. S. Nemirovsky, D. B. Yudin (1983): *Problem Complexity and Method Efficiency in Optimization*, Wiley, Chichester. [303]
143. J. v. Neumann (1951): Various techniques used in connection with random digits, in: Monte Carlo Method (A. S. Householder, G. E. Forsythe, H. H. Germond, eds.), Nat. Bur. Standards Appl. Math. Ser. **12**, Washington, pp. 36–38. [2, 75]
144. H. Niederreiter (1992): *Random Number Generation and Quasi-Monte Carlo Methods*, SIAM, Philadelphia. [2, 298]
145. E. Novak (1988): *Deterministic and Stochastic Error Bounds in Numerical Analysis*, Lect. Notes in Math. **1349**, Springer-Verlag, Berlin. [246, 297, 303]
146. E. Novak (1992): Quadrature formulas for monotone functions, Proc. Amer. Math. Soc. **115**, 59–68. [309]
147. E. Novak (1995): The real number model in numerical analysis, J. Complexity **11**, 57–73. [15]
148. E. Novak (1996): On the power of adaption, J. Complexity **12**, 199–237. [297]
149. E. Novak, K. Ritter (1996): High dimensional integration of smooth functions over cubes, Numer. Math. **75**, 79–97. [34]
150. E. Novak, K. Ritter, R. Schmitt, A. Steinbauer (1999): On an interpolatory method for high dimensional integration, J. Comput. Appl. Math. **112**, 215–228. [34]
151. E. Novak, K. Ritter, H. Woźniakowski (1995): Average case optimality of a hybrid secant-bisection method, Math. Comp. **64**, 1517–1539. [304]
152. E. Novak, H. Woźniakowski (2008): *Tractability of Multivariate Problems. Volume I: Linear Information*, European Math. Society, Zürich. [246, 297, 301]
153. E. Novak, H. Woźniakowski (2010): *Tractability of Multivariate Problems. Volume II: Standard Information for Functionals*, European Math. Society, Zürich. [297, 301, 309]
154. B. Øksendal (2007): *Stochastic Differential Equations*, 6th Edition, Springer-Verlag, Berlin. [117, 120]
155. F. Panneton, P. L'Ecuyer, M. Matsumoto (2006): Improved long-period generators based on linear recurrences modulo 2, ACM Trans. Math. Software **32**, 1–16. [3]
156. L. Partzsch (1984): *Vorlesungen zum eindimensionalen Wiener Prozeß*, Teubner, Leipzig. [101, 131, 288]
157. S. H. Paskov, J. F. Traub (1995): Faster valuation of financial derivatives, J. Portfolio Management **22**, 113–120. [136]
158. W. H. Press, S. A. Teukolsky, W. T. Vetterling, B. P. Flannery (2007): *Numerical Recipes*, 3nd Edition, Cambridge Univ. Press, Cambridge. [3]
159. J. G. Propp, D. B. Wilson (1996): Exact sampling with coupled Markov chains and applications to statistical mechanics, Random Struct. Algorithms **9**, 223–252. [226, 228]
160. H. Pruscha (2000): *Vorlesungen über Mathematische Statistik*, Teubner, Leipzig. [57]
161. D. Randall (2006): Rapidly mixing Markov chains with applications in computer science and physics, Computing in Science and Engineering **8**, 30–41. [181]

162. R. C. Read (1966): A type of "gambler's ruin" problem, Amer. Math. Monthly **73**, 177–179. [42]
163. W. J. Reed (1974): Random points in a simplex, Pacific J. Math. **54**, 183–198. [36]
164. M. Reitzner (1993): *Zufällige Polytope im Tetraeder*, Dissertation, Technische Universität Wien. [36]
165. B. D. Ripley (1987): *Stochastic Simulation*, Wiley, New York. [10, 31, 35, 75]
166. K. Ritter (1990): Approximation and optimization on the Wiener space, J. Complexity **6**, 337–364. [290, 304]
167. K. Ritter (2000): *Average-Case Analysis of Numerical Problems*, Lect. Notes in Math. **1733**, Springer-Verlag, Berlin. [297, 303]
168. G. O. Roberts, J. S. Rosenthal (2004): General state space Markov chains and MCMC algorithms, Probab. Surv. **1**, 20–71. [236]
169. R. T. Rockafellar (1970): *Convex Analysis*, Princeton Univ. Press, Princeton. [270]
170. S. M. Ross (2005): Extending simulation uses of antithetic variables: partially monotone functions, random permutations, and random subsets, Math. Methods Oper. Res. **62**, 351–356. [173]
171. K. F. Roth (1954): On irregularities of distribution, Mathematika **1**, 73–79. [298]
172. K. F. Roth (1980): On irregularities of distribution IV, Acta Arith. **37**, 67–75. [298]
173. D. Rudolf (2010): Error bounds for computing the expectation by Markov chain Monte Carlo, Monte Carlo Meth. Appl. **16**, 323–342. [220, 221]
174. D. Rudolf (2011): Explicit error bounds for Markov chain Monte Carlo, Dissertationes Mathematicae, erscheint. [221, 239]
175. K. K. Sabelfeld, I. A. Shalimova (1997): *Spherical Means for PDEs*, VSP, Utrecht. [117]
176. R. Schneider (1997): Discrete aspects of stochastic geometry, in: Handbook of Discrete and Computational Geometry (J. E. Goodman, J. O'Rourke, eds.), CRC Press, Boca Raton, pp. 167–184. [36]
177. R. Schneider, W. Weil (2008): *Stochastic and Integral Geometry*, Springer, Berlin, 2008. [36]
178. R. Schürer (2003): A comparison between (quasi-) Monte Carlo and cubature rule based methods for solving high-dimensional integration problems, Math. Comput. Simulation **62**, 509–517. [34]
179. S. E. Shreve (2004): *Stochastic Calculus for Finance I*, Springer-Verlag, New York. [74]
180. W. Sickel, T. Ullrich (2011): Spline interpolation on sparse grids, Appl. Anal. **90**, 337–383. [299]
181. M. Simonovits (2003): How to compute the volume in high dimension? Math. Programming **97**, Ser. B, 337–374. [237]
182. A. N. Širjaev (1987): *Wahrscheinlichkeit*, VEB Deutscher Verlag der Wissenschaften, Berlin. [31, 65, 74]
183. I. H. Sloan, S. Joe (1994): *Lattice Methods for Multiple Integration*, Clarendon Press, Oxford. [34]
184. R. L. Smith (1984): Efficient Monte Carlo procedures for generating points uniformly distributed over bounded regions, Oper. Res. **32**, 1296–1308. [238]
185. I. M. Sobol (1991): *Die Monte-Carlo-Methode*, VEB Deutscher Verlag der Wissenschaften, Berlin. [87]
186. D. Stinson (2006): *Cryptography: Theory and Practice*, Chapman & Hall, Boca Raton. [2]
187. H. Sugita (2011): *Monte Carlo Method, Random Number, and Pseudorandom Number*, MSJ Memoirs 25, Mathematical Society of Japan. [16]
188. A. G. Sukharev (1979): Optimal numerical integration formulas for some classes of functions of several variables, Soviet Math. Dokl. **20**, 472–475. [300]
189. A. V. Suldin (1959): Wiener measure and its application to approximation methods I (in Russisch), Izv. Vyssh. Ucheb. Zaved. Mat. **13**, 145–158. [303]
190. J. J. Sylvester (1864): Question 1491, Educational Times (London), April 1864. [35]
191. J. F. Traub, G. W. Wasilkowski, H. Woźniakowski (1988): *Information-Based Complexity*, Academic Press, San Diego. [16, 246, 297, 303]
192. J. F. Traub, A. G. Werschulz (1998): *Complexity and Information*, Cambridge Univ. Press, Cambridge. [16, 136, 137]

193. H. Triebel (2010): *Bases in Function Spaces, Sampling, Discrepancy, Numerical Integration*, European Math. Society, Zürich. [299]
194. S. M. Ulam (1976): *Adventures of a Mathematician*, Charles Scribner's Sons, New York. [37]
195. M. Ullrich (2010): Exact sampling for the Ising model at all temperatures, ArXiv e-prints. [223]
196. M. Ullrich (2011): Comparison of Swendsen-Wang and heat-bath dynamics, Arxiv e-prints. [223]
197. S. Vempala (2010): Recent progress and open problems in algorithmic convex geometry, IARCS International Conference on Foundations of Software Technology and Theoretical Computer Science (FSTTCS2010), Dagstuhl Publishing, pp. 42–64. [237]
198. J. Werner (1992): *Numerische Mathematik I*, Vieweg, Braunschweig. [95, 249, 251, 255, 261, 266, 267]
199. N. Wiener (1923): Differential space. J. Math. Phys. **2**, 131–174. [101]

Symbolverzeichnis

$(\Omega, \mathfrak{A}, P)$	zugrunde liegender Wahrscheinlichkeitsraum, 4
P_X	Verteilung einer Zufallsvariablen X, 4
$\mathrm{E}(X)$	Erwartungswert einer Zufallsvariablen bzw. eines Zufallsvektors X, 4, 93
$\mathrm{E}_\mu(f)$	Erwartungswert von f bezüglich μ, 180
$\sigma^2(X)$	Varianz einer Zufallsvariablen X, 5
$\mathrm{Cov}(X,Y)$	Kovarianz zweier Zufallsvariablen X und Y, 8
$\mathrm{Cov}(X)$	Kovarianzmatrix eines Zufallsvektors X, 93
$\rho(X,Y)$	Korrelationskoeffizient zweier Zufallsvariablen X und Y, 8
L^1	Raum der integrierbaren Zufallsvariablen, 5
L^2	Raum der quadratisch integrierbaren Zufallsvariablen, 5
Φ	Verteilungsfunktion der Standardnormalverteilung, 49
$(X_t)_{t\in I}$	stochastischer Prozeß mit Indexmenge I, 96
$(W_t)_{t\in[0,\infty[}$	Brownsche Bewegung, 101
μ^β	Boltzmann-Verteilung zur inversen Temperatur β, 183
$\lfloor x \rfloor$	größte ganze Zahl kleiner oder gleich x, 10
$\lceil x \rceil$	kleinste ganze Zahl größer oder gleich x, 22
x^+	Positivteil von x, 39
$L^\top$	Transponierte einer Matrix L, 93
1_A	Indikatorfunktion einer Menge A, 4
$\lvert A \rvert$	Anzahl der Elemente einer Menge A, 9
λ^d	Lebesgue-Maß auf $\mathbb{R}^d$, 9
∂G	Rand einer Menge G, 116
$\mathrm{cl}\, G$	Abschluß einer Menge G, 116
$\asymp$	schwache asymptotische Äquivalenz, 20, 253
$\approx$	starke asymptotische Äquivalenz, 50

$S\colon F \to \mathbb{R}$	zu approximierende Abbildung, 16
a	abkürzend für $S(f)$, 28
$M\colon F \times \Omega \to \mathbb{R}$	Monte Carlo-Algorithmus, 17
$M(f)\colon \Omega \to \mathbb{R}$	abkürzend für $M(f,\cdot)$, 17
$M\colon \Omega \to \mathbb{R}$	abkürzend für $M(f)$, 28
$\Delta(M,f)$	Fehler von M beim Input $f \in F$, 18
$\Delta(M)$	abkürzend für $\Delta(M,f)$, 28
$\varDelta(M,F)$	maximaler Fehler von M auf der Klasse F, 248, 274
$\varDelta(M,\mu)$	durchschnittlicher Fehler von M bezüglich μ, 279
$\mathbf{c}$	Kosten pro Orakelaufruf, 19
$\mathrm{cost}(M,f)$	Kosten von M beim Input $f \in F$, 19
$\mathrm{cost}(M)$	abkürzend für $\mathrm{cost}(M,f)$, 28
$\mathrm{cost}(M,F)$	maximale Kosten von M auf der Klasse F, 248, 274
D_n	direkte Simulation mit n Wiederholungen, 28
Q_n	Quadraturformel mit n Knoten, 249
$C(G)$	Raum der stetigen Funktionen auf G, 102
$C^r(G)$	Raum der r-fach stetig differenzierbaren Funktionen auf G, 264
$\mathbb{P}^r$	Raum der Polynome vom Grad kleiner r in einer Variablen, 251
$\mathbb{P}^r_d$	Raum der Polynome vom Grad kleiner r in d Variablen, 261
$F_{L,\beta}$	Raum von Hölder-stetigen Funktionen, 167
F^r	Einheitskugel in $C^r([0,1])$, 250
F^r_d	Einheitskugel in $C^r([0,1]^d)$, 264
$\|\cdot\|_2$	L^2-Norm bezüglich P oder λ^d, 137, 275
$\|\cdot\|_\infty$	Supremumsnorm auf $C(G)$, $\mathbb{R}^d$ etc., 123
$\mathfrak{M}^{\mathrm{det}}(F)$	Menge der deterministischen Algorithmen für F, 252
$\widetilde{\mathfrak{M}}^{\mathrm{det}}(F)$	Menge der verallg. deterministischen Algorithmen für F, 255
$\mathfrak{M}^{\mathrm{ran}}(F)$	Menge der randomisierten Algorithmen für F, 276
$\widetilde{\mathfrak{M}}^{\mathrm{ran}}(F)$	Menge der verallg. randomisierten Algorithmen für F, 278
$e_n^{\mathrm{det}}(F)$	n-ter minimaler Fehler in $\mathfrak{M}^{\mathrm{det}}(F)$, 253
$\tilde{e}_n^{\mathrm{det}}(F)$	n-ter minimaler Fehler in $\widetilde{\mathfrak{M}}^{\mathrm{det}}(F)$, 256
$e_n^{\mathrm{ran}}(F)$	n-ter minimaler Fehler in $\mathfrak{M}^{\mathrm{ran}}(F)$, 276
$\tilde{e}_n^{\mathrm{ran}}(F)$	n-ter minimaler Fehler in $\widetilde{\mathfrak{M}}^{\mathrm{ran}}(F)$, 279

Sachverzeichnis